普通高等教育“十五”国家级规划教材

管道工程施工与预算(第二版)

(工程造价与建筑管理类专业适用)

主编　景星蓉
主审　任　宏

中国建筑工业出版社

图书在版编目(CIP)数据

管道工程施工与预算/景星蓉主编. —2版. —北京：中国建筑工业出版社，2005

普通高等教育“十五”国家级规划教材. 工程造价与建筑管理类专业适用

ISBN 978-7-112-07579-9

Ⅰ. 管… Ⅱ. 景… Ⅲ. 管道工程—建筑预算定额—高等学校—教材 Ⅳ. TU81

中国版本图书馆 CIP 数据核字(2005)第 153586 号

普通高等教育“十五”国家级规划教材

管道工程施工与预算(第二版)

(工程造价与建筑管理类专业适用)

主编 景星蓉

主审 任 宏

*

中国建筑工业出版社出版、发行（北京西郊百万庄）

各地新华书店、建筑书店经销

北京天成排版公司制版

廊坊市海涛印刷有限公司印刷

*

开本：787×1092 毫米 1/16 印张：22 字数：534 千字

2005 年 12 月第二版 2019 年2月第十四印刷

定价：**37.00** 元

ISBN 978-7-112-07579-9

(20765)

版权所有 翻印必究

如有印装质量问题，可寄本社退换

(邮政编码 100037)

本社网址：http://www.cabp.com.cn

网上书店：http://www.china-building.com.cn

本书为高职高专教育土建类工程造价与建筑管理类专业教材之一。从解决管道安装工程施工图预算、工程量清单的编制与计价的技术、经济问题出发，融管道工程施工工艺、识图和施工图预算与工程量清单编制与计价三门课程为一体，较完整地介绍了管道工程施工工艺、识图的基本知识、施工图预算与工程量清单的编制特点、编制原则、编制方法。

全书共分十二章，其内容主要有建筑给排水、采暖和通风空调工程图的识读；室内外给水排水工程、室内采暖工程以及通风与空调工程安装工艺；管道安装工程预算定额以及为配合工程量清单计价使用的现行消耗量定额、综合单价的应用和组价。介绍了建设部建标 206 号文推出的最新计费程序和造价计算。对我国工程造价的构成作了最新的解释。介绍了给排水、采暖、以及通风空调工程施工图预算书、工程量清单的编制等知识。

本书通俗易懂、插图丰富、可操作性强。可作为高职高专工程造价管理专业教材，亦可作为土建类工程造价或建筑管理类专业本科教学试用教材，成人高等学校、函授、民办高校在职工程造价管理人员的教学或培训教材以及工程技术人员的自学用书等。

* * *

责任编辑：张　晶
责任设计：赵　力
责任校对：刘　梅　王雪竹

序

国家教育部教高［2000］2号文《教育部关于加强高职高专教育人才培养工作的意见》中明确指出“课程和教学内容体系改革是高职高专教学改革的重点和难点。应按照突出应用性、实践性的原则重组课程结构，更新教学内容。要注重人文社会科学与技术教育相结合，教学内容改革与教学方法、教学手段改革相结合。教学内容要突出基础理论知识的应用能力和实践能力的培养，基础理论教学要以应用为目的，以必需、够用为度；专业课教学要加强针对性和实用性。要切实做好高职高专教育教材的建设规划，加强文字教材、实物教材、电子网络教材的建设和出版发行工作”。

《管道工程施工与预算》教材是高职高专“工程造价专业”系列教材中的一门主干课教材。作者在该教材修订再版时，正是按照上述2号文件的主要精神，根据专业教学计划和课程教学基本要求，重新构建了教材结构，更新整合了教材内容。从而，使该教材的特色更加鲜明，也进一步拓展了教材的适用性。其具体特点分述如下：

1. 作者把原“管道工程识图”、“管道施工工艺”、“管道工程施工图预算”三门课程的主要内容整合为一体，合编为《管道工程施工与预算》教材。该教材把前后相关联的基础课、专业基础课、专业课融合为一体，是课程设置体系和教材内容的较大改革，也是教学内容改革的重要突破，这种敢于改革的尝试应该给以肯定与支持。

2. 该教材的“管道工程施工工艺”中，增加了“建筑中水”的内容，并列为教材第六章的第三节，使教材有了污水治理的内容，增强了环保的意识。

3. 该教材在工程计价方面，同时介绍了定额计价模式和工程量清单计价模式，并列有这两种计价模式的典型实例，以供读者学习时参考。

4. 关于工程造价的费用构成，在这次教材修订时，删去了过时的费用组成与计算规定，采用了建设部建标［2003］206号文《建筑安装工程费用项目组成》中的规定，以及现行的［2000］《全国统一安装工程预算定额》，作为工程造价计算有关费用的依据，使该教材更新了新知识、新方法和新规定。

5. 作者将收集、整理和绘制的340幅插图列入教材中，且插图绘制清晰规范，使该教材具有“图文并茂”的特色，增强了教材的可读性。

6. 作者在深入调查研究的基础上，收集整理了部分“管道安装工程施工图预算”和“工程量清单计价”的编制实例，以提供读者作为练习时参考。

综上所述，该教材突出了理论知识的应用，加强了实践能力的培养，体现了高等职业教育的特色，是一本具有较强针对性、实用性和可读性的好教材。

武育秦

第二版前言

《管道工程施工与预算》于2001年6月出版发行，2005年又对第一版教材的结构和内容进行较大幅度的调整与补充。

1. 作者在有关管道工程施工、设计规范、图集、图例和工程量清单等方面又收集整理了相关资料，并对上述资料进行分析和研究，将所获取的成果编入教材中；

2. 第一章第二节“管道工程图的表示方法”中将2001年11月建设部颁布的《给水排水制图标准》(GB/T 50106—2001)和《暖通空调制图标准》(GB/T 50114—2001)等取代了GBJ 106—87、GBJ 114—88；教材第六章中补充了“建筑中水”的内容，使同学们对水资源的回收、利用有了新的认识；

3. 遵循“计价规范”和“宣贯辅导教材”的精神，增加了第十二章“工程量清单的编制”内容。并同时介绍了2000年全国统一安装工程预算定额计价方式。删去了原第十章“安装工程预算定额”、第十一章“安装工程费用及计算程序”和第十二章“管道工程施工图预算的编制”内容。同时，重新编写了第九章“安装工程预算定额”、第十章“建筑安装工程施工图预算”和第十一章“水、暖与通风空调工程施工图预算”和第十二章“工程量清单的编制”内容。并附有足够量的插图、实例和练习，供同学们加深理解和练习。

4. 在第十章“建筑安装工程施工图预算”中，介绍了建设部建标206号文发布的最新计费程序和造价计算；

全书修订再版共分为十二章，第一～四章为管道工程识图，由河南平顶山工学院的李旭伟副教授编写。第五～八章为管道工程施工工艺，由重庆大学建设管理与房地产学院的景星蓉副教授编写。第九～十二章为管道安装工程施工图预算与工程量清单编制，亦由重庆大学建设管理与房地产学院的景星蓉副教授编写。本书由景星蓉主编，并负责全书的统稿工作。

本教材作为高职高专工程造价专业系列教材之一，亦可作为土建类相关专业本科教学试用教材，或函授、在职工程造价管理人员的培训教材以及工程技术人员的自学用书等。

对本书的编写，高等学校土建学科教学指导委员会工程管理专业指导委员会主任委员任宏教授进行了审稿，并给予了悉心的指导和帮助；原教材编审委员会主任委员武育秦教授撰写了序言，并提出了宝贵的建设性意见，对此表示诚挚的感谢。对本教材的编写还得到河南平顶山工学院苏天宝老师的帮助，在此亦表示谢意。

本教材是为满足“工程造价管理”专业教学改革的需要而编写的。具有较强的针对性、实用性，在科学整合的基础上，加强了理论和实践的联系。便于学生动手操作、实践、并系统、全面地掌握管道安装工程施工图的识图、管道安装工程施工工艺、管道安装工程预算以及工程量清单编制与计价的模式。

限于编者水平，书中存在的一些缺点和错误，敬请广大读者和同行专家批评指正。

第三版前言

目　录

第一章　管道工程图的分类与表示方法

第一节　管道工程图的分类

一、按专业分

按工程项目性质的不同，管道工程图可分为工业管道工程图和卫生管道（即暖卫管道）工程图两大类。前者是为生产输送介质即为生产服务的管道，它属于工业设备安装工程。后者是为生活或改善劳动卫生条件而输送介质的管道，它属于建筑安装工程。本书一至四章就是讨论卫生管道工程图。卫生管道工程又可分为建筑给水排水管道、供暖管道、燃气管道、通风与空调管道等许多具体的专业管道。

二、按图形和作用分

各种管道工程施工图均可分为基本图纸和详图两大部分。基本图纸包括图纸目录、设计施工说明、设备材料表、工艺流程图、平面图、轴测图、（立）剖面图；详图包括大样图、节点图和标准图等。

（一）图纸目录

对于数量众多的施工图纸，设计人员把它按一定的图名和顺序归纳编排成图纸目录以便查阅。通过图纸目录我们可以知道全套专业图纸的名称、图号、数量以及选用的标准图集等情况。

（二）设计施工说明

凡在图样上无法表示出来而又要施工人员知道的一些技术和质量方面的要求，一般都用文字形式来加以说明。其内容一般包括工程的主要技术参数、施工和验收要求以及注意事项。

（三）设备、材料表

指该项工程所需的各种设备和各类管道、管件、阀门以及防腐、保温材料等的名称、规格、型号、数量的明细表。

以上这三点看上去不过是些文字说明，但它是施工图纸必不可少的一个组成部分，是对图形的补充和说明。对于这些内容的了解有助于进一步看懂管道图。

（四）工艺流程图

流程图是对整个管道系统一系列工艺变化过程的原理图，通过它可以对设备的编号、建（构）筑物的名称及整个系统的仪表控制点（温度、压力、流量及分析的测点）有一个全面的了解。同时，对管道的材质、规格、编号、输送的介质、流向以及主要控制阀门等也有一个确切的了解。

（五）平面图

平面图是管道施工图中最基本的一种图样，它主要表示设备、管道在建筑物内的平面布置，管线的走向、排列和各部分的长宽尺寸，以及每根管子的坡度和坡向，管径和标高等具体数据及其相对位置。

(六) 轴测图(系统图)

轴测图是一种立体图，又称为系统图，它能在一个图面上同时反映出管线的空间走向、帮助我们想像管线在空间的布置情况，是管道施工图中的重要图形之一。系统图有时也能替代管道立面图或剖面图，例如，建筑给排水以及采暖通风工程图主要由平面图和系统图组成。

(七) 立面图和剖面图

立面图和剖面图是施工图中常见的一种图形，它主要表达设备、管道在建筑物内垂直方向上的布置和走向，以及每路管线的编号、管径和标高等具体数据。

在管道施工图中，立面图和剖面图从识读的方法上来说大致相同。

(八) 节点图

节点图能清楚地表示某一部分管道的详细结构及尺寸，是对平面图及其他施工图所不能反映清楚的某节点部位的放大。节点用代号来表示它的所在部位，例如"A"节点，那就要在平面图上找到用"A"所表示的部位。

(九) 大样图

大样图是表示一组设备的配管或一组管配件组合安装的一种详图。大样图的特点是用双线图表示，对物体有真实感，并对组装体各部位的详细尺寸都作了标注。

(十) 标准图

标准图是一种具有通用性质的图形。标准图中标有成组管道、设备或部件的具体图形和详细尺寸，但是它一般不能用来作为单独进行施工的图纸，而只能作为某些施工图的一个组成部分。一般由国家或有关部委颁发标准图集。

第二节　管道工程图的表示方法

管道工程图是管道工程语言，是设计人员用来表示设计意图和交流管道工程技术的重要工具。因此，工程图的表示方法必须按国家标准进行。

一、管道图例

管道图中的管子、管件、阀门、栓类等均采用规定的图例表示。管道图例并不完全反映实物的形象，只是示意性地表示具体的设备或管(阀)件。在阅读图纸时，首先应了解与图纸有关的图例符号及其所代表的内容。暖卫、通风空调管道图例见表 1-1 至表 1-17。

给水排水管道图例 **表 1-1**

序号	名称	图例	备注
1	生活给水管	——J——	
2	热水给水管	——RJ——	
3	热水回水管	——RH——	
4	中水给水管	——ZJ——	
5	循环给水管	——XJ——	
6	循环回水管	——XH——	

续表

序号	名称	图例	备注
7	热媒给水管	——RMJ——	
8	热媒回水管	——RMH——	
9	蒸汽管	——Z——	
10	凝结水管	——N——	
11	废水管	——F——	可与中水源水管合用
12	压力废水管	——YF——	
13	通气管	——T——	
14	污水管	——W——	
15	压力污水管	——YW——	
16	雨水管	——Y——	
17	压力雨水管	——YY——	
18	膨胀管	——PZ——	
19	保温管		
20	多孔管		
21	地沟管		
22	防护套管		
23	管道立管	XL-1 平面 XL-1 系统	X：管道类别 L：立管 1：编号
24	伴热管		
25	空调凝结水管	——KN——	
26	排水明沟	坡向—→	
27	排水暗沟	坡向—→	

注：分区管道用加注角标方式表示：如 J_1、J_2、RJ_1、RJ_2……。

给水排水管道附件 **表 1-2**

序号	名称	图例	备注
1	套管伸缩器		
2	方形伸缩器		
3	刚性防水套管		
4	柔性防水套管		
5	波纹管		

续表

序号	名称	图例	备注
6	可曲挠橡胶接头		
7	管道固定支架		
8	管道滑动支架		
9	立管检查口		
10	清扫口	平面 系统	
11	通气帽	成品 铅丝球	
12	雨水斗	YD- 平面 YD- 系统	
13	排水漏斗	平面 系统	
14	圆形地漏		通用，如为无水封，地漏应加存水弯
15	方形地漏		
16	自动冲洗水箱		
17	挡墩		
18	减压孔板		
19	Y形除污器		
20	毛发聚集器	平面 系统	
21	防回流污染止回阀		
22	吸气阀		

管道连接 表1-3

序号	名称	图例	备注
1	法兰连接	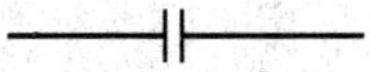	
2	承插连接	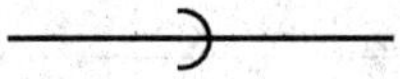	
3	活接头	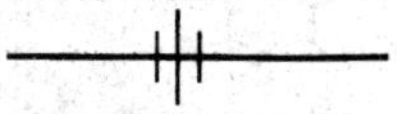	
4	管堵		
5	法兰堵盖		
6	弯折管		表示管道向后及向下弯转90°
7	三通连接	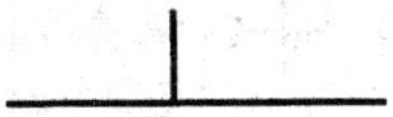	
8	四通连接	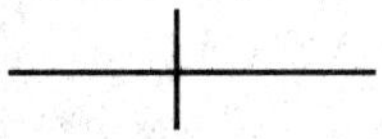	
9	盲板		
10	管道丁字上接	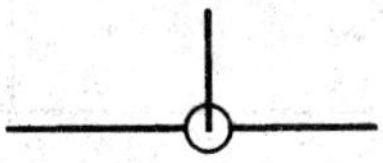	
11	管道丁字下接	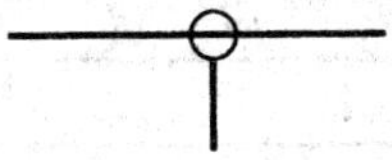	
12	管道交叉	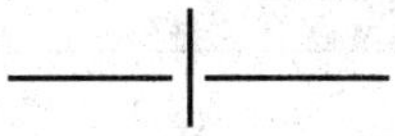	在下方和后面的管道应断开

管件 表1-4

序号	名称	图例	备注
1	偏心异径管		
2	异径管	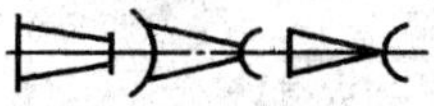	
3	乙字管		
4	喇叭口	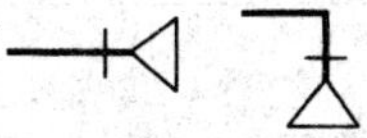	
5	转动接头	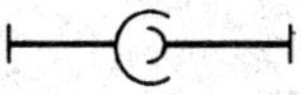	
6	短管	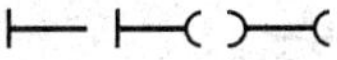	

续表

序号	名称	图例	备注
7	存水弯	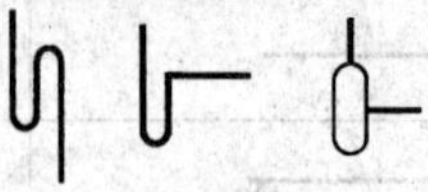	
8	弯头	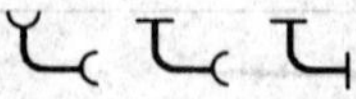	
9	正三通	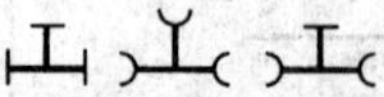	
10	斜三通		
11	正四通		
12	斜四通	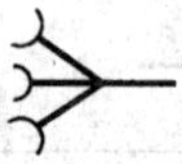	
13	浴盆排水件	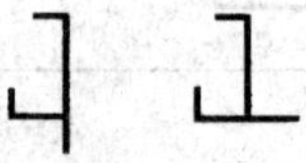	

阀门 表1-5

序号	名称	图例	备注
1	闸阀		
2	角阀	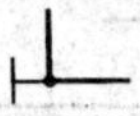	
3	三通阀		
4	四通阀	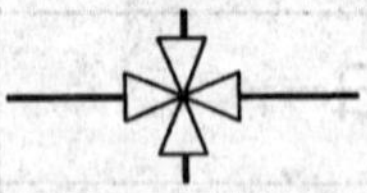	
5	截止阀	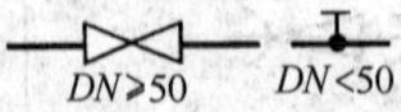 *DN*≥50 *DN*<50	
6	电动阀		
7	液动阀	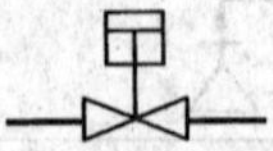	
8	气动阀		
9	减压阀		左侧为高压端

续表

序号	名称	图例	备注
10	旋塞阀	平面 系统	
11	底阀		
12	球阀		
13	隔膜阀		
14	气开隔膜阀		
15	气闭隔膜阀		
16	温度调节阀		
17	压力调节阀		
18	电磁阀	M	
19	止回阀		
20	消声止回阀		
21	蝶阀		
22	弹簧安全阀		左为通用
23	平衡锤安全阀		
24	自动排气阀	平面 系统	
25	浮球阀	平面 系统	
26	延时自闭冲洗阀		
27	吸水喇叭口	平面 系统	
28	疏水器		

给 水 配 件 表1-6

序 号	名 称	图 例	备 注
1	放水龙头		左侧为平面，右侧为系统
2	皮带龙头		左侧为平面，右侧为系统
3	洒水(栓)龙头	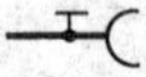	
4	化验龙头	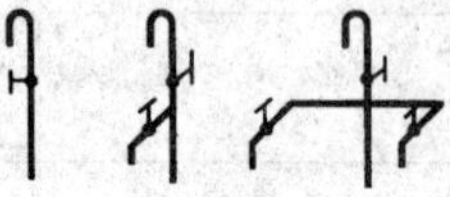	
5	肘式龙头	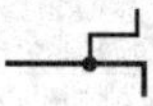	
6	脚踏开关	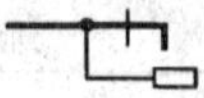	
7	混合水龙头	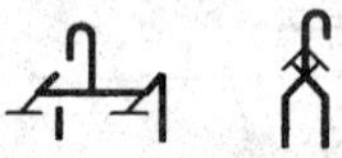	
8	旋转水龙头	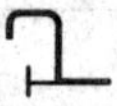	
9	浴盆带喷头 混合水龙头		

消 防 设 施 表1-7

序 号	名 称	图 例	备 注
1	消火栓给水管	XH	
2	自动喷水灭 火给水管	ZP	
3	室外消火栓		
4	室内消火栓 (单口)	 平面 系统	白色为开启面
5	室内消火栓 (双口)	 平面 系统	
6	水泵接合器	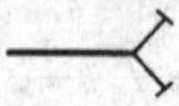	
7	自动喷洒头 (开式)	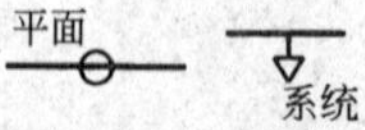 平面 系统	
8	自动喷洒头 (闭式)	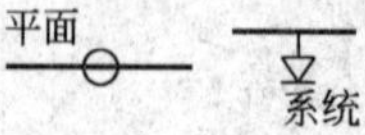 平面 系统	下 喷
9	自动喷洒头 闭式	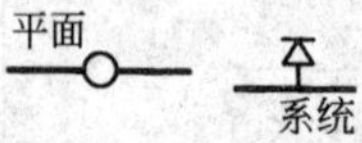 平面 系统	上 喷

续表

序　号	名　　称	图　　例	备　　注
10	自动喷洒头（闭式）	平面　系统	上下喷
11	侧墙式自动喷洒头	平面　系统	
12	侧喷式喷洒头	平面　系统	
13	雨淋灭火给水管	——YL——	
14	水幕灭火给水管	——SM——	
15	水炮灭火给水管	——SP——	
16	干式报警阀	平面　系统	
17	水　　炮		
18	湿式报警阀	平面　系统	
19	预作用报警阀	平面　系统	
20	遥控信号阀		
21	水流指示器		
22	水 力 警 铃		
23	雨　淋　阀	平面　系统	
24	末端测试阀	平面　系统	
25	手提式灭火器		
26	推车式灭火器		

注：分区管道用加注角标方式表示：如 XH_1、XH_2、ZP_1、ZP_2……。

卫生设备及水池　　表1-8

序号	名称	图例	备注
1	立式洗脸盆		
2	台式洗脸盆		
3	挂式洗脸盆		
4	浴　　盆		
5	化验盆、洗涤盆		
6	带沥水板洗涤盆		不锈钢制品
7	盥　洗　槽		
8	污　水　池		
9	妇女卫生盆		
10	立式小便器		
11	壁挂式小便器		
12	蹲式大便器		
13	坐式大便器		
14	小　便　槽		
15	淋浴喷头		

小型给水排水构筑物　　表1-9

序号	名称	图例	备注
1	矩形化粪池	HC	HC为化粪池代号
2	圆形化粪池	HC	
3	隔　油　池	YC	YC为隔油池代号
4	沉　淀　池	CC	CC为沉淀池代号
5	降　温　池	JC	JC为降温池代号

续表

序号	名称	图例	备注
6	中和池	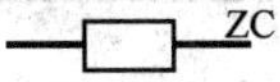 ZC	ZC为中和池代号
7	雨水口		单口
			双口
8	阀门井检查井		
9	水封井		
10	跌水井		
11	水表井		

给水排水设备 表1-10

序号	名称	图例	备注
1	水泵	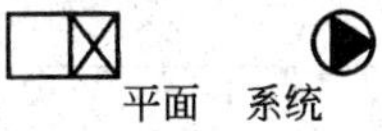 平面 系统	
2	潜水泵	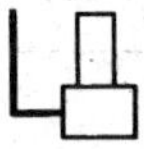	
3	定量泵		
4	管道泵		
5	卧式热交换器	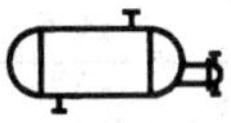	
6	立式热交换器	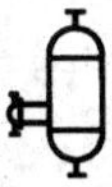	
7	快速管式热交换器	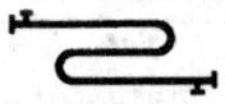	
8	开水器		
9	喷射器		小三角为进水端
10	除垢器		
11	水锤消除器	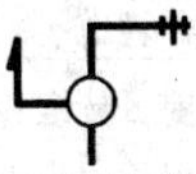	
12	浮球液位器	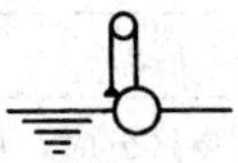	
13	搅拌器	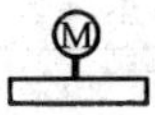	

给水排水专业用仪表 **表 1-11**

序号	名称	图例	备注
1	温度计		
2	压力表		
3	自动记录压力表		
4	压力控制器		
5	水表		
6	自动记录流量计	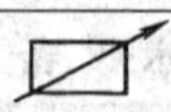	
7	转子流量计		
8	真空表		
9	温度传感器	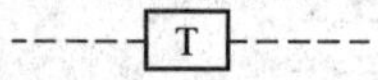 T	
10	压力传感器	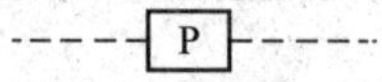 P	
11	pH 值传感器	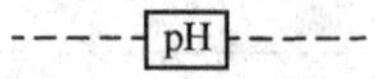 pH	
12	酸传感器	 H	
13	碱传感器	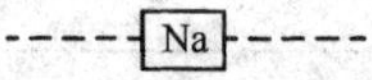 Na	
14	余氯传感器	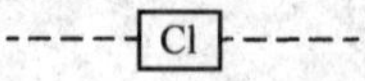 Cl	

水、汽管道代号 **表 1-12**

序号	代号	管道名称	备注
1	R	（供暖、生活、工艺用）热水管	1. 用粗实线、粗虚线区分供水、回水时，可省略代号 2. 可附加阿拉伯数字 1、2 区分供水、回水 3. 可附加阿拉伯数字 1、2、3……表示一个代号、不同参数的多种管道
2	Z	蒸汽管	需要区分饱和、过热、自用蒸汽时，可在代号前分别附加 B、G、Z
3	N	凝结水管	
4	P	膨胀水管、排污管、排气管、旁通管	需要区分时，可在代号后附加一位小写拼音字母，即 Pz、Pw、Pq、Pt
5	G	补给水管	

续表

序号	代号	管道名称	备注
6	X	泄水管	
7	XH	循环管、信号管	循环管为粗实线，信号管为细虚线。不致引起误解时，循环管也可为“X”
8	Y	溢排管	
9	L	空调冷水管	
10	LR	空调冷/热水管	
11	LQ	空调冷却水管	
12	n	空调冷凝水管	
13	RH	软化水管	
14	CY	除氧水管	
15	YS	盐液管	
16	FQ	氟气管	
17	FY	氟液管	

注：自定义水、汽管道代号应避免与本表相矛盾，并应在相应图面说明。

水、汽管道阀门和附件 **表 1-13**

序号	名称	图例	附注
1	阀门(通用)、截止阀	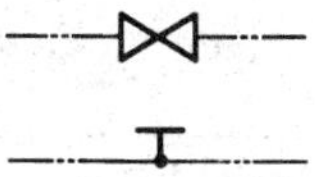	1. 没有说明时，表示螺纹连接 法兰连接时  焊接时  2. 轴测图画法 阀杆为垂直  阀杆为水平 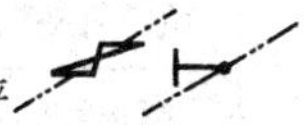
2	闸阀		
3	手动调节阀		
4	球阀、转心阀		
5	蝶阀	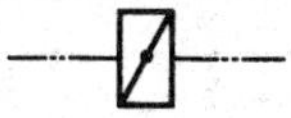	
6	角阀	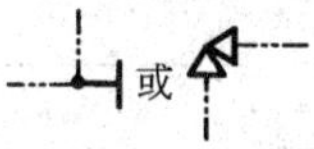 或	
7	平衡阀		
8	三通阀	 或	
9	四通阀		
10	节流阀		
11	膨胀阀	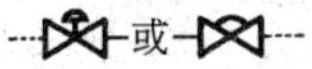 或	也称“隔膜阀”
12	旋塞	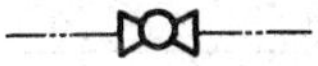	
13	快放阀		也称快速排污阀

续表

序号	名称	图例	附注
14	止回阀	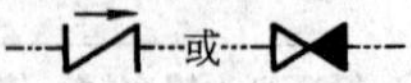 或	左图为通用，右图为升降式止回阀，流向同左。其余同阀门类推
15	减压阀	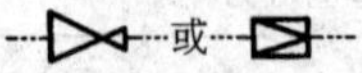 或	左图小三角为高压端，右图右侧为高压端。其余同阀门类推
16	安全阀		左图为通用，中为弹簧安全阀，右为重锤安全阀
17	疏水阀		在不致引起误解时，也可用  表示，也称“疏水器”
18	浮球阀	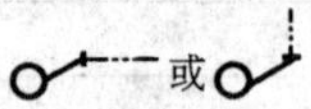 或	
19	集气罐、排气装置	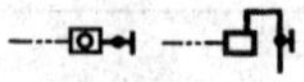	左图为平面图
20	自动排气阀		
21	除污器（过滤器）		左为立式除污器，中为卧式除污器，右为Y型过滤器
22	节流孔板、减压孔板	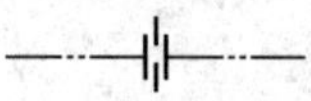	在不致引起误解时，也可用 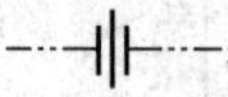 表示
23	补偿器		也称“伸缩器”
24	矩形补偿器		
25	套管补偿器		
26	波纹管补偿器	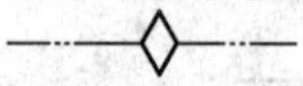	
27	弧形补偿器		
28	球形补偿器	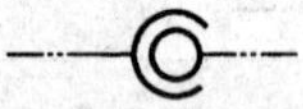	
29	变径管异径管	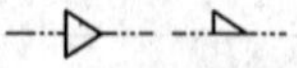	左图为同心异径管，右图为偏心异径管
30	活接头	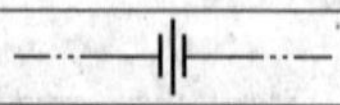	
31	法兰	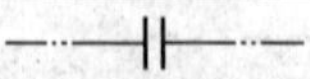	
32	法兰盖		
33	丝堵		也可表示为： 
34	可屈挠橡胶软接头	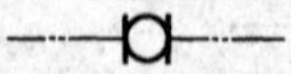	
35	金属软管		也可表示为： 
36	绝热管		
37	保护套管		
38	伴热管		

续表

序号	名称	图例	附注
39	固定支架		
40	介质流向	或	在管道断开处时，流向符号宜标注在管道中心线上，其余可同管径标注位置
41	坡度及坡向	0.003 或 0.003	坡度数值不宜与管道起、止点标高同时标注。标注位置同管径标注位置

风道代号 **表 1-14**

代号	风道名称	代号	风道名称
K	空调风管	H	回风管(一、二次回风可附加 1、2 区别)
S	送风管	P	排风管
X	新风管	PY	排烟管或排风、排烟共用管道

注：自定义风道代号应避免与本表相矛盾，并应在相应图面说明。

风道、阀门及附件图例 **表 1-15**

序号	名称	图例	附注
1	砌筑风、烟道		其余均为：
2	带导流片弯头		
3	消声器 消声弯管		也可表示为：
4	插板阀		
5	天圆地方		左接矩形风管，右接圆形风管
6	蝶阀		
7	对开多叶调节阀		左为手动，右为电动
8	风管止回阀		
9	三通调节阀		
10	防火阀	70℃	表示 70℃动作的常开阀，若因图面小，可表示为： 70℃，常开

续表

序号	名称	图例	附注
11	排烟阀	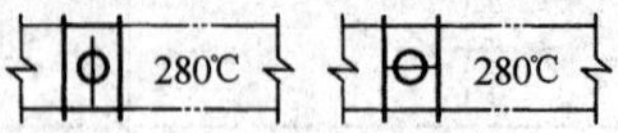 280℃ 280℃	左为280℃动作的常闭阀，右为常开阀。若因图面小，表示方法同上
12	软接头	 ~	也可表示为： 
13	软管	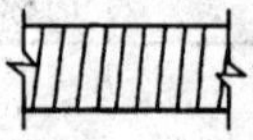 或光滑曲线(中粗)	
14	风口(通用)	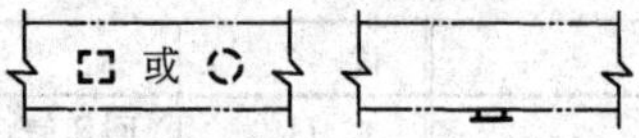 或	
15	气流方向		左为通用表示法，中表示送风，右表示回风
16	百叶窗		
17	散流器	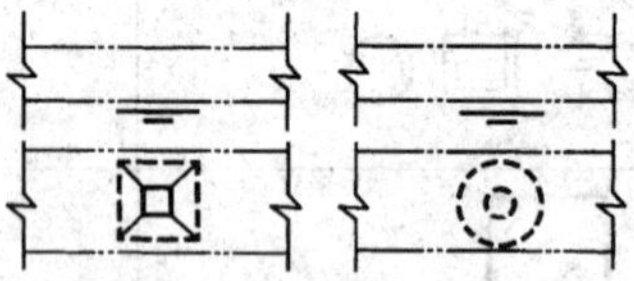	左为矩形散流器，右为圆形散流器。散流器为可见时，虚线改为实线
18	检查孔测量孔	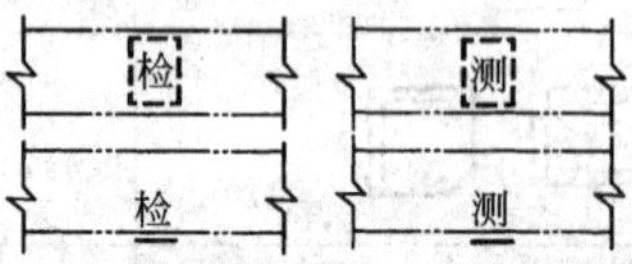 检 测 检 测	

暖通空调设备图例 **表1-16**

序号	名称	图例	附注
1	散热器及手动放气阀	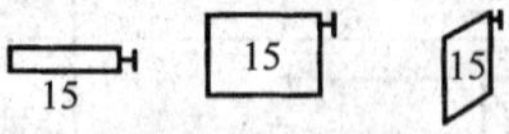 15 15 15	左为平面图画法，中为剖面图画法，右为系统图、Y轴测图画法
2	散热器及控制阀	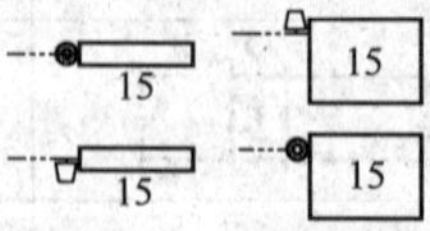 15 15 15 15	左为平面图画法，右为剖面图画法
3	轴流风机	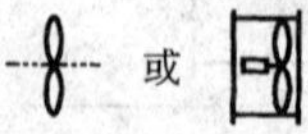 或	
4	离心风机		左为左式风机，右为右式风机
5	水泵		左侧为进水，右侧为出水
6	空气加热、冷却器		左、中分别为单加热、单冷却，右为双功能换热装置

续表

序　号	名　　称	图　　例	附　　注
7	板式换热器	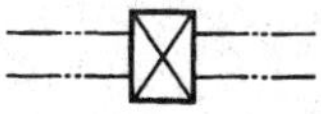	
8	空气过滤器		左为粗效，中为中效，右为高效
9	电加热器		
10	加　湿　器		
11	挡　水　板		
12	窗式空调器		
13	分体空调器		
14	风机盘管		可标注型号：如：FP-5 
15	减　振　器		左为平面图画法，右为剖面图画法

调控装置及仪表图例　　**表 1-17**

序　号	名　　称	图　　例	附　　注
1	温度传感器	T 或 温度	
2	湿度传感器	H 或 湿度	
3	压力传感器	P 或 压力	
4	压差传感器	ΔP 或 压差	
5	弹簧执行机构		如弹簧式安全阀 
6	重力执行机构	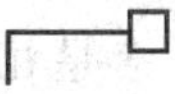	
7	浮力执行机构		如浮球阀 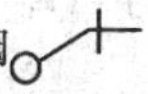
8	活塞执行机构		

续表

序号	名称	图例	附注
9	膜片执行机构		
10	电动执行机构	 或 	如电动调节阀 
11	电磁(双位)执行机构	 M 或	如电磁阀  M
12	记录仪	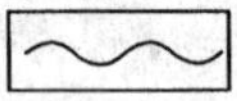	
13	温度计	 T 或 	左为圆盘式温度表，右为管式温度计
14	压力表	 或 	
15	流量计	 F.M. 或 	
16	能量计	 E.M. 或 T1 T2 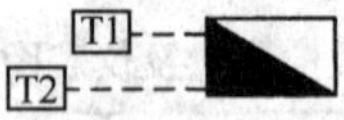	
17	水流开关	 F	

二、管道代号

管道图中，若有多种不同液体和气体的管道，应在管线的中间注上规定字母符号，以区别各种不同类的管路。常见管道代号为：上水管(一般给水管)S；下水管(一般排水管)X；循环水管XH；热水管R；凝结水管N；冷水管L；蒸汽管Z；煤气管M；鼓风管GF；通风管TF；油管Y等。如图1-1所示。

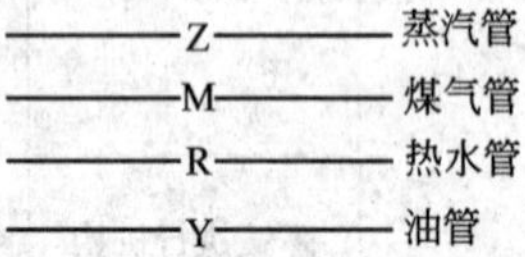

——Z—— 蒸汽管
——M—— 煤气管
——R—— 热水管
——Y—— 油管

图1-1 管道规定代号示例

管道图中，若仅有一种管道或同一图上大多是相同的管路，其管道代号可略去不注，但须在图纸中加以说明。

三、管道线型

管道工程图上的管道和管件常采用统一的线型来表示。不同的线型所表示的含义各不相同。暖卫等工程图中各种线型及其用途见表1-18。

管 道 线 型 **表 1-18**

名 称	线 型	线 宽	一 般 用 途
粗 实 线	————	b	1. 给排水图中：新建各种给排水管道线 2. 暖通图中：采暖供水、供汽干、立管；风管及部件轮廓线；系统图中的线管；设备、部件编号的索引标志线；非标准部件的外轮廓线
中 实 线	————	$0.5b$	1. 给排水图中：给排水设备、构件的可见轮廓线；小区(厂区)给水排水管道图中新建建筑物、构筑物的可见轮廓线；原有给水排水管的管道线 2. 暖通图中：散热器及散热器连接交管线；采暖、通风、空调设备的轮廓线；风管的法兰盘线
细 实 线	————	$0.35b$	1. 平剖面图中被剖切的建筑构造(包括构配件)的可见轮廓线 2. 尺寸线、尺寸界线、引出线、标高符号线 3. 给排水图中：厂区(小区)给排水管道图中原有建筑物、构筑物的可见轮廓线；管道图中局部放大部分的范围线、较小图形的中心线等 4. 暖通图中材料图例线
粗 虚 线	— — — — —	b	1. 给排水图中：新建各种给水排水管道线 2. 暖通图中：采暖回水管、凝结水管；平、剖面图中非金属风道(砖、混凝土风道)的内表面轮廓线
中 虚 线	— — — — —	$0.5b$	1. 给排水图中：给排水设备、构件的不可见轮廓线；厂区(小区)给排水管道图中新建建筑物、构筑物的不可见轮廓线；原有的给水排水管道线 2. 通风空调图中：风管被遮挡部分的轮廓线
细 虚 线	— — — — — —	$0.35b$	1. 给排水图中：平剖面图中被剖切的建筑构造的不可见轮廓线；厂区(小区)给水排水管道图中原有建筑物、构筑物的不可见轮廓线 2. 暖通图中：原有风管轮廓线、采暖地沟、工艺设备被遮挡部分的轮廓线
细点画线	—·—·—	$0.35b$	1. 中心线、定位轴线 2. 暖通图中：设备中心线、轴心线
细双点画线	—··—··—	$0.35b$	工艺设备外轮廓线
波 浪 线	～～～	$0.35b$	不需要全画的断开界线 构造层次的断开界线
折 断 线	——∕∖——	$0.35b$	断开界线

四、管道标高与坡度

(一) 管道标高

相对标高表明管道在空间的高度位置。标高应以“m”为单位，注写到小数点后第三位，总平面图可注写到小数点后第二位。沟道、管道应标注起迄点、转折点、连接点、变坡点、交叉点的标高。压力管道、圆形风管应标注管中心标高。重力管道、沟道宜分别标注管内底、沟内底标高。矩形风管应标注管底标高。散热器宜标注底标高，同一层、同标高的散热器只标右边的一组。管道标高标注方法如图 1-2 所示。

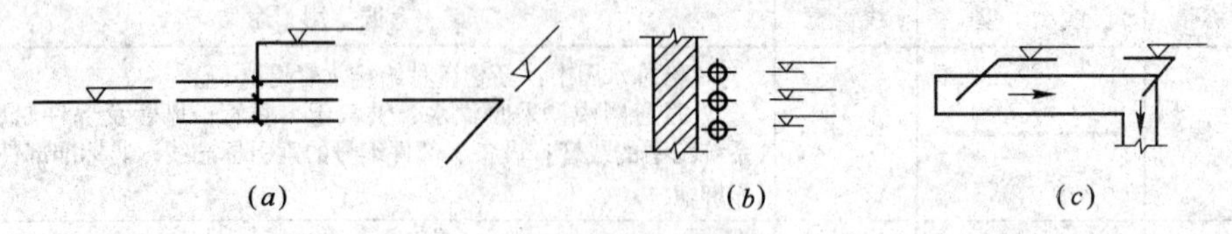

图 1-2　标高标注方法

(a)平面图、系统图中管道标高标注方法；(b)剖面图中管道标高标注方法；(c)平面图中沟道标高标注方法

(二) 坡度

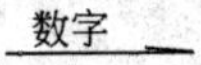

数字

图 1-3　坡度表示方法

注：数字表示坡度
箭头表示坡向下方

为了便于排气排水，管道设置坡度。坡度用单面箭头表示。如图 1-3 所示。

五、管道转向、连接、交叉、重叠等的表示方法

(一) 管道的转向、连接

管道转向、连接表示方法如图 1-4 所示。图 1-4(*a*)表示管道向下弯 90°；图 1-4(*b*)表示管道向上弯 90°；图 1-4(*c*)、(*e*)表示管道用三通连接；图 1-4(*d*)表示管道用四通连接；图 1-4(*f*)表示管道向下弯 90°后，又向后弯 90°。

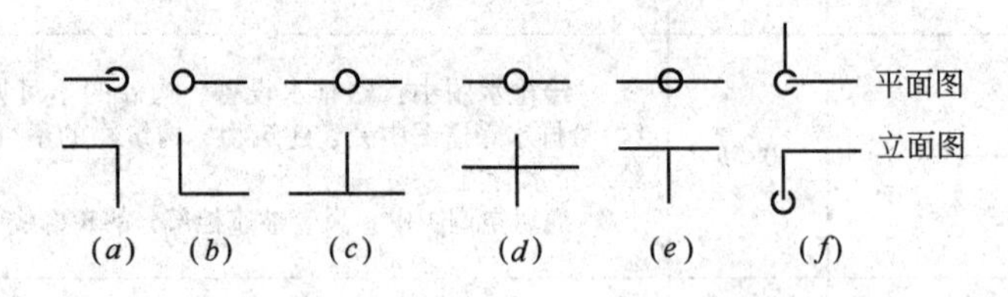

图 1-4　管道转向、连接表示法

(二) 管道的交叉

管道图中，经常出现交叉管线，这是管线投影交叉所致。为显示完整，低的或后面的管线要断开表示。如图 1-5(*a*)表示两根管线交叉，图 1-5(*b*)表示四根管线交叉，图中 *a* 管为最高管，*d* 管为次高管，*c* 管为次低管，*b* 管为最低管。

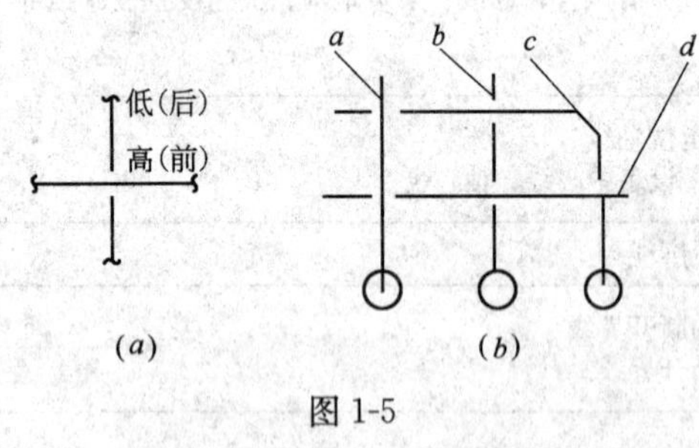

图 1-5

(a)两路管线的交叉；(b)多路管线的交叉

(三) 管道的重叠

图 1-6(*a*)，四根成排支管的重叠，在平面图中看到的是一根弯管的投影。图 1-6(*b*)是用折断显露法(当投影中出现多路管道重叠时，假想前面或上面一路管子已被截去一段，用折线符号表示，而露出后面或上面一根管子的表示方法)表示两根重叠的直管。图 1-6(*c*)若为平面图，表示弯管在上，直管在下；若为立面图，表示弯管在前，直管在后。图 1-6(*d*)表示的与之相反。

图 1-7 为多路管线的重叠的表示方法。

(四) 管道在本图中断，转至其他图上，或管道由其他图上引来

其表示方法如图 1-8 所示。

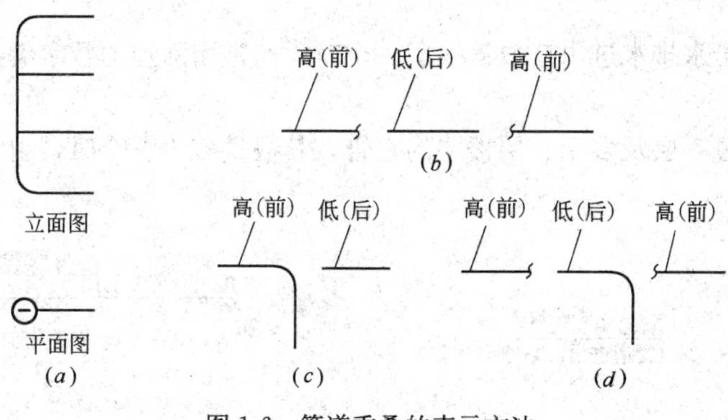

图 1-6　管道重叠的表示方法

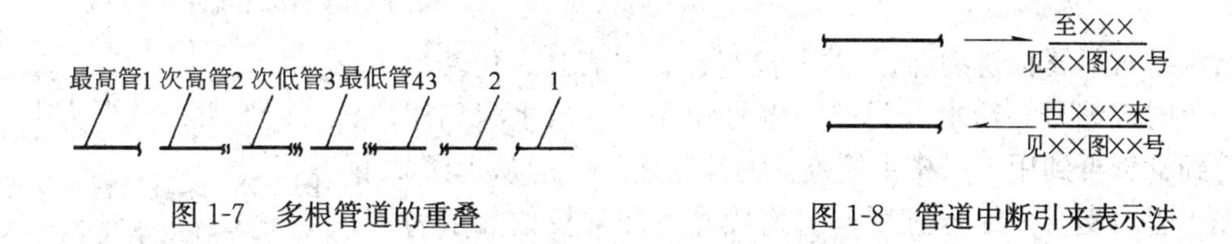

图 1-7　多根管道的重叠

图 1-8　管道中断引来表示法

六、管径标注与系统编号

(一) 管径标注

管径尺寸是以毫米为单位的。低压流体输送用镀锌焊接钢管、不镀锌焊接钢管、铸铁管、硬聚氯乙烯管、聚丙烯管等，管径应以公称直径 *DN* 表示(如 *DN*15、*DN*50 等)；耐酸陶瓷管、混凝土管、钢筋混凝土管、陶土管(缸瓦管)等，管径应以内径 *d* 表示(如 *d*380、*d*230 等)。直缝或螺旋缝电焊钢管、无缝钢管、不锈钢管、有色金属管等，管径应以外径×壁厚表示(如 *D*108×4、*D*159× 4.5 等)。圆形风管用外径 ϕ 表示(如 ϕ265，ϕ300 等)；矩形风管规格用其断面尺寸表示，前面数字应为该视图投影面的尺寸，即在平面图中应标注宽×高，在剖面图中应标注高×宽。风管管径或断面尺寸宜标注在风管上或风管法兰处延长的细实线上方。

管径尺寸标注的位置规定如下：管径尺寸应标注在管道变径处。水平管道的尺寸应标注在管道的上方，如图 1-9 所示。斜管道的管径尺寸应注在管道的斜上方。竖管道的管径尺寸应注在管道的左侧；如图 1-10 所示，当管径尺寸无法按上述位置标注时，可另找适当位置标注，但应用引出线示意该尺寸与管段的关系；同一种管径的管道较多时，可不在图上标注管径尺寸，但应在附注中说明。

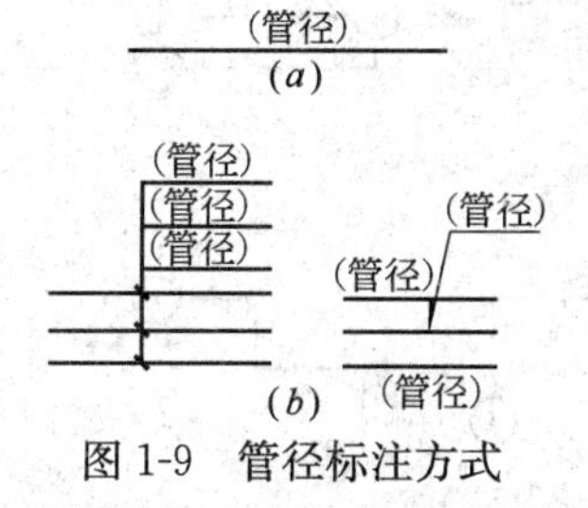

图 1-9　管径标注方式

(*a*)单管管径标注方式；(*b*)多管管径标注方式

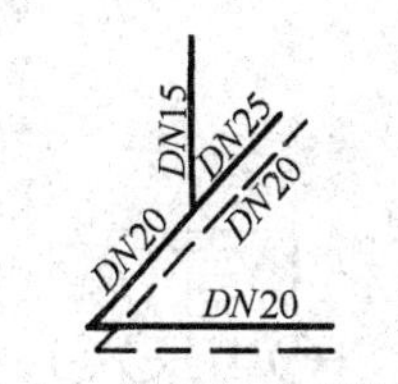

图 1-10　管径尺寸标注位置

(二) 系统编号

当建筑物的给水排水进出口数量多于一个时，通常用阿拉伯数字编号，编号方式如图 1-11 所示。

建筑物内穿过一层及多于一层楼层的立管，其数量多于一个时，也宜用阿拉伯数字编号，如图 1-12 所示。

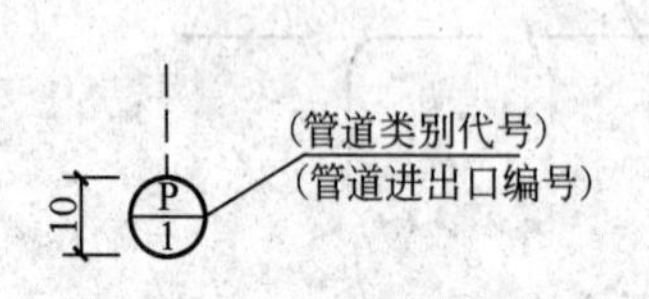

图 1-11 给水排水进出口编号表示法

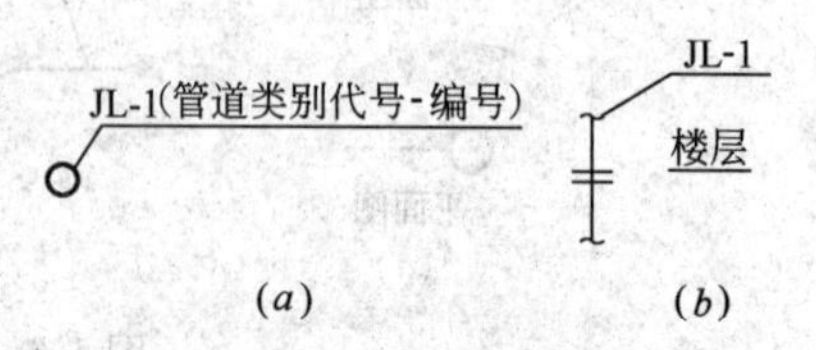

图 1-12 给排水立管编号表示法

(a)平面图；(b)系统图

给水排水附属构筑物(阀门井、检查井、水表井、化粪池等)多于一个时应编号。给水阀门井的编号顺序，应从水源到用户，从干管到支管再到用户；排水检查井的编号顺序，应从上游到下游，先干管后支管。编号宜用构筑物代号后加阿拉伯数字表示。采暖立管和入口多于一个时，也用阿拉伯数字编号，如图 1-13 所示。当通风、空调系统数量多于一个时，也宜用系统名称的汉语拼音字头加阿拉伯数字进行编号(如：送风系统 S-1、S-2……)。以便平面图、系统图相互查对。

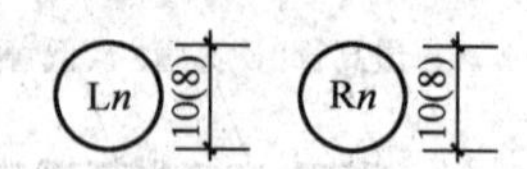

图 1-13 采暖立管入口编号

L—采暖立管代号；R—采暖入口代号；n—编号，以阿拉伯数字表示

思考题

1. 管道工程图按专业可分为哪些类型的施工图？
2. 管道工程图按图形和作用可分为哪些种类的图纸？各有什么作用？
3. 常见管道代号有哪些？各表示什么管道？
4. 沟道、管道标高应标注在什么位置？室内给水管道、暖气管道、圆形风管、矩形风管的标高一般是应标注在什么位置？
5. 坡度表示法中数字和箭头各表示什么？
6. 低压流体输送用焊接钢管、铸铁管、无缝钢管的规格各如何表示？
7. 室内供暖立管、给排水立管的管径应标在管道何处？管道变径时管径应标于何处？
8. 某施工平面图中，矩形风管的尺寸标注为 700×300，请说明 700 和 300 各代表什么位置的尺寸。
9. 请分别说明图 1-14、图 1-15 图形中管路的走向。

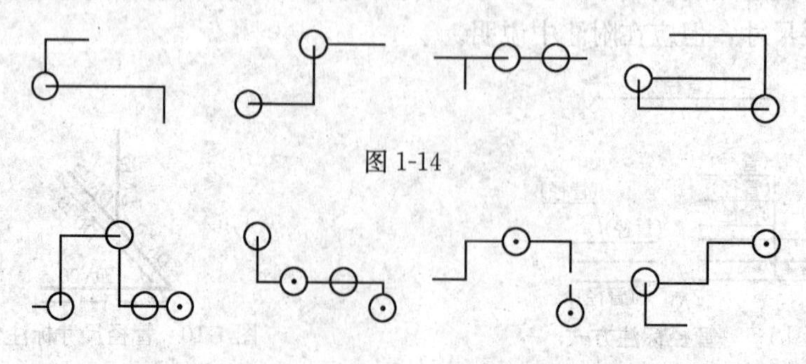

图 1-14

图 1-15

第二章　建筑给排水工程图

第一节　建筑给排水工程概述

本节讨论与建筑给排水施工图有关的一些基本概念与知识，这些内容是学习识图的基础。

一、建筑给排水包括的范围

建筑给水排水是建筑物不可缺少的组成部分。它包括建筑内部给水排水系统、建筑消防系统、居住小区给水排水系统、建筑水处理(如建筑中水处理、建筑给水处理等)、特殊建筑给水排水(如水景、游泳池给水排水等)。其中前两种是本章讨论的内容。

建筑内部给水排水包括建筑内部给水系统、建筑内部热水供应系统、建筑内部排水系统、建筑雨水排水系统。

建筑消防系统包括消防栓给水系统和自动喷水灭火系统。

建筑内部给排水与建筑小区给排水的划分界线是：给水以建筑物的给水引入管的阀门井为界；排水以排出建筑物的第一个排水检查井为界。

二、建筑室内给水系统图式

给水系统图式主要根据建筑物的性质、高度、配水点总的布置情况，室内所需的水压和室外给水管网的供水情况所决定。本节列出常用的几种给水系统图式。

给水系统图的布置形式，按系统中水平干管在上、中、下的不同位置及供水方向，分别称上行下给式、中行分给式、下行上给式及一个系统兼有上行下给和下行上给两种形式的联合式。在大型公共建筑或高层建筑中，可将给水干管连成环状，又称环状式。

(一) 直接给水系统

图 2-1 所示为下行上给式直接给水系统图式，由室外给水管网直接供水，为最简单、经济的给水方式。适用于室外给水管网的水量、水压在一天内均能满足室内用水要求的建筑。

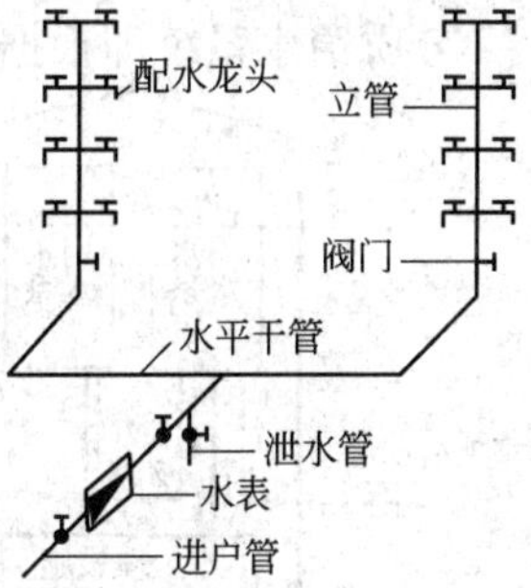

图 2-1　直接给水系统图式
(下行上给式)

(二) 设水箱的给水系统

这种给水方式宜在室外管网中的水压周期不足或一天内某些时间内不足，以及某些用水设备要求水压恒定或要求安全供水的场合时应用。如图 2-2 所示。

(三) 设有水泵的给水系统

此给水系统适用于室外管网压力不足，且室内用水量均匀，需局部增压的给水系统。如图 2-3 所示。此方式直接从室外管网抽水，会使外网压力降低，影响附近用户用水，为此可在系统中增设贮水池。

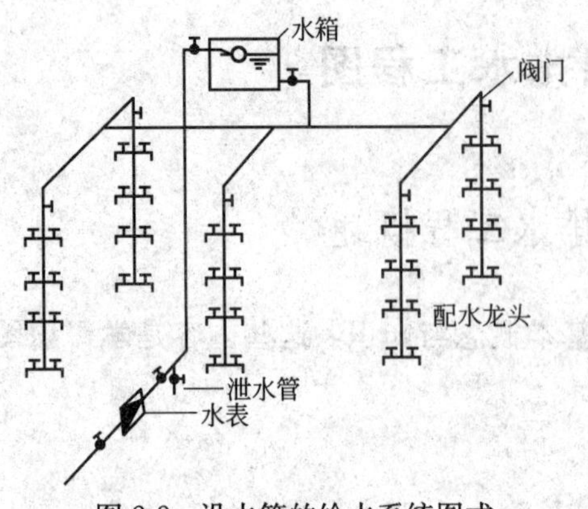

图 2-2　设水箱的给水系统图式
（上行下给式）

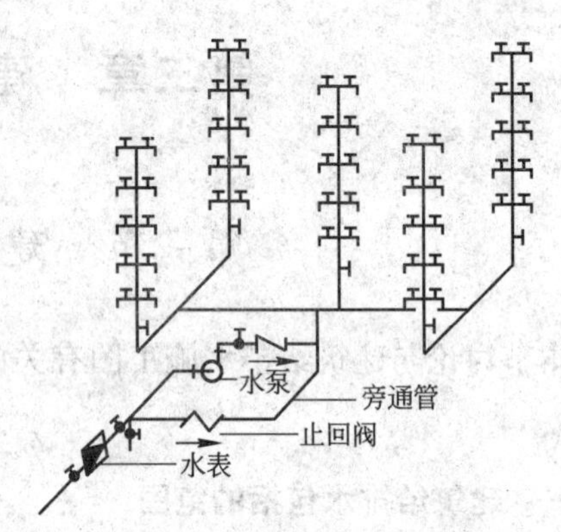

图 2-3　设水泵的给水系统图式

（四）设有水箱和水泵的给水系统

当室外管网经常性或周期性不足，室内用水量又不均匀时，给水系统应设水箱和水泵，其系统图式如图 2-4 所示。

（五）设水池、水箱、水泵的给水系统

这种方式宜在室外给水管网低于或经常不能满足建筑内给水管网所需的水压，且室内用水不均匀时采用。如图 2-5 所示，其优点是供水可靠，水压较稳。

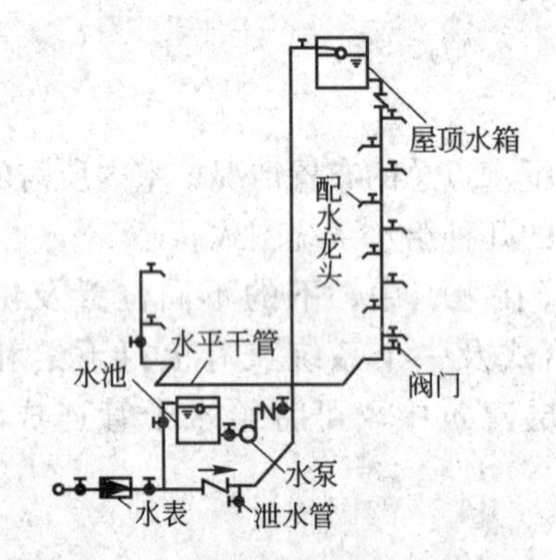

图 2-4　设水箱、水泵的给水系统图式

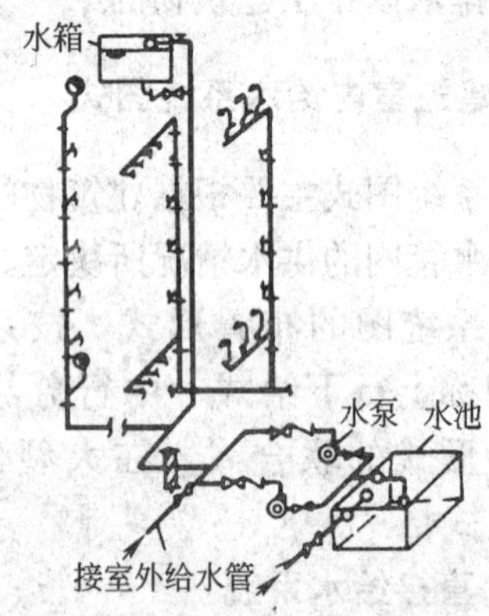

图 2-5　设水池、水箱、水泵的给水系统图式

（六）分质给水系统

分质给水系统即根据不同用途所需的不同水质，分别设置独立的给水系统。如图 2-6 所示，饮用水给水系统供饮用、烹饪、盥洗等生活用水。杂用给水系统只能用于建筑内冲洗便器、绿化、扫除等用水。

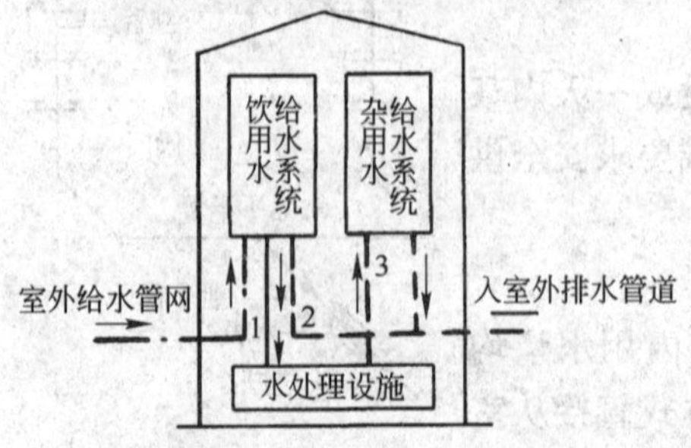

图 2-6　分质给水系统图式
1—生活废水；2—生活污水；3—杂用水

（七）气压给水系统

气压给水系统即在给水系统中设置气压给水设备，利用该设备的气压水罐内气体的可压缩性，升压供水。气压水罐的作用相当于高位水箱，但其位置可根据需要设置在高处或低处。该方式宜用在室外给水管网压力低于或经常不能满

足建筑内给水管网所需水压，室内用水不均匀，且不宜设置高位水箱时采用，如图 2-7 所示。

（八）高层建筑的分区给水方式

在高层建筑中，为避免底层承受过大的水静压力，常采用竖向分压的供水方式，如图 2-8 所示，高区由水箱、水泵供水，低区亦可由水箱、水泵供水，或由外管网直接供水。

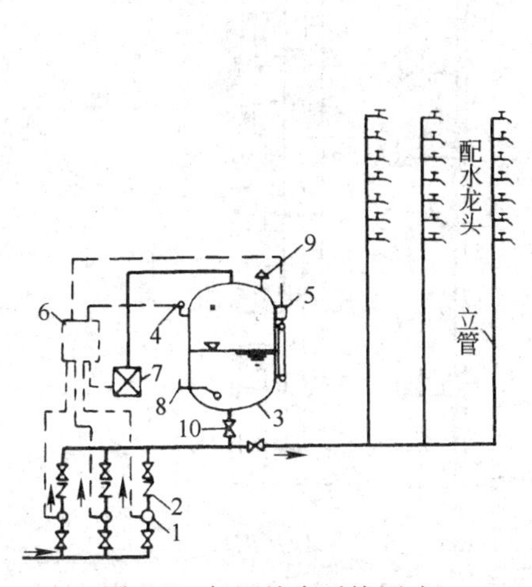

图 2-7　气压给水系统图式

1—水泵；2—止回阀；3—气压水罐；4—压力信号器；5—液位信号器；6—控制器；7—补气装置；8—排气阀；9—安全阀；10—阀门

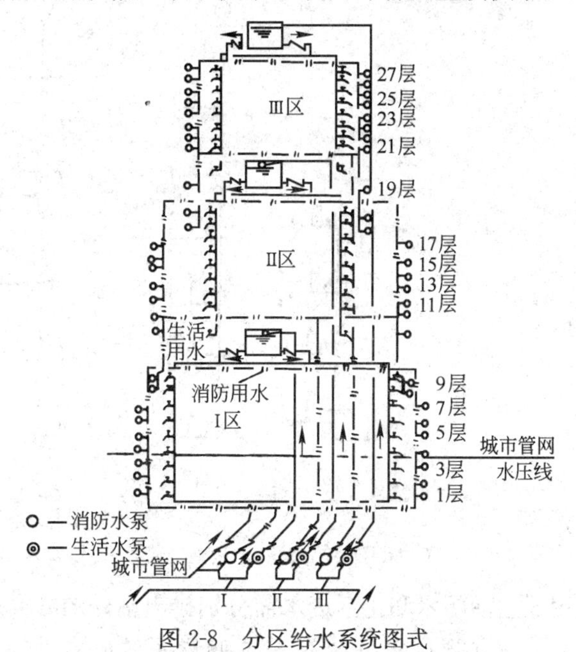

图 2-8　分区给水系统图式

三、建筑室内排水系统图式

建筑内部排水管道系统按排水立管和通气立管的设置情况划分如下：

（一）单立管排水方式

单立管排水系统是指只有一根排水立管，没有专门通气立管的系统。根据建筑层数和卫生器具的多少，此系统又分为三种：

1. 无通气立管的单立管排水系统。如图 2-9(*a*)所示，这种形式的立管顶部不与大气连通，适用于立管短，卫生器具少，排水量少，立管顶端不便伸出屋面的情况。

2. 有通气立管的普通单立管排水系统。排水立管穿出屋顶与大气连通，适用于一般多层建筑。见图 2-9(*b*)。

3. 特制配件单立管排水系统。在横支管与立管连接处，设置特制配件代替一般三通；在立管底部与横干管或排出管连接处设置特制配件代替一般弯头。在排水立管管径不变的情况下改善管内水流与通气状态，增大排水量。适用于各类高、多层建筑。见图 2-9(*c*)。

（二）双立管排水系统（二管制）

由一根排水立管和一根通气立管组成，如图 2-9(*d*)所示。适用于污废水合流的各类多层和高层建筑。

（三）三立管排水系统（三管制）

由一根生活污水立管，一根生活废水立管，一根通气立管组成，如图 2-9(*e*)所示。适

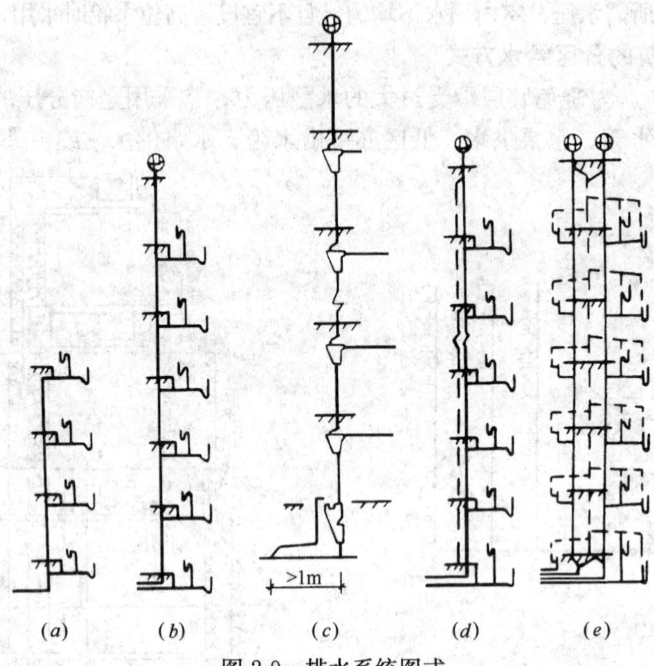

图 2-9　排水系统图式

(a)无通气单立管；(b)有通气普通单管；(c)特制配件单立管；(d)双立管；(e)三立管

用于生活污水和生活废水需分别排出室外的各类多层、高层建筑。

三立管排水系统有一种变形系统，省掉专用通气管，将废水立管与污水立管每隔 2 层互相连接，利用两立管的排水时间差，互为通气立管。

四、建筑室内热水供应系统图式

建筑室内热水给水方式，按热水供应系统是否密闭有开式和闭式之分；根据热水加热方式不同有直接加热和间接加热之分；根据热水管网设置循环管网的方式不同，有全循环、半循环、无循环热水供水方式之分；根据热水循环系统中采用的循环动力不同，有机械强制循环方式和自然循环方式之分；按热水配水管网水平干管位置不同，有上行下给供水和下行上给供水之分。下面举例列出几种常用图式。

(一) 全循环管网方式

图 2-10 所示为开式下行上给式全循环管网方式。此种方式一般分为两部分。锅炉产生的蒸汽，经热媒管送到水加热器的

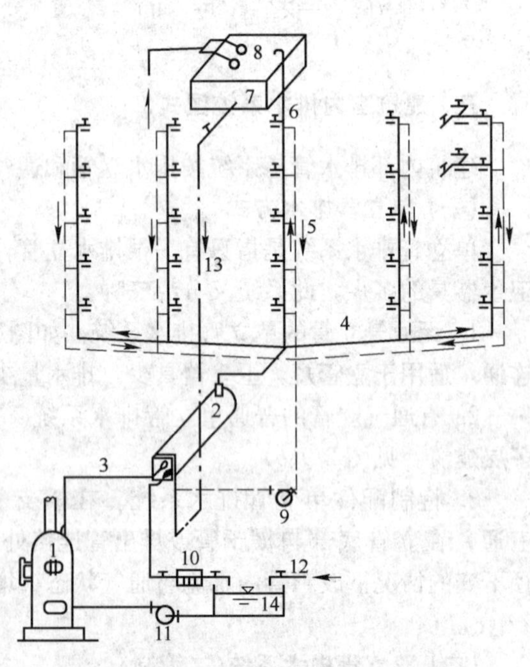

图 2-10　下行上给全循环热水供应系统图式

1—锅炉；2—加热器；3—热媒管；4—配水干管；5—循环管；6—透气管；7—冷水箱；8—浮球阀；9—循环泵；10—疏水器；11—凝水泵；12—自来水管；13—配水立管；14—凝结水池

盘管(或排管)把冷水加热，盘管(或排管)的凝结水经凝结水管、疏水管、凝结水池、凝结水泵回至锅炉，此循环称热水供应第一循环系统(热媒系统)。加热器产生的热水经配水管送至用水点，再经循环管道、循环水泵回至加热器，此循环称热水供应第二循环系统(热水供应系统)。设置循环管道是为了保证热水温度。全循环热水供水方式用于有特殊要求的高标准建筑中，如高级宾馆、饭店、高级住宅等。

(二) 闭式上行下给半循环管网方式

如图 2-11 所示。这种方式管网不与大气相通，冷水直接进入水加热器，需设安全阀或隔膜式压力膨胀罐。此方式中，只有热水干管的热水可以循环，立管的热水不循环，所以只能保证干管中的水温。这种方式节约管材，但使用前需先放掉立管和支管中的冷水。适用于定时供应热水且层数不超过五层(含五层)的建筑。

(三) 开式下行上给无循环方式

如图 2-12 所示。该热水供应方式中，管网顶部设有水箱，管网与大气相通。此方式不设循环管道，节省管材。适用于管路短小、使用要求不高的定时供应系统，如公共浴室、洗衣房等。

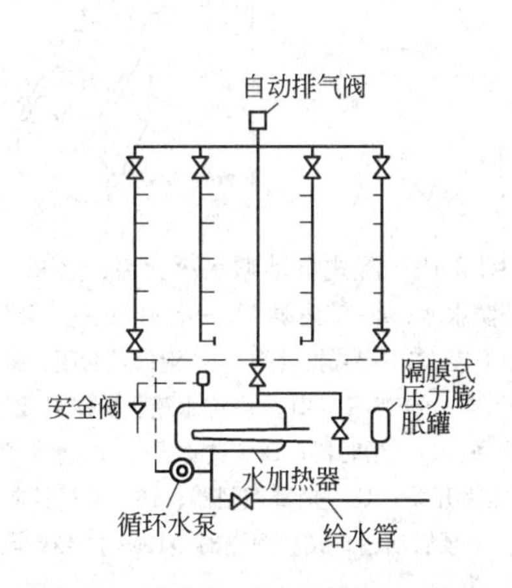

图 2-11 闭式上行下给半循环方式

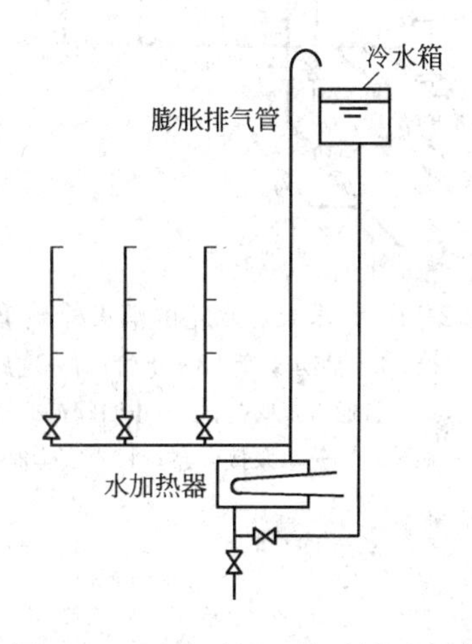

图 2-12 开式下行上给无循环方式

五、建筑消防系统基本图式

(一) 直接供水的消火栓消防给水方式

宜在室外给水管网提供的水量和水压，在任何时候均能满足室内消防给水系统所需的水量、水压要求时采用。该方式中消防管道有两种布置形式：消防管道与生活管网共用、消防管道单独设置。图 2-13 所示的为消防管道单独设置形式。

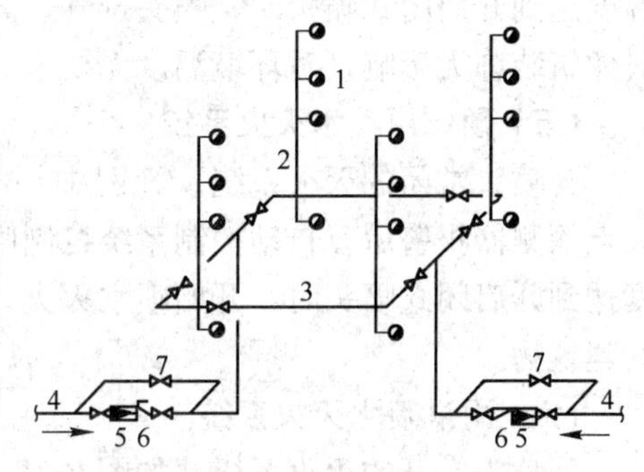

图 2-13 直接供水的消火栓系统

1—消火栓；2—消防竖管；3—干管；4—进户管；5—水表；6—止回阀；7—旁通管及阀门

(二) 设水泵、水箱的消火栓给水方式

宜在室外给水管网的水压不能满足室内消火栓给水系统的水压要求时采用。水箱由生活泵补水，贮存十分钟的消防用水量，火灾发生时，先由水箱供水灭火。如图 2-14 所示。

（三）湿式自动喷水灭火系统

为喷头常闭的灭火系统。如图 2-15 所示，管网中充满有压水，当建筑物发生火灾，火点温度达到开启闭式喷头时，喷头出水灭火。该系统灭火及时，但当渗漏时对建筑装饰和使用有影响。适用于环境温度 4℃<t<70℃的建筑物。

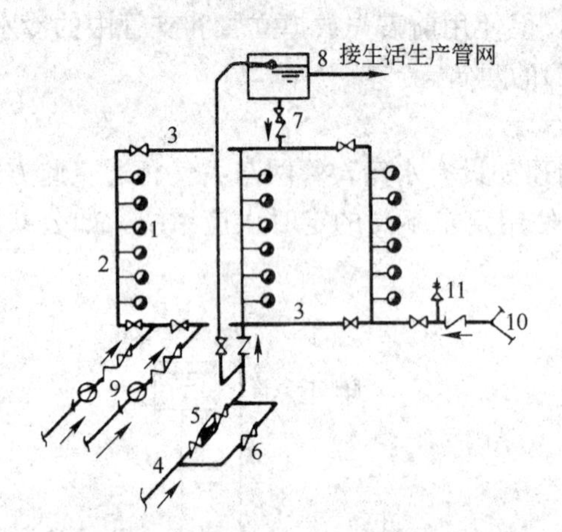

图 2-14　设水泵、水箱的消火栓系统

1—消火栓；2—消防竖管；3—干管；4—进户管；5—水表；6—旁通管及阀门；7—止回阀；8—水箱；9—水泵；10—水泵接合器；11—安全阀

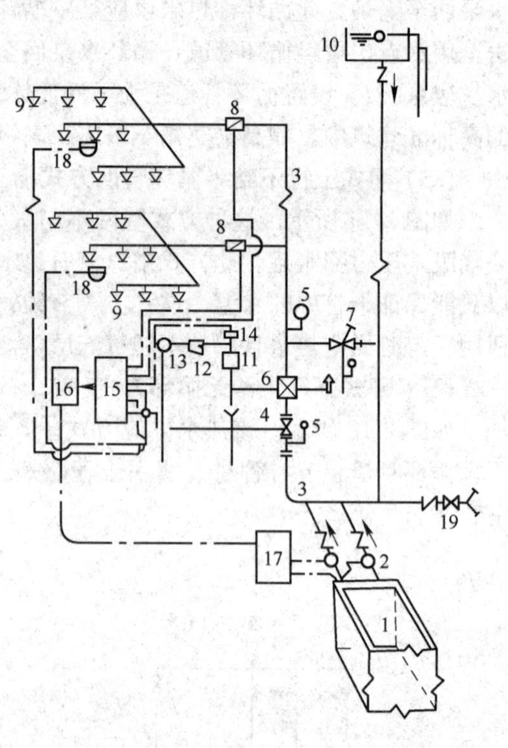

图 2-15　湿式自动喷水灭火系统图式

1—消防水池；2—消防泵；3—管网；4—控制蝶阀；5—压力表；6—湿式报警阀；7—泄放试验阀；8—水流指示器；9—喷头；10—高位水箱、稳压泵或气压给水设备；11—延时器；12—过滤器；13—水力警铃；14—压力开关；15—报警控制器；16—非标控制箱；17—水泵启动箱；18—探测器；19—水泵接合器

（四）干式自动喷水灭火系统

为喷头常闭的灭火系统。如图 2-16 所示，管网中充有有压空气，当发生火灾，火点温度达到开启闭式喷头时，喷头排气、充水、灭火。该系统灭火时不如湿式系统及时，但对建筑装饰无影响，对环境温度无要求。

（五）预作用喷水灭火系统

为喷头常闭的灭火系统。管网中平时不充水（无压），如图 2-17 所示。发生火灾时，火点探测器报警后，自动控制系统控制闸门排气、充水，由干式变为湿式系统。当火点温度达到开启闭式喷头时，开始喷水灭火。该系统适用于对建筑装饰要求高，灭火要求及时的建筑物。

（六）雨淋喷水灭火系统

为喷头常开的灭火系统。如图 2-18 所示，当建筑物发生火灾时，由自动控制装置打开集中控制闸门，使整个区域所有喷头喷水灭火。该系统用于火灾蔓延快、危险性大的建筑或部位。

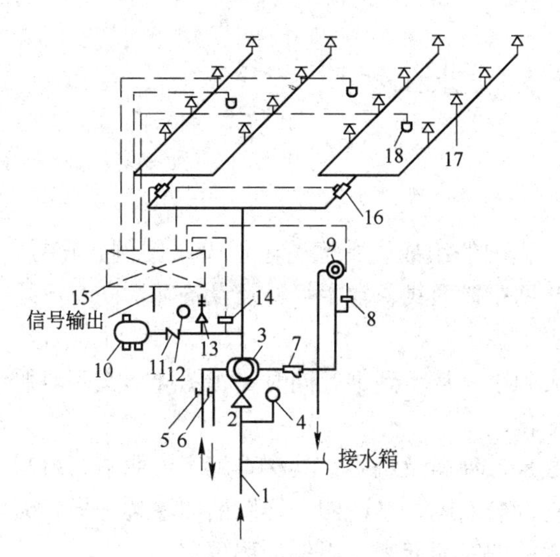

图 2-16　干式自动喷水灭火系统图式

1—供水管；2—闸阀；3—干式阀；4—压力表；5、6—截止阀；7—过滤器；8—压力开关；9—水力警铃；10—空压机；11—止回阀；12—压力表；13—安全阀；14—压力开关；15—火灾报警控制箱；16—水流指示器；17—闭式喷头；18—火灾探测器

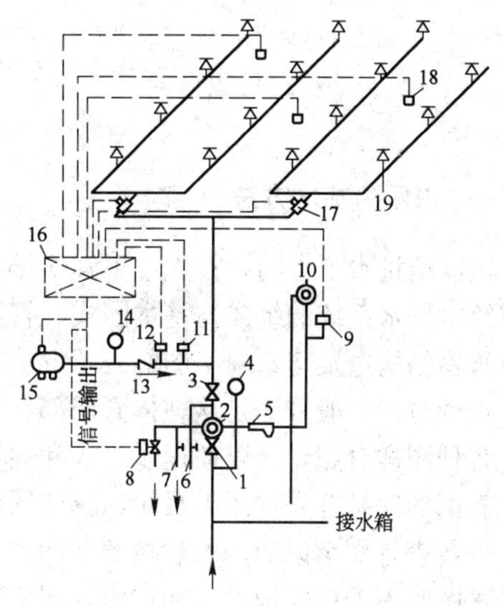

图 2-17　预作用喷水灭火系统图式

1—总控制阀；2—预作用阀；3—检修闸阀；4—压力表；5—过滤器；6—截止阀；7—手动开启截止阀；8—电磁阀；9—压力开关；10—水力警铃；11—压力开关（启闭空压机）；12—低气压报警压力开关；13—止回阀；14—压力表；15—空压机；16—火灾报警控制箱；17—水流指示器；18—火灾探测器；19—闭式喷头

（七）水幕系统

如图 2-19 所示，该系统喷头沿线状布置，发生火灾时主要起阻火、冷却、隔离作用。该系统适用于需防火隔离的开口部位，如舞台与观众之间的隔离水帘、消防防火卷帘的冷却等。

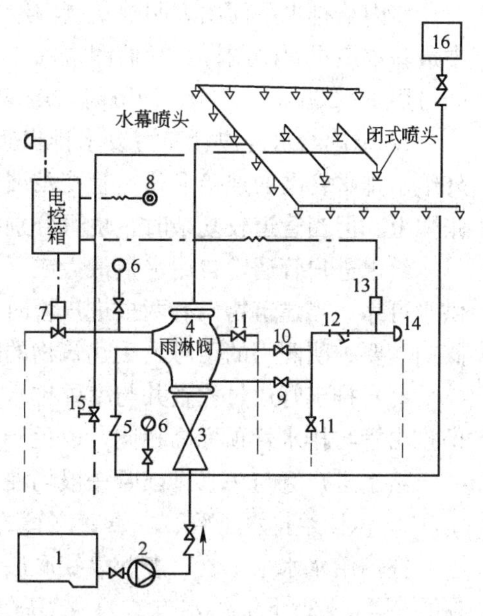

图 2-19　水幕系统图式

1—水池；2—水泵；3—供水闸阀；4—雨淋阀；5—止回阀；6—压力表；7—电磁阀；8—按钮；9—试警铃阀；10—警铃管阀；11—放水阀；12—过滤器；13—压力开关；14—警铃；15—手动快开阀；16—水箱

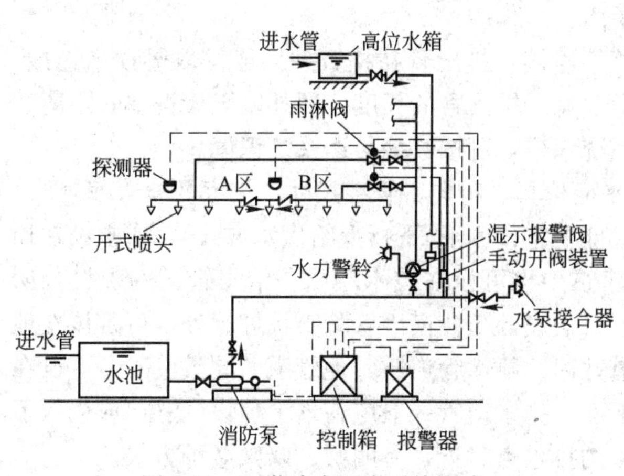

图 2-18　雨淋喷水灭火系统图式

第二节　建筑给水排水工程图

一、识图的基本方法

识读给排水工程图，首先应了解给排水工程图的组成，看懂管道线型、图例、符号，了解给水排水系统的组成与基本图式、管道常见布置形式、常用管材及设备等，同时还须对建筑物的构造及建筑施工图的表示方法有所了解。

识读时，一般方法是从整体到局部、从大到小、从粗到细，同时要将图样与文字对照看，各种图样对照看，以便逐步深入和逐步细化。

看图顺序是首先看图纸目录，搞清图纸数量、种类及编号；其次看施工说明书、材料表、设备表等文字说明；然后按照平面图、立(剖)面图、系统图、详图的顺序逐一详细阅读。看图时不能孤立地看，而应将内容有联系的图对照起来，以便准确理解。

对于每一张图纸，应首先看标题栏，了解图名、图别、图号；其次看文字说明、图样、各种数据，弄清管路编号、管路走向、介质流向、坡向坡度、管道连接方法、标高、管径大小、施工要求等；弄清管道、附件、管件、支架、器具设备等的材质、名称、规格、型号、数量、参数等；弄清管路、设备之间的相互关系，及其与建筑物间的定位尺寸等。

(一) 平面图的识读

室内给排水平面图表明建筑物内给排水管道及用水设备等的平面布置。它是施工图纸中最基本最重要的图样。平面图常用比例1∶100，管线多时可用1∶50～1∶20，大型车间可用1∶200～1∶400。识图时，应掌握的主要内容及识图方法如下。

1. 识读给水进户管和污废水排出管的平面位置、走向、定位尺寸、系统编号、与室外给水排水管网的连接形式、管径及坡度等。一般把室内给排水管道用不同线型合画在一张图上。但当管道较复杂时，也可分别画出给水和排水管道的平面图。

给水进户管通常自用水量最大或不允许间断供水处引入，这样可使大口径管道最短，供水可靠。当建筑物设有两根进户管时，一般从室外环网的不同侧处引入。进户管上安装阀门，要查明阀门的型号及距建筑物的距离。

污水排出管通过检查井与室外排水总管连接。排出管在检查井内通常取管顶平连接，即排出管与排水管顶标高相同，以免产生倒流。排出管的长度，即外墙至检查井的距离。

给水进户管与污水排出管一般均注系统编号，可按其编号逐系统识读。

2. 识读给排水干管、立管、支管的平面位置、走向、管径尺寸、坡度及立管编号。

室内给水水平干管一般敷设在底层或地下室顶棚下(下行上给供水方式)，或敷设在顶层顶棚下(上行下给供水方式)；在高层建筑中也可设在技术层内。给水管道的敷设分明装、暗装两类。明装管道沿墙、梁、柱平行敷设，暗装横干管除直接埋地外，可敷设在地下室、顶棚或管沟内，主管可敷设在管道井内。给水管道与其他管道共同敷设时，宜设在排水管、冷冻管上面，热水管或蒸汽管下面。排水横管一般应在地下埋设(底层)或楼板下吊设等，排水立管应设在最脏、杂质最多的排水点附近，有明敷、暗敷两种方式。

识图时应查明管道是明敷还是暗敷，应注意安装于下层空间而为本层使用且绘于本层平面图上的管道位置。平面图中的管路是按比例画出的，计算长度时可以按比例量取，但对局部详图，必须结合标准图构造尺寸计算。

当系统内立管较多时，在每个立管旁进行编号，可按其编号逐根立管识读。

3. 识读卫生器具、用水设备(开水炉、水加热器等)和升压设备(水泵、水箱等)的平面位置、定位尺寸、型号及数量。

平面图中，仅表示卫生器具和设备的定位尺寸、数量和类型，而不能具体表示其与管道的连接方式及其各部分构造尺寸，其连接方式及构造尺寸可按标准图确定。其位置通常注明中心距墙的距离，紧靠墙、柱可不注距离。

水泵一般设在远离要求安静的房间的地下室或设备层内。水箱一般设在顶层或顶层屋面上。

4. 消防给水管道要查明消火栓的布置、直径大小及消防箱的形式与设置。

室内消火栓设置在建筑物各层明显的、经常有人出入的、使用方便的地方(如楼梯间、走廊内、大厅及车间出入口等处)。消火栓及消防立管有明装、暗装两种方式。消防管道与生活给水系统共用时采用镀锌钢管，独立的消防系统采用不镀锌的黑铁管。消火栓有双出口、单出口之分，直径有 *DN*50、*DN*65 两种。水枪为塑料或铝制，出流一端口径有 13、16、19mm 三种。水龙带为麻织或橡胶的输水软管，常用口径为 *DN*50、*DN*65，长度一般为 10、15、20m 三种。识图时应注意区分。

自动喷洒消防系统不允许与生活给水系统相连接。识读其平面图时，要弄清楚管路布置、管径、连接方法，查明喷头、安全信号阀、水流指示器、报警阀的位置、型号等。

5. 在给水管道上一般装有水表，要查明水表位置、型号及水表前后阀门、旁通管的设置情况等。

6. 对于室内排水管道，还要查明清通设备布置情况。有时在适当的位置设有门弯头或有门三通，识图时应予以考虑。对于大型厂房应注意是否设有检查井，弄清检查井内进出管的连接方向。

(二) 系统轴测图的识读

给水和排水管道系统图，通常按系统画成斜轴测图，主要表明管道系统的空间位置及相互关系。为了明确表示一个管道系统的全貌，应按给水排水系统，分别绘制两张系统图。在给水系统图上只须画出龙头、淋浴器莲蓬头、冲洗水箱等符号，用水设备如锅炉、热交换器、水箱等则画出示意性的立体图，并在支管上注以文字说明。在排水系统图上也只画出相应的卫生器具的存水弯或器具排水管。在识读时应掌握的主要内容和注意事项如下：

1. 查明给水管道系统的具体走向，干管的敷设形式，管径尺寸及其变化情况，阀门的设置，引入管、干管及各支管的标高、坡度。

识读给水管道系统图时，一般按引入管、干管、立管、支管及用水设备的顺序进行，立管按编号逐个识读。

2. 查明排水管道系统的具体走向、管路分支情况、管径尺寸与横管坡度、管道各部标高、存水弯型式、清通设备设置情况、弯头及三通的选用(90°弯头还是 135°弯头，正三通还是斜三通)等。

识读排水管道系统时，一般是按卫生器具或排水设备的存水弯、器具排水管、排水横管、立管、排出管的顺序进行的。在识读时结合平面图及说明，了解和确定管材及管件。排水管道为了保证水流通畅，根据管道敷设的位置往往选用135°弯头和斜三通，在分支处变径有时不用大小头而用洋瓶三通（即主管变径三通）。存水弯有铸铁和黑铁、P式和S式以及有清扫口和不带清扫口之分，在识读图纸时也要视卫生器具的种类、型号和安装位置予以确定下来。

3. 系统图上标有楼层标高和安装在立管上的附件（检查口、清扫口、阀门等）标高，识读时可据此分清附件位置、管路属于哪一楼层的。管道支架在图上一般都不表示出来，由施工人员按有关规程和习惯做法自己确定。给水管支架常用的有管卡、钩钉、吊环和角钢托架，支架需要的数量及规格应在识读图纸时确定下来。民用建筑的明装给水管通常采用管卡和支架等配套，工业厂房给水管则多用角钢托架支架和吊环等配套使用。

（三）详图的识读

凡在以上两种图纸中无法表达清楚，又无标准图可选用的设备、管道接点等，须绘制施工安装详图。详图是以平面图及剖面图表示设备或管道节点的详细构造及安装要求。

详图主要是管道节点、水表、室内消火栓、水加热器、开水炉、卫生器具、穿墙套管、排水设备、管道接口形式、管道支架、保温等的安装图。图纸上有详细尺寸可供安装时直接使用。

二、识图实例

【例1】 图2-20～图2-26是某商住楼的给排水管道平面图和轴测图，图纸说明如下：

1. 给水管道用镀锌水煤气管，丝扣连接；排水管采用承插铸铁管，石棉水泥接口。

2. 室外排水管道d300钢筋混凝土管。

3. 屋顶给水管道设岩棉瓦块保温。

4. 给水管道为虚线，排水管道为实线。

识图过程如下：

（一）识读平面图

1. 底层给排水平面图的识读

（1）与室内相关室外给水部分的识读

由图2-20可看出，图中右下方$DN50$的管线为本建筑给水总引入管，并有室外水表井。管道向左分开两枝，一枝$DN32$管道，向给水立管JL_3供水；另一枝$DN50$管道分为两枝，分别向JL_1、JL_2供水，管径均为$DN32$。JL_1、JL_2、JL_3分别向单元一、单元二、单元三供水（后边可以看到，同时也向屋顶水箱供水）。每一枝在室外地坪均设有阀门井，内设阀门，以便控制单元供水，此阀门为室内外给水的分界点。

（2）室内卫生设施的布置

从单元一可知，厨房内设有洗涤池一个，卫生间内设有浴缸、坐便器、地漏各一个，卫生间外侧设有洗脸盆、地漏各一个。单元二、三的卫生设施布置与单元一基本相同，只是布置方向不同。

（3）室内给水部分识图

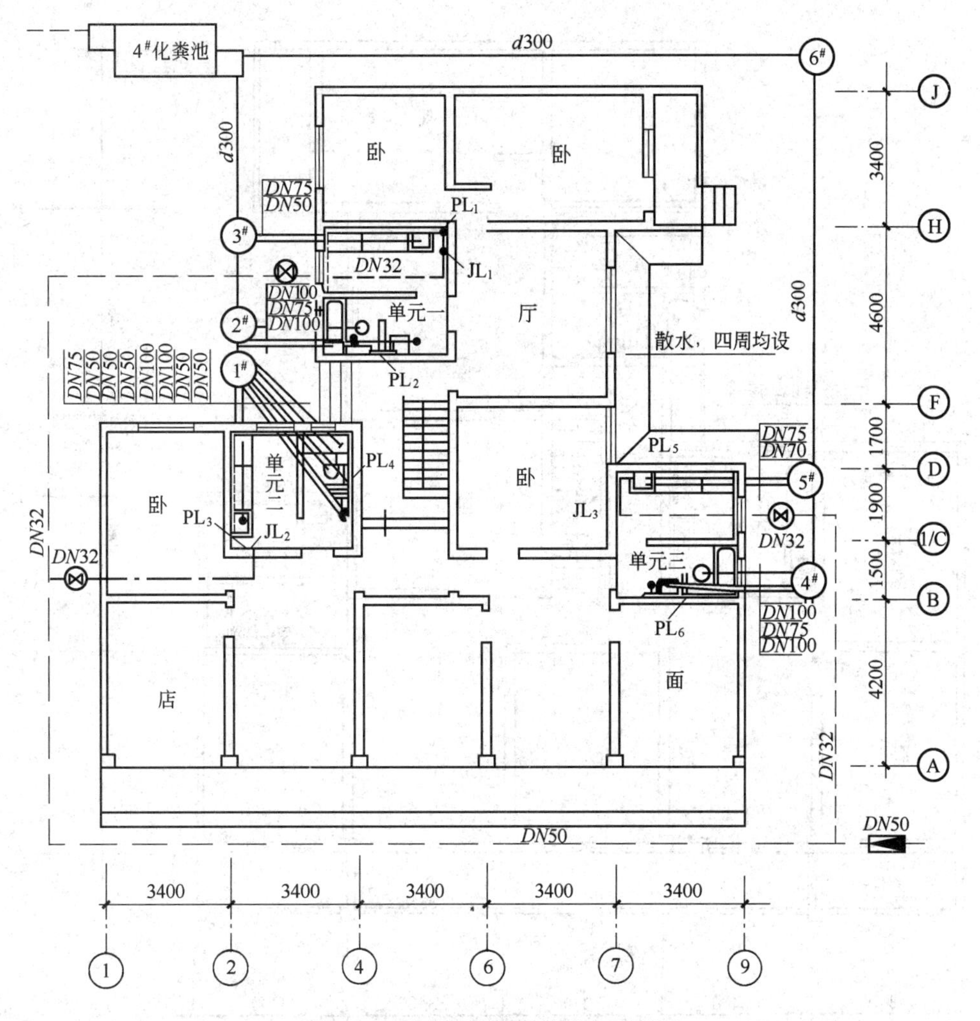

图 2-20 某商住楼底层给排水平面图

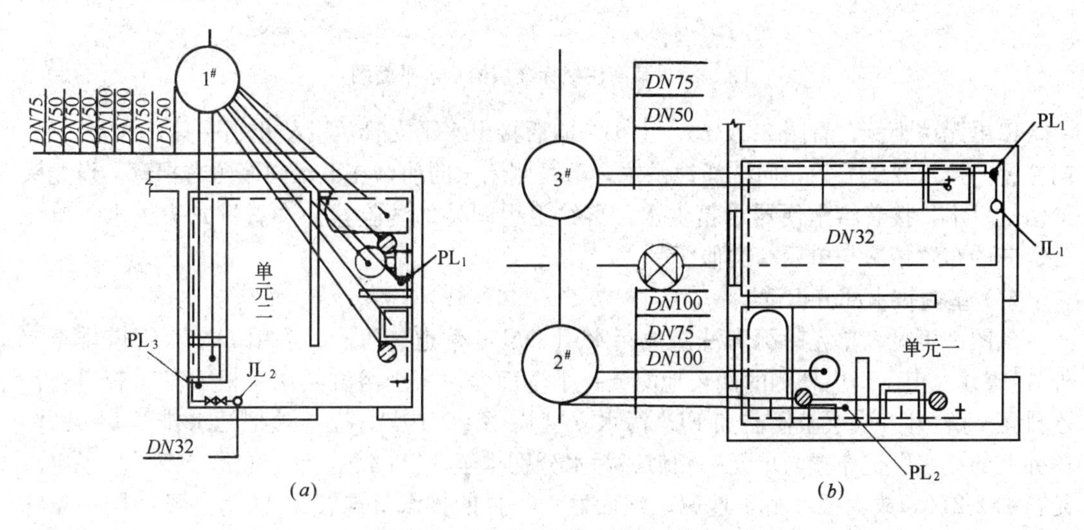

图 2-21 厨厕间给排水平面大样图

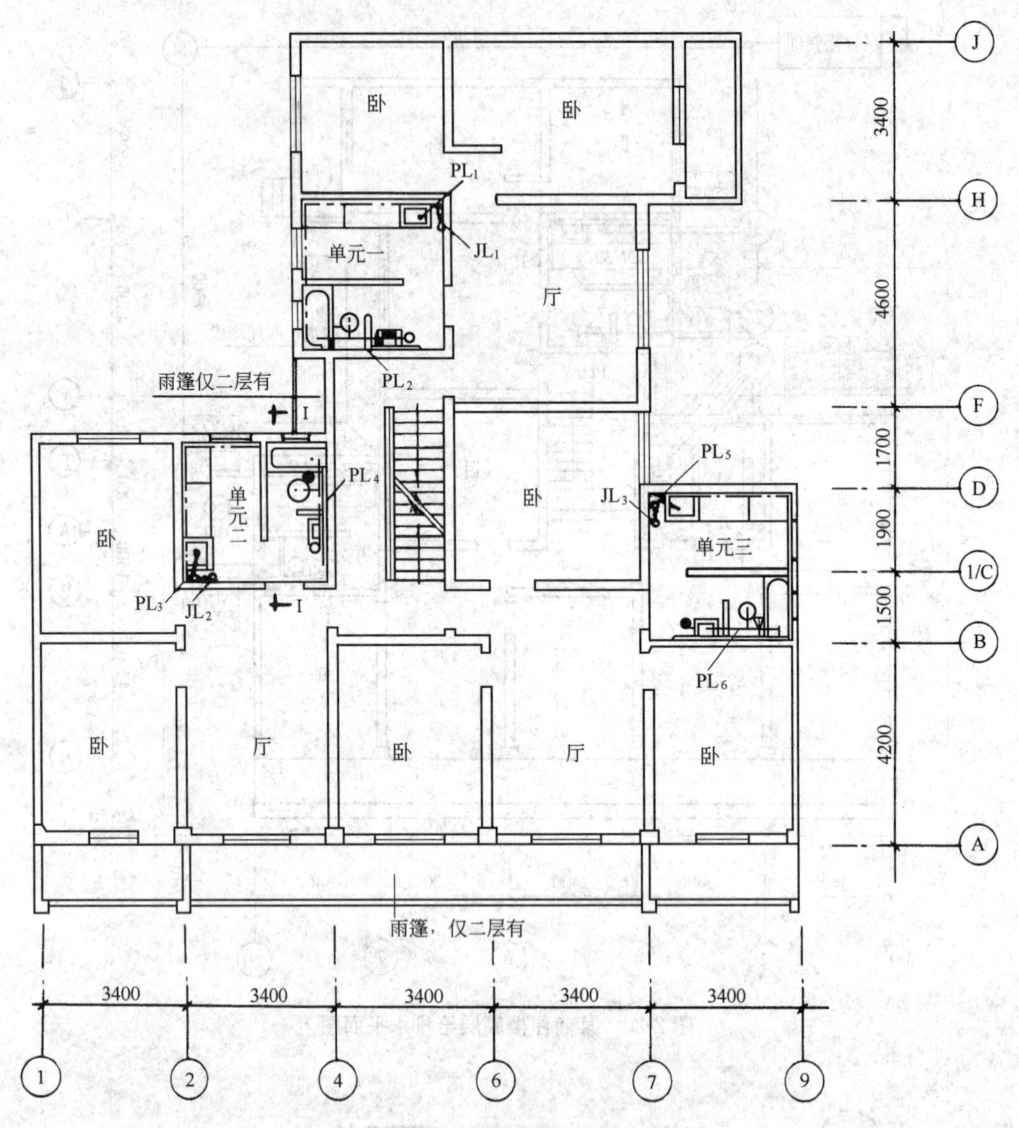

图 2-22　某商住楼标准层给排水平面图

以单元一为例，看图 2-21(*b*)，由 JL_1 向后接出水平支管，设截止阀一只，水表一只。向左拐，接水龙头一只，向洗涤池供水，至左侧墙角向前，在卫生间墙角右拐弯，设龙头给浴缸供水，接着给坐便器水箱供水，再给卫生间外的洗脸盆、洗衣机龙头供水。单元二、三的布置情况与单元一类似。

(4) 室内排水部分识读

从图中可见，单元一厨房洗涤池污水用 *DN*50 管道、PL_1 污水用 *DN*75 管道排至室外 3# 窨井。卫生间内外侧的两个地漏、一个洗面盆、一个浴缸共用一根 *DN*75 管道将污水排至 2# 窨井。底层坐便器和 PL_2 污水立管均用 *DN*100 管道单独把污水排至 2# 窨井。单元三的排水管道布置与单元一相似，污水分别排至 5# 和 4# 窨井。单元二中，为了更清楚，看 2-21(*a*)放大图，由于地漏、洗面盆、浴缸的排水口连线与 1# 窨井不在同一条线上，而且为了排水通畅，各污水排放口均单设排出管，排至 1# 窨井，以防堵塞。

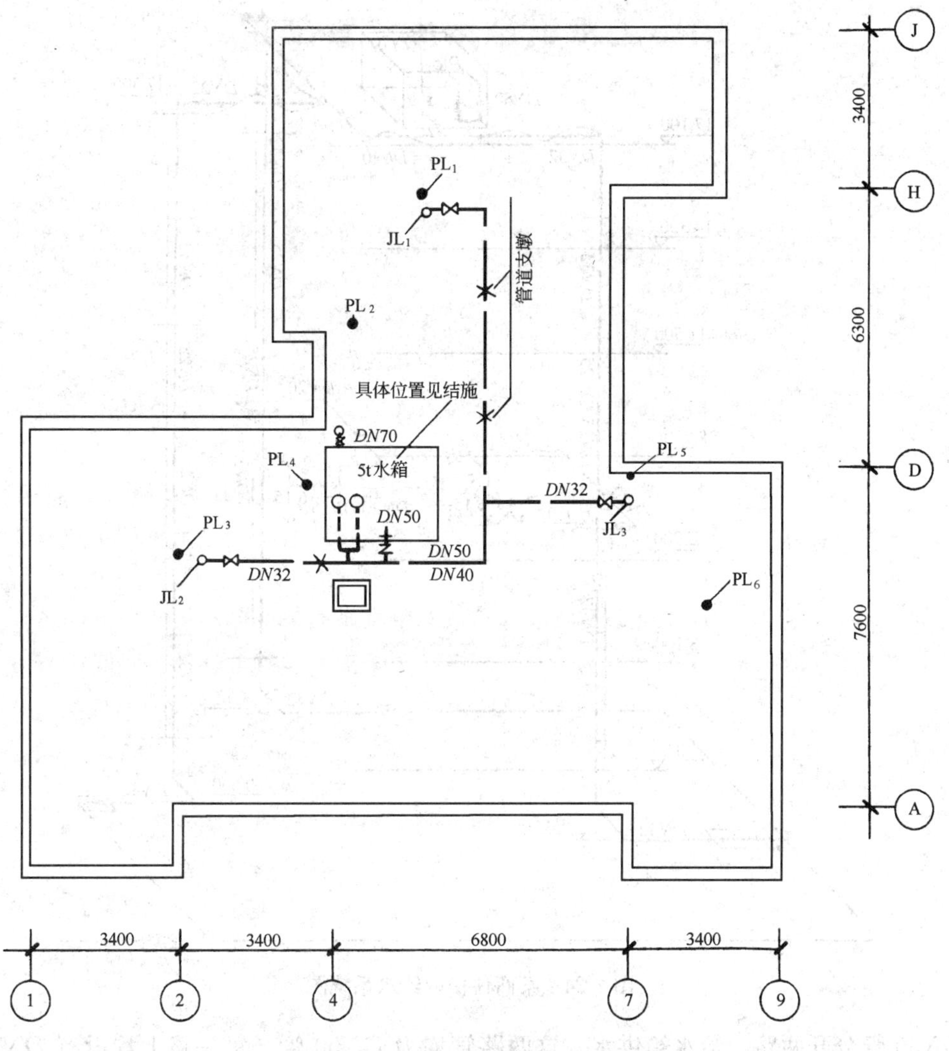

图 2-23　某商住楼屋顶给排水平面图

(5) 与室内相关室外排水部分识读

底层给排水平面图还示意了建筑周围室外排水管道及设施的情况。图中室外排水管道采用 $d300$ 混凝土排水管，按顺序 4#、5#、6# 窨井及 1#、2#、3# 窨井将污水排至化粪池。

2. 标准层给排水平面图的识读

由图 2-22 可见，标准层中室内卫生设施的布置、室内给水部分布置与底层相似。

标准层的排水方式与底层不同。以单元一为例，厨房内洗涤池污水经水平排水支管排至 PL_1 立管，PL_1 在底层由排出管将污水排至室外。卫生间内外侧的一个浴缸、一个坐便器、一个洗脸盆及两个地漏的污水均排至 PL_2 中，在底层由排出管排至室外。

3. 屋顶给水平面图的识读

由图 2-23 可见，屋顶有 5 吨水箱一座，水箱的进水由 JL_1、JL_2 和 JL_3 供给。

水箱进水：JL_1、JL_2 和 JL_3 出屋面后，均设有 $DN32$ 阀门一个，三管交汇于一点，

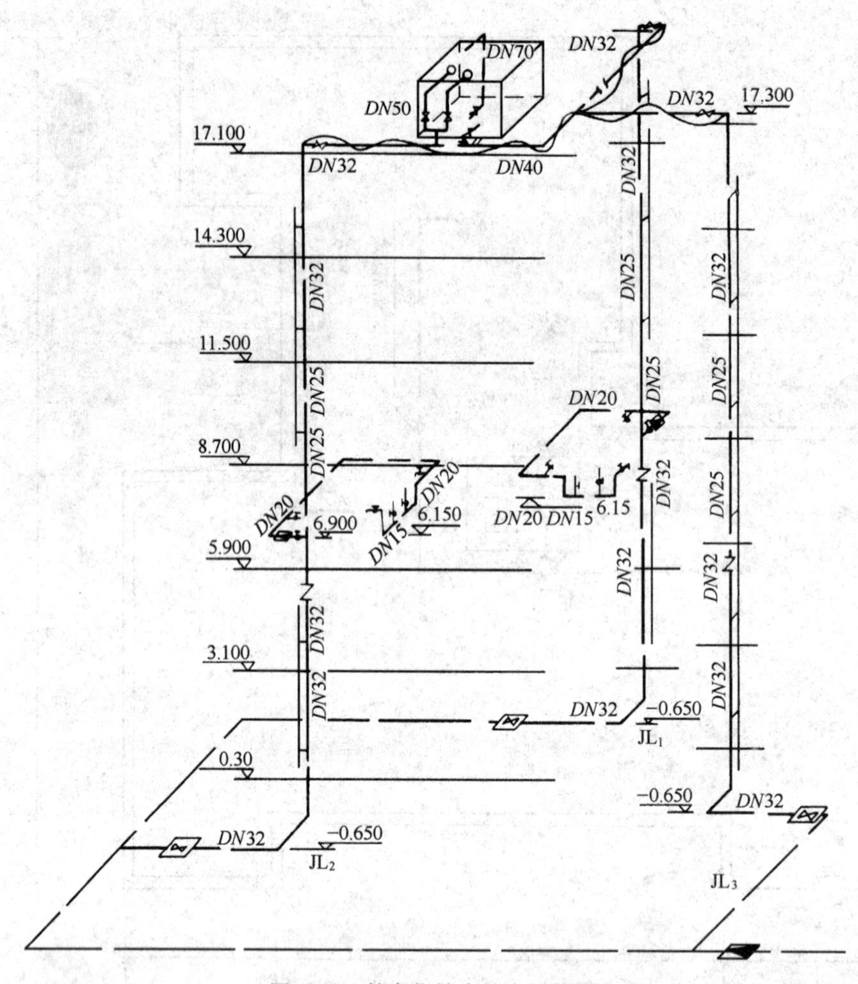

图 2-24　某商住楼内给水系统图

经 DN50 管分开两路，给水箱供水。这两路管均为 DN50 管，每一路上均设有 DN50 闸阀一只(结合图 2-24 看出)、DN50 浮球阀一只。水箱的这两路进水口位于箱体的上部。

水箱出水：在箱体下部侧面，设一根 DN50 出水管，该管道将水箱存水送至 JL_1、JL_2 和 JL_3 中。在出水主管上，装有 DN50 闸阀一只(结合图 2-24 看出)，DN50 止回阀一只。另外，在箱体侧面进水口上方设有 DN70 溢流管，箱体底部设有 DN70 放空管，放空管上设有阀门。

排水部分：屋面上有 PL_1～PL_6 立管，分别由室内引出。

管道保温及管道支架：外露于室外的管道，采用岩棉瓦块保温。屋面水平管道较长，设混凝土支墩。

(二) 室内给排水系统图的识读

1. 室内给水系统图的识读

由图 2-24 可见，图中首先标明了给水系统工程的编号 JL_1、JL_2 和 JL_3，与给水平面图中系统编号相对应。给出了各楼层的标高线，示意了屋顶水箱与给水管道的关系。

从本图可见，屋顶水箱进水管和水箱给水管共用，当室外管网水压高时，以下行上给

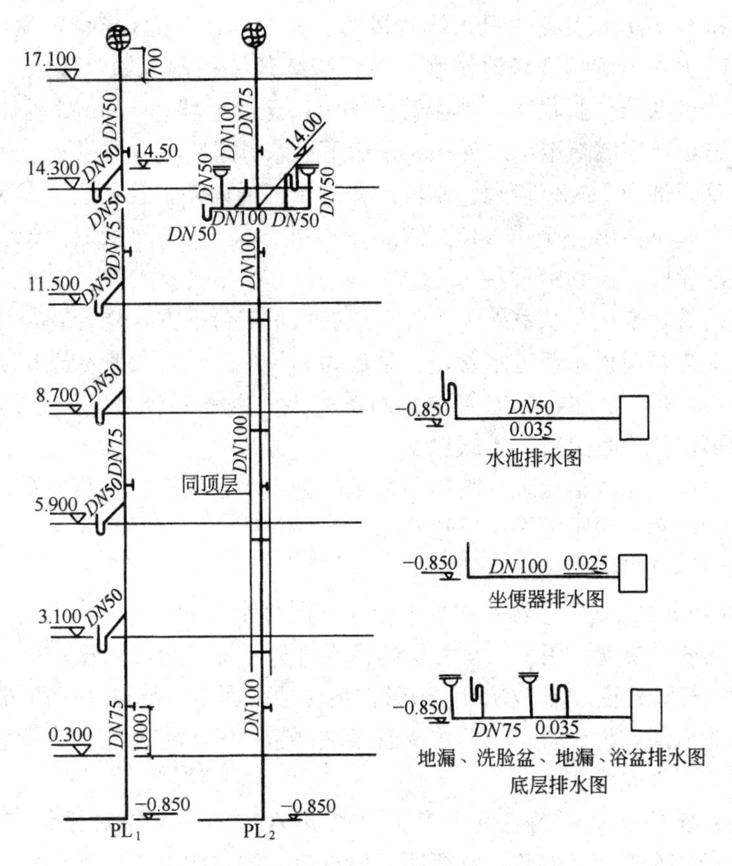

图 2-25 某商住楼单元一中排水系统图

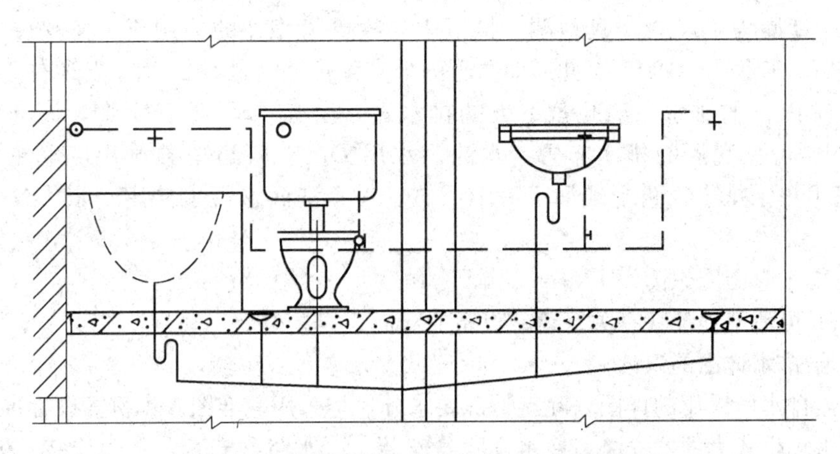

图 2-26 某商住楼卫生间Ⅰ—Ⅰ剖面图

方式供水到各用户，并给屋顶水箱充水。各给水立管在三层楼面下设一止回阀，当室外管网压力不足时，水箱以上行下给式供水给三层或三层以上用户。

识读 JL_1 系统图可知，进户管为 $DN32$，标高为－0.65m，由左边引入，送至单元一厨房地下，向上至屋面后拐弯与其他管道会合接至水箱。在距底层地坪 1m 处，立管上接三通(变径三通，$DN32\times20$)，引出一层供水支管。支管管径 $DN20$。该支管首先接

*DN*20 截止阀和 *DN*20 水表各一只，然后接弯头向左，接三通(异径三通，*DN*20×15)，侧面接出 *DN*15 龙头给厨房洗涤池供水。支管继续延续拐弯入墙，接入卫生间内，再拐弯，接出 *DN*15 龙头给浴缸供水。然后管道下沉，至离地坪 250mm 处延伸，给坐便器低水箱供水。管道再次穿墙至卫生间外侧，采用下进水方式给洗脸盆供水。从给水立管引出支管至此，支管全部为 *DN*20 管道。从洗脸盆进水三通向外，管径改为 *DN*15，水管继续右行，并向上弯起，接出一个 *DN*15 龙头，本层供水支管到此结束。单元一其他各层的支管走向与底层相同。

再看立管的管径变化。从室外引入管至三层水平支管下方，立管管径均为 *DN*32；从五层水平支管上方至屋顶水箱进水管，立管也为 *DN*32；三层水平支管上方至五层水平支管下方管径为 *DN*25。显然，以立管中止回阀为界，以下部分可以认为是下行上给式供水，以上部分可以认为是上行下给式供水。

在系统图中可以比较清楚地反映屋顶水箱的进出水管位置、空间关系、管径、管件等内容，已在前面屋顶给水平面图中阐述。

2. 室内排水系统图的识读

图 2-25 可看出 PL_1、PL_2 污水排放系统及底层排水布置。

PL_1 排水系统是单元一厨房二至六层的污水排放系统。污水立管一至六层及排出管管径为 *DN*75，通气管管径改为 *DN*50，该管伸出屋顶平面 700mm，并在顶端加网罩。立管在一、三、五、六层各设检查口。污水支管管端部带一 P 形存水弯，支管管径 *DN*50，在每层楼地面上方引至立管。

PL_2 排水系统是单元一卫生间及其外侧二至六层的污水排放系统，污水立管管径 *DN*100，通气管部分管径 *DN*75，并标明了检查口、网罩的设置位置。楼层排水支管以立管为界，两侧各设一路，设于楼面下方。图中左侧 *DN*50 管带有 P 形存水弯，用于排除浴缸污水，地漏为 *DN*50 防臭地漏，接下来与横支管相连的为用于排除坐便器污水的"L"形支管，管径 *DN*100，至此通向立管的横支管管径也为 *DN*100。立管右侧，分别表示地漏及洗面盆的排水，洗脸盆下方的排水管，设有"S"形存水弯，该支管管径为 *DN*50。图中可见底层的排水布置，水池污水用 *DN*50 管道单独排出，坐便器污水用 *DN*100 管道单独排出，两个地漏、一个浴缸、一个洗面盆污水共用一根 *DN*75 排水管排出。

3. 给排水立面图识读

图 2-26 可清楚地反映有关管道、设备的立面式样。

(三) 给排水详图的识读

建筑给排水所采用的详图，除有特殊要求外，均采用标准图。本例需要标准图的项目主要有低水箱坐式大便器安装、冷水洗脸盆安装、冷水浴盆安装、水表安装、地漏安装、管道支架制作安装等。现按全国通用给水排水标准图集《卫生设备安装》90S342 举例如下：

1. 低水箱坐式大便器安装图(图 2-27)

给水经距地 250mm 高处的角式截止阀、水箱进水管、进水阀配件，由水箱下面进入水箱。水箱底距地为 510mm，水箱用 $\phi5\times70$ 螺钉、$\phi15$ 塑料垫圈固定于墙上。水箱里的水经冲洗管进入大便器。冲洗管与大便器用锁紧螺母连接。大便器污水排入其下的

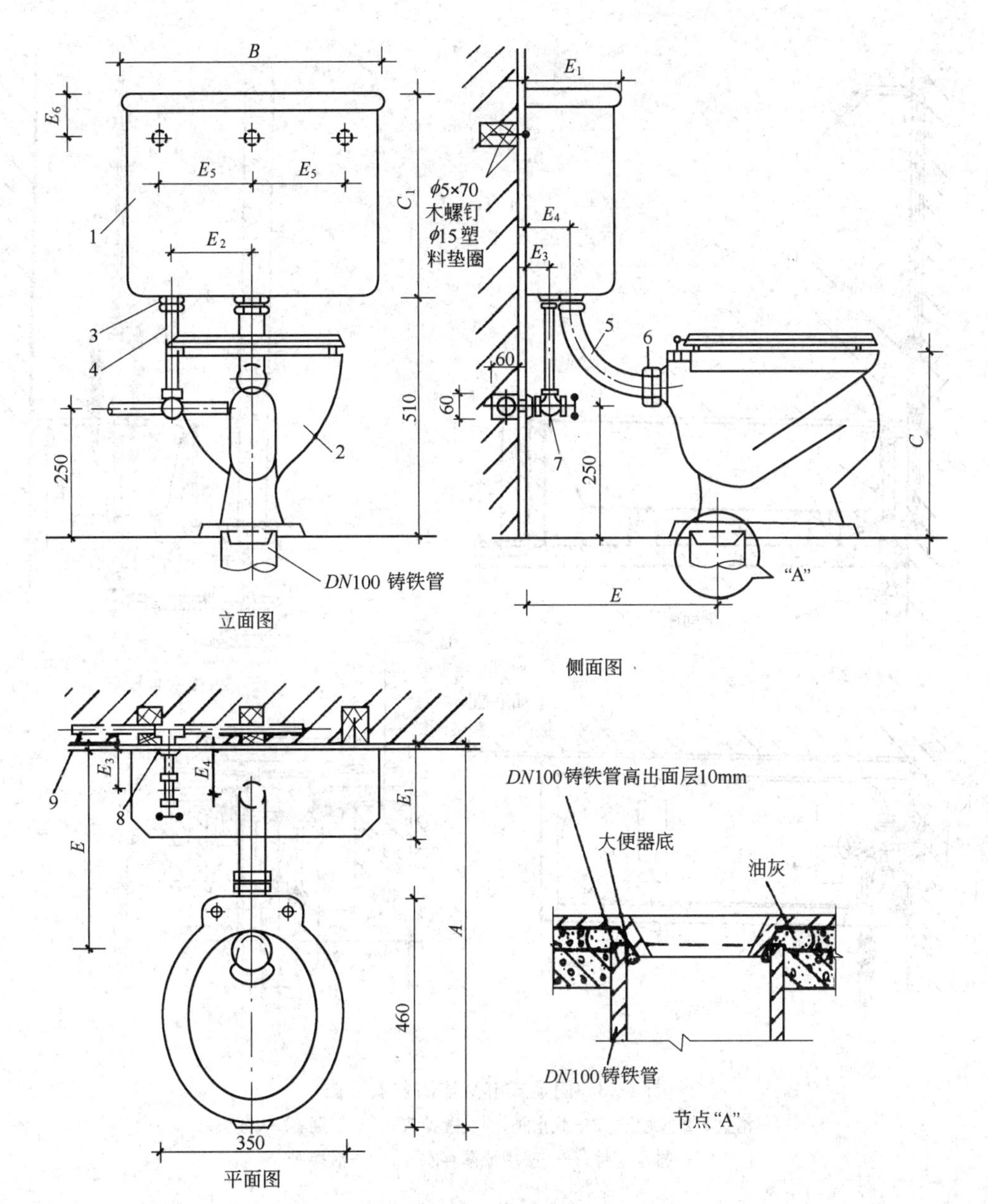

图 2-27　低水箱坐式大便器安装图

1—低水箱；2—坐式便器；3—进水阀配件；4—水箱进水管；5—冲洗管及配件；6—锁紧螺母；7—角式截止阀排水配件；8—三通；9—冷水管

*DN*100 铸铁管，大便器出口用油灰将大便器与铸铁管连接。

2. 固定式淋浴器浴盆安装图(图 2-28)

由图看出，冷热水可通过冷热水龙头向浴盆供水，也可混合后由莲蓬头供水。污水经排水配件、三用地漏存水盒、横管排入立管。

浴盆上沿距地为 480mm，冷热水龙头距地均为 630mm，二者水平间距为 150mm。莲蓬头距地 2250mm。浴盆基础及其周围均用砖砌而成。

节点"A"图中有二尺寸者，表示不同厂的产品尺寸。

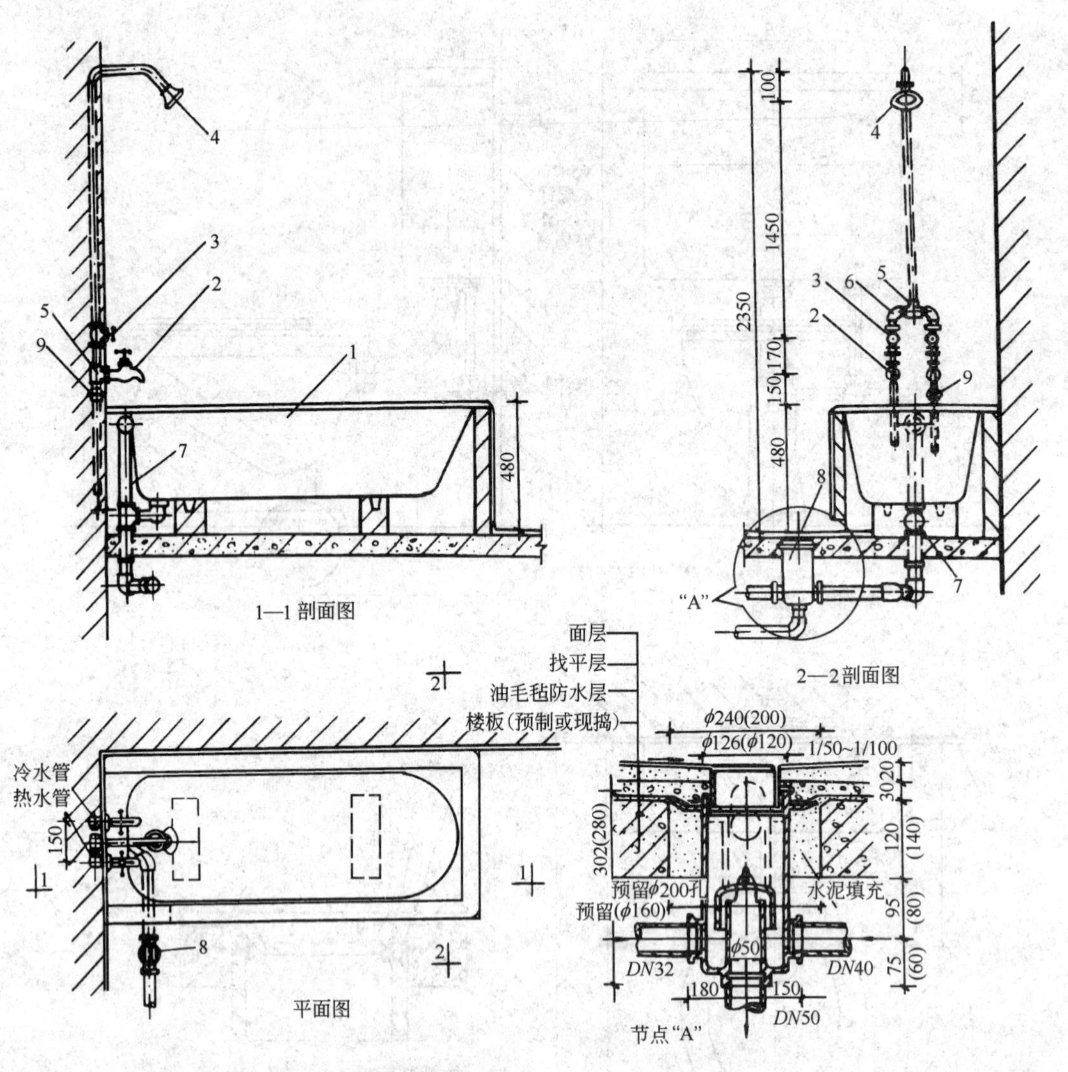

图 2-28　固定式淋浴器浴盆安装图

1—浴盆；2—龙头；3—截止阀；4—莲蓬头；5—三通；6—弯头；
7—排水配件；8—三用地漏存水盒；9—活接头

【例 2】 图 2-29～图 2-42 为某市场综合住宅楼给排水施工图。该建筑地上八层，有地下室。地下室、底层、二层为商场，设自动喷水灭火系统，辅以消火栓灭火系统。四～八层分为住宅、办公室及客房三部分，消火栓灭火系统。客房供应热水。本例选出部分图纸识读。

设计施工说明：

1. 根据室外管网水压情况，本商住楼生活用水由气压装置供水。

2. 生活给水管道采用热镀锌钢管、丝扣连接；自动喷水灭火系统管道采用无缝热镀锌钢管，*DN*100 以上焊接，*DN*100 以下丝接；消火栓系统管道采用焊接钢管，焊接；排水管道采用 UPVC 承插粘接，排水横干管采用优质排水铸铁管，承插连接，麻丝填充石棉水泥捻口。

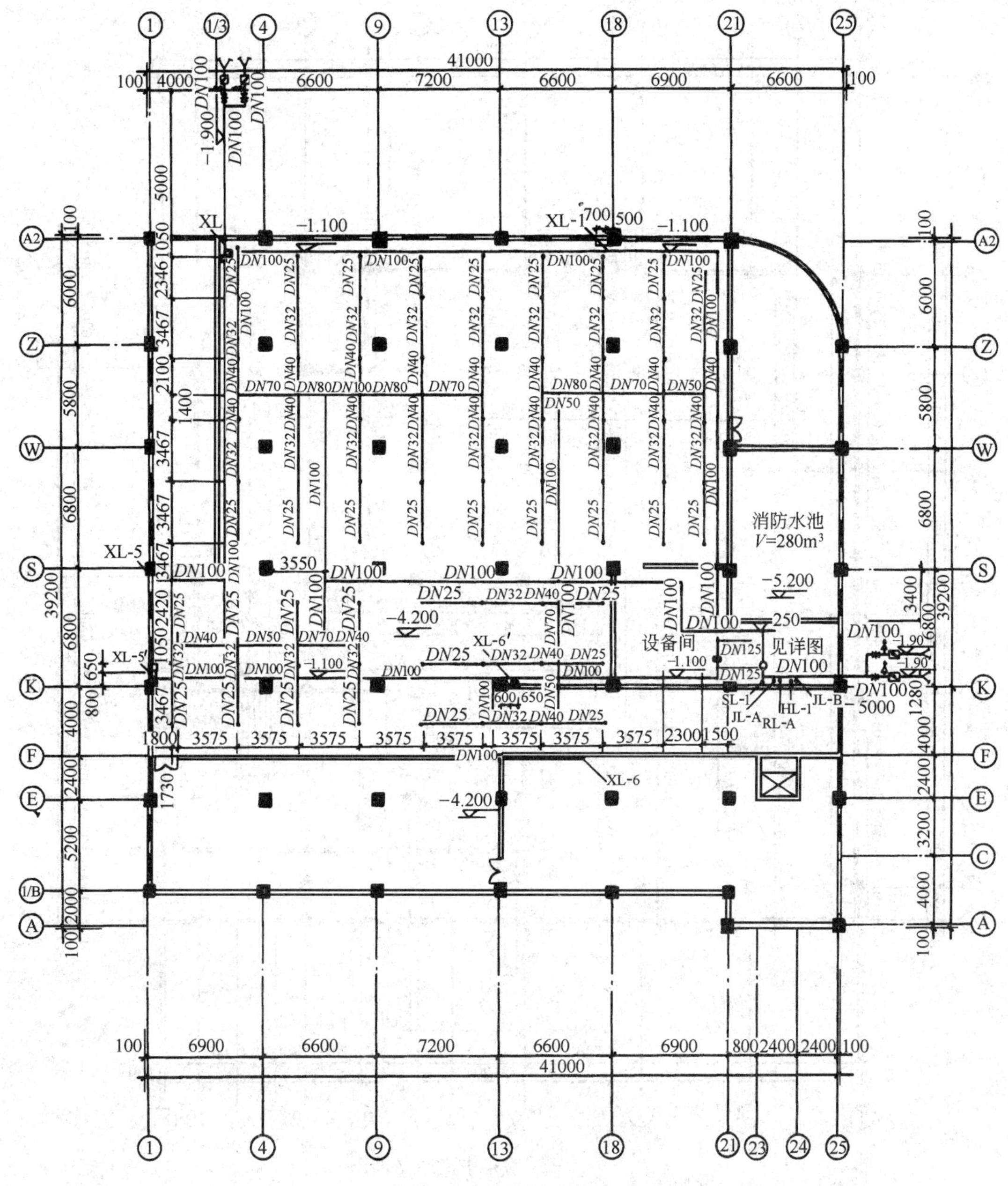

图 2-29　地下室给水排水消防平面图

3. 明露钢管、铸铁管，刷樟丹一道，银粉二道，埋地钢管刷冷底子油一道，沥青二道。

4. 给水管道穿楼板必须预埋钢套管。

5. 穿地下室外墙管道及穿消防水池池壁管道必须预埋防水套管。

6. 排水立管与横管连接采用 TY 三通或 TY 四通，出户管与立管连接采用二个 45°弯头。

识图过程如下：

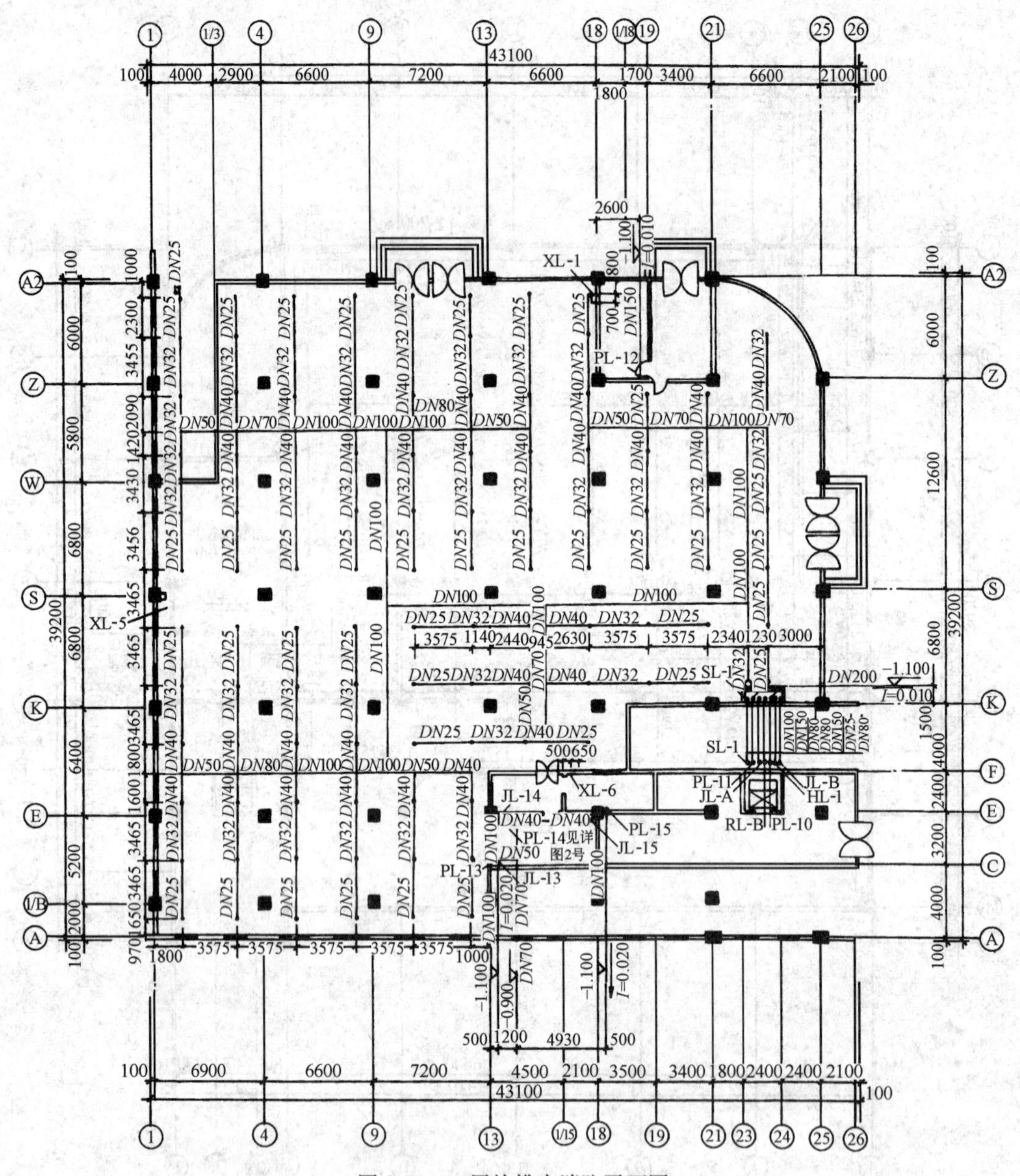

图 2-30　一层给排水消防平面图

(一) 识读消火栓消防系统

由给排水消防平面图(图 2-29～图 2-34)及消火栓系统图(图 2-36)看出，消火栓灭火系统有三个进水口：图中右下方有两个进水管(由加压泵自消防水池供水，设备间平面图略)，管径为 *DN*125，标高为−1.100；图中左上方 1/3 轴线处，有两个水泵接合器，分别接蝶阀、安全阀、闸阀，然后汇合，向南延伸，过 A_2 轴后自−1.900 上弯至−1.100，此进水管管径 *DN*100。可以看出，此消防系统供水方式采用环状供水方式，供水水平干管沿 1/3、A_2、21、K 轴线内侧形成环路。

该环路上，在 A_2、18 轴交角处引出 XL-1。在 K、13 轴线交角处，引入 XL-6′，在此

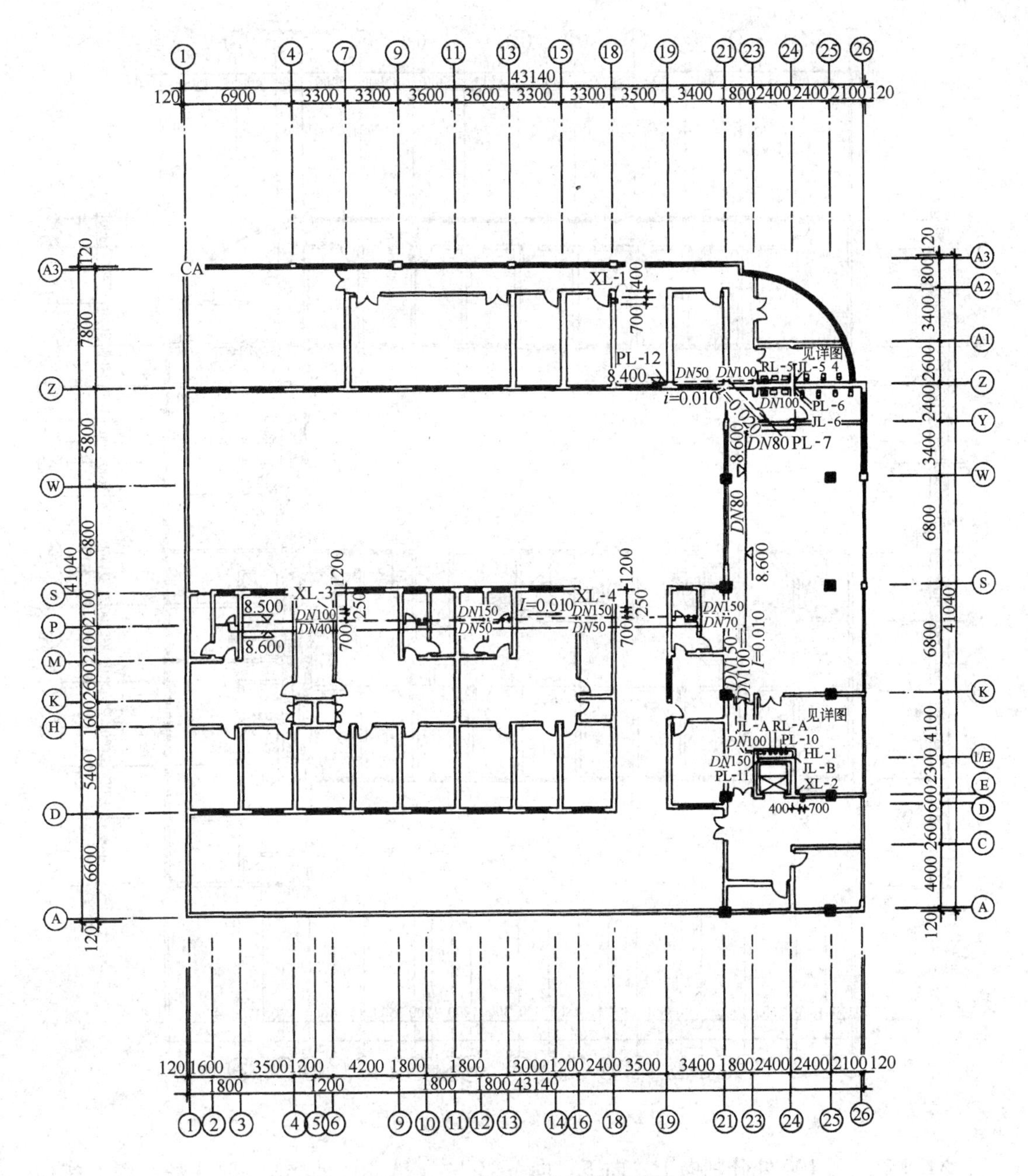

图 2-31 三层给排水消防平面图

处又引出水平管穿过 F 轴后，引向 18 轴附近，在此处引出 XL-6。XL-6 上行至标高 8.100 处时，弯曲、延伸，分别在 24、E 轴交角处引出 XL-2。S、18 轴线交角处引出 XL-4。在 1/3、K 轴线处引出水平管，在 1 轴内侧下弯引出 XL-5′。在 1/3、S 轴线处引出水平管至 1 轴内侧，上弯引出 XL-5，XL-5 上行到标高 8.100 处弯曲延伸，在 R、6 轴线交角处引出 XL-3。XL-1、XL-2、XL-3、XL-4 在顶层连通。

水平干管管径为 *DN*100，环路上设有四个蝶阀。

下面识读各消防立管。

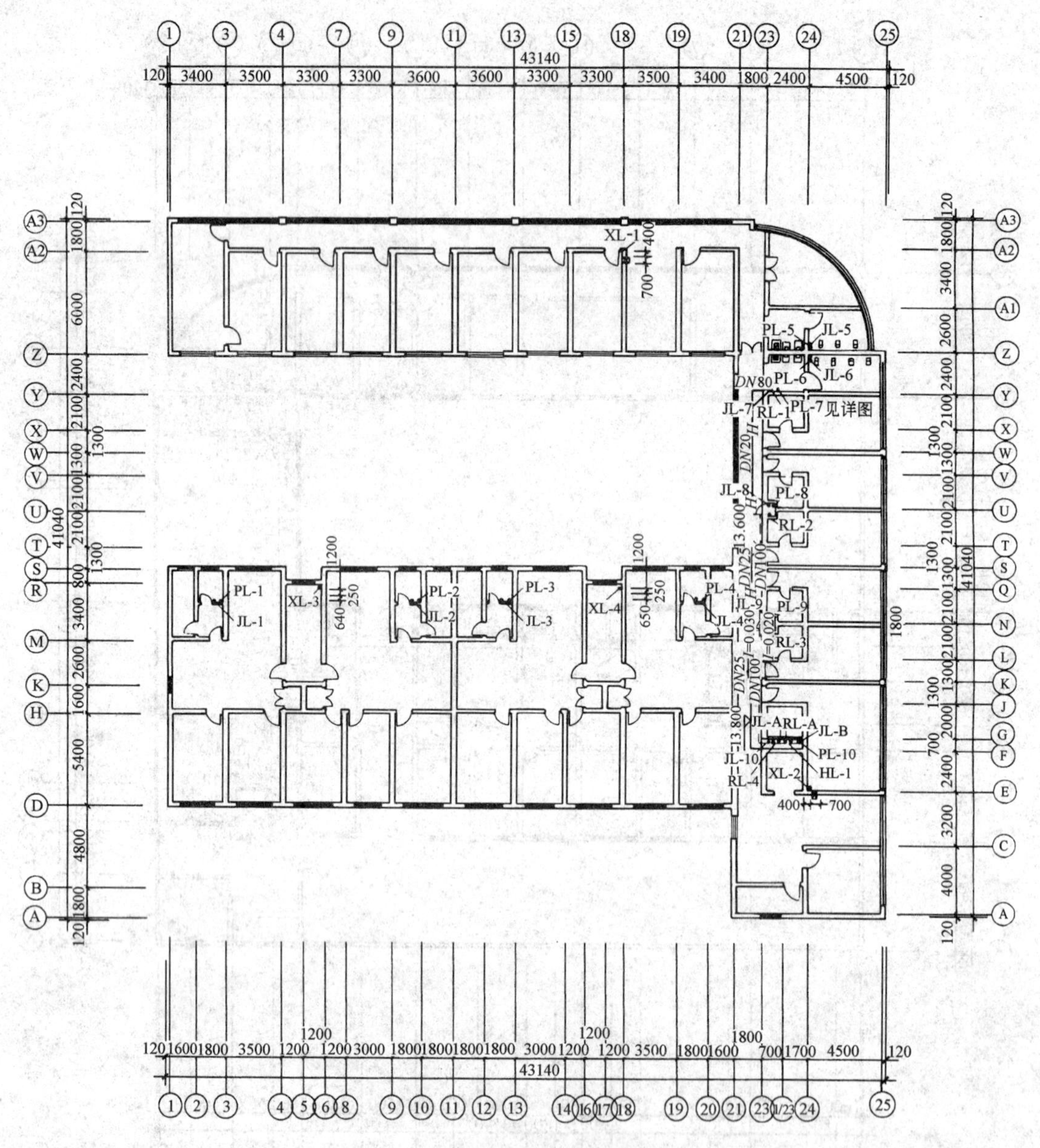

图 2-32　四层给排水消防平面图

XL-1 在－1.100 处分别向上、向下，向下部分在－3.400 处接两具消火栓，向上部分首先接一蝶阀，然后，在一至八层距楼(地)面 800 处分别接出两具消火栓，在屋面装有一具检查用的消火栓。XL-6′在－1.100 处下行，至－3.400 处接一具消火栓。

XL-6 在－1.100 处上行，接一蝶阀，在第一、二层分别装一具消火栓。而后上行拐弯，在 8.100 处分别接出 XL-2、XL-4。

XL-2 在 8.100 处上行，接一蝶阀，在三至八层分别装二具消火栓，在屋面装一具消火栓。

XL-4 在 8.100 处上行，接一蝶阀，在三至八层分别接一具消火栓。

XL-5′在－1.100 处接一蝶阀，下行至－3.400 处接一消火栓。

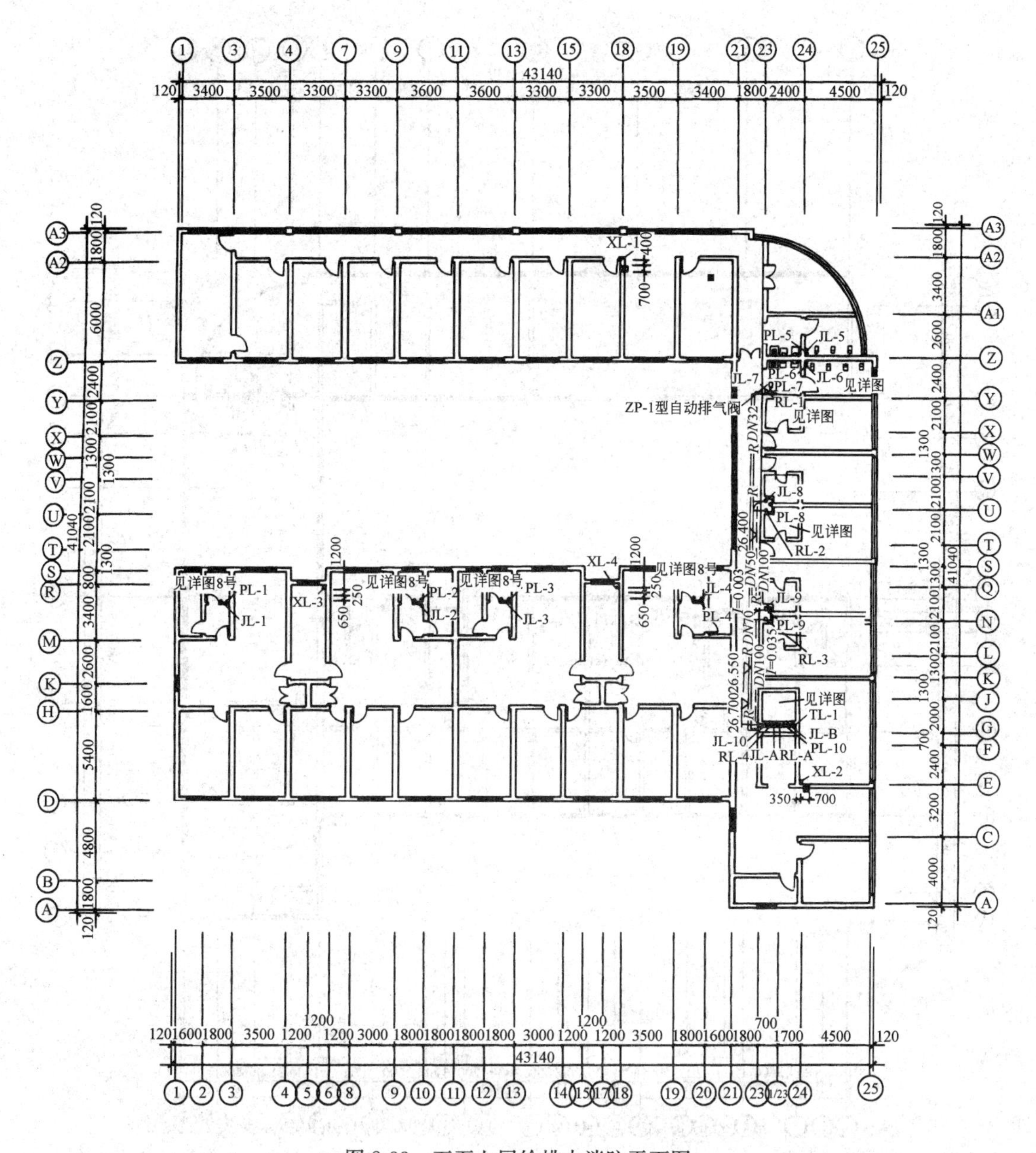

图 2-33　五至七层给排水消防平面图

XL-5 在－1.100 处上行，接一蝶阀，在一、二层分别接一消火栓。至 8.100 处接 XL-3。

XL-3 在 8.100 处上行，接一蝶阀，在三至八层分别接一消火栓。

除 XL-5′、XL-6′的管径为 *DN*70 以外，其他消防立管管径均为 *DN*100。

(二) 自动喷水灭火系统识读(地下室部分)

看地下室给水排水消防平面图(图 2-29)及自动喷水灭火系统图(图 2-37)。由平面图可以看出，在 K 轴线处有一自动喷水灭火立管 SL-1(由加压泵自消防水池供水)，SL-1 管径为 *DN*100。SL-1 自地下室设备间引出水平横管上弯至－1.900m，穿过 25 轴线后分支，

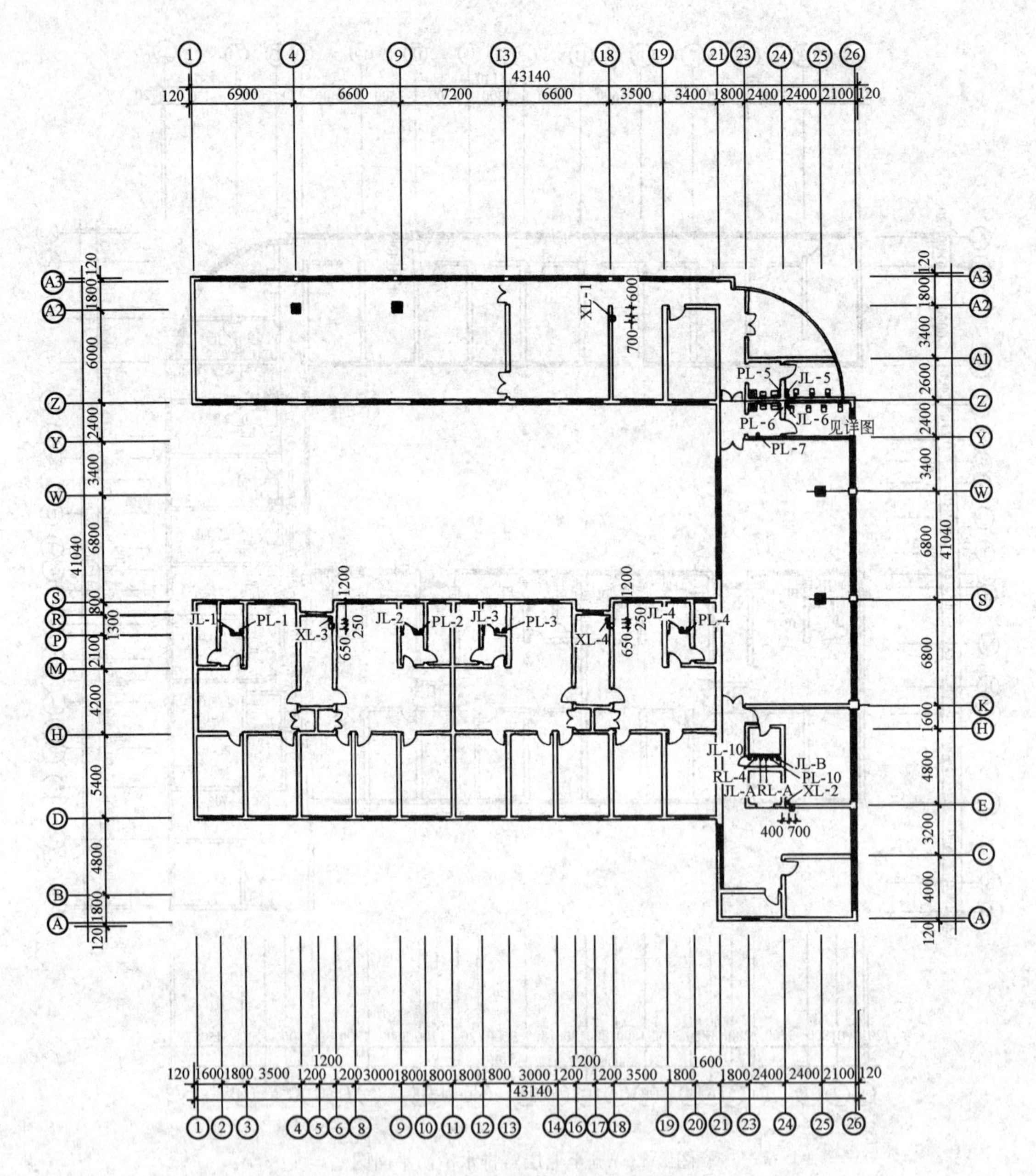

图 2-34 八层给排水消防平面图

分别接闸阀、安全阀、蝶阀、水泵接合器，此处供水时由消防车水泵供水，管径为 *DN*100。

SL-1 上行到−3.000 时接消防报警阀，至−1.250 处引出水平管，上设闸阀、水流指示器(显示供水流量)，再到各消防区域，最后到达各用具支管，终端为铝合金闭式喷头。

在系统的最远端 A_2、1/3 轴线交角处设有一压力表和放水阀。系统干管管径为 *DN*100，水平支管管径为 *DN*100、*DN*80、*DN*70、*DN*50 四种，用具支管管径为 *DN*40、*DN*32、*DN*25 三种。

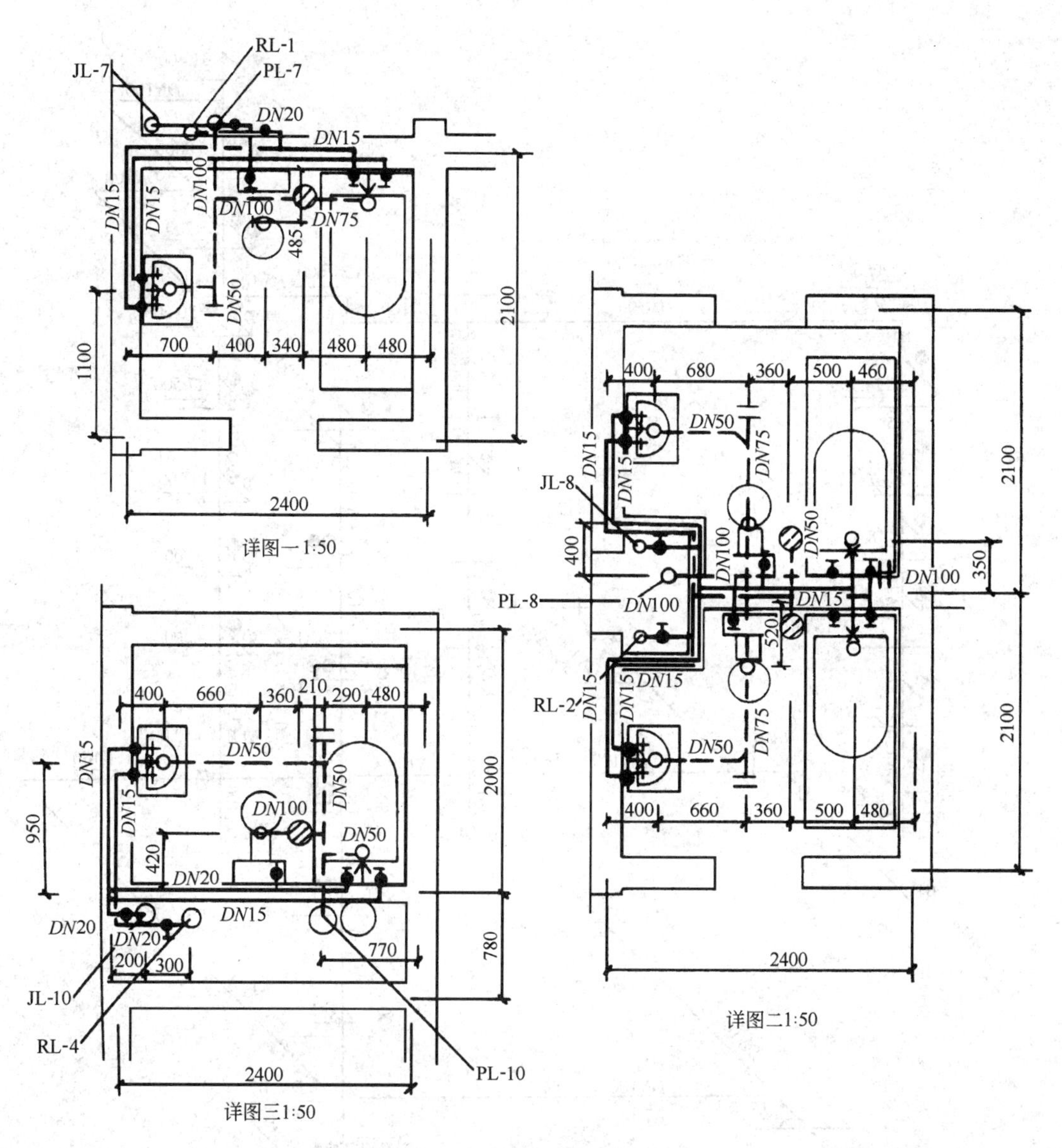

图 2-35 客房卫生间给排水详图

(三) 客房冷水系统

看图四至七层平面图(图 2-32、图 2-33)、四至七层客房给水系统图(图 2-39)及详图一、二、三(图 2-35)。四至七层客房冷水由 JL-A 由屋顶水箱沿管道间引下，至七层板底标高 26.550 处引出给水水平管。JL-A 继续下行至地下室热交换器，向热交换器提供冷水。JL-A 管径为 *DN*80，水平管管径依次有 *DN*70、*DN*50、*DN*32 三种。给水水平管分别在 23 轴线与 Y 轴线、U 轴线、N 轴线、G 轴线的交角处引出给水立管 JL-7、JL-8、JL-9、JL-10，JL-7 明设于客房外卫生间内，其他立管敷设在管道间内。

JL-7 的管径为 *DN*32、*DN*25、*DN*20 三种，在四至七层距楼面 250 高处引出水平支管，分别向卫生间内脸盆、坐便器、浴盆及淋浴器供水。支管管径有 *DN*15 两种。

JL-10 与 JL-7 相似。

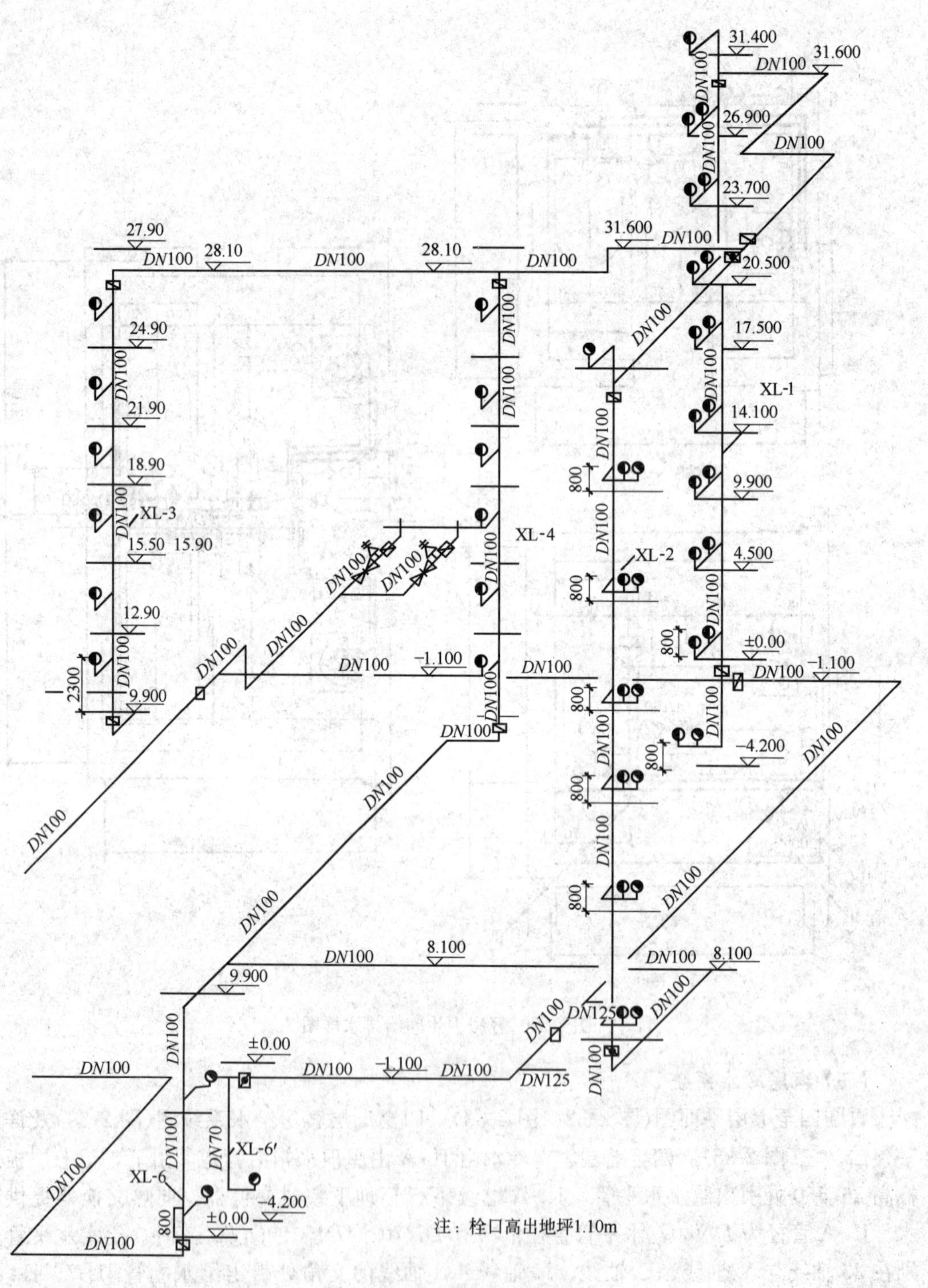

图 2-36　消火栓消防系统图

JL-9 的管径为 DN40、DN32、DN25 三种，引出的支管分别向两个卫生间的脸盆、坐便器、浴盆及淋浴器供水，支管管径有 DN20、DN15 两种。

JL-8 与 JL-9 相似，但向上引出 DN20 支管向八层客房供水。

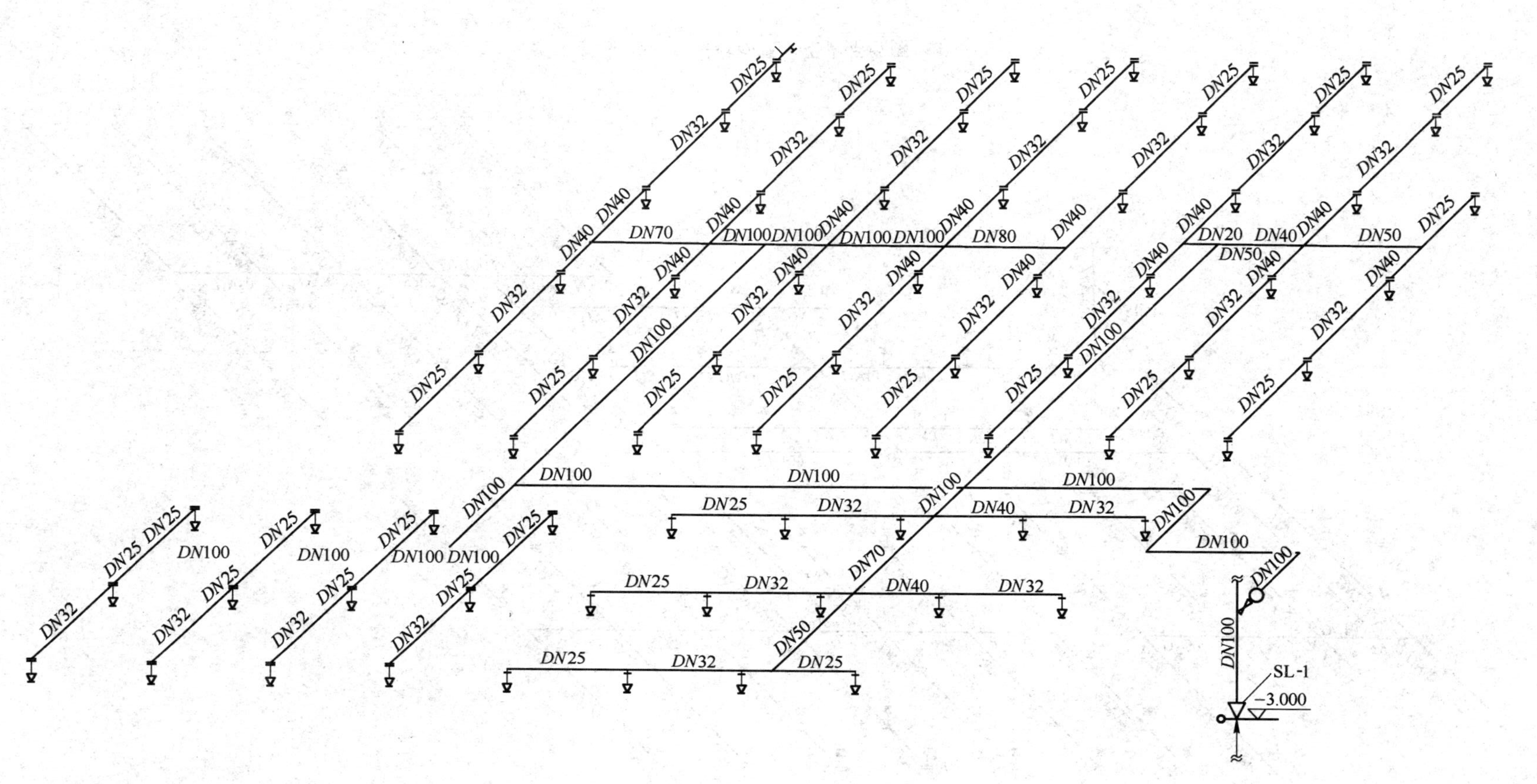

图 2-37　地下室自动喷水灭火系统图

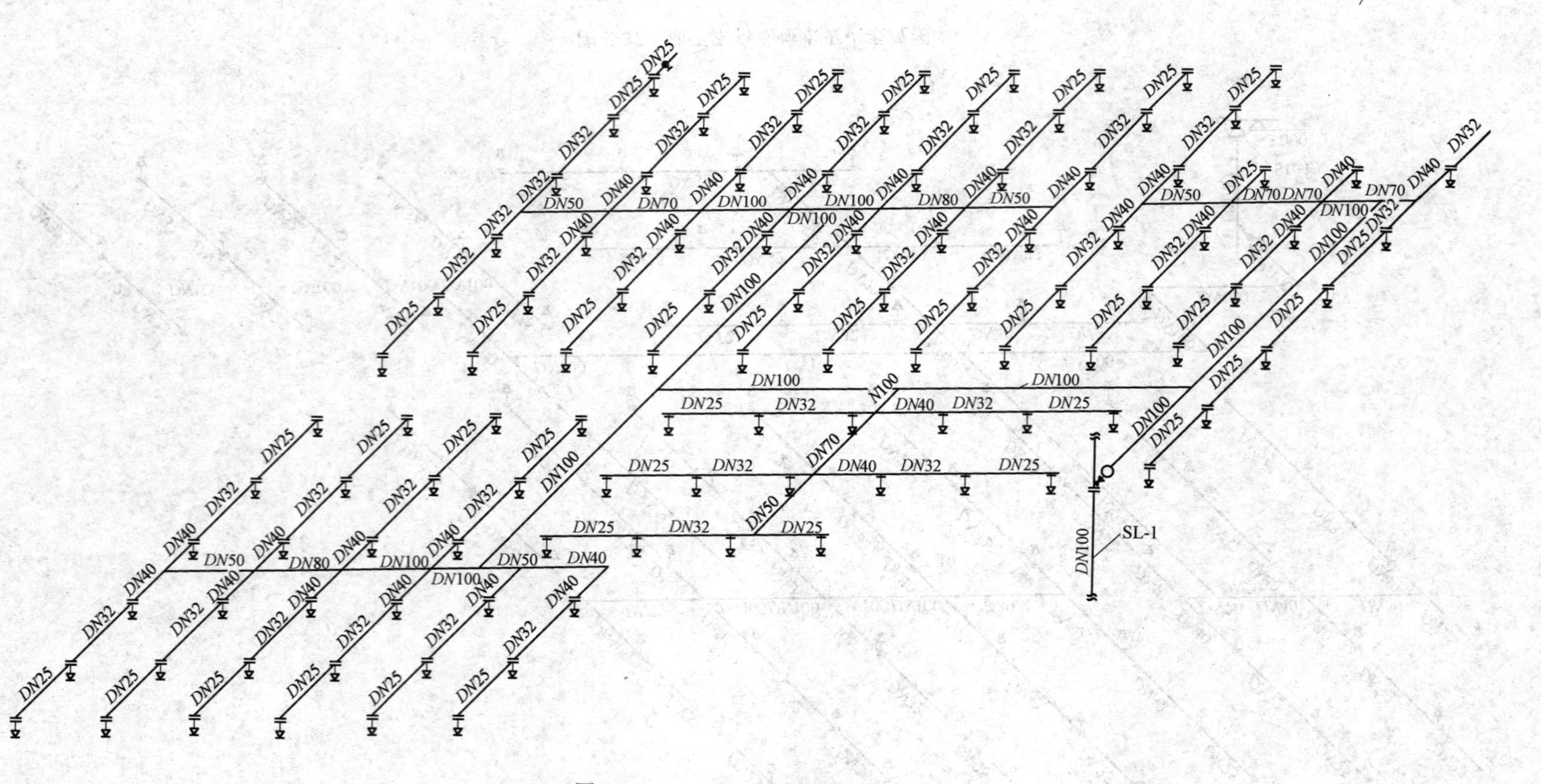

图 2-38 一层自动喷水灭火系统图

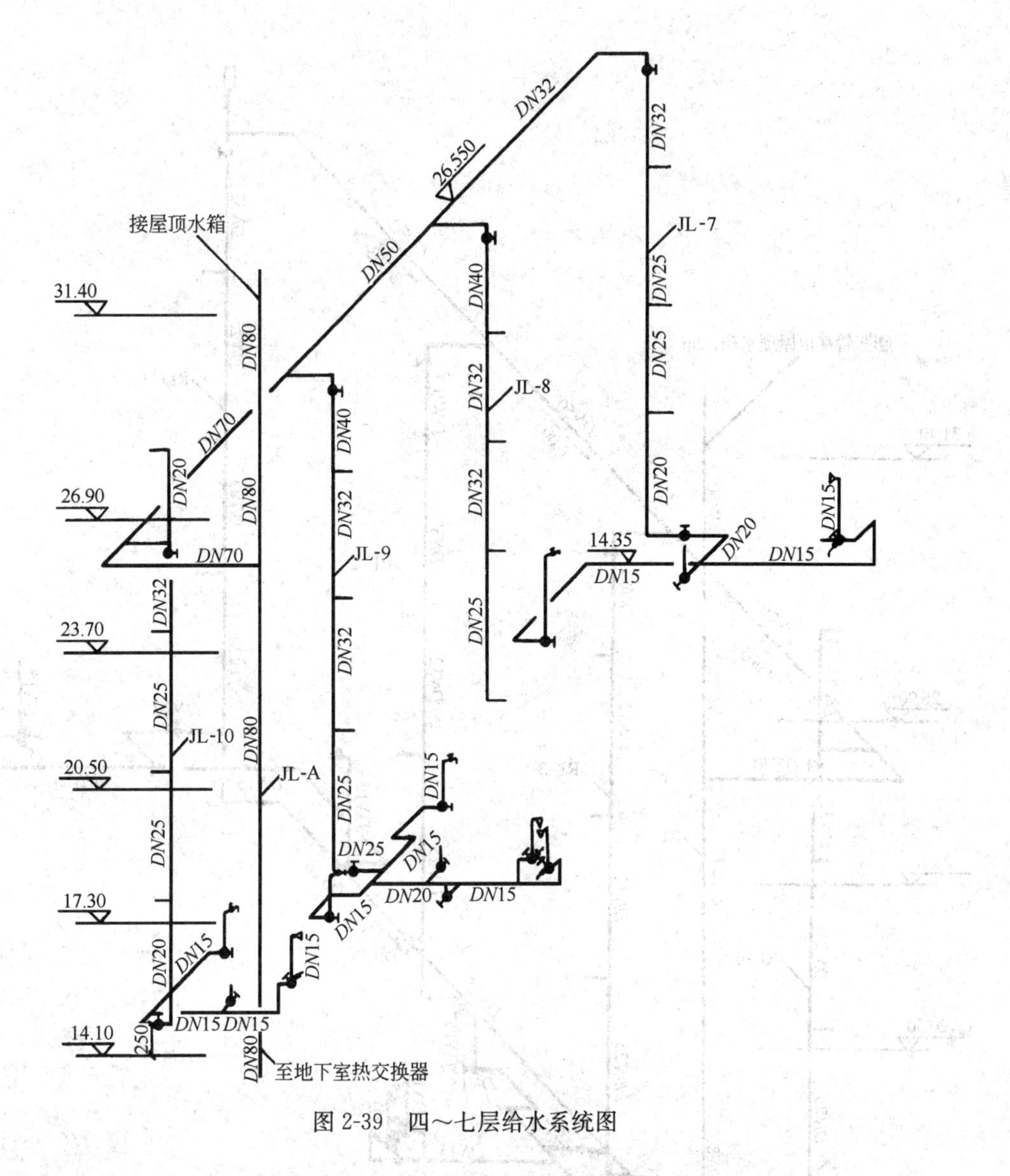

图 2-39　四～七层给水系统图

由图可见，立管上端、立管引出的水平支管上、用水器具前均设截止阀。

识读时应该注意管道的标高、管径、管径的变化及变化点、阀门的设置位置，规格与数量等。

(四) 客房热水供应系统

看四～七层平面图(图 2-32、图 2-33)、四～七层客房热水系统图(图 2-40)及详图一、二、三(图 2-35)。

四～七层热水自 RL-A 从地下室热交换器自管道间引上，在七层板底(标高 26.700 处)引出水平供热管，向客房供应热水。RL-A 继续上行至屋顶水箱。RL-A 的管径为 *DN*80。水平供热干管管径为 *DN*70、*DN*50、*DN*32 三种，设有 0.003 的坡度，坡向立管 RL-A。由水平供热管向下引出 RL-1、RL-2、RL-3、RL-4 分别向各客房供应热水，各立管下端接水平回水管(标高 13.800)，回水管管径有 *DN*20、*DN*25 两种，坡度为 0.003，坡向回水立管 HL-1(管径为 *DN*25)。可见该系统为开式上行上给全循环供热系统。系统

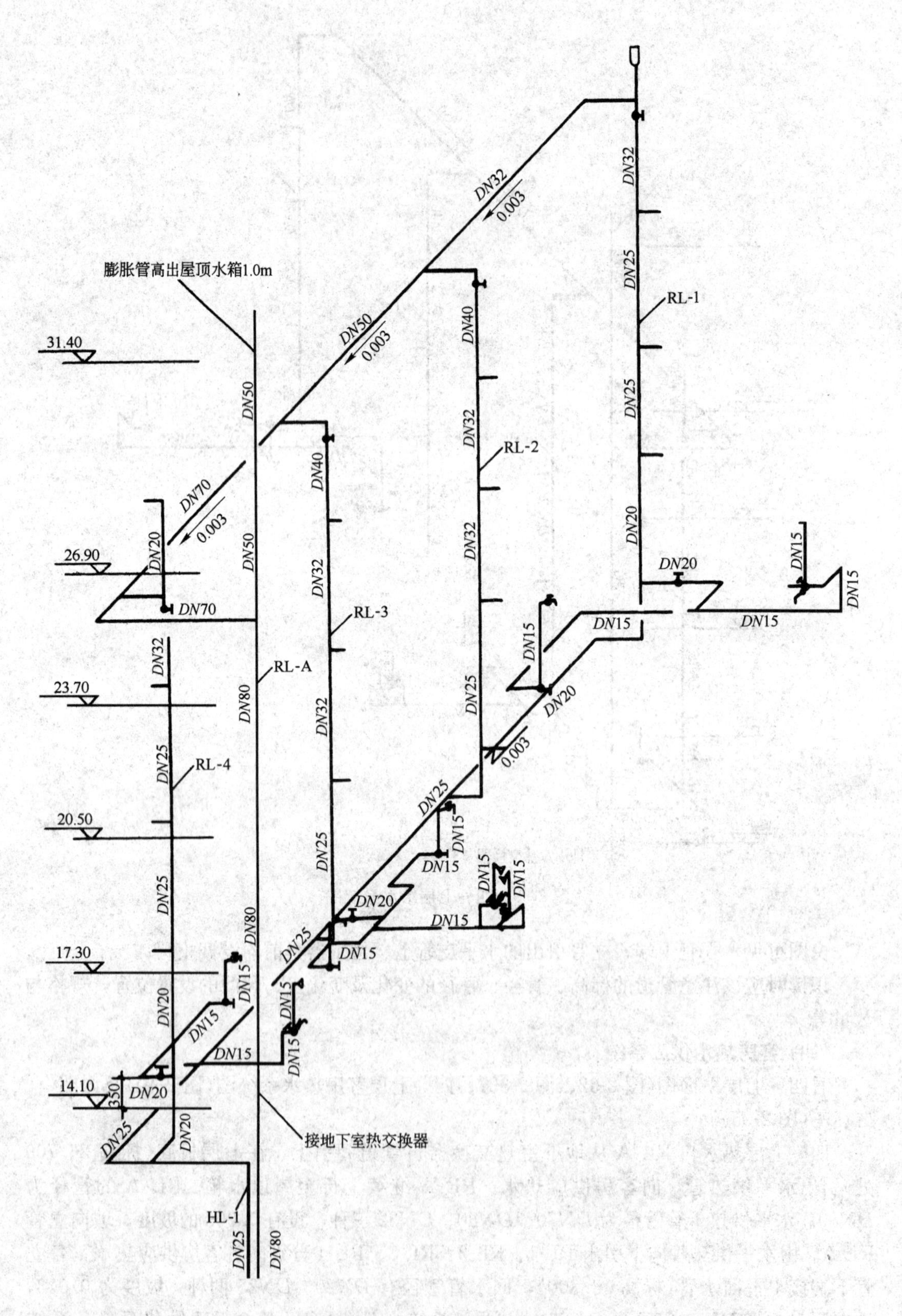

图 2-40　四～七层热水系统图

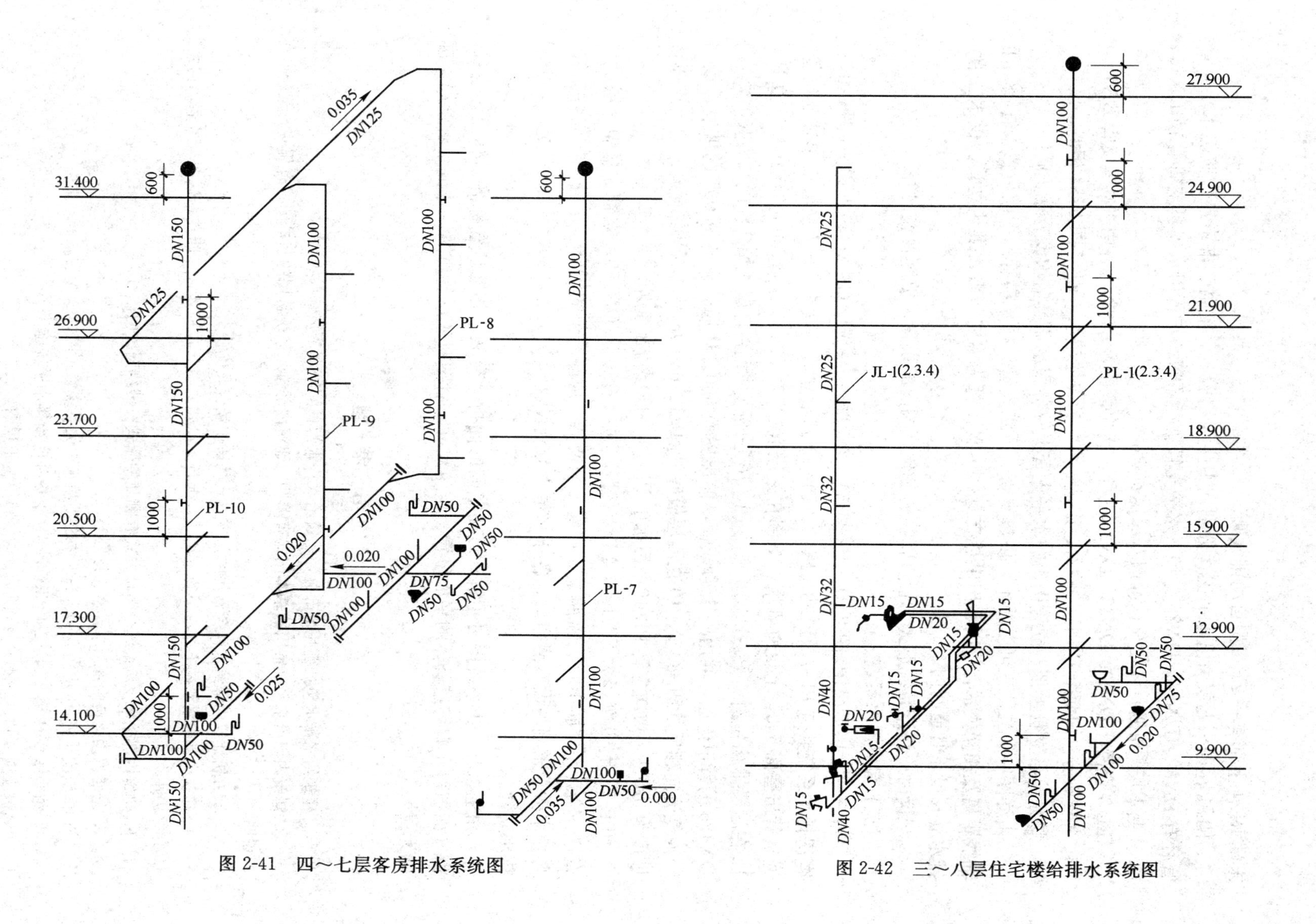

图 2-41 四～七层客房排水系统图

图 2-42 三～八层住宅楼给排水系统图

末端 RL-1 上部有一 ZP-1 型自动排气阀。

RL-1 在四～七层引出水平支管分别向卫生间内脸盆、浴盆、淋浴器供应热水。立管管径有 DN32、DN25、DN20 三种，水平支管管径 DN20，各用水器具支管管径 DN15。RL-4 与 RL-1 相似，只是在顶部向八层供水。

RL-3 管径有 DN40、DN32、DN25 三种，支管管径为 DN20，各用水器具支管 DN15。

各支管分别向两个卫生间的脸盆、浴盆、淋浴器供应热水。RL-4 同 RL-3 相似。

该系统各立管上部、立管引出的水平支管上及各用水器具前均设有截止阀。

由详图一、二、三可以看出，供热支管、供水支管、排水横管的平面位置、管径、距轴线距离及相互关系，可以看出供热支管、供水支管为墙内暗敷，供热立管、供水立管、排水立管设于管道间内。

识读时应注意系统形式、管道管径的变化、阀门的设置、坡度及坡向等。

(五) 客房排水系统

看三～七层平面图(图 2-31～图 2-33)，客房排水系统图(图 2-41)、详图(图 2-35)。客房排水系统共有 PL-7、PL-8、PL-9、PL-10 四根立管。其中 PL-7 立管设单独通气管，通气管出屋面 600，上设通风帽，下部在三层底(标高 8.400 处)弯向立管PL-12，由 PL-12 在底层排出室外。PL-8、PL-9、PL-10 三根立管在七层板底(标高 26.400 处)用 DN125 的管道连通，共用一个通气管，伸出屋面 600。连通管设有 0.035 的坡度，坡向与浊气流向相反。PL-8、9、10 在四层板底(标高 13.600 处)用 DN100 管道连通，连通管坡度为 0.020，坡向立管 PL-10，污水由 PL-10 在底层排出室外。

PL-7、8、9 管径为 DN100，PL-10 管径(包括通气管)DN150，立管上每隔一层设检查口一个，距楼面 1000。洗脸盆、浴盆、坐便器、地漏产生的污(废)水分别排向各立管，各排水横管末端均设有清扫口。各排水横管分别设有 0.035、0.020、0.025 的坡度，坡向排水立管。

由上可知，由系统图可了解管道在空间的曲折、交叉、相互位置标高、管径等全貌，由平面图可了解管道具体的平面位置、定位尺寸，看图时应反复对照，才能了解全局，准确无误。

思 考 题

1. 建筑给水排水包括哪几个部分？建筑给水排水常见的给水系统有哪些？
2. 建筑内部给水系统常用的基本图式有哪些？建筑内部排水系统常用的基本图式有哪些？试绘出图式说明。
3. 试分析建筑内部给水系统常用的基本方式的适用场合及优缺点。
4. 建筑内部给水管网方式有下行上给式、上行下给式、中分式和环状式四种。这四种各表示何意？试绘图说明。
5. 建筑内部热水供应系统全循环方式有哪几种图式？试绘图说明。
6. 怎样识读建筑内部给水排水工程图？
7. 试识读［例 2］中图 2-30、2-38 中自动喷水灭火系统施工图。
8. 结合图 2-31 至 2-34、2-42 识读［例 2］中住宅给排水系统施工图。
9. 识读图 2-43、2-44、2-45 所示普通消防给水工程图。
10. 试识读图 2-46、2-47 所示自动喷洒消防系统工程图。

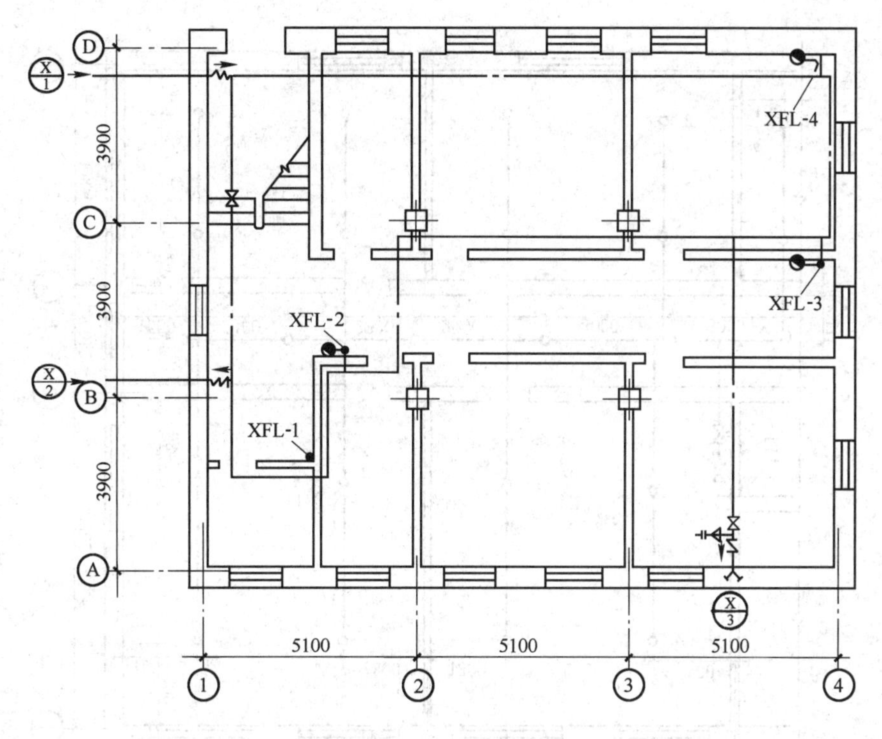

图 2-43　一层消防平面图

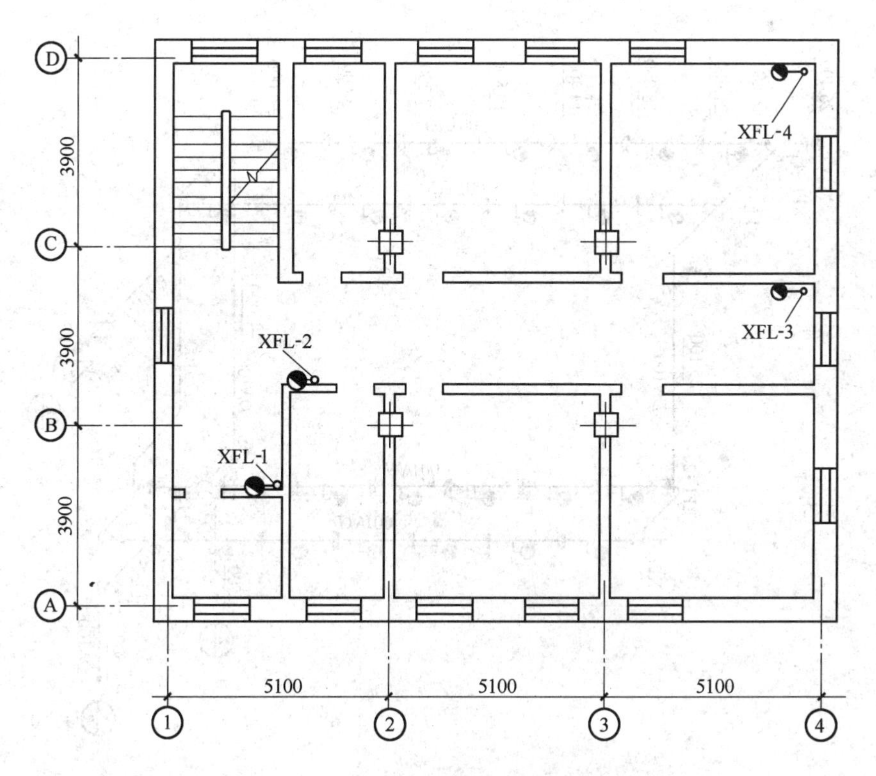

图 2-44　二～七层消防平面图

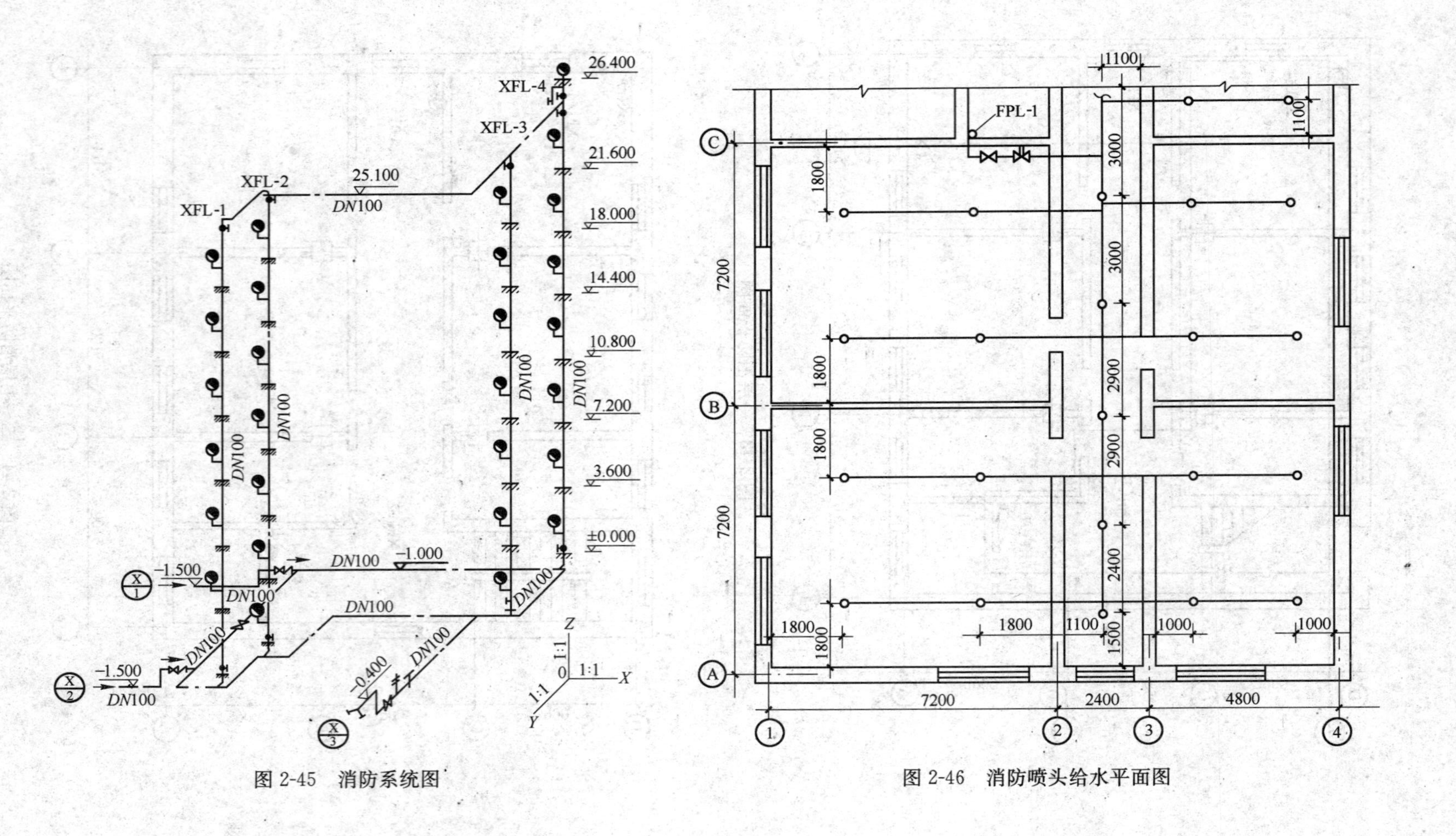

图 2-45　消防系统图

图 2-46　消防喷头给水平面图

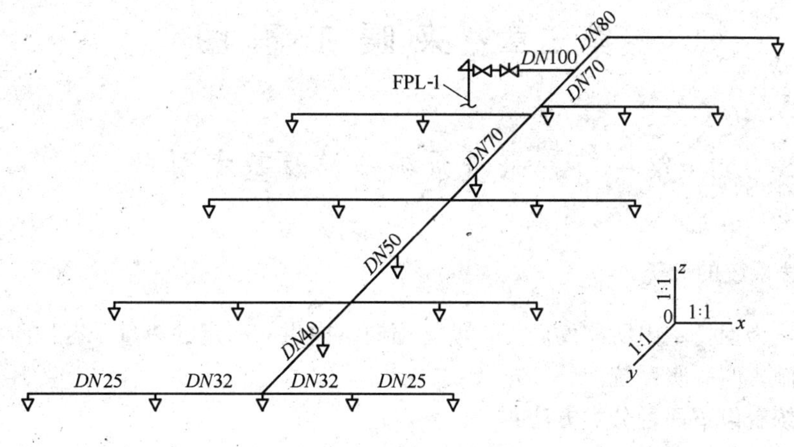

图 2-47 消防喷头系统图

第三章 采暖工程图

第一节 采暖系统分类及基本图式

一、采暖系统的分类

在冬季，为保持室内所需的温度，就必须向室内供应一定的热量。这种向室内供给热量的工程设施，叫采暖系统。

采暖系统有以下两种分类方法：

（一）根据采暖系统的作用范围划分

1. 局部采暖系统 热源、管道系统和散热设备在构造上联成一个整体的采暖系统。如火炉、火墙、火炕、电热采暖和燃气采暖。

2. 集中采暖系统 锅炉在单独的锅炉房内，热量通过管道系统送至一幢或几幢建筑物的采暖系统。

3. 区域采暖系统 由一个锅炉房供给全区许多建筑物采暖、生产和生活用热的采暖系统。

（二）根据采暖的热媒划分

1. 烟气采暖系统 以燃气燃烧时产生的烟气为热媒，把热量带给散热设备(如火炕、火墙等)的采暖系统。

2. 热水采暖系统 以热水为热媒，把热量带给散热设备的采暖系统。

热水采暖系统按热水温度的高低分为低温热水采暖系统和高温热水采暖系统。低温热水采暖系统供水温度一般为95℃，回水为70℃；高温热水采暖系统的供水温度高于100℃。低温热水采暖在公共建筑和住宅建筑中广泛使用。

热水采暖系统按循环动力可分为自然循环系统和机械循环系统两种。自然循环热水采暖系统又称为重力循环热水采暖系统，是依靠供、回水温度不同而形成的重度差，来推动水在系统中循环的，因为在系统中没有外加动力，所以称为自然循环；机械循环是靠水泵来循环的。

3. 蒸汽采暖系统 以蒸汽为热媒，把热量带给散热设备的采暖系统。

蒸汽相对压力≤70kPa的，称为低压蒸汽采暖系统；蒸汽相对压力为70～300kPa的，称为高压蒸汽采暖系统；蒸汽相对压力小于大气压的，称为真空蒸汽采暖系统。蒸汽采暖系统适用于要求不高的建筑物。

4. 热风采暖系统 是指将空气加热到适当的温度(一般为35～50℃)后直接送到房间的采暖系统。适用于热损失大的或空间大的或间歇使用的房间、有防火防爆要求的车间。

二、采暖系统的基本图式

机械循环热水采暖系统为应用最广泛的一种采暖系统。在此，以机械循环热水采暖系统的基本图式为例介绍。

机械循环热水采暖系统，按立管的数量，分为双管和单管系统；按室内供回水水平干管对立管分配热水的方式，分为上供下回和下供上回式系统；按循环水在供水水平干管和回水水平干管中循环长度的异同，分为同程式系统和异程式系统。

下面分别介绍几种常见的系统形式。

(一) 上供下回式热水采暖系统

图 3-1 为机械循环上供下回热水采暖系统。图左侧为双管式，图右侧为单管式系统。图 3-1 左侧的双管式系统，这种系统中，易出现流量分配不均，上热下冷的现象，即所谓垂直失调，因此双管系统仅适用于 3 层及 3 层以下建筑。

图 3-1 右侧立管Ⅲ是单管顺流式系统。其特点是，立管中全部的水量顺次流入各层散热器。顺流式系统的缺点是不能进行局部调节。

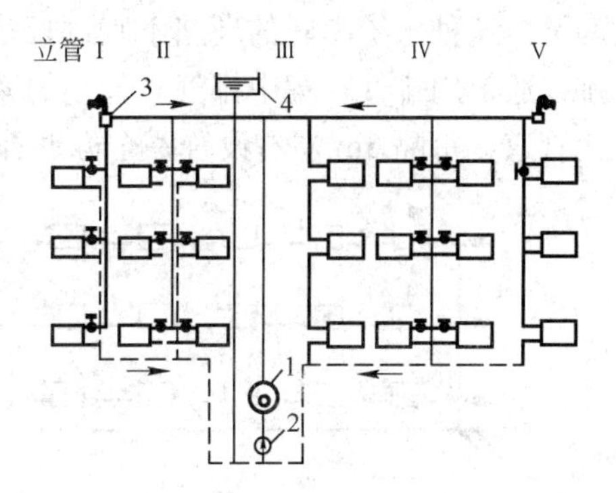

图 3-1　上供下回热水采暖系统

1—热水锅炉；2—循环水泵；3—集气装置；4—膨胀水箱(图 3-1～图 3-13 的系统示意图中，除散热器支管上的阀门外，其余阀门均未标出)

图 3-1 右侧主管Ⅳ是单管垂直跨越式系统。立管的一部分水量流进散热器，另一部分水量通过跨越管与散热器流出的回水混合，再流入下层散热器。单管跨越式由于散热面积增加，同时在散热器支管上安装阀门，使系统造价增高，施工工序多，因此，目前国内只用于房间温度要求严格，需进行局部调节散热器散热量的建筑上。

在多层(超过 6 层)建筑中，近年来国内出现一种跨越式与顺流式相结合的系统形式，上部几层采用跨越式，下部几层采用顺流式，如图 3-1 的立管Ⅴ，可适当地减轻采暖系统中的上热下冷现象。

(二) 下供下回式热水采暖系统

该系统的供水和回水干管都敷设在底层散热器下面，如图 3-2 所示。在设有地下室的建筑物，或在平屋顶建筑顶棚下难以布置供水干管的场合，常采用下供下回式系统。

下供下回式系统排除空气的方式主要有两种：通过顶层散热器的冷风阀手动分散排气(图 3-2 左侧)，或通过专设的集气罐手动或自动集中排气(图 3-2 右侧)。

(三) 下供上回式热水采暖系统

系统的供水干管设在下部，而回水干管设在上部，顶部还设置有顺流式膨胀水箱。主管布置主要采用顺流式。系统形式见图 3-3。

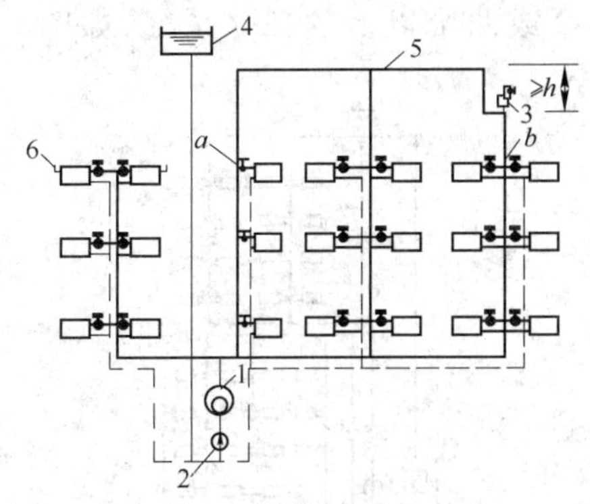

图 3-2　下供下回热水采暖系统

1—热水锅炉；2—循环水泵；3—集气罐；4—膨胀水箱；5—空气管；6—冷风阀

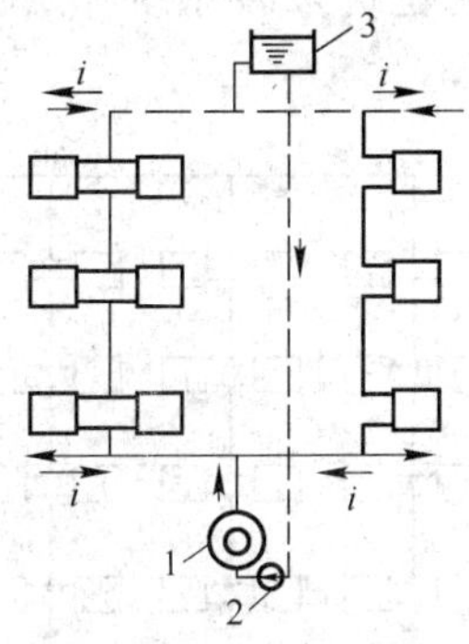

图 3-3　下供上回热水采暖系统

1—热水锅炉；2—循环水泵；3—膨胀水箱

（四）水平式热水采暖系统

水平式系统按供水管和散热器的连接方式，也分为顺流式（图 3-4）和跨越式（图 3-5）两类。这种系统串联的环路不宜过长，每个环路散热器组数一般为 8～12 组。水平式系统排气通常用排气管集中排气，较小的系统也可采取在散热器上安装手动排气阀排气。水平式管道，每隔 6m 左右设置一个方形补偿器或 Z 型补偿器。

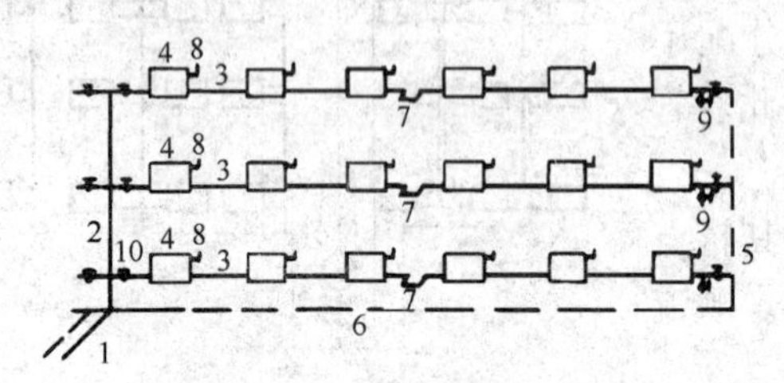

图 3-4 单管水平顺流式系统

1—供水干管；2—供水立管；3—水平串联管；4—散热器；5—回水立管；6—回水干管；7—方形补偿器；8—手动排气阀；9—泄水管；10—阀门

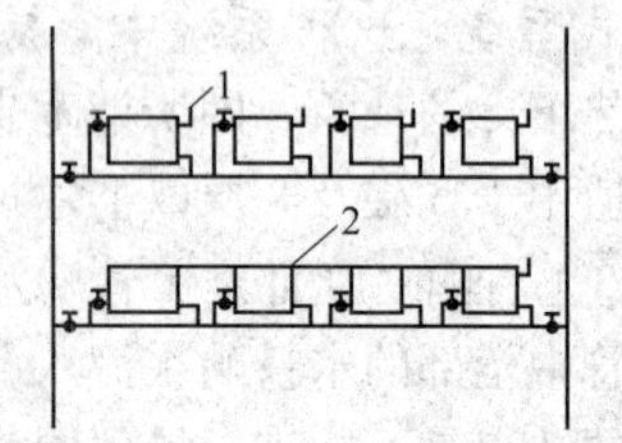

图 3-5 单管水平跨越式系统

1—冷风阀；2—空气管

跨越式系统能进行局部调节，因而可利用在需要进行局部调节的建筑物中。

水平式系统的总造价比垂直式系统少得多；但对于较大系统，由于有较多的散热器处于低水温区，尾端的散热器面积较垂直式系统大。

（五）异程式系统与同程式系统

上面介绍的几种图式，在供、回水通常走向布置方面都有如下特点，通过各个立管的循环管路的总长度并不相等。如图 3-1 右侧所示，通过立管Ⅲ循环环路的总长度，就比通过立管Ⅴ的短，这种布置形式称为异程式系统。

异程式系统易在远离主管处出现流量失调而引起在水平方向冷热不匀的现象，称为系统的水平失调。

为了消除或减轻系统的水平失调，在供、回水干管走向布置方面，可采用同程式系统，即通过各个立管的循环环路的总长度都相等。如图3-6所示，通过最近立管Ⅰ的循环环路与通过最远处立管Ⅳ的循环环路的总长度都相等。

（六）分区式采暖系统

在高层建筑采暖系统中，垂直方向分成两个或两个以上的独立系统，如图3-7及

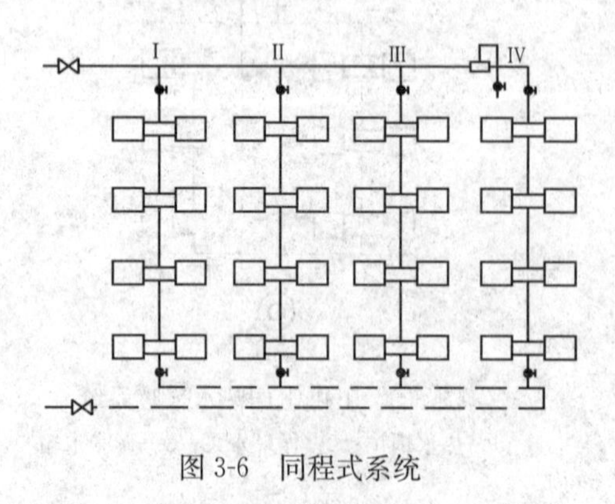

图 3-6 同程式系统

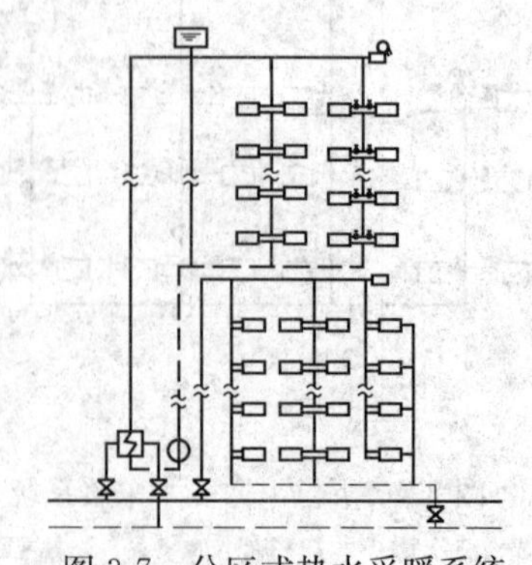

图 3-7 分区式热水采暖系统

图 3-8 所示。

在图 3-7 所示的系统中，下区系统与室外网路直接连接，上区系统通过热交换器供热，与室外网路采用隔绝式连接。整个系统只有一个高位水箱。

另外，分区式采暖系统也可采用双水箱系统，如图 3-8 所示。

(七) 双线式系统

双线式系统有垂直式(图 3-9)和水平式(图 3-10)两种。垂直双线式单管热水采暖系统，由于各层散热器的平均温度近似相同，其突出的优点是避免了高层建筑采暖系统的垂直失调。水平双线式系统可以在每层设调节阀，进行分层调节。为避免垂直失调，可在每层水平分支线上设置节流孔板，以平衡各水平环路的阻力损失。

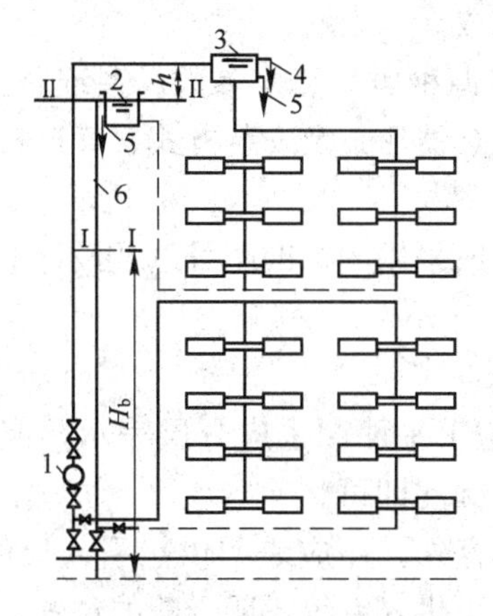

图 3-8 双水箱分区式热水采暖系统

1—加压水泵；2—回水箱；3—进水箱；4—进水箱溢流管；5—信号管；6—回水箱溢流管

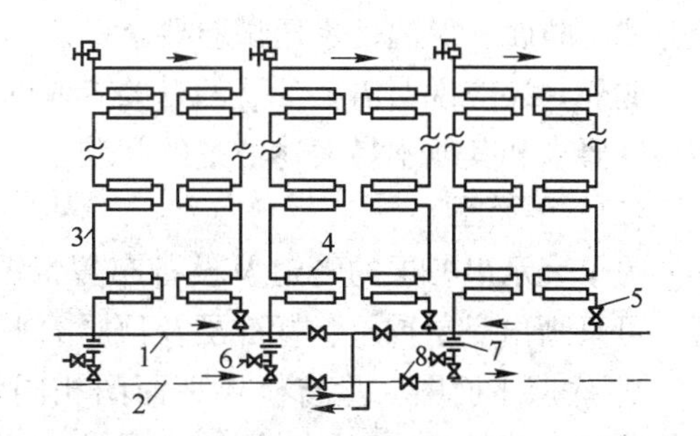

图 3-9 垂直双线式单管热水采暖系统

1—供水干管；2—回水干管；3—双线立管；4—散热器；5—截止阀；6—排水阀；7—节流孔板；8—调节阀

(八) 单、双管混合式系统

若将散热器沿垂直方向分成若干组，在每组内采用双管形式，而组与组之间则用单管连接，就组成了单、双管混合式系统。如图 3-11。

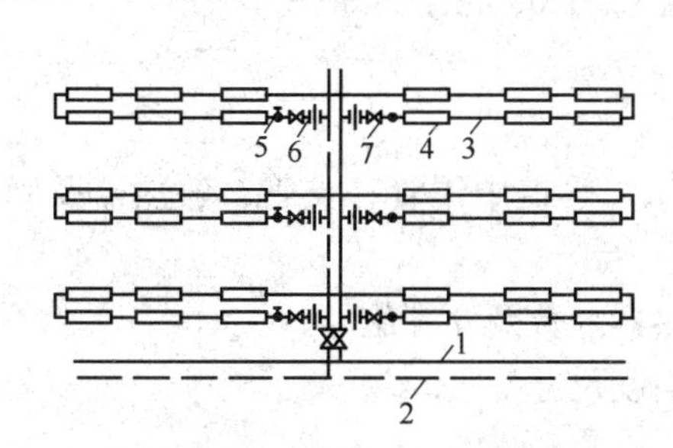

图 3-10 水平双线式热水采暖系统

1—供水干管；2—回水干管；3—双线水平管；4—散热器；5—截止阀；6—节流孔板；7—调节阀

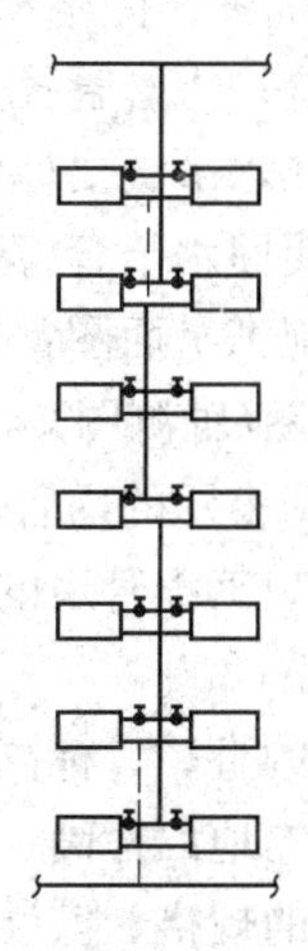

图 3-11 单、双管混合式系统

以上第(六)、(七)、(八)三种系统用于高层建筑。

第二节 采暖工程图

一、采暖工程图的组成

采暖施工图一般由设计说明、平面图、系统图、详图、设备及主要材料表组成。

(一) 设计说明

设计图纸无法表达的问题，一般由设计说明来完成。

设计说明的主要内容有：建筑物的采暖面积、热源种类、热媒参数、系统总热负荷、系统形式、进出口压力差(即室内采暖所需压力)、散热器形式及安装方式、管道材质、敷设方式、防腐、保温、水压试验要求等。

此外，还应说明需要参看的有关专业的施工图号或采用的标准图号以及设计上对施工的特殊要求和其他不易表达清楚的问题。

(二) 平面图

为了表示出各层的管道及设备布置情况，采暖施工平面图也应分层表示，但为了简便，可只画出房屋首层、标准层及顶层的平面图再加标注即可。

1. 底层平面图　除与楼层平面图相同的有关内容外，还应表明供热引入口的位置、系统编号、管径、坡度及采用标准图号(或详图号)。下供式系统表明干管的位置、管径和坡度；下回式系统表明回水干管(凝水干管)的位置、管径和坡度。平面图中还要表明地沟(包括过门地沟)位置和主要尺寸，活动盖板、管道支架的位置。

2. 楼层平面图　楼层平面图指除底层和地下室外的(标准层)平面图，应标明房间名称、编号、立管编号、散热设备的安装位置、规格、片数(尺寸)及安装方式(明设、暗设、半暗设)，立管的位置及数量。

3. 顶层平面图　除与楼层平面图相同的内容外，对于上供式系统，要表明总立管、水平干管的位置；干管管径大小、管道坡度以及干管上的阀门、管道固定支架及其他构件的安装位置；热水采暖要标明膨胀水箱、集气罐等设备的位置、规格及管道连接情况。上回式系统要表明回水干管(蒸汽系统为凝水干管)的位置、管径和坡度。

采暖工程施工平面图常采用1∶50、1∶100、1∶200的比例等。

(三) 系统图(轴测图)

采暖系统图表示的内容有：

1. 表明采暖工程管道的上、下楼层间的关系，管道中干管、支管、散热器及阀门等的空间位置关系；

2. 各管段的直径、标高、坡度、坡向、散热器片数及立管编号；

3. 各楼层的地面标高、层高及有关附件的高度尺寸等；

4. 集气罐的规格、安装形式。

(四) 详图

在采暖工程施工图需要详尽表示的设备或管道节点，应用详图来表示。详图包括标准图与非标准图，非标准图的节点与做法，要另出详图。

二、读图基本方法

识读采暖施工图应按热媒在管内所走的路程顺序进行，以便掌握全局。识读系统图时，应将系统图与平面图结合对照进行，以便完整了解采暖系统的空间关系。

(一) 平面图

室内采暖平面图主要表示管道、附件及散热器在建筑平面上的位置以及它们之间的相互关系，是施工图中的主体图纸。识读时要掌握的主要内容和注意事项如下：

1. 查明热媒入口及入口地沟情况。

热媒入口无节点图时，平面图上一般将入口装置如减压阀、混水器、疏水器、分水器、分汽缸、除污器等和控制阀门表示清楚，并注有规格，同时还注出管径、热媒来源、流向、参数等。如果热媒入口主要配件、构件与国家标准图相同时，则注明规格及标准图号，识读时可按给定的标准图号查阅标准图。当有热媒入口节点图时，平面图上注有节点图的编号，识读时可按给定的编号查找热媒入口大样图进行识读。

2. 查明建筑物内散热器(暖风机、辐射板)的平面位置、种类、片数或尺寸以及散热器的安装方式，即明装、暗装或半暗装的。

散热器一般布置在各个房间的外墙内侧窗台下，有的也沿走廊的内墙布置。平面图中表明散热器的位置、片数或尺寸，片数或尺寸相应地注在外墙皮外。散热器以明装较多，只有美观上要求较高或热媒温度高需防止烫伤时，才采用暗装。暗装或半暗装一般都在图纸说明书中注明，识读时要特别注意。

散热器的种类较多，有翼型散热器、柱型散热器、光排管散热器、钢串片散热器、扁管式散热器、板式散热器、钢制辐射板以及暖风机等。散热器的种类除可用图例识别外，一般在施工说明中注明。

各种形式散热器的规格及数量应按下列规定标注：柱型散热器只标注数量；圆翼形散热器应标注根数和排数，如 3×2，表示 2 排，每排 3 根；光管散热器应标注管径、长度和排数，如 $D108\times3000\times4$，表示管径为 108 毫米，管长 3000 毫米，共 4 排；串片式散热器应注长度和排数，如 1.0×3，表示长度 1.0 米，共 3 排。

3. 了解水平干管的布置方式、材质、管径、坡度、坡向、标高，干管上的阀门、固定支架、补偿器等的平面位置和型号。

识读时应注意干管是敷设在最高层、中间层还是在底层。供水、供汽干管敷设在最高层说明是上供式系统；供水、供汽干管敷设在中间层说明是中供式系统；供水、供汽干管敷设在底层说明是下供式系统。在底层平面图上还会出现回水干管或凝结水干管(虚线)，识读时也要注意到。

平面图中的水平干管，逐段标注管径，应注意识读。结合设计说明弄清楚管道的材质及连接方式。采暖管道采用非镀锌水煤气钢管，*DN*32 以下者为丝扣连接，*DN*40 以上者(包括 *DN*40)采用焊接。凡管道入口、水平干管的起点或终点，管道抬头的前后，管道穿过基础、梁、壁板等处的标高都须标明，应注意识读。识读时还应搞清补偿器的种类、型式和固定支架的型式及安装要求，以及补偿器和固定支架的平面位置等。

4. 通过立管编号查清系统立管数量和布置位置。立管编号可用圆圈表示，圆圈内用阿拉伯数字编注。单层且建筑简单的系统有的不进行编号。一般用实心圆表示供热立管，用空心圆表示回水立管(也有全部用空心圆表示的)。

5. 在热水采暖系统平面图上还标有膨胀水箱、集气罐等设备的位置、规格尺寸以及所连接管道的平面布置和尺寸。此外，平面图中还绘有阀门、泄水装置、固定支架、补偿器等的位置。

6. 在蒸汽采暖系统平面图上还表示有疏水装置的平面位置及其规格尺寸。

水平管的末端常积存有凝结水，为了排除这些凝结水，在系统末端设有疏水器。另外，当水平干管向上弯起时，在转弯处也要设疏水器。识读时要注意疏水器的规格及疏水装置的组成。一般在平面图上仅注出控制阀门和疏水器的位置，读图时还要参考有关的详图。

(二) 系统图

采暖系统图表示从热媒入口至出口的采暖管道、散热设备、主要阀门附件的空间位置和相互关系。当系统图前后管线重叠，绘、识图造成困难时，应将系统切断绘制，并注明切断处的连接符号。当干管比较简单时，可用立管图代替系统图。识读时要掌握的主要内容和注意事项如下：

1. 查明热媒入口处各种装置、附件、仪表、阀门之间的实际位置，同时搞清热媒来源、流向、坡向、坡度、标高、管径等，如有节点详图时要查明详图编号，以便查找。

2. 查明管道系统的连接，各管段管径大小、坡度、坡向，水平管道和设备的标高，以及立管编号等。

采暖系统图可表明干管与立管之间以及立管、支管与散热器之间的连接方式，阀门的安装位置和数量。表明了干、立、支管的管径、坡向。变径管变径处注有管径。散热器供水支管坡向散热器，回水支管则坡向回水立管。

3. 了解散热器类型规格、片数、标高。当散热器为光排管散热器时，要查明散热器的型号(A 型或 B 型)、管径、排数及长度；当散热器为翼形散热器或柱型散热器时，要查明规格、片数以及带脚散热器的片数，并应查明楼层标高及挂装散热器底标高。当采用其他特殊采暖设备时，应弄清设备的构造和底部或顶部的标高。

散热器上应标明规格和数量，并按下列规定标注：(1)柱型、圆翼型散热器的数量应标在散热器内，如图 3-12 所示；(2)光管式、串片式散热器的规格、数量应注在散热器的上方，如图 3-13 所示。

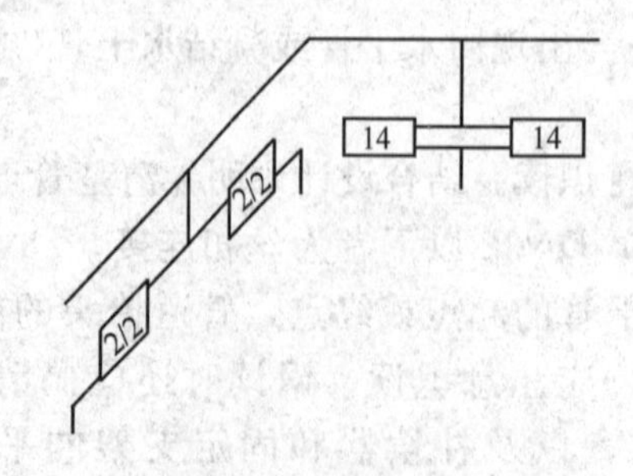

图 3-12　圆翼型、柱型散热器片数的标注

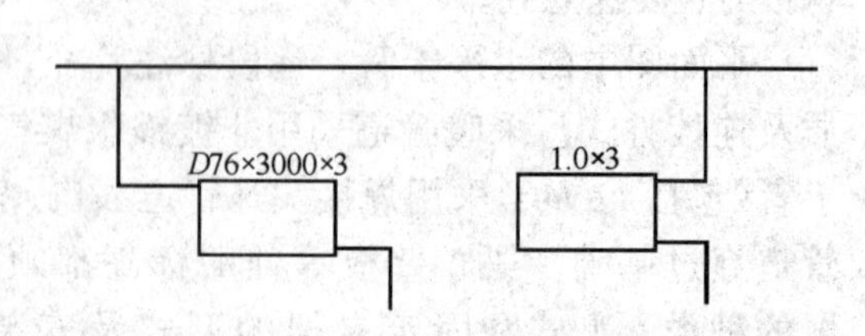

图 3-13　光管式、串片式散热器片数的标注

4. 注意查清其他附件与设备在系统中的位置，凡注明规格尺寸者，都要与平面图和材料表等进行核对。

（三）详图

详图是室内采暖管道施工图的一个重要组成部分。供热管、回水管与散热器之间的具体连接形式、详细尺寸和安装要求，一般都用详图反映出来。采暖系统的设备和附件的制作与安装方面的具体构造和尺寸，以及接管的详细情况，都要查阅详图。详图可用通用标准图集或院标表示。

施工中主要使用由中国建筑科学研究院标准设计研究所批准发行的《暖通空调标准图集》。标准图主要包括：膨胀水箱和凝结水箱的制作、配管与安装；分汽缸、分水器、集水器的构造、制作与安装；疏水器、减压阀、调压板的安装和组成形式；散热器的连接与安装；采暖系统立、支、干管的连接；管道支吊架的制作与安装；集气罐的制作与安装等。

图 3-14 是热水双管系统散热器和立、支管连接图。从这个详图可以看出：散热器是明装的。立管两侧各为四片柱型散热器，每组有两片带脚散热片，散热器用卡子固定在墙上，散热器入口的支管上都装有角阀，回水支管上装有活接头。支管有 0.01 的坡度，供水与回水立管间距为 80 毫米，供水立管中心距墙壁 50 毫米，两根立管与支管交叉处，都弯成元宝弯来绕过支管，具体连接配件也都表示得一清二楚。按这种详图就可以准确地提出材料预算并安装散热器。

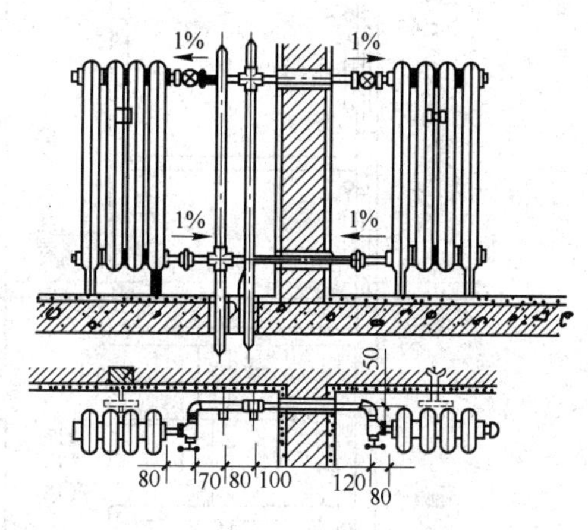

图 3-14　热水双管散热器连接图

三、识图实例

【例 1】　图 3-15～图 3-19 是某研究所办公楼一套采暖施工图，现识读如下：

（一）平面图（图 3-15～图 3-17）

看图时要把三个平面图对照起来看，从中可以看到：

1. 供热总管与回水总管的出入口、水平回水干管的位置在底层平面图中可见（粗实线是供热管，粗虚线是回水管）。供热与回水总管均在④轴墙右侧地沟进出。供热总管进入室内后，直通向前墙（A 轴），然后向左拐弯穿过两个房间在②轴右侧向上弯起上楼。此向上弯起的立管为总立管。供热干管安装在顶层。回水干管安装在底层。

2. 管道上的集气罐、固定支架和管沟的位置。凡是固定的支架或管托都在管道上画有“×”号，管沟是用两条细虚线表示，并标有管沟断面高×宽尺寸。图中管沟有三处，数据均为 500×500。

3. 供热干管、回水干管的坡度，如图中标注均为 0.003。

4. 采暖立管编号和散热器片数。图中采暖立管（供热总管除外）由 L1～L24 共 24 根。散热器片数均标注在散热器图例上的窗口的外面或其附近的地方，如 L1 上的 15、12、20等。

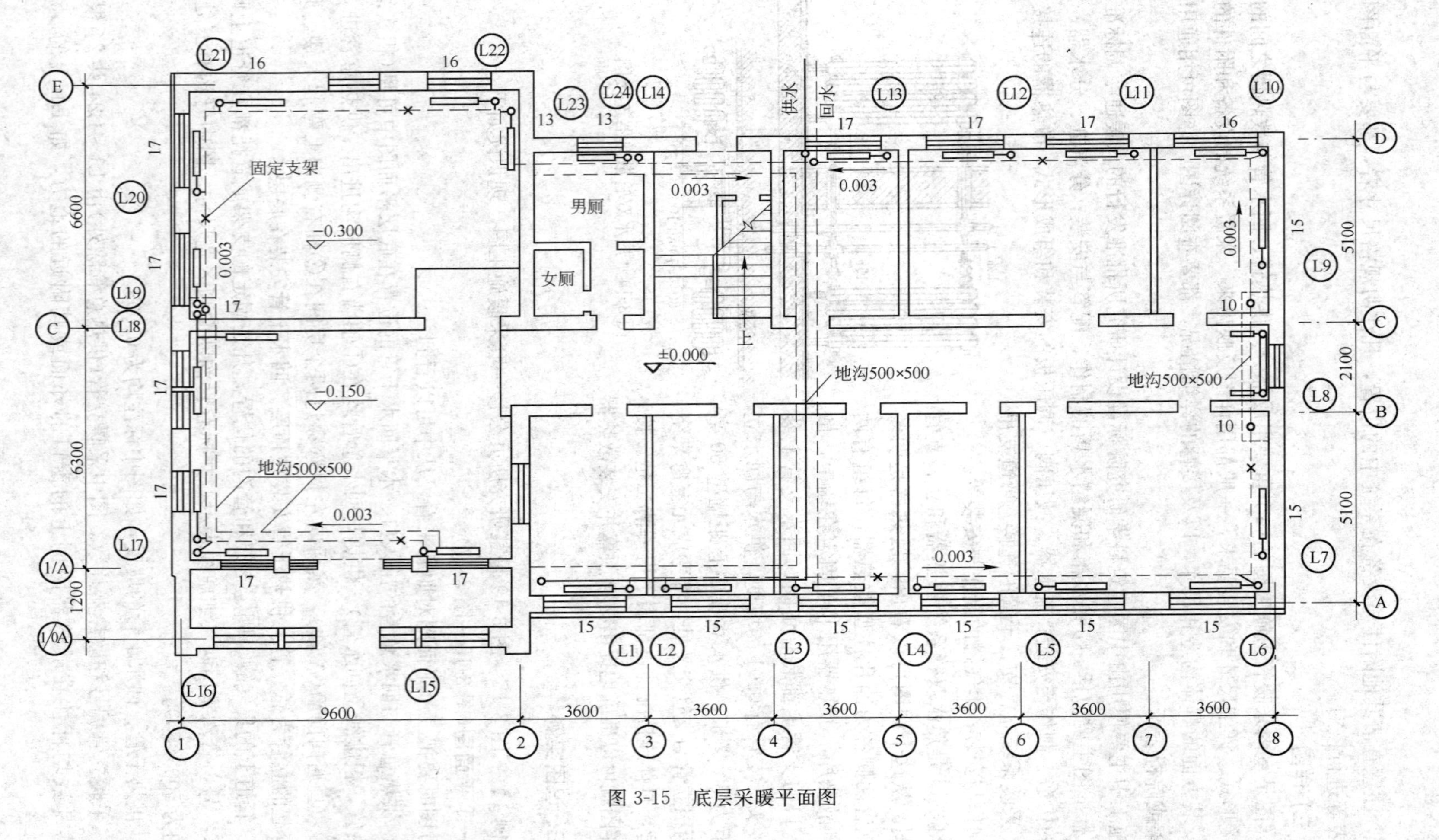

图 3-15　底层采暖平面图

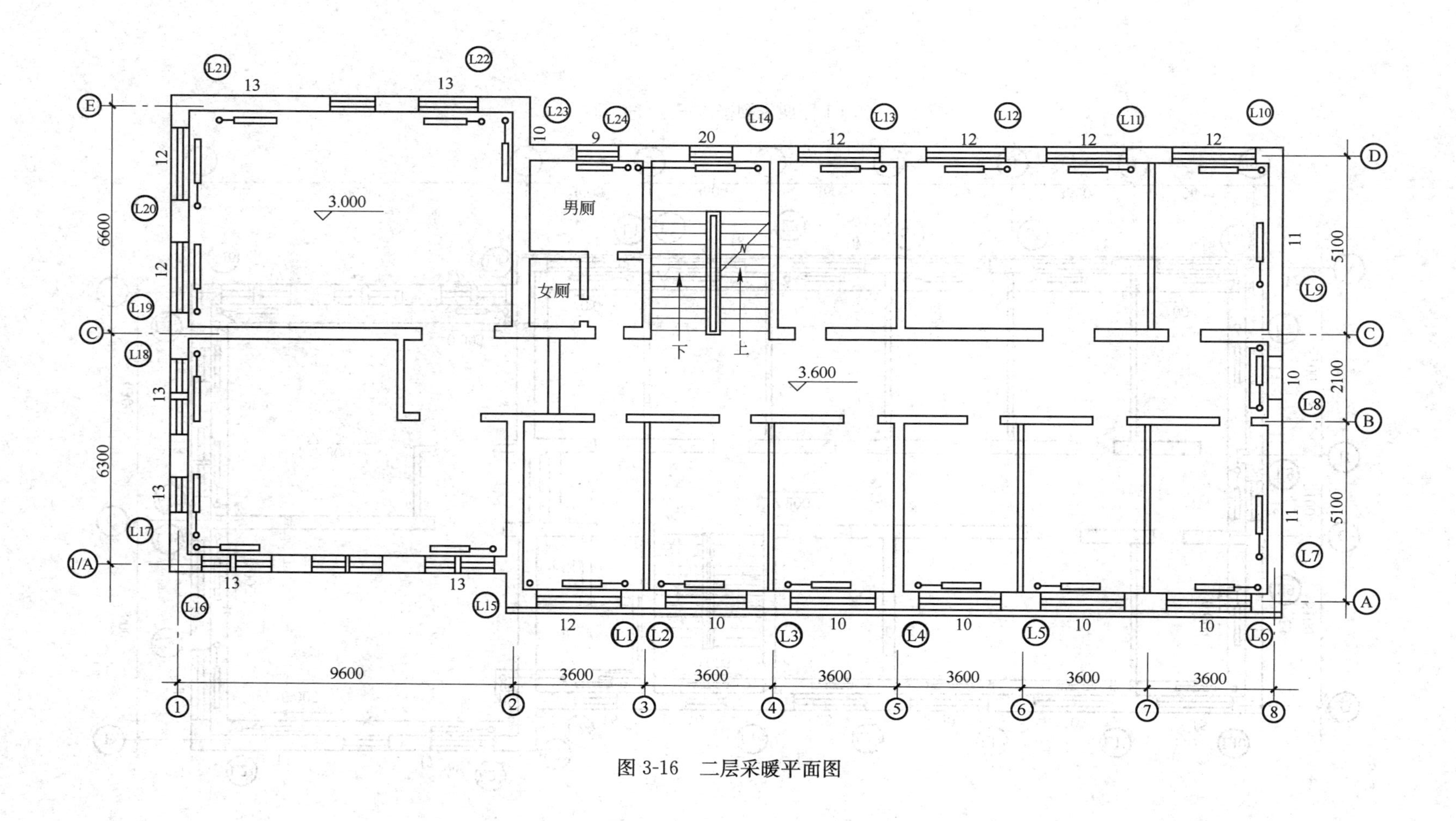

图 3-16　二层采暖平面图

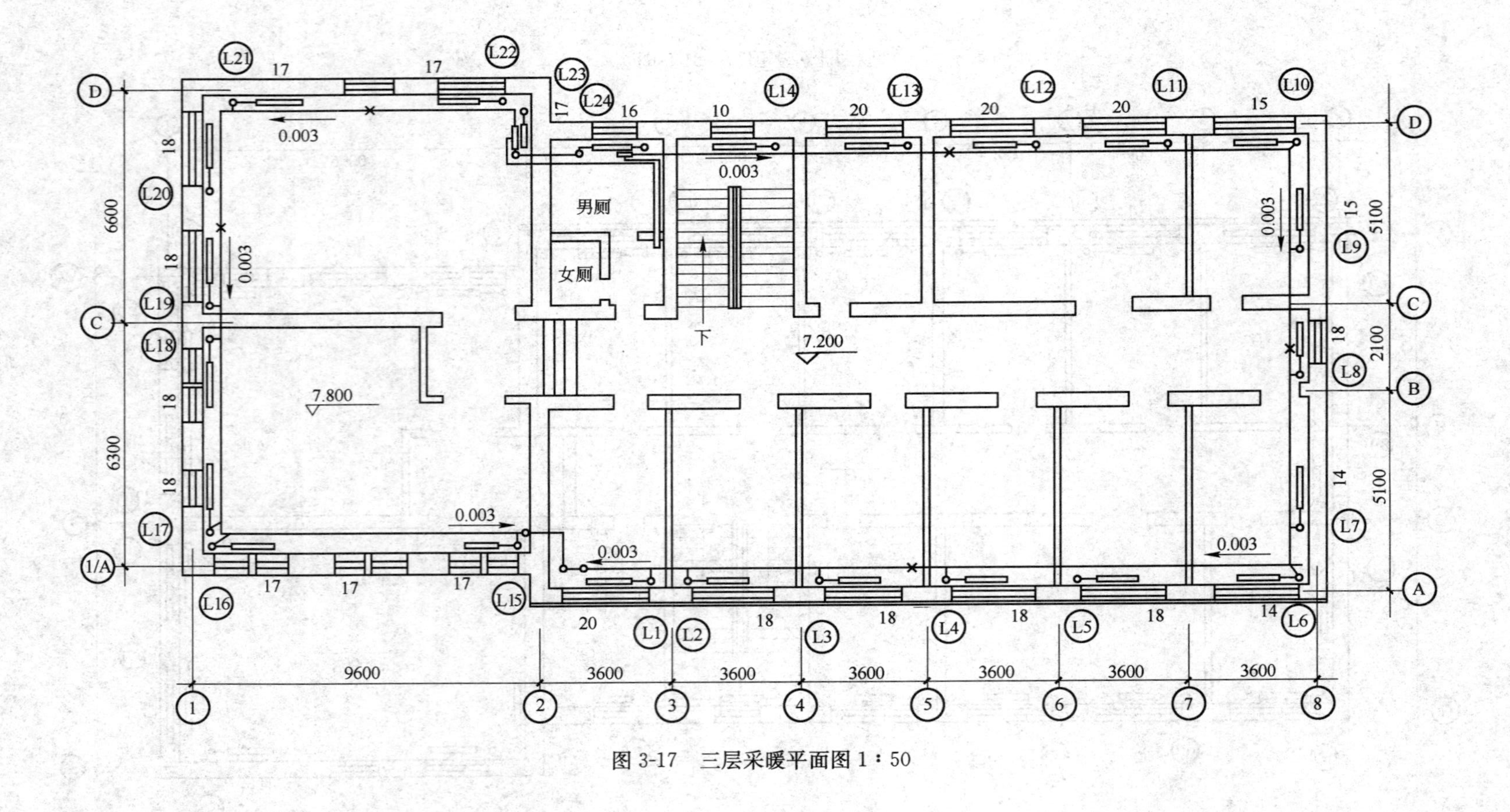

图 3-17　三层采暖平面图 1：50

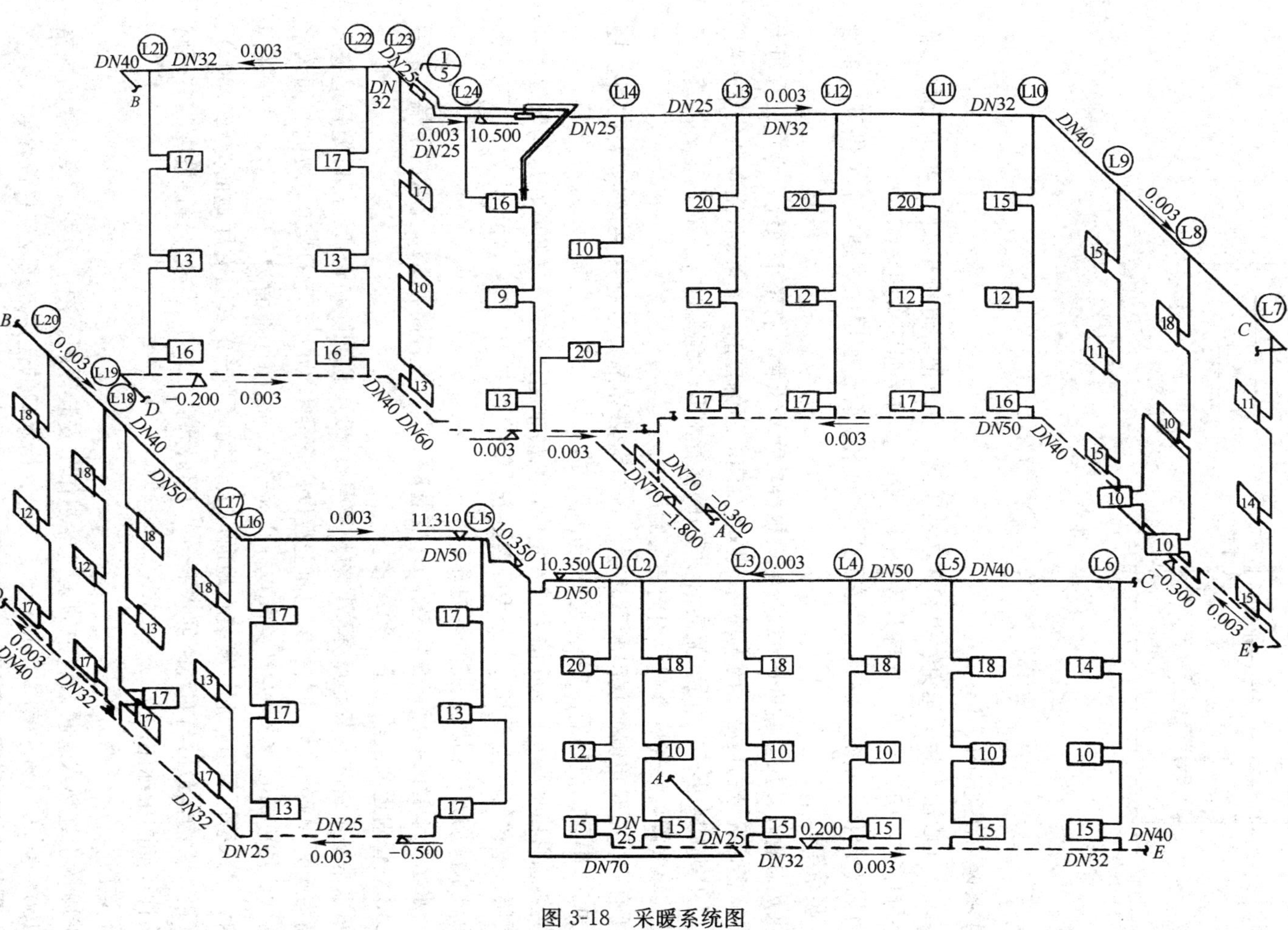

图 3-18　采暖系统图

说明：(1)设计供、回水温度 95℃/76℃；(2)采用 M132 散热器，散热器及管道均刷樟丹一遍、银粉两遍；(3)采暖支管，未注管径者均为 *DN*20；(4)所有采暖立管上、下均设闸板阀一个；(5)地沟内管道，刷樟丹后外缠 50mm 厚毛毡保温；(6)固定支架按 N112 施工。

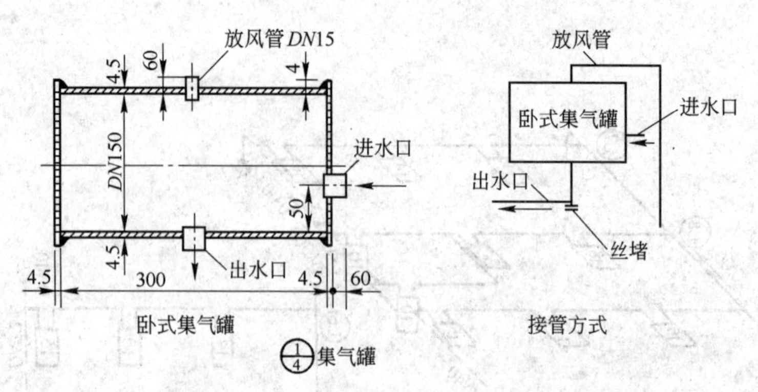

图 3-19　集气罐制作与安装详图

(二) 采暖系统图(图 3-18)

该系统图在画法上为了避免管道和散热器重叠，有意把管道断开来画，断开部位均作了相应字母标志，如 A 与 A、B 与 B 等相接。看时要与平面图对照来读。

1. 可以看出整个系统，供热干管在顶层，回水干管在底层。这是一个上供下回单管顺流式采暖系统。

2. 供热总管在顶层立管 L1 附近分为两根供热水平干管，将整个系统分为左、右两大循环环路。立管编号就是沿这两大环路的热水流向顺序编排的。右环路(流向办公室一侧)的立管由 L1 到 L14 止；左环路(流向活动室)的立管由 L15 到 L24 至。在两个环路终点各设一个横式集气罐，集气罐排气管引向三层厕所中。

3. 所有立管都是单侧竖直串联散热器。每组散热器的片数标注在散热器的方框(图例)内，如 L1 串联的散热器由底层到三层分别为 15 片、12 片、20 片。

4. 供热总管由标高－1.800 地下进入室内，然后抬起到标高－0.300 在地沟敷设直到立起上顶层，这段管径为 *DN*70。分为两路的起点标高都是 10.350，管径均为 *DN*50，敷设坡向与热水流动方向相反，坡度均为 0.003。

5. 回水水平干管的起点，右环路在 L1 立管的下端，左环路在 L15 立管的下端，最后汇合于 L13 立管附近和供热总管一道出楼。

6. 回水水平干管的安装起点标高，右环路是 0.200，说明除在走廊的门口处管道进入管沟标高为－0.300 外，都是在一层地面上敷设，管径由 *DN*25 至 *DN*50，坡向与回水水流方向一致，坡度为 0.003；左环路起点标高为－0.500(门厅地面为－0.150)，这段在门厅管沟内，进入餐厅管道抬起，安装在地面以上，标高为－0.200(餐厅地面为－0.300)，在厕所又进入管沟，最后与右环路回水汇合，下到标高－1.800 出楼。管道坡度与右环路相同，其管径如图中标注。

(三) 详图

图 3-19 为上述热水采暖系统中的集气罐制作与安装详图。图中表明了集气罐的规格(直径 *D*150，长 300mm，壁厚 4.50mm)，与进、出水口的连接方式及连接位置等。

(四) 看施工设计说明，了解对施工的要求

从说明中可知散热器采用 M132 型，采暖立支管在图上未注管径者均为 *DN*20，所有立管上、下均设闸板阀 1 个，以及地沟管道防腐保温作法、集气罐的型号和固定支架、施工所采用的通用图等。

【例 2】 图 3-20～图 3-23 为某建筑的供暖施工图。图纸设计说明如下：

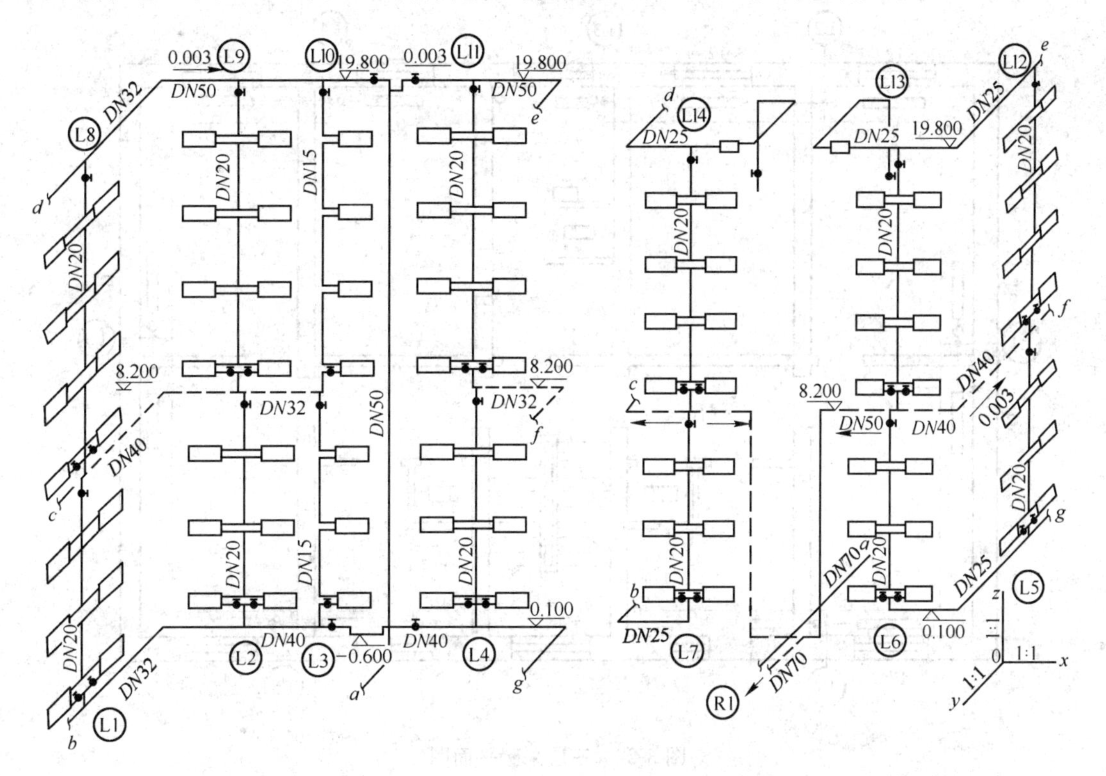

图 3-20 采暖系统图

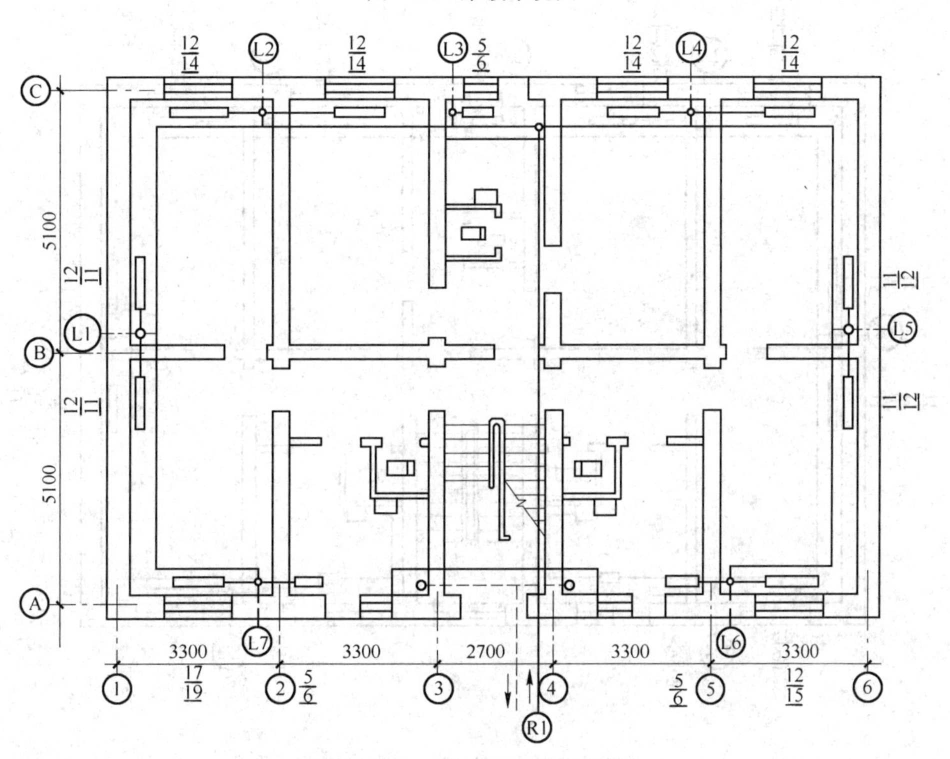

图 3-21 一、二层采暖平面图

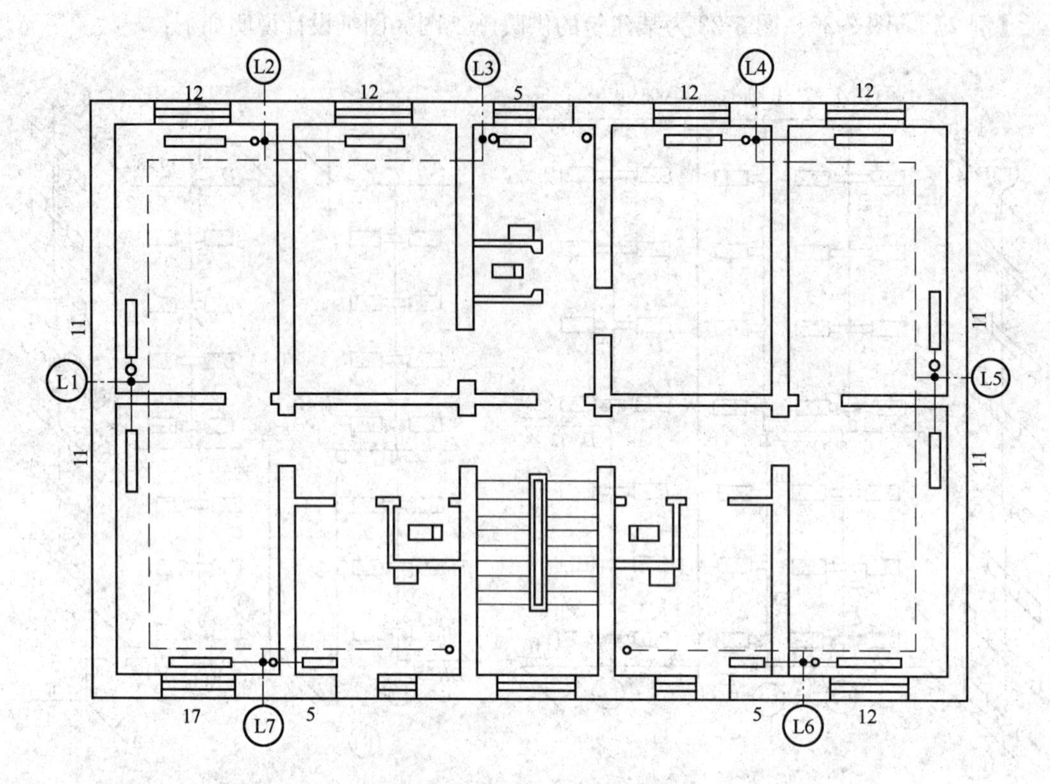

图 3-22　三层采暖平面图

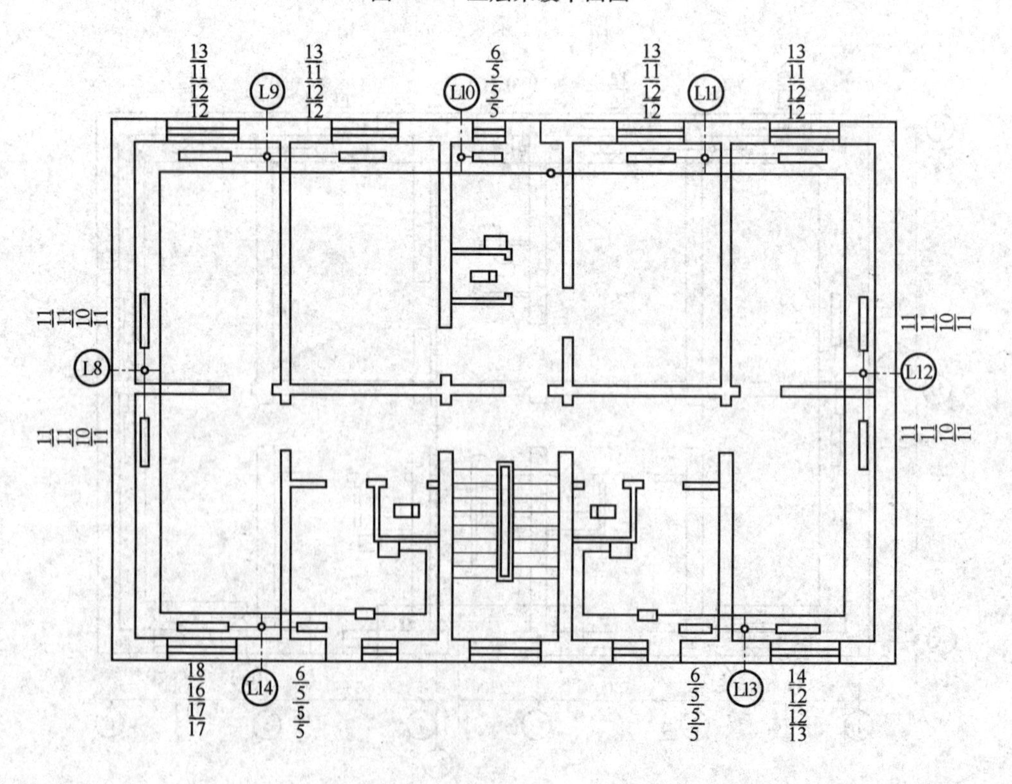

图 3-23　四～七层采暖平面图

1. 小区提供的采暖供回水温度95～70℃热水，且由室外地沟引入。

2. 管道安装采用普通焊接钢管时：当 DN＞32mm时为焊接；当 DN≤32mm时，以及与散热器相连接的立、支管，采用丝扣连接。

3. 散热器采用四柱813型号，表面刷防锈漆两道，银粉漆两道。

4. 保温管道刷防锈漆两道。

5. 管道弯曲部分采用煨弯。热弯时曲率半径应不小于3.5D(D指外径)；冷弯时曲率半径应不小于4D，不能煨弯的部分，用冲压弯头连接。

6. 立管必须每层设管卡1个。水平管的滑动支架间距，按表3-1规定设置。

水平管滑动支架间距(m) **表3-1**

DN(mm)	15	20	25	32	40	50	70	80	100	125	150
保 温 管	1.5	2	2	2.5	3	3	4	4	4.5	5	6
非保温管	2.5	3	3.5	4	4.5	5	6	6	6.5	7	8

7. 水平管道的敷设坡度为0.003；散热器的水平支管的坡度为0.010，坡向热媒流动方向。

8. 穿墙套管采用镀锌铁皮，厚度为0.4mm。

先读系统图，了解全貌。

由于采暖工程的管道较多，所以首先阅读系统图，以求了解全貌。参看图3-20(采暖系统图)。

先查找采暖入口，即引入管R1，在L6左侧，管径 DN70，标高－1.500m。

R1连接总立管，总立管在底层和顶层分别引出供热干管。总立管标高0.100以上管径为 DN50，以下为 DN70。

底层供水干管标高＋0.100m(L3和L4之间过门洞处，敷设于地沟内，标高－0.600m)，管径有 DN25、DN32、DN40三种，坡度0.003，坡向总立管。底层供水干管连接供水立管L1～L7，共7根，供给一、二、三层散热器。

顶层供水干管连接供水立管L8～L14，共7根，供给七、六、五、四层的散热器。顶层供水干管标高为19.800m，管径为 DN25、DN32、DN50三种，坡度为0.003，坡向总立管。

回水干管标高8.200m(在三层顶棚下)，从L3(或L10)和L4(或L11)间分别向左、向右形成两个环路，最后在L6(或L14)和L7(或L13)之间下弯后，汇合在一起形成回水总管(采暖入口旁的虚线)，由室外地沟出楼。回水干管管径有 DN32、DN40、DN50三种，坡度为0.003，坡向如图中单面箭头所示。回水管立管管径 DN50，最下部右端设有丝堵，回水总管管径 DN70。

阀门的设置：各供水立管的阀门，均设在上端；支管的阀门，均在底层和四层；总回水立管的阀门，设在下部；L13和L14立管旁引出排气管的末端各设一阀门。

从系统图中可以读出，该系统为单管顺流式系统。系统同时从底层、顶层供水，中部回水。各立管的管径也在图中标注(在立管左侧)。

注意，系统图为避免遮挡，分成前后两个部分，把断开点 a、b、c、d、e、f、g 连起来，才是一个完整的系统图。

对照系统图阅读采暖平面图

为了简化图纸，一层采暖平面图和二层采暖平面图，合并为一幅图。实际的制图，就是用一层平面图包含了二层平面图(主要是指散热器的配置)。在阅读采暖平面图时，可以和系统图对照进行。参看图 3-21(一、二层采暖平面图)。

首先看采暖入口 R1 管道，伸入楼梯间对面厨房遇到总立管。从总立管向左右连接供水干管，构成回路。供水干管与各供水立管 L1～L7 连接。各供水立管再和各支管连接。各支管与散热器连接。各散热器附近，注出了散热器的片数。下边是一层的片数；上边是二层的片数。

楼梯间两侧厨房，各有一根回水立管，与楼梯间下的横回水管相连接，并引出楼外。

阅读三层采暖平面图

从系统图中已经看出，供水是从顶层和底层同时进行。回水干管是设在三层的顶棚下。参看图 3-22(三层采暖平面图)。

L1～L7 根立管是从三层房间中的横回水干管(虚线)引下的，所以这 7 根立管的图示为圆黑点。这 7 个圆黑点旁边的 7 个小圆圈，表示自楼上引下来的 L8～L14 共 7 根立管(编号省略未标注)。

L1～L7 立管各向其旁边的散热器连接支管。墙外的数字“11、12、5、17”为散热器片数。

楼梯间两侧厨房中的立管为 2 根回水立管。

楼梯对面厨房中右角的单独立管为总立管(总供水立管)。

阅读四～七层采暖平面图

图 3-23 是四～七层采暖平面图。这幅图的图示，实际上是七层采暖平面图。由于四、五、六层的立管和散热器的布置与七层相同，所以就采取一图多用的方法，少画了平面图。

楼梯间对面厨房中的总立管，连接供水干管，供水干管与各供水立管 L8～L14 连接，各供水立管连接散热器。散热器的片数，从上往下数，即七层、六层、五层和四层。

楼梯间两侧的厨房里，顶棚下各有一与供水干管相连接的集气罐，且由集气罐引出排气管至水池上。

思 考 题

1. 采暖系统的分类方法有哪几种？如何分类？
2. 试绘出几种热水供暖系统的基本图式。
3. 采暖工程图有哪几部分组成？表达的主要内容是什么？
4. 试说明各种形式散热器的规格和数量的标注方法。
5. 识读采暖工程图(图 3-24，图 3-25)。

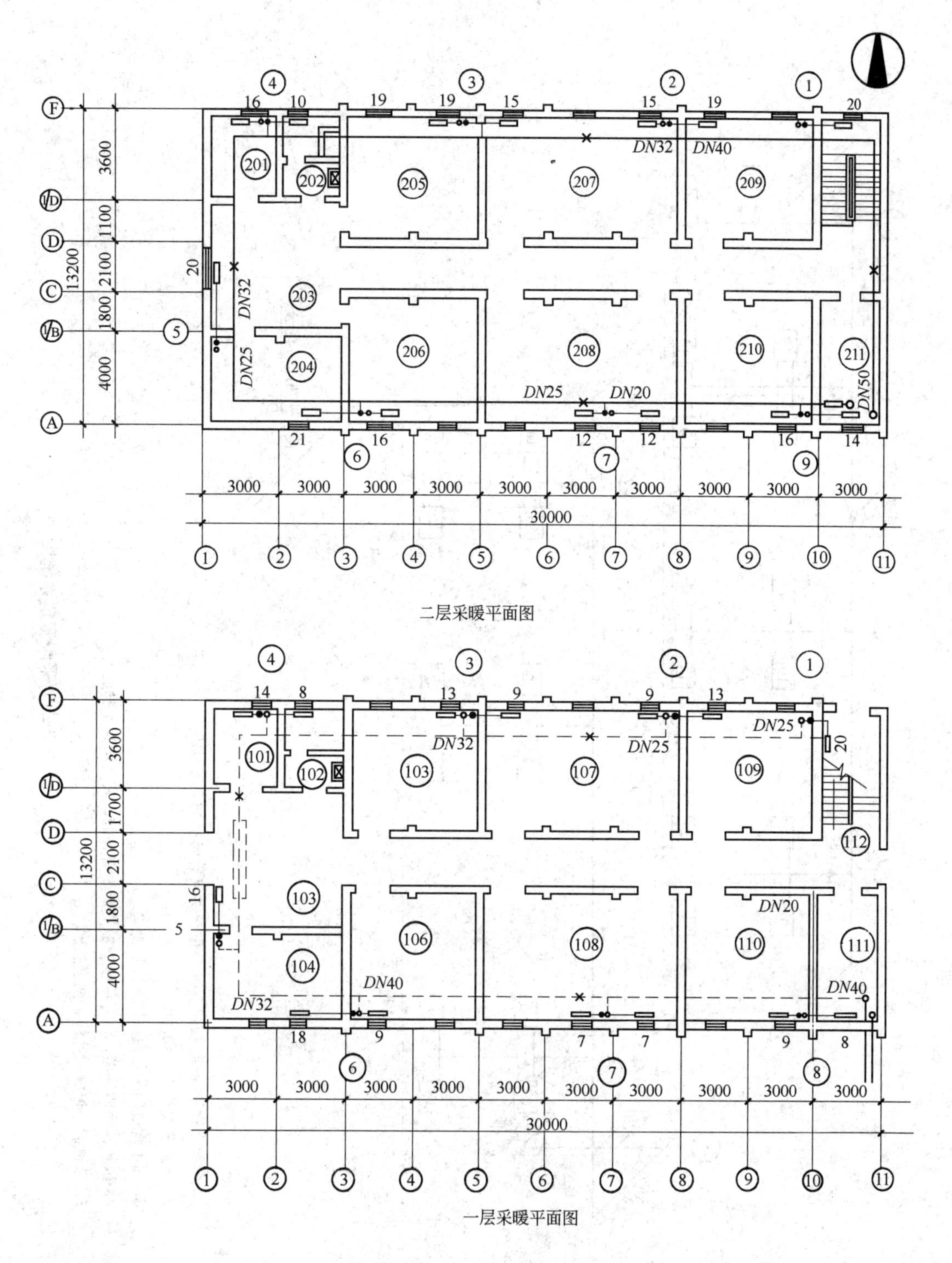

图 3-24　采暖管道平面图

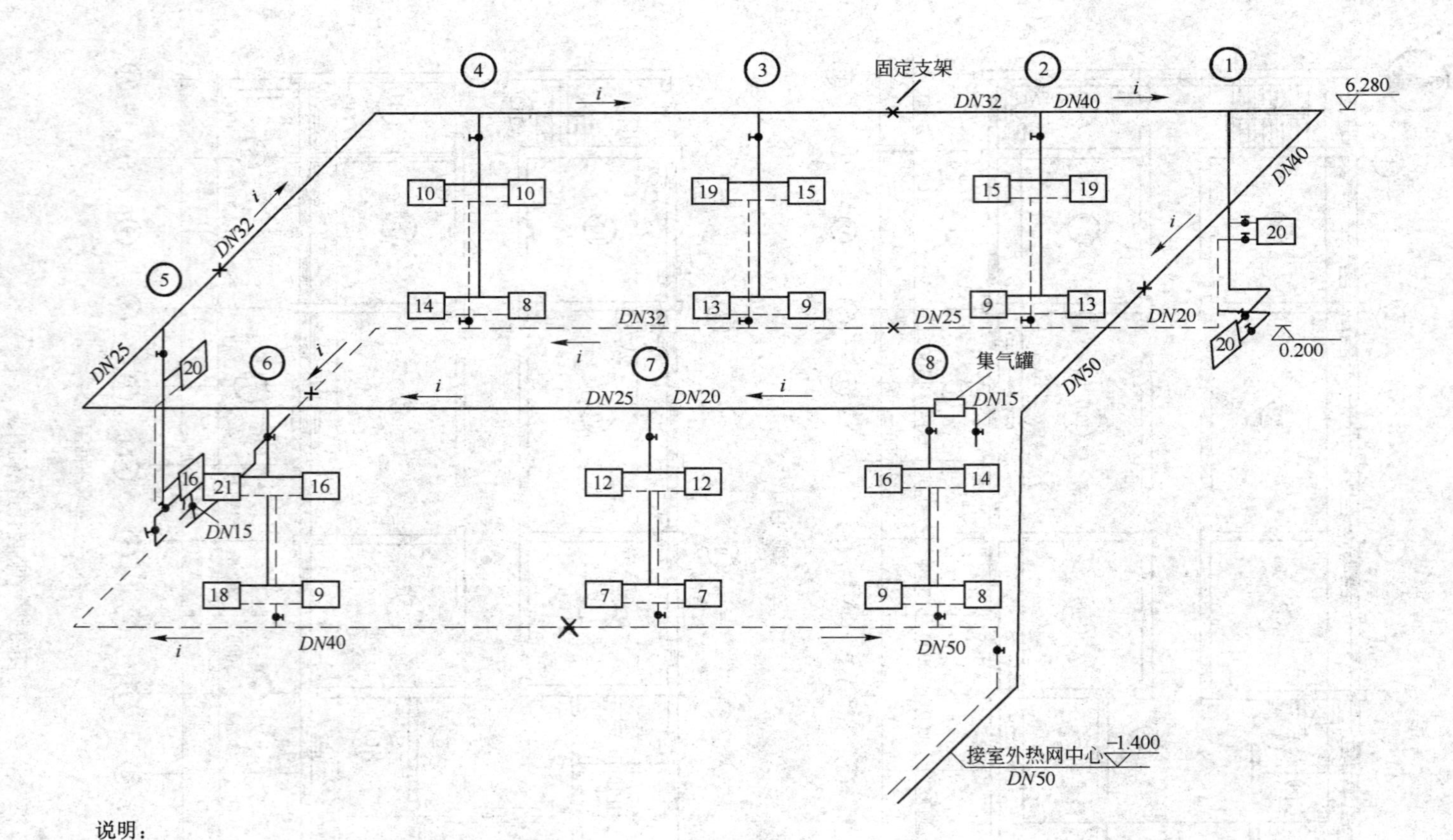

说明：

1. 全部立管管径均为 $DN20$；接散热器支管管径均为 $DN15$。
2. 管道坡度均为 $i=0.002$。
3. 回水管过门装置做法见 S14 暖通 2。
4. 散热器为四柱型，仅二层楼的散热器为有脚的，其余均为无脚的。
5. 管道刷一道醇酸底漆，两道银粉。

图 3-25　采暖管道系统图

第四章　通风空调工程图

第一节　通风空调系统分类及基本图式

一、通风空调概念

通风，就是把室内被污染的空气直接或经处理后排至室外，把新鲜空气输入室内，从而保持室内空气环境符合卫生标准和满足生产工艺的需要。前者称为排风，后者称为送风。空调是空气调节的简称，是更高一级的通风，是控制室内空气的温度、湿度、洁净度和流动速度等符合一定要求的工程技术。其任务是保持室内空气满足人体舒适和工艺生产过程的要求。

二、通风空调系统的分类及基本图式

(一) 通风系统

1. 通风系统的分类

按通风系统的作用范围不同，可分为局部通风和全面通风两种方式。局部通风的作用范围仅限于房间的个别地点或局部区域。

按通风系统的工作动力不同，可分为自然通风和机械通风。自然通风是借助于风压和热压来使室内外的空气进行交换，可分为有组织的自然通风、管道式自然通风和渗透通风；机械通风可分为局部机械通风(包括局部排风和送风)、全面机械通风(包括全面排风和送风)。

2. 通风系统的基本图式

(1) 管道式自然通风系统图式

管道式自然通风是依靠热压通过管道输送空气的有组织的自然通风方式。这种方式常作为寒冷季节里的自然排风措施，或做成热风采暖系统。其图式如图 4-1 所示。

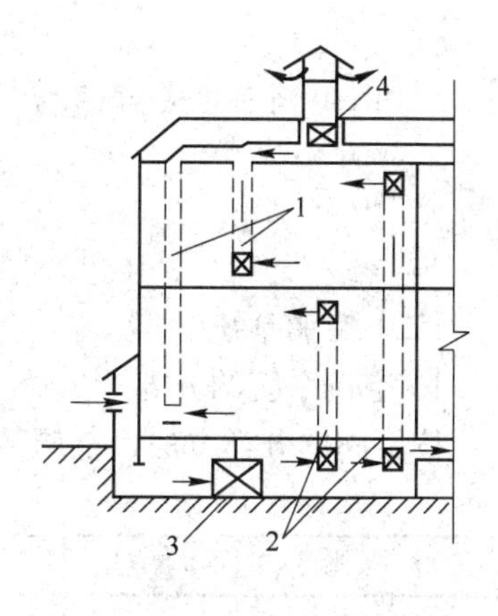

图 4-1　管道式自然通风系统
1—排风管道；2—送风管道；
3—进风加热设备；
4—排风加热设备(为增大热压用)

(2) 局部机械排风系统图式

如图 4-2 所示，排风系统由吸风口(排风罩、排风柜)吸入污浊空气，经排风道、空气净化处理装置和排风机、风帽排入大气。此种方式将被污染的空气或有害物从产生的地方直接抽走，防止扩散到全室。

(3) 局部机械送风系统图式

如图 4-3 所示，室外空气经进风装置、送风机、送风道，通过送风口分配到某些局部地区，改善局部地区的工作条件。

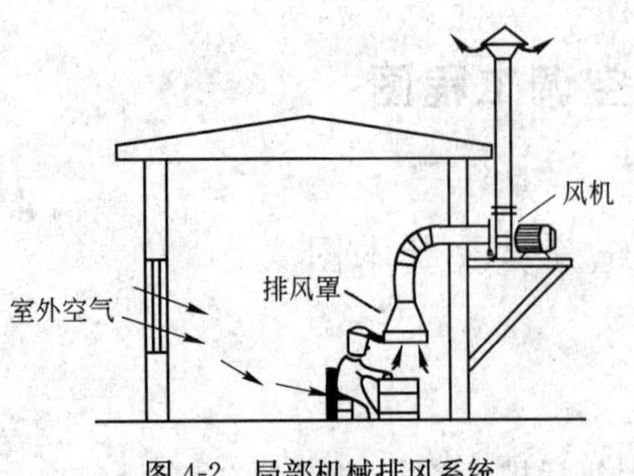

图 4-2　局部机械排风系统

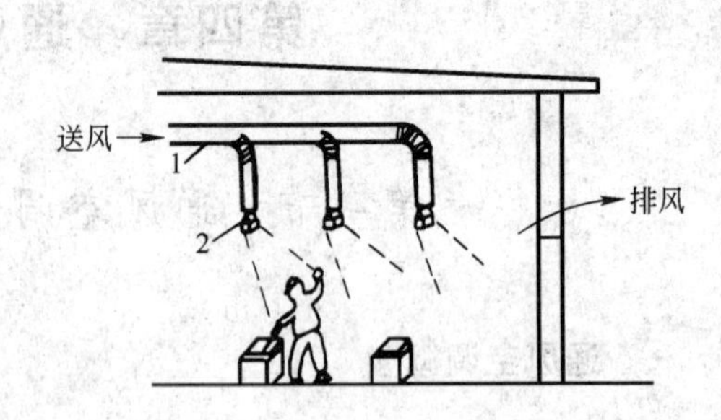

图 4-3　局部机械送风系统

1—风管；2—送风口

(4) 全面机械排风系统图式

当污浊空气或有害气体在大范围内产生和蔓延时，需要全面排风。如图 4-4 所示，排风系统可以从房间的任何地方抽取一定数量的污浊空气排出室外。

(5) 全面机械送风系统图式

如图 4-5 所示，室外空气经百叶窗进入空气处理室，由过滤器除去空气中的灰尘，再由加热器加热到所需的温度，由旁通阀调节送风温度，经风机送入风道，再分布到室内各处。

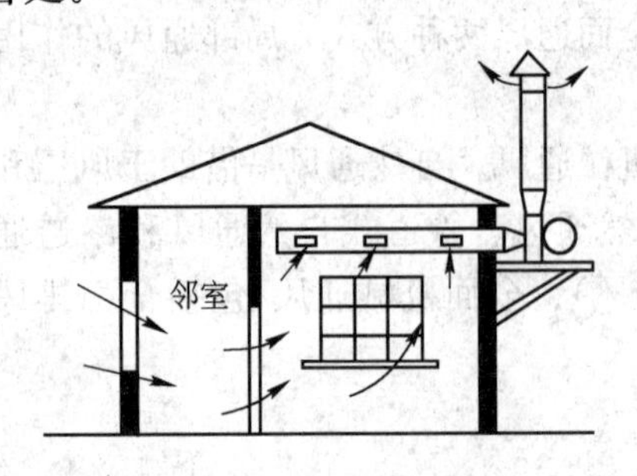

图 4-4　全面机械排风系统

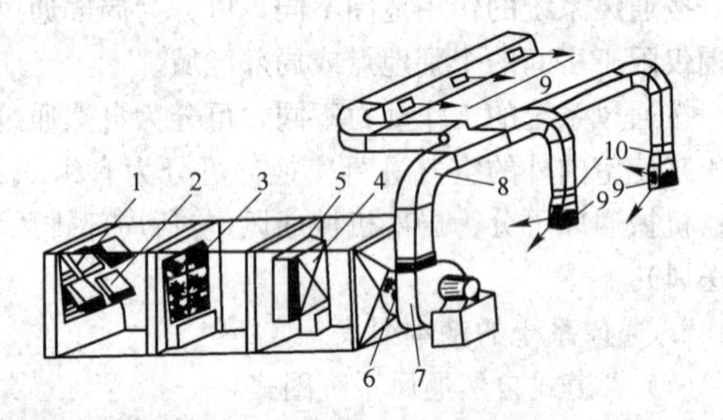

图 4-5　全面机械送风系统

1—百叶窗；2—保温阀；3—过滤器；4—空气加热器；5—旁通阀；6—启动阀；7—风机；8—风道；9—送风口；10—调节阀

(二) 空调系统

1. 空调系统的分类

按不同的分类方法，空调系统可以分为四类，如表 4-1 所示。

空调系统分类表　　　　表 4-1

分　类	空调系统	系 统 特 征	系 统 应 用
按空气处理设备的设置情况分类	集中系统	集中进行空气的处理、输送和分配	单风管系统 双风管系统 变风量系统
	半集中系统	除了有集中的中央空调器外，在各自空调房间还分别有处理空气的“末端装置”	末端再热式系统 风机盘管机组系统 诱导器系统

续表

分　类	空调系统	系统特征	系统应用
按空气处理设备的设置情况分类	全分散系统	每个房间的空气处理分别由各自的整体式空调器承担	单元式空调器系统 窗式空调系统 分体式空调系统 半导体式空调系统
按负担室内空调负荷所用的介质分类	全空气系统	全部由处理过的空气负担室内空调负荷	一次回风系统 一、二次回风系统
	空气-水系统	由处理过的空气和水共同负担室内空调负荷	再热系统和诱导器系统并用，全新风系统和风机盘管机组系统并用
	全水系统	全部由水负担室内空气负荷，一般不单独使用	风机盘管机组系统
	冷剂系统	制冷系统蒸发器直接放在室内吸收余热、余湿	单元式空调器系统 窗式空调器系统 分体式空调器系统
按集中系统处理的空气来源分类	封闭式系统	全部为再循环空气，无新风	再循环空气系统
	直流式系统	全部用新风，不使用回风	全新风系统
	混合式系统	部分新风，部分回风	一次回风系统 一、二次回风系统
按风管中空气流速分类	低速系统	考虑节能与消声要求的矩形风管系统，风管截面较大	民用建筑主风管风速低于10m/s 工业建筑主风管风速低于15m/s
	高速系统	考虑缩小管径的圆形风管系统，耗能多，噪声大	民用建筑主风管风速低于12m/s 工业建筑主风管风速低于15m/s

2. 空调系统的基本图式

(1) 全空气集中式空调系统

全空气集中式空调系统是集中式空调系统的典型。其特点是所有的空气处理设备都集中在一个机房中，它服务面积大，服务的空调房间面积相对分散，普遍用于大型公共建筑物中(如体育馆、影剧院、超市等)。

全空气集中式空调系统的调节过程，可采用全新风方案、全回风方案和混合风方案。混合风即处理的空气来源，一部分是新鲜空气，一部分是室内回风。在使用室内回风时，若室内回风在未处理前与新风混合，然后进行处理，称为一次回风式系统；若将室内回风分成两部分，前一部分与室内空气混合进入空气处理室，后一部分空气不经喷雾室处理直接与处理后的空气混合，称为二次回风式系统。图4-6所示为二次回风式系统图式。图中关掉了二次风门就成了一次回风式系统，关掉一、二次风门就成了全新风式系统。

由图看出，室外新风经新风口进入空气处理室后，由送风机加压，经送风道、送风口送入空调房间；室内空气或全部排至室外，或一部分排至室外，一部分经回风口、回风道回至空气处理室，与新风混合，再由送风机送入空调房间。

(2) 空气—水半集中式系统

半集中式空调系统多数为空气—水半集中式系统。常用的有诱导式空调系统和风机盘管空调系统。该系统优点是风管断面小(为普通风管的1/3)，节约建筑空间、钢材和保温材料。缺点是初始投资高、噪声大。

图4-7是诱导式空调系统图式。图中标注的1～11是空气处理系统，12～16是水处理

系统，17为诱导器(末端装置)。由蒸发器产生的冷水输送至空气处理室内的表冷器，对空气进行冷却，再经冷水循环泵送至蒸发器。经集中处理的空气由风机送入空调房间的诱导器，经喷嘴以高速射出，在诱导器内造成负压，室内空气被吸入诱导器，一、二次风相混合由诱导器风口送出。

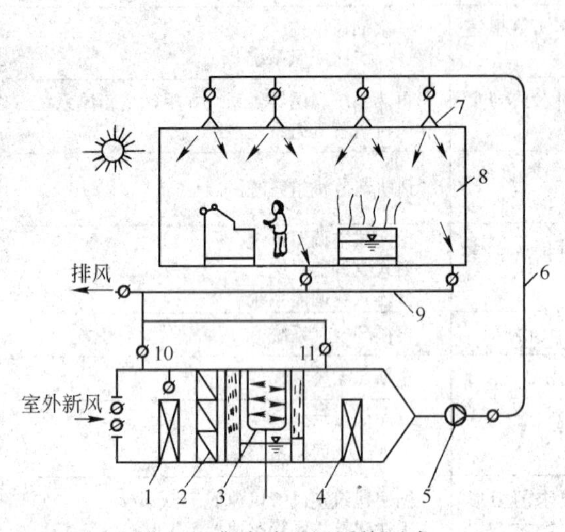

图 4-6 集中式空调系统图式

1—预热器；2—过滤器；3—喷水室；4—再热器；5—送风机；6—送风管道；7—送风装置；8—空调房间；9—回风管道；10—一次回风阀；11—二次回风阀

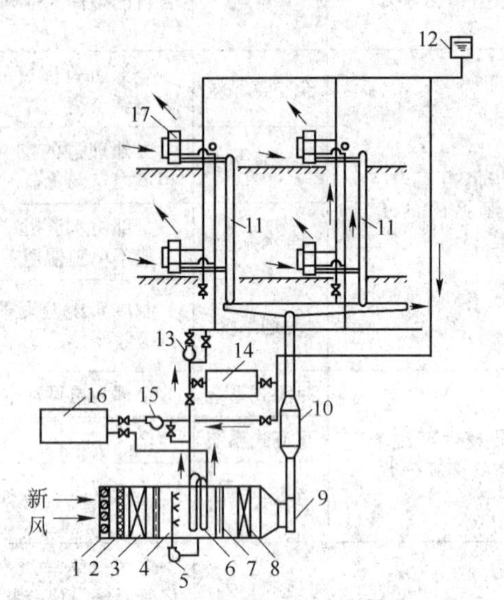

图 4-7 诱导式空调系统图式

1—新风调节阀；2—过滤器；3—预热器；4—喷嘴排管；5—循环水泵；6—表冷器；7—挡水板；8—再热器；9—通风机；10—消声器；11—送风管道；12—膨胀水箱；13—二次冷热循环水泵；14—水热交换器；15—冷水循环泵；16—蒸发器；17—诱导器

第二节 通风空调工程图

一、通风空调工程图的组成

工程施工图主要由基本图、详图及文字说明等组成。基本图包括平面图、剖面图、系统图和原理图。详图包括节点图、大样图和标准图。图纸编排顺序一般为：图纸目录、剖面图、设计施工说明、设备及主要材料明细表、原理图、平面图、系统图、详图。通风工程施工图有双线图和单线图两种。一般通风空调工程的系统图、原理图及小比例的投影图均采用单线图进行绘制，平、剖面图、详图均采用双线图进行绘制。

(一) 平面图

在平面图中除显示房屋建筑的平面轮廓外，主要反映通风空调设备、管道的平面布置，一般包括以下内容：

1. 通风空调设备及阀门、部件、送回风口等的平面位置

图上对设备一般只画轮廓线。阀门、部件、风口等以图例表示，并标注相应的定位尺寸。设备及部件均以编号表示，需从“设备材料表”中查明其名称、型号和规格。

2. 风管管件的平面位置

其定位尺寸是以距墙面或定位轴线的距离标注的。风管管件或断面尺寸一般标注在风管上或风管法兰盘处延长的细实线上方，圆形风管以直径“ϕ×××”表示；矩形风管以“宽×高”表示(原则上以前面数字为该视图投影面的尺寸)。另外还有各种管件如异径管、弯头、三通或四通、管接头等的平面位置。

(二) 剖面图

当平面图和系统图不能表达清楚时，必须有剖面图。剖面图主要反映通风空调系统在空间高度方向的位置，一般有以下内容：

1. 风管高度方向的空间位置

其水平距离以距墙面或定位轴线的尺寸定位，垂直距离以风管标高定位。风管标高有两种标注方法：一般圆形风管标注管中心标高；矩形风管截面变化而管底保持水平时，标注管底标高。必要时剖面图中还要标注风管中心(或管底)距地面的尺寸。

2. 通风空调设备及阀门、部件、送回风口等在高度方向的位置

图中标注有相应的定位和标高尺寸。设备和部件的编号与平面图应相符。

(三) 系统图

系统图中的风管，一般按比例以单线图绘制，设备、阀门、部件用图例表示。有时对体型较大的设备如大型风机、吸气罩等，画出其简单外型。系统图一般包括以下内容：

1. 系统中设备、风管、部件及配件的完整内容及风管的排列、走向、交叉等立体位置。

2. 风管的管径、标高尺寸。标高除另有文字说明者外，一般指风管中心线标高。

3. 主要设备及部件均有编号，编号与平、剖面图中的顺序相同。

(四) 原理图

是用方框和连接线表示系统处理空气的方法、原理及过程的图纸，又称流程图。原理图主要表明整个系统的工作原理和工艺流程，流程一般画有流向箭头。图中应标出空调房间的设计参数、冷热源管路、空气处理方法及输送方式、自动检测控制系统的相互关系等。设备、仪表、部件一般均有编号，编号与其他基本图相符。原理图对主要设备以示意图的形式画出其形状或外轮廓，其余以单线图和图例表示。图中线条均呈水平和垂直走向，不按比例绘制。原理图仅在较复杂的系统中使用。

(五) 详图

详图有加工详图和安装详图，一般又分为以下几种：

1. 节点图

能清楚地表示某一部分风管或设备部位的详细结构及尺寸，是对其他基本图反映不清楚的局部图形的放大。节点图一般在需放大的节点部位画一圆圈，然后用引出线引出并编写节点代号，代号一般用 A、B、C、……表示。在阅读节点图时，应从基本图上查找节点图所表示的部位，对照分析。

2. 大样图

是表示一组设备或一组部件、配件组合安装的一种详图。大样图一般用正投影图表示，使物体有真实感，图中对组装体各部位的详细尺寸有明确的标注。

3. 标准图

通风标准图是一种具有通用性质的施工图纸，一般汇编成标准图集，有“国标”、“部标”、“省标”、“院标”等。标准图中有通风空调设备或部件的加工详图，也有绝热防腐的构造组成和施工方法等安装施工详图。

二、读图基本方法

读图时首先看图纸目录，了解图纸的种类和数量；其次是设计施工说明和材料设备表，阅读设计施工说明可了解工程的性质、规模、系统设计各项参数数据、质量要求、特殊施工方法及用料要求。识读材料设备表可了解基本图中设备、部件的名称、规格和数量；然后读原理图、平面图、剖面图、系统图和详图。读图时应将平面图、剖面图、系统图对应起来看，找出各部位尺寸的对应关系，形成通风空调系统的整体概念，弄清风管在空间的曲折、交叉情况。

对于整个系统，读图时可顺着通风空调系统介质(空气或水)的流动方向逐段识读。如送风系统为：进风口→进风管道→通风机→主干风管→分支风管→送风口。

读图时，应掌握以下主要内容及注意事项：

(一) 平面图

识读平面图时应注意通风空调平面图与建筑平面图的关系，有关构造、尺寸、数据应相符，掌握通风空调系统与水、暖、电等管线和建筑之间的位置关系。

结合系统图、剖面图识读通风空调系统的编号。通风空调系统一般采用汉语拼音字头加阿拉伯数字进行编号。如S-1(送风系统1)、S-2(送风系统2)、P-1(排风系统1)、K-1(空调系统1)等。通过查明系统编号，掌握系统数量，然后逐系统识读。

识读设备、部件、风管的平面位置、型号、规格尺寸、材质。

结合施工说明，掌握设备的数量、外形轮廓、平面位置、规格型号。

查明送风口、回风口、风量调节阀、测定孔等部件的平面位置，与建筑物墙面的距离及各部位尺寸。

查明系统气流组织和风口气流方向。

查明风管的材料、形状及规格尺寸。

常用薄钢板(镀锌或不镀锌)制作风管；输送腐蚀性气体时，可用硬聚氯乙烯塑料板、不锈钢板；有美观要求时选用铝板。风管截面呈圆形或矩形。在民用和公共建筑中，也常用矩形截面的砖砌风道、矿渣石膏板等风道，风道的截面一般都比较大。钢板或塑料板制作的风道，截面范围为：圆形风道——D为100～2000mm，矩形风道——$A\times B$为120mm×(120～2000)mm×1250mm。风管一般用支架支承沿墙壁及柱子敷设，或用吊架吊在楼板(或桁架)的下面。

(二) 剖面图

应结合平面图、系统图一起看。

1. 看剖面图时要掌握设备、部件在垂直方向的位置、标高，规格和尺寸。
2. 掌握管道在垂直方向上的位置、标高、坡度、坡向，规格尺寸及其变化情况。
3. 了解通风空调系统在剖面位置上与其他管线和建筑之间的关系。

(三) 系统图

识读系统图应把风管、部件、设备之间的相对位置及空间关系搞清楚，还要把风管、部件及设备的标高、各段风管尺寸，送、排风口的形式和风量值搞清楚，并仔细与平、剖面图核对。

(四) 详图

通过识读详图了解风管、部件及设备制作和安装的具体形式、方法和详细构造及加工尺寸，对于一般性的通风空调工程，通常使用国家建筑标准设计《暖通空调标准图集》，有特殊要求的工程，设计施工详图。

读图时应注意：

平、剖、系统图要反复对照阅读，对图的每一根线条、每个图例、数据、尺寸、标高都要仔细核对；要看清风(水)管标高是指管中心还是管底；多根风管在平剖面图上重叠时，一般将上面或前面的风管用折断线断开，以显示下面或后面的风管，断开处一般有文字说明。

三、识图实例

【例 1】 阅读某建筑通风排烟工程施工图。

图纸设计说明：地下室设排烟系统，由于受地位面积限制，所以转弯时的半径较小，需要在弯头处设导流叶片。

排烟管道上所设防火阀均为 741(FVD_2)排烟用防火调节阀，28℃时关闭。

地下室排烟管道采用钢板风道。风道均为标准钢板风道。钢板厚度见表 4-2，表 4-3 为排烟送风主要设备表。

管道钢板厚度表 **表 4-2**

管道尺寸(mm)	1600×500	1000×1000	921×700
厚度(mm)	1.2	1.0	1.0

排烟送风主要设备表 **表 4-3**

编号	名　称	型号与规格	单位	数量	备　注
1	排烟风机	4-68No. 12. 50 左 0°	台	1	Q=42910m³/h　H=640Pa
2	排烟风口	922C(BSFD)400×500	个	9	
3	防火调节阀	741(FVD_2)1250×500	个	1	
4	防火调节阀	741(FVD_2)1000×630	个	1	
5	伞型风帽	D=560mm No. 10	个	1	
6	吸风口	D=560mm No. 12	个	1	
7	送风机	T4-72No. 52 左 90°	台	1	Q=14620m³/h H=2010Pa N=11kW
8	送风口	922B(SD)320×320	个	15	

识图过程如下：

由图 4-8 可见，⑤、⑦、Ⓚ ……为土建结构(柱、墙)的轴线编号——通风设备安装尺寸定位用。排烟管道为“L”形，设置在走廊，断面尺寸为 1250×500，接排烟风口

"2"。其中6个排烟风口"2"由通风管接至走廊两侧房间，3个排烟风口"2"设置在走廊(图中虚线方框，表示在管道下方)。排烟风口"2"的规格型号为992C(BSFD)400×500。污浊空气或烟气，被排烟风机"1"抽进，经排烟风口、通风管道，送入竖直管道(砖砌)。

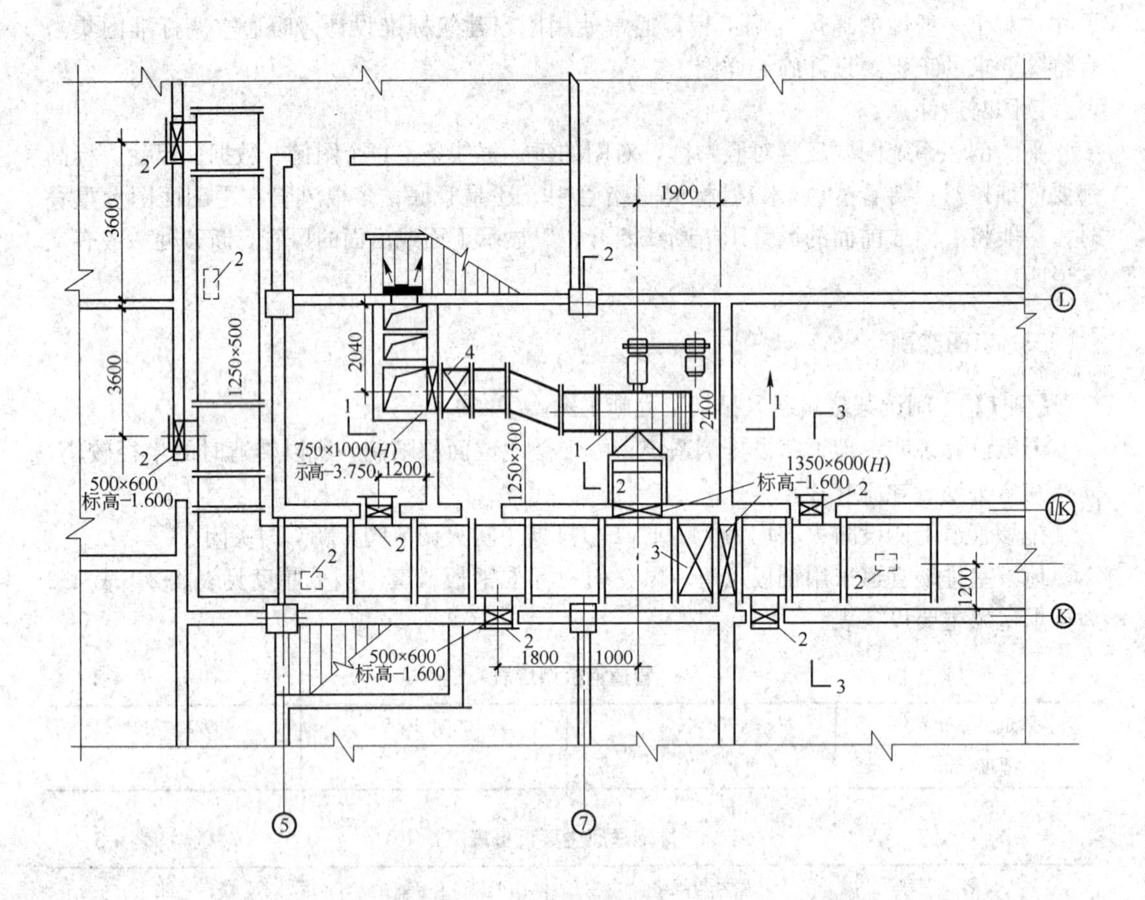

图4-8　排烟通风管道平面图

1—排烟风机；2—排烟风口，922C(BSFD)，400×500；

3—防火调节阀，741(FVD_2)，1250×500；4—防火调节阀，741(FVD_2)，1000×630

注：图中"−1.600、−3.750"均为墙洞底标高

图中墙上开出的洞口尺寸横线下标注的数字为洞口底的标高。横线上的"H"为洞口高。编号"1"为风机，旁边有电动机；编号"3"、"4"为防火调节阀，防火调节阀"3"型号尺寸为741(FVD_2)1250×500，"4"的型号尺寸为741(FVD_2)1000×630。

另外，以土建的墙边为基准，给出了设备、部件的各个定位尺寸。

看平面图4-8，在排烟风机前(紧贴排烟机)，沿1—1剖切符号位置，剖开向后看，即"1—1"剖面图——图4-9。图中尺寸4500和标高−2.146，是排烟机(编号1)的定位尺寸。防火调节阀4，紧贴左墙边。标高−3.200是管道中心线的定位尺寸。靠近阀门的管道断面为1000×630，而靠近风机的管道断面为921×700。这样，它俩必须由一个1000×630～921×700的异径管来连接。

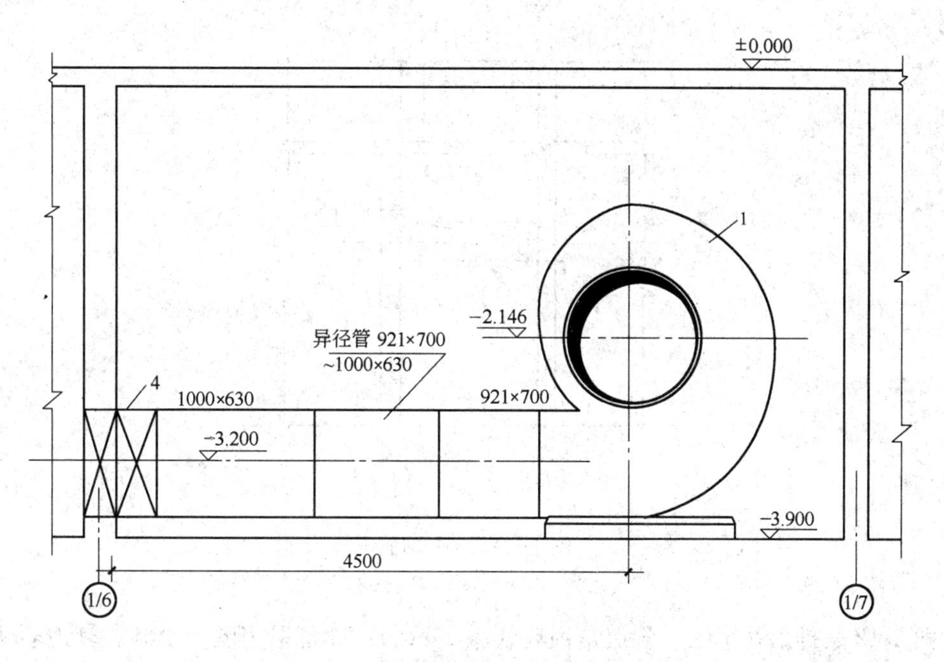

图 4-9　1—1 剖面图

1—排烟风机；4—防火调节阀

在排烟风机左方的“2—2”剖面图，即从左面向右看，“2—2”剖面图在图 4-10 所标明的尺寸 2400 和标高－2.146 是风机的定位尺寸；标高－1.300 是穿墙洞管的中心线定位尺寸。风机右方有一个天圆地方的异形管，连接风机圆口和断面为矩形的风管。通过风管和排烟风口剖切向右看，截取“3—3”剖面图，即图 4-11。从这幅图上可以看出管道(风管)的中心标高(－1.300)，以及管道底面与侧面的风口(管道在走廊)的空间位置。

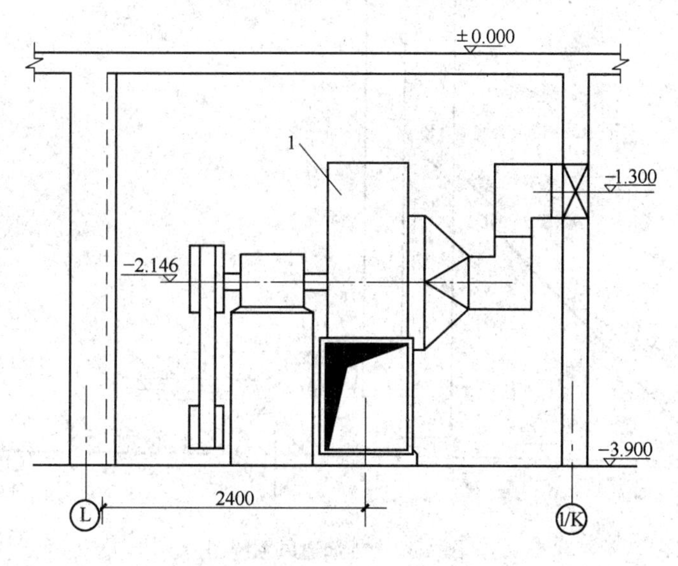

图 4-10　2—2 剖面图

1—排烟风机

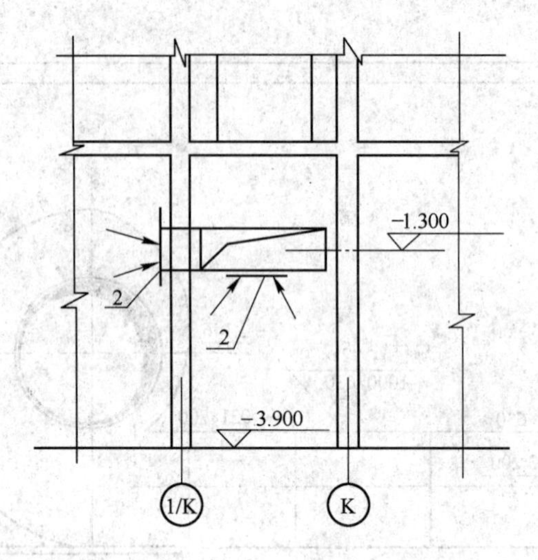

图 4-11　3—3 剖面图

2—排烟风口

图 4-12 是排烟系统图。管道是用单线条表示的；设备采用图例绘制。其内容主要是反映系统立体全貌、包括标高和管道断面尺寸。

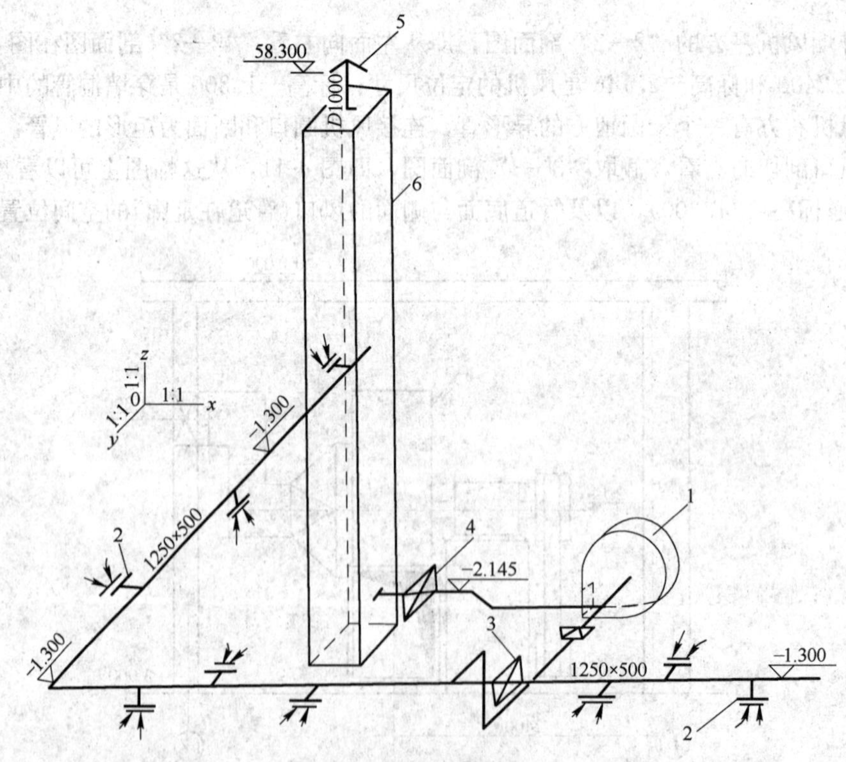

图 4-12　排烟通风系统图

1—排烟风机；2—排烟风口；3—防火调节阀；4—防火调节阀；5—伞型风帽；6—砌筑(建筑物内)竖直排烟道

图 4-13 是顶层风机机房平面图。机房和楼梯间突出毗邻房间的屋面，利用右侧墙开

洞，装置新鲜空气的吸风口“6”。吸进的新鲜空气，通过送风机“7”，通过弯头，进入断面尺寸为 630×320 的风道，送进竖直送风的砖砌管道。然后，再送到各层的房间，包括楼梯间。但是图 4-13 只表达了各层的楼梯间，整个建筑物，不只是一个吸风口，它可以有几套这样的送风设备。编号 8 是顶层楼梯间的送风口。

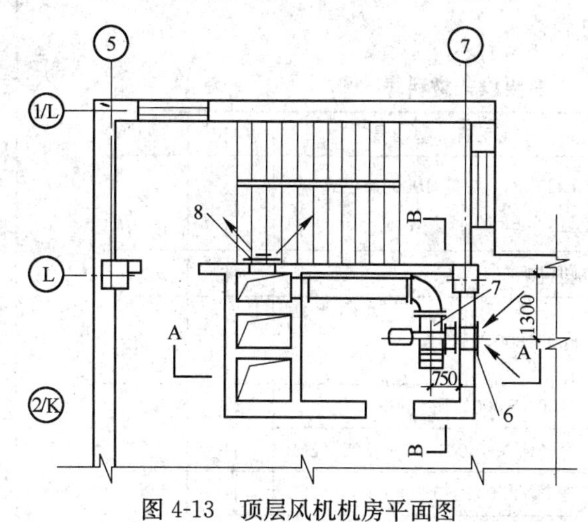

图 4-13　顶层风机机房平面图

6—吸风口 D=560mm，No. 12；7—送风机 T4—72，No. 5A 左 90°；

8—送风口 922B(SD)，320×320

在平面图的风机前面，取“A—A”剖面图，即图 4-14 所示。尺寸“750”和标高“53. 500”是风机的定位尺寸。标高“55. 300”是管道中心线的定位尺寸。尺寸“320×630”是管道的断面尺寸，即管道宽 320mm，高 630mm。“6”是吸风口；“7”是风机。

再从平面图上风机的右边截取“B—B”剖面，向左投影，即图 4-15。这里又补充给出了风机定位的第三个尺寸“1300”。这个图上，还可以看到楼梯间的送风口“8”。

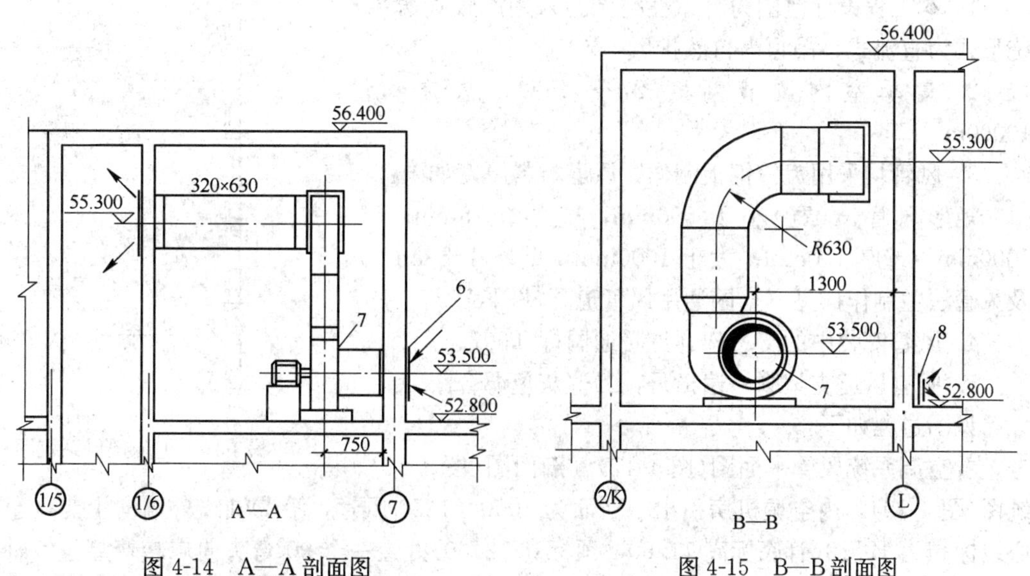

图 4-14　A—A 剖面图

注：风管支吊架按国标 T616 施工

图 4-15　B—B 剖面图

图 4-16 是加压送风系统图。图上编号“7”（风机）在上方。送风口“8”在一条铅垂

线上，也就是在各层(共十五层)的楼梯间里，保证楼梯间的疏散安全。同时图上注写出砖砌管道断面尺寸(620×320)、送风口规格尺寸(320×320)和最高处的管道标高(55.300)。

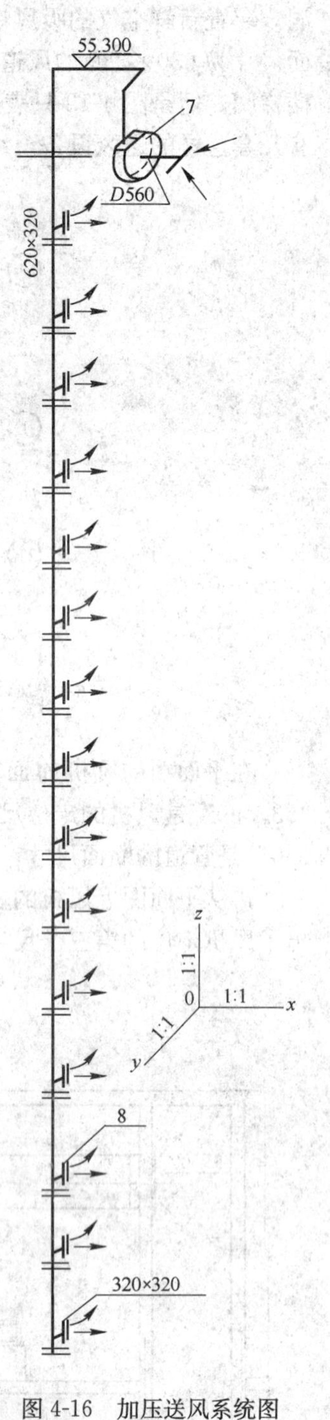

图 4-16 加压送风系统图

【例 2】 识读某会议室空调工程施工图。

(一) 主要设备材料表

主要设备材料表 表 4-4

编号	名称	规格型号	单位	数量
1	空气调节器	LH-48，风量 10000m³/h，产冷量 55.8kW	台	2
2	软接头	塑料帆布	件	2
3	手动对开多叶调节阀	800×800，32 号	件	2
4	弯头	1250×1000，R=400	件	2
		变径弯头 1000×800～800×800	件	2
		135°，250×250	件	20
		90°，250×250	件	24
5	变径三通		件	4
6	变径管		件	6
7	散流器	方形直片散流器 430×430	件	24
8	变径四通		件	10

(二) 设计施工说明

1. 本工程设计范围为舒适性空调，采用风管式送风，系统形式为直流式，吊顶内自然排风。

2. 夏季室内调节温度 27～29℃，总送风量为 10000m³/h。

3. 风管均采用镀锌钢板制作，风道材料厚度如下：

矩形风管长(宽)小于 500mm，壁厚 0.75mm；500～1000mm，壁厚 1.0mm；大于 1000mm，壁厚 1.2mm。风管及风管法兰制作详见《全国通用风管道配件图表》。

4. 风管安装中的支吊架详见暖通国标 T607。

5. 所有风道支架刷一遍樟丹，二遍灰色调合漆。

识图过程如下：

看空调系统风管平面图(图 4-17)、剖面图(图 4-18)、系统图(图 4-19)，由空调机房引出一断面为 1000×1250 风管，沿②轴线外墙向上走，至中心线标高为 12.10(管底标高 11.60，顶标高 12.60)处经一个 90°弯头向东转弯穿过②轴线墙。之后，风管经过一个变径三通向前南、北分两路走，风管断面均为 1000×800(宽×高，下同)，距②轴线墙面 400mm。

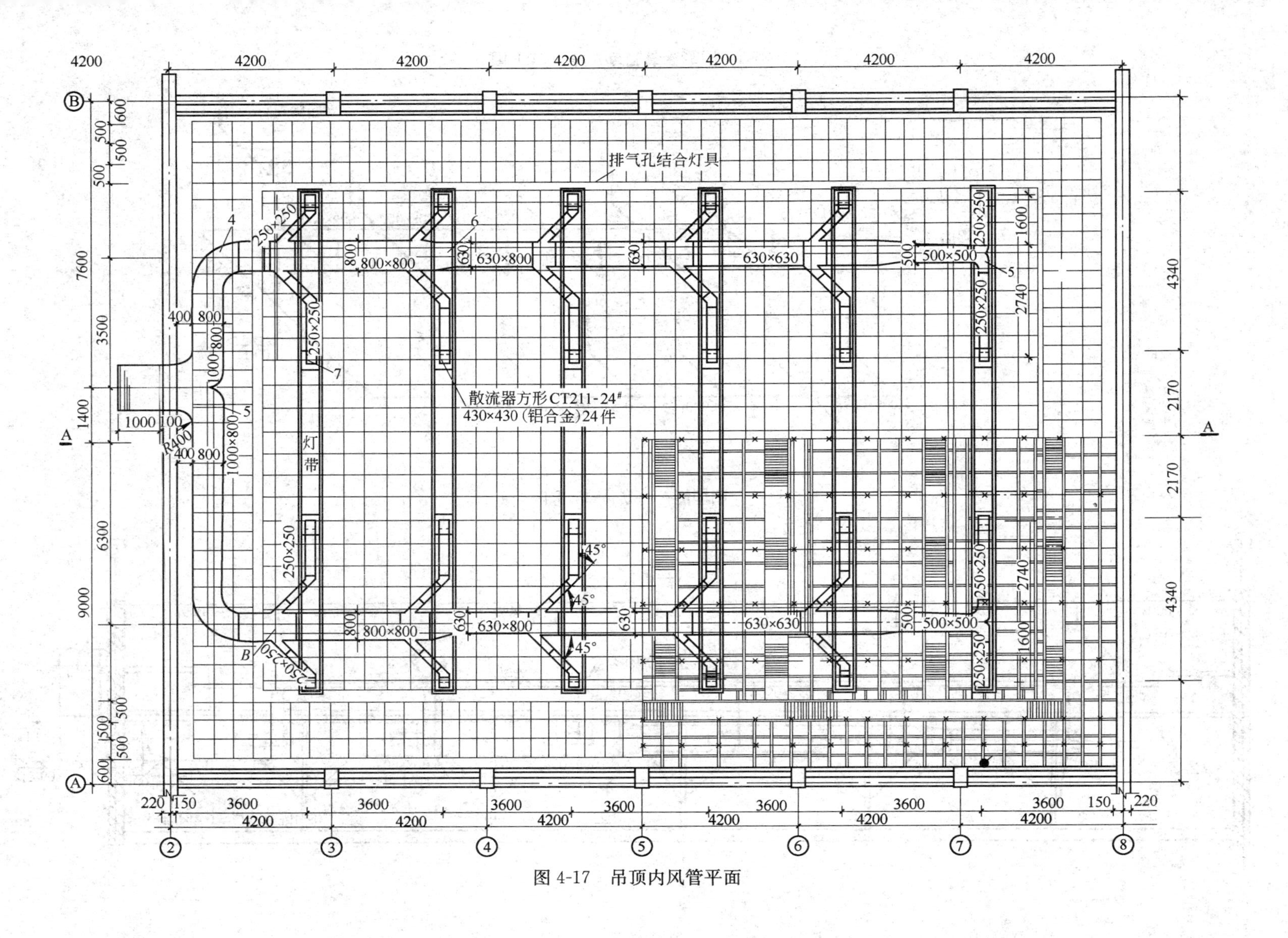

图 4-17 吊顶内风管平面

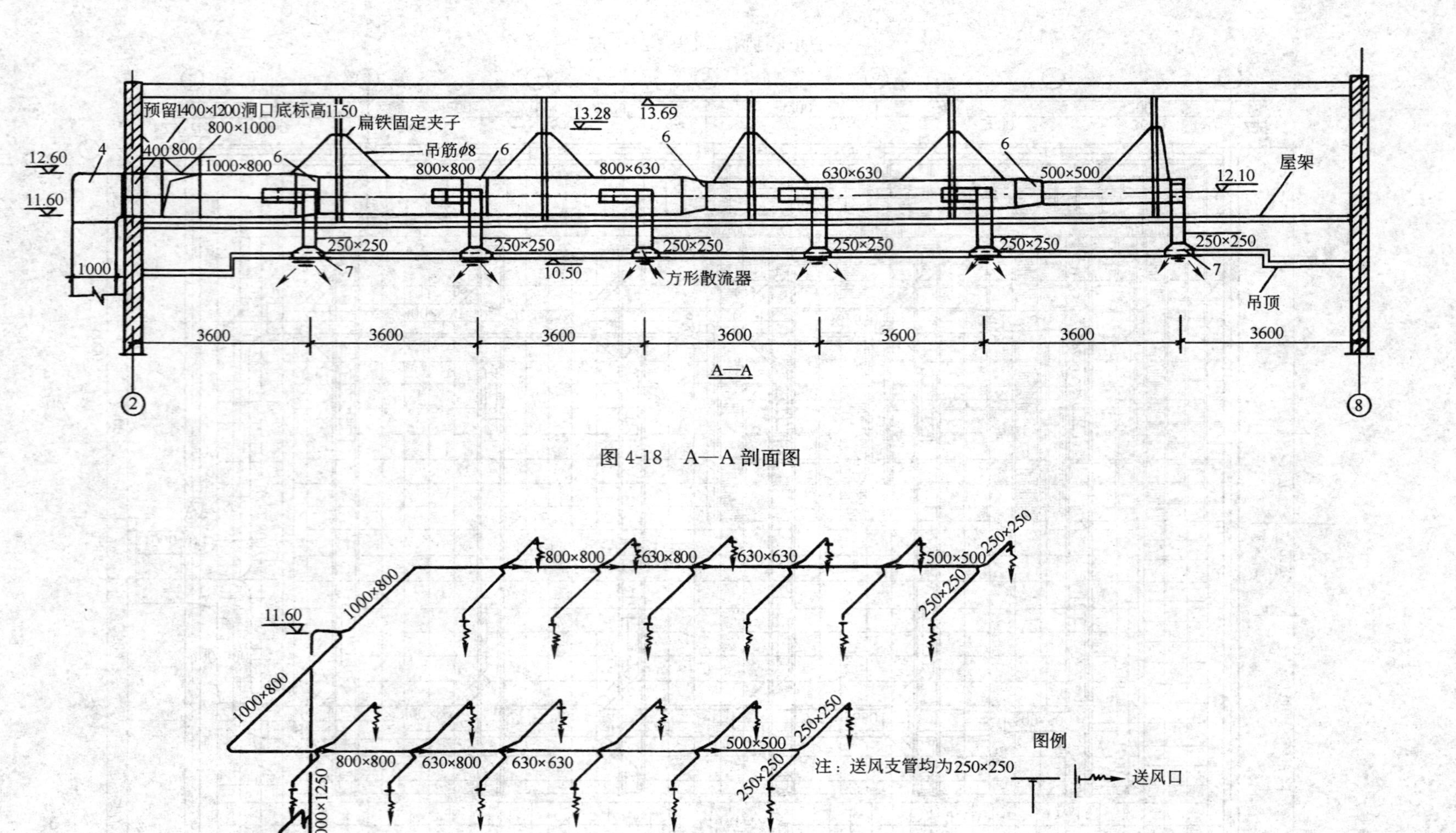

图 4-18　A—A 剖面图

图 4-19　会议室风管系统图 1∶100

向北风管在与总风管中心距 3.5m 处经一 90°弯头，转而向东，风管规格、标高均未变化。向东的风管从②轴线墙面起，每隔 3.6m 设一变径四通，共设五个，分别向两侧引出接散流器的支风管，在风管的最末端(⑦轴线右侧)，经一变径三通分别向南北引出接散流器的支风管。风管分别在左起第一、二、三、五个变径四通后设变径管，风管规格变化情况分别为：由 1000×800 变为 800×800、由 800×800 变为 630×800、由 630×800 变 630×630、由 630×630 变为 500×500，风管中心线标高不变。由四通引出的支风管与主风管成 45°夹角，这样有利于减少对气流的阻力。支风管(断面均为 250×250)经 135°弯头(250×250)转而向南、向北。向南、北的接散流器的支风管分别在距主风管 2.74m、1.6m 处经一 90°弯头向下，至吊顶处(标高 10.50)接一铝合金方形散流器(CT211-24#，430×430)。

向南风管在与总风管中心线距 6.3m 处经一弯头转而向东后，与前述风管布置方式相同。

从图 4-20 空调机房平、剖面图，可以看出空调机房内有两台 LH-48 型空气调节器(立式整体冷冻空调器)。图中标出了空调器的定位尺寸及机房内风管的布置情况。空调器距①轴线墙面为 700mm，一空调器距 B 轴线 9.10m，两空调器中心距 3m，净间距 1.25m，空调器高 2.305m。由塑料帆布软接头把空调器出风口与送风管连接，送风管规格为 800×800。送风管上行，接手动多叶调节阀，由一变径三通将两支风管合为一总风管，总风管管径为 1250×1000，其底标高为 3.455，顶标高为 4.455。在距②轴线墙面 700mm 处经一 90°弯头风管转而上行，向会议室送风。

可以看出，该空调系统为集中式全空气直流式系统。

识图时，应沿气流方向，将平、剖、系统图及主要材料表对照起来看，注意风管、设备、部件的位置、规格、标高及其变化情况，以便正确识读。

思 考 题

1. 什么叫通风？什么叫空调？
2. 通风系统、空调系统的分类各有哪些？
3. 通风系统、空调系统各有哪些基本图式？
4. 如何识读通风空调图？
5. 阅读图 4-21 的通风系统工程图。
6. 阅读图 4-22 至图 4-25 所示的通风空调工程施工图，图中编号对应的材料设备名称见表 4-5。

主要材料设备表 **表 4-5**

编 号	名 称	单 位	数 量
1	空气调节机	台	1
2	软接头	件	1
3	手动对开多叶调节阀	件	1
4	弯头	件	7
5	变径四通	件	3
6	变径管	件	5
7	4# 圆形直片散流器	件	11
8	5# 铝合金双层百叶风口	件	14
9	变径三通	件	1

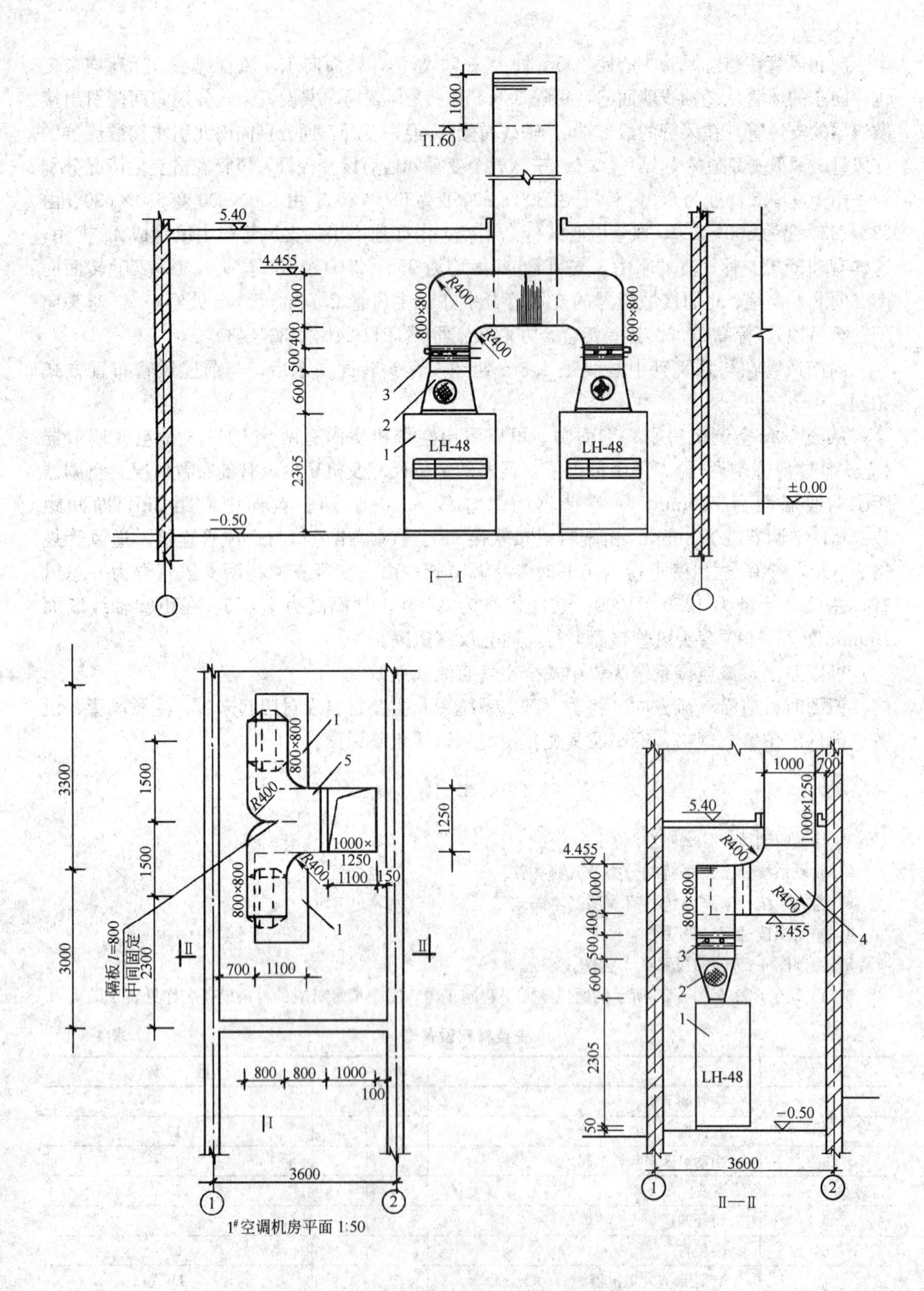

图 4-20　空调机房平、剖面图

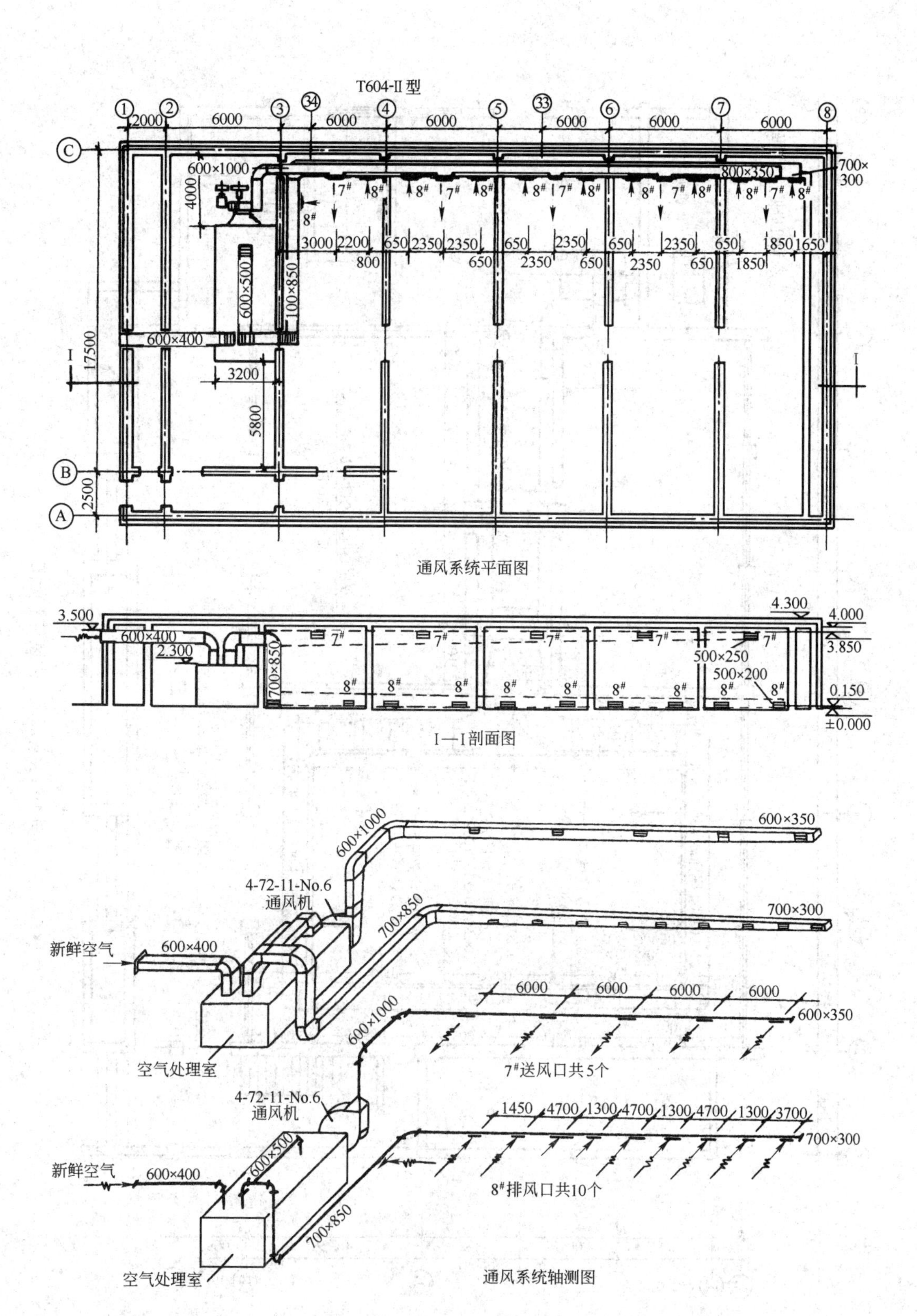

图 4-21　某通风系统工程图

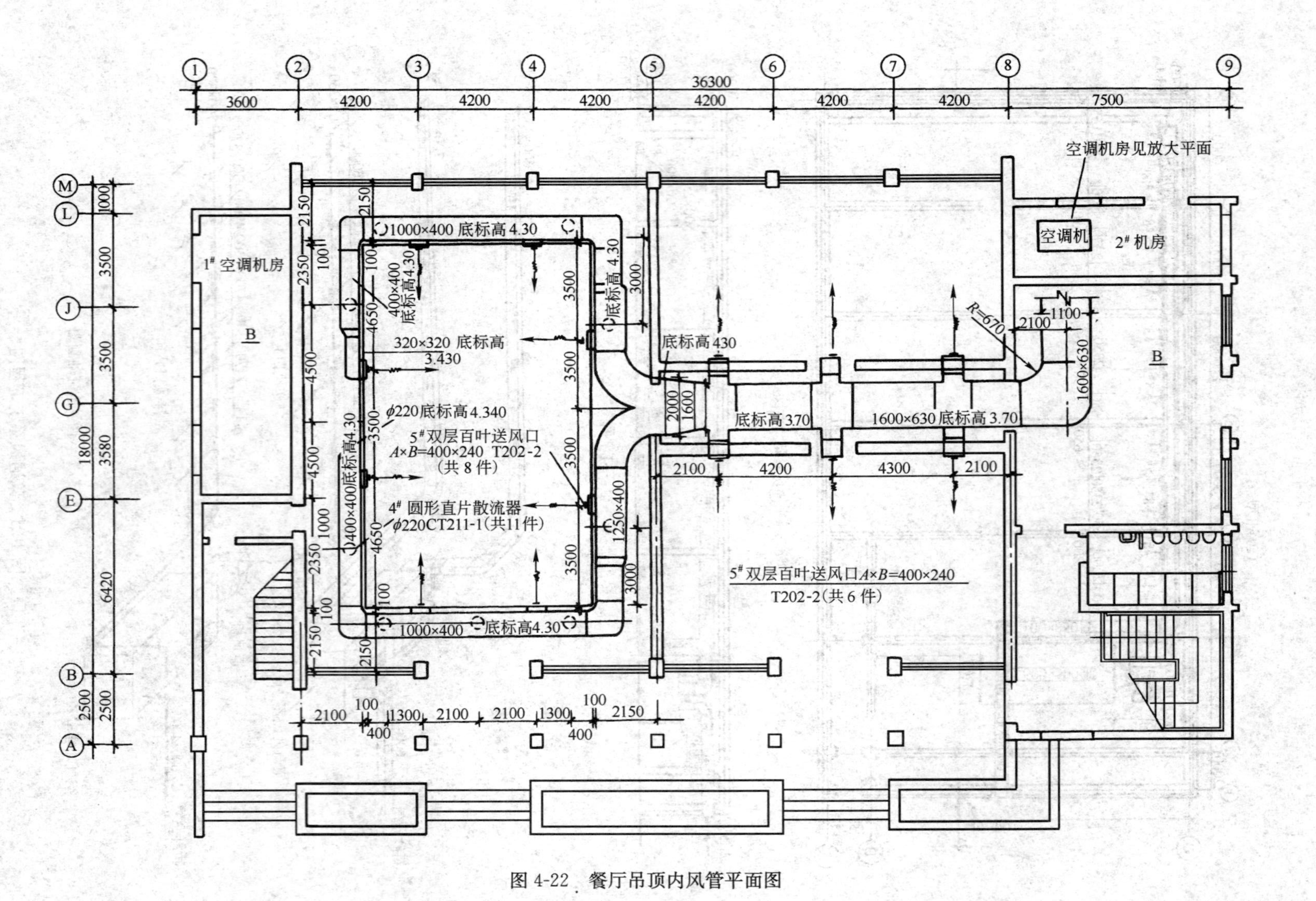

图 4-22　餐厅吊顶内风管平面图

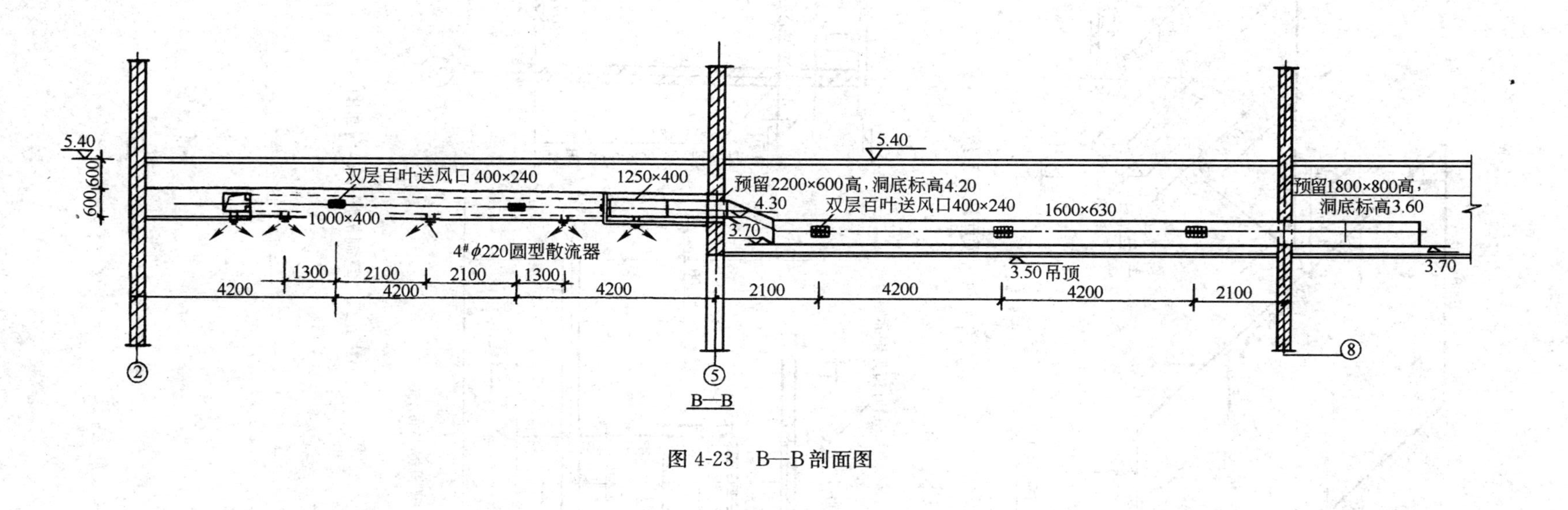
5.40
600
600
双层百叶送风口 400×240
1000×400
1250×400
4#ϕ220圆型散流器
预留2200×600高，洞底标高4.20
4.30
3.70
双层百叶送风口400×240
1600×630
预留1800×800高，
洞底标高3.60
3.50 吊顶
3.70
1300
2100
2100
1300
4200
4200
4200
2100
4200
4200
2100
②
⑤
⑧
B—B

图 4-23　B—B 剖面图

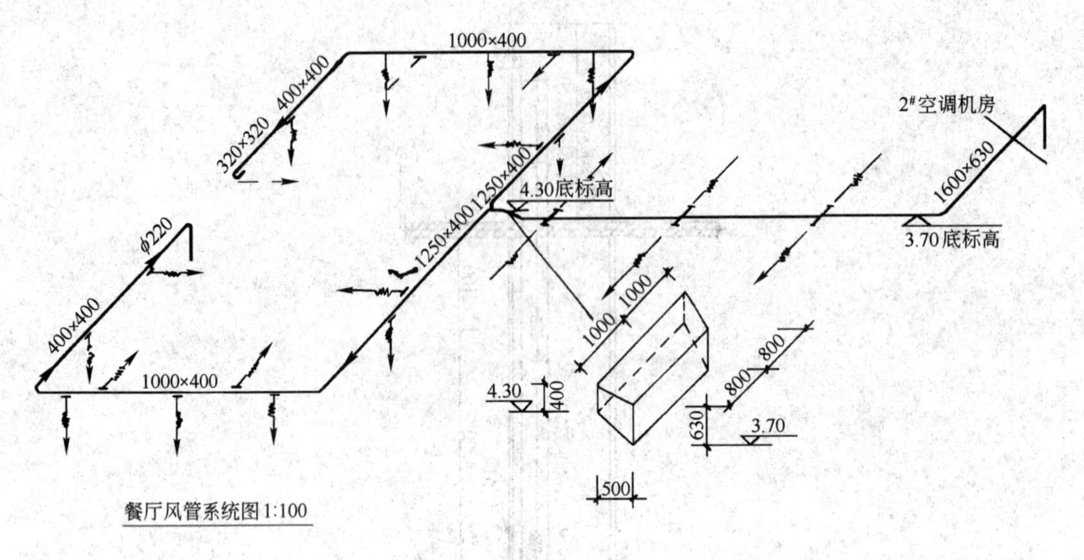

图 4-24　餐厅风管系统图

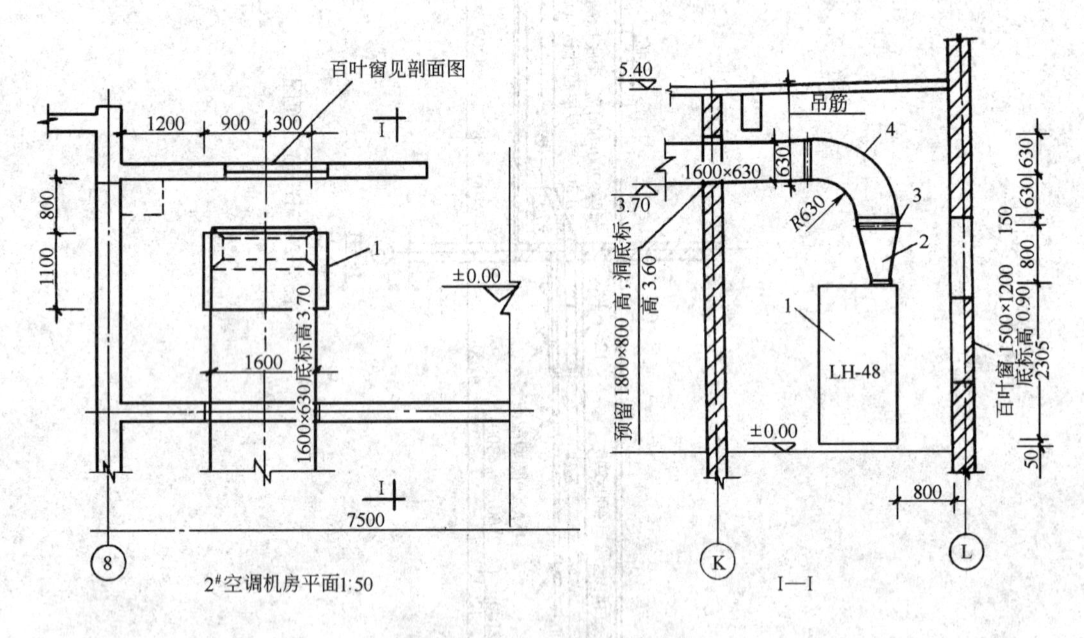

图 4-25　空调机房平、剖面图

第五章 管道工程基础知识

第一节 管道的组成及管子、管路附件的技术标准

一、管道的组成

管道亦称为管路，冷热水、蒸汽、天然气等各种流体能源都是通过管道输送，供给用户使用。管道通常由管子、管路附件和接头配件组成。管路附件是附属于管路的部分，如漏斗、阀门、调压板等。接头配件则包括两部分：一部分为管件，如弯头、大小头、三通、四通等；另一部分属连接件，如螺栓、螺帽、法兰等。

二、管子和管路附件的技术标准

管子和管路附件的技术标准分为国家标准、部、委(局)标准等。见表 5-1、表 5-2 等。

国家标准代号 **表 5-1**

代号	代号含义	代号	代号含义
GB	中华人民共和国国家标准	GBW	国家卫生标准
GB/T	中华人民共和国推荐性国家标准	GJB	国家军用标准
GBn	国家内部标准	GSB	国家实物标准
GBJ	国家工程建设标准	ZB	中华人民共和国专业标准

部分部、委(局)标准代号 **表 5-2**

代号	代号含义	代号	代号含义
JB	机械工业部标准	LD	劳动部标准
JT	交通部标准	LY	林业部标准
TB	铁道部标准	MT	煤炭部标准
TB/Z	铁道部指导性技术文件	SL	水利部标准
GN	公安部标准	SJ	电子工业部标准
DZ	地质部标准	WH	文化部标准
DL	电力部标准	WS	卫生部标准
HG、HGB	化学工业部行业标准	YD	邮电部标准
CJJ	建设部标准	YB	冶金工业部标准
CH	国家测绘总局标准	KY	中国科学院标准

国家标准代号由汉语拼音大写字母构成。国家标准的编号由国家标准代号、标准发布顺序号和标准发布年代号组成，表示如下：

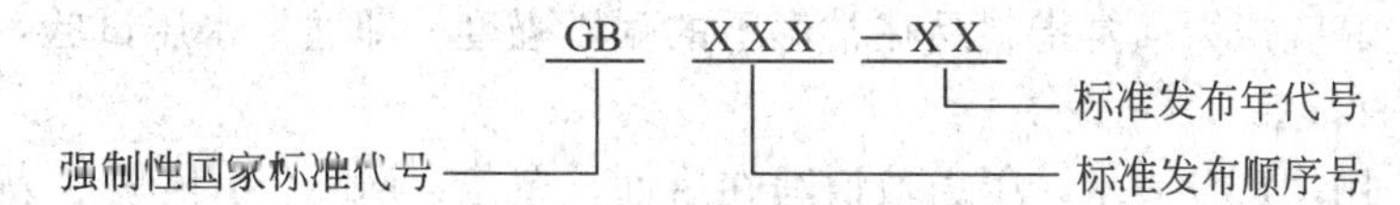

例如 GB 3092—82，GB 是强制性国标代号；3092 为发布顺序号，指第 3092 号国家标准；82 是颁布年代号，即为 1982 年发布。表 5-2 为原各部分部、委(局)标准代号，由于政府机构改革，部门名称有变化，但各标准仍沿用。

各部委(局)级标准代号，由国务院所属部、委(局)名称的两个汉语拼音字母表示，比如“SL”、“DZ”分别表示水利部和地质部的标准代号。指导性文件的代号采用分式，以标准代号为分子，以“Z”为分母。如“TB/Z”为铁道部指导性技术文件。

第二节　公称直径、公称压力、试验压力和工作压力

一、公称直径(公称通径)

(一) 管子、管件(附件)的公称直径

它既不是实际的内径，亦不是实际的外径，其直径近似于内径。比如白铁管的公称直径为25mm，其实测内径为25.4mm左右。

(二) 公称直径表示

用“*DN*”符号表示，直径数值写在后面，单位：mm(可不写)，例如*DN*50、*DN*100表示公称直径分别为50mm、100mm。公称直径是有缝钢管的标称，见表5-3。

管子及管子附件的公称直径　　表5-3

公称直径 *DN*(mm)	in	公称直径 *DN*(mm)	in
10	3/8	50	2
15	1/2	65	5/2
20	3/4	80	3
25	1	100	4
32	5/4	125	5
40	3/2	150	6

二、公称压力、试验压力和工作压力

公称压力、试验压力和工作压力三者都与介质温度密切相关，均指在一定温度下制品(管道)的耐压强度。其区别在于介质温度不同。

(一) 公称压力

1. 定义：管子、管件等制品在基准温度下的耐压强度称为公称压力。如果制品的材质不同，其基准温度也不同。比如一般碳素钢的基准温度为200℃。

2. 符号：用“*PN*”表示，压力数值写在后面，单位：MPa(可不写)。*P*代表压力，*N*则代表公称。例如*PN*10表示公称压力为10MPa。

(二) 试验压力

1. 定义：试验压力通常指制品在常温下的耐压强度。即通常水压试验，以检验其机械强度和严密性能。

2. 符号：用“P_s”表示，压力数值写在后面，单位：MPa(可不写)。例如P_s1.6表示试验压力为1.6MPa。

(三) 工作压力

1. 定义：工作压力，通常指给定温度下的操作(工作)压力。工程中，按照制品的最

高耐温界限，通常将工作温度划分为若干个等级，然后算出每一工作温度等级下的最大允许工作压力。比如碳素钢制品，通常划分为7个工作温度等级，见表5-4。

碳素钢制品工作温度等级 **表5-4**

温度等级	温度范围(℃)	温度等级	温度范围(℃)
1	0～200	5	351～400
2	201～250	6	401～425
3	251～300	7	426～450
4	301～350		

2. 符号：用“P_t”表示，其中小“t”为缩小10倍之后的介质最高温度，压力数值写在后面，压力单位仍然用MPa(可不写)。例如P_{25} 2.3，表示在介质最高温度250℃下的工作压力为2.3MPa。

(四) 公称压力、试验压力和工作压力的关系

三者的关系为：$P_s > PN \geqslant P_t$。

碳素钢制品公称压力与最大工作压力之间的关系见表5-5。碳素钢制品，公称压力、试验压力与最大工作压力P_{max}的关系见表5-6(表中的试验压力不适用于管道系统；各种管道系统的试验压力标准详见有关验收规范)。

碳素钢制品公称压力与最大工作压力的关系 **表5-5**

温度等级	P_{max}/PN	温度等级	P_{max}/PN
1	1.00	5	0.64
2	0.92	6	0.58
3	0.82	7	0.45
4	0.73		

(部分)碳素钢制品公称压力、试验压力与最大工作压力 **表5-6**

PN/MPa	P_s/MPa	介质工作温度 t/℃						
		200	250	300	350	400	425	450
		P_{max}/MPa						
		P_{20}	P_{25}	P_{30}	P_{35}	P_{40}	P_{42}	P_{45}
0.10	0.20	0.10	0.10	0.10	0.07	0.06	0.06	0.05
0.25	0.40	0.25	0.23	0.20	0.18	0.16	0.14	0.11
0.40	0.60	0.40	0.37	0.33	0.29	0.26	0.23	0.18
0.60	0.90	0.60	0.55	0.50	0.44	0.38	0.35	0.27
1.00	1.5	1.00	0.92	0.82	0.73	0.64	0.58	0.45
1.60	2.4	1.60	1.50	1.30	1.20	1.00	0.90	0.70
2.50	3.8	2.50	2.30	2.00	1.80	1.60	1.40	1.10
4.00	6.0	4.00	3.70	3.30	3.00	2.80	2.30	1.80
6.40	9.6	6.40	5.90	5.20	4.30	4.10	3.70	2.90
10.00	15.0	10.00	9.20	8.20	7.30	6.40	5.80	4.50

第三节 管道的分类

一、按介质压力分类

1. 低压管道 $PN \leqslant 2.5$MPa（适于水暖管道）；
2. 中压管道 $PN=4 \sim 6.4$MPa（适于设备锅炉）；
3. 高压管道 $PN=10 \sim 100$MPa（如水压机 32MPa）；
4. 超高压管 $PN>100$MPa。

二、按管道属性分类

1. 水、汽介质管道：水、汽介质管道，管路内输送的介质通常为冷、热水或饱和水蒸气、过热水蒸气的管道。

2. 腐蚀性介质管道：腐蚀性介质管道，管路内输送的介质中含大量腐蚀性物质。如磷、硫、盐酸、氯化物等。

3. 化学制品介质管道：在工业管道中，输送的介质有些属化学危险制品。如油、水煤气、氢气、天然气等。

4. 易凝、易沉淀介质管道：一些介质在管路输送过程中，途中不断散热，温度下降，黏度逐渐增大，容易凝固。如原油在管道内输送过程中，就容易产生凝固在管内的现象。

还有些介质在管路输送途中，因温度下降、散热等原因容易产生结晶沉淀现象等。

三、按介质温度分类

1. 常温管道：工作温度 $t=-40 \sim 120$℃，这里的常温通常指 20℃。常温管道的划分，是以铸铁制品的耐温界限为基准。当工作温度为 −40～120℃时，铸铁的机械强度与常温下的强度接近。

2. 低温管道：指管内输送介质温度在−40℃以下的管道。

3. 中温管道：指工作温度在 121～450℃的管道。

4. 高温管道：指工作温度＞450℃的管道。

第四节 管材及其管件

管材因制造工艺和材质的不同，品种繁多，但就制造方法可分为：无缝钢管、有缝钢管以及铸造管等。按材质可划分为钢管、铸铁管、有色金属管和非金属管等。

一、常用钢管及其管件

水暖、供热、燃气等管道系统中，常用钢管有低压流体输送用焊接钢管、无缝钢管、螺旋缝电焊钢管、直缝卷制电焊钢管。

（一）低压流体输送焊接钢管及其管件

1. 管材

(1) 材质：低压流体输送焊接钢管，采用《碳素结构钢》GB 700—88 规定的 Q195、Q215A 和 Q235A 钢制造，也可采用易焊接的其他软钢制造。

(2) 特征：低压流体输送焊接钢管其特征是：纵向有一条缝。

(3) 分类：根据表面镀锌否可分为镀锌钢管(白铁管)，表面未镀锌者为非镀锌钢管(黑铁管)。

根据管端是否带螺纹分为带螺纹和不带螺纹两种。根据管的壁厚又分为加厚、普厚(普通管)和薄壁管三种。这三种管材中加厚管用得很少，普通管比较常用。而且三种管的价格也不一样。镀锌管的锌层应均匀完整。两头带有圆锥状管螺纹的黑铁管及镀锌管其长度通常为 4～9m，无螺纹的黑铁管长度为 4～12m。

低压焊接、镀锌钢管的规格见表 5-7，镀锌钢管比黑铁管重量每米约增加 3%～6%。

低压焊接、镀锌钢管规格(GB 3091—93) **表 5-7**

<table>
<tr><th colspan="2">DN</th><th colspan="2">外径(mm)</th><th colspan="3">普 通 钢 管</th><th colspan="3">加 厚 钢 管</th></tr>
<tr><th rowspan="2">(mm)</th><th rowspan="2">(in)</th><th rowspan="2">外径</th><th rowspan="2">允许偏差</th><th colspan="2">壁　厚</th><th rowspan="2">单位重量(kg/m)</th><th colspan="2">壁　厚</th><th rowspan="2">单位重量(kg/m)</th></tr>
<tr><th>公称尺寸(mm)</th><th>允许偏差</th><th>公称尺寸(mm)</th><th>允许偏差</th></tr>
<tr><td>6</td><td>1/8</td><td>10</td><td rowspan="14">±0.5%～±1%</td><td>2.06</td><td rowspan="14">12%～15%</td><td>0.39</td><td>2.5</td><td rowspan="14">12%～15%</td><td>0.46</td></tr>
<tr><td>8</td><td>1/4</td><td>13.5</td><td>2.25</td><td>0.62</td><td>2.75</td><td>0.73</td></tr>
<tr><td>10</td><td>3/8</td><td>17.0</td><td>2.25</td><td>0.82</td><td>2.75</td><td>0.97</td></tr>
<tr><td>15</td><td>1/2</td><td>21.3</td><td>2.75</td><td>1.26</td><td>3.25</td><td>1.45</td></tr>
<tr><td>20</td><td>3/4</td><td>26.8</td><td>2.75</td><td>1.63</td><td>3.50</td><td>2.01</td></tr>
<tr><td>25</td><td>1</td><td>33.5</td><td>3.25</td><td>2.42</td><td>4.00</td><td>2.91</td></tr>
<tr><td>32</td><td>5/4</td><td>42.3</td><td>3.25</td><td>3.13</td><td>4.00</td><td>3.78</td></tr>
<tr><td>40</td><td>3/2</td><td>48.0</td><td>3.50</td><td>3.84</td><td>4.25</td><td>4.58</td></tr>
<tr><td>50</td><td>2</td><td>60.0</td><td>3.50</td><td>4.88</td><td>4.50</td><td>6.16</td></tr>
<tr><td>65</td><td>5/2</td><td>75.5</td><td>3.75</td><td>6.64</td><td>4.50</td><td>7.88</td></tr>
<tr><td>80</td><td>3</td><td>88.5</td><td>4.00</td><td>8.34</td><td>4.75</td><td>9.81</td></tr>
<tr><td>100</td><td>4</td><td>114.0</td><td>4.00</td><td>10.85</td><td>5.00</td><td>13.44</td></tr>
<tr><td>125</td><td>5</td><td>140.0</td><td>4.50</td><td>15.04</td><td>5.50</td><td>18.24</td></tr>
<tr><td>150</td><td>6</td><td>165.0</td><td>4.50</td><td>17.81</td><td>5.50</td><td>21.63</td></tr>
</table>

(4) 直径符号及常用直径范围：符号用 *DN* 表示，常用直径范围在 *DN*15～*DN*150 之间，其中白铁管一般用至 *DN*80。

(5) 适用场合：这种管材适用于输送水、煤气、空气、油和采暖蒸汽等一般较低压力流体和其他用途，故俗称“水、煤气管”。

2. 管件：在水暖煤气输送系统中，除管路外还需要分支、转变方向、变径等。故要设置不同形式的管子配件同管子配合使用。低压流体输送用焊接钢管的管件，种类繁多，常用的有如下几种，如图 5-1 所示。

(1) 管件的材质：管件的材质一般用 KT33-8 可锻铸铁或软钢制成。亦分为镀锌和不镀锌两种。

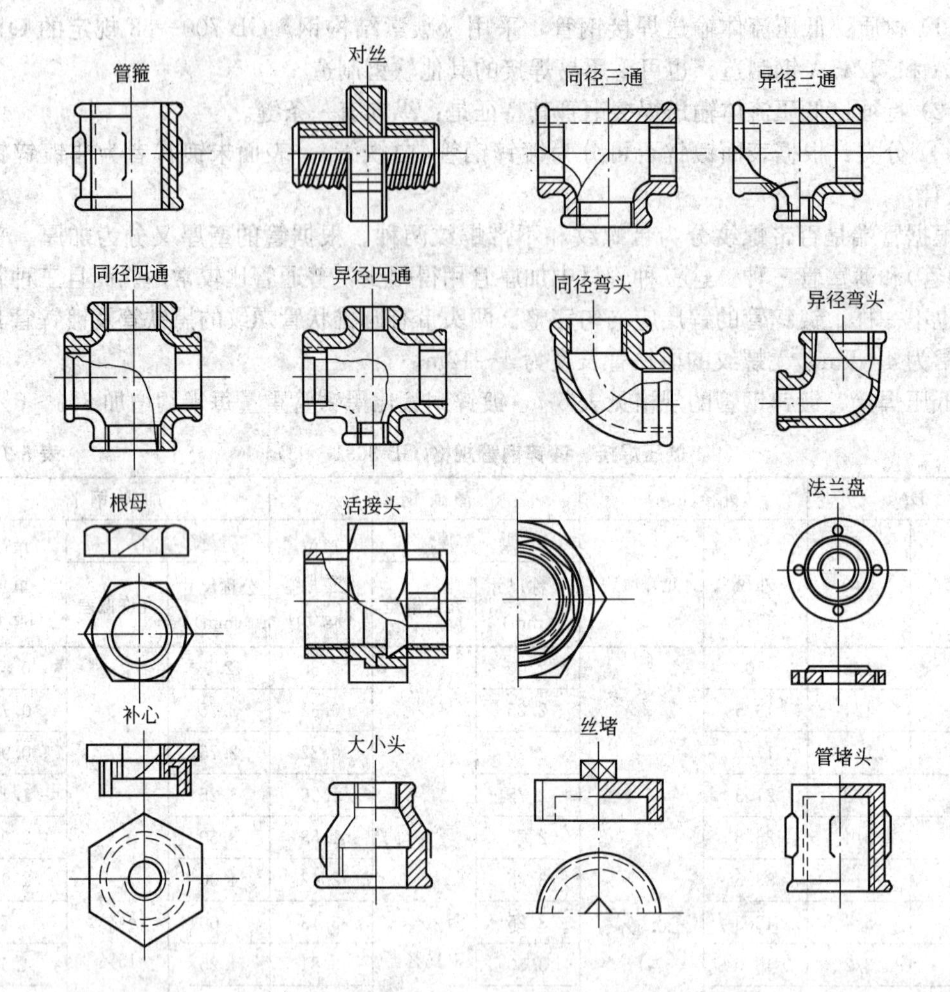

图 5-1　管子配件

(2) 管件的种类：管件的种类按其用途，可分以下几种：

1) 管路延长连接用配件：管箍、外丝；

2) 管路分支连接用配件：三通、四通(十字通)；

3) 管路转弯用配件：90°弯头、45°弯头；

4) 节点碰头连接用配件：根母(六方内丝)、活接头(由任)、带螺纹法兰盘；

5) 管子变径用配件：补芯(内外丝)、异径管(大小头)；

6) 管子堵口用配件：丝堵、管堵头。

在管路连接中，法兰盘既可用于钢管，也能用在铸铁管上；可采用螺纹连接或焊接；既可以用在管子延长连接上，亦可作为节点碰头连接使用，因此它是个多用途的配件。

管件的直径仍以公称直径表示。如图 5-1 所示。

(二) 无缝钢管及其管件

1. 管材

(1) 材质：无缝钢管采用碳素钢、优质碳钢或合金钢制造。通常用 10 号、20 号、35 号以及 45 号钢制成。

(2) 特征：无缝钢管的特征是：纵横向无缝。

(3) 分类：按其用途，无缝钢管可分为普通和专用两种。普通无缝钢管较为常用。按其制造方法又可分为热轧无缝钢管和冷拔无缝钢管两种。热轧无缝钢管的规格见表5-8。冷拔管的外径从5～200mm；其壁厚从0.25～14mm，各种规格。其中壁厚<6mm者最为常用。热轧无缝钢管的长度一般为3～12.5m，冷拔无缝钢管长度，当壁厚≤1mm时，通常为1.5～7.0m，壁厚>1mm时，长度为1.5～9.0m。

热轧无缝钢管尺寸及重量表(摘自BG 8162—87)　　**表5-8**

DH	壁　厚(mm)										
外直径	3.5	4	4.5	5	5.5	6	7	8	9	10	11
(mm)	每m长的理论重量(kg)　(钢的相对密度为7.85)										
57	4.62	5.23	5.83	6.41	6.98	7.55	8.63	9.67	10.65	11.59	12.48
60	4.88	5.52	6.16	6.78	7.39	7.99	9.15	10.26	11.32	12.33	13.29
63.5	5.18	5.87	6.55	7.21	7.87	8.51	9.75	10.95	12.10	13.19	14.24
68	5.57	6.31	7.05	7.77	8.48	9.17	10.53	11.84	13.10	14.30	15.46
70	5.74	6.51	7.27	8.01	8.75	9.47	10.88	12.23	13.54	14.80	16.01
73	6.00	6.81	7.60	8.38	9.16	9.91	11.39	12.82	14.21	15.54	16.82
76	6.26	7.10	7.93	8.75	9.56	10.36	11.91	13.42	14.87	16.28	17.63
83	6.86	7.79	8.71	9.62	10.51	11.39	13.12	14.80	16.42	18.00	19.53
89	7.38	8.38	9.38	10.36	11.33	12.28	14.16	15.98	17.76	19.48	21.16
95	7.90	8.98	10.04	11.10	12.14	13.17	15.19	17.16	19.09	20.96	22.79
102	8.50	9.67	10.82	11.96	13.09	14.21	16.40	18.55	20.64	22.69	24.69
108		10.26	11.49	12.70	13.90	15.09	17.44	19.73	21.97	24.17	26.31
114		10.85	12.15	13.44	14.72	15.98	18.47	20.91	23.31	25.65	27.94
121		11.54	12.93	14.30	15.67	17.02	19.68	22.29	24.86	27.37	29.84
127		12.13	13.59	15.04	16.48	17.90	20.72	23.48	26.19	28.85	31.47
133		12.73	14.26	15.78	17.29	18.79	21.75	24.66	27.52	30.33	33.10
140			15.04	16.65	18.24	19.83	22.96	26.04	29.08	32.06	34.99
146			15.70	17.39	19.06	20.72	24.00	27.23	30.41	33.54	36.62
152			16.37	18.13	19.87	21.60	25.03	28.41	31.75	35.02	38.25
159			17.15	18.99	20.82	22.64	26.24	29.79	33.29	36.75	40.15
168				20.10	22.04	23.97	27.79	31.57	35.29	38.99	42.59
180				21.59	23.70	25.75	29.87	33.93	37.95	41.92	45.85
194				23.31	25.60	27.82	32.28	36.70	41.06	45.38	49.64
219						31.52	36.60	41.63	46.61	51.54	56.43
245							41.09	46.76	52.38	57.95	63.48
273							45.92	52.28	58.60	64.86	71.07
299								57.41	64.37	71.27	78.13
325								62.54	70.14	77.68	85.18
351								67.67	75.91	84.10	92.23
377									81.68	90.51	99.29
426									92.55	102.59	112.58

(4) 常用直径及标称：无缝钢管的标称是采用外径和壁厚表示，如外径为 108mm 及壁厚为 4mm 的无缝钢管，可表示为 $D108\times4$。常用直径：$D57\sim426$mm。

(5) 适用场合：这种普通无缝钢管适于室外蒸汽、氧气、制冷等高、低温和高压处管道。

2. 管件

无缝钢管的管件种类较少，常用的有以下两种，如图 5-2 所示。

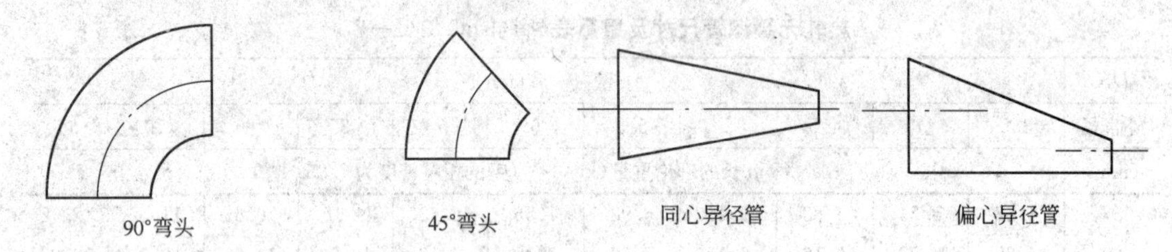

图 5-2 无缝冲压弯头及无缝异径管

(1) 管件的材质：管件的材质亦相应于无缝钢管材质。

(2) 管件的种类：管件的种类分无缝冲压弯头(通常有 90°和 45°角)和无缝异径管(无缝大小头)，分同心和偏心大小头两种。

管件的规格表示仍与其管材相应。

(三) 螺旋缝电焊钢管及其管件

1. 管材

(1) 材质：螺旋缝电焊钢管(螺纹、螺旋钢管)是采用 Q215、Q235、Q255 等普通碳素钢或 16 锰(16Mn)低合金钢制成的。

(2) 特征：管材纵向有一条螺旋形焊缝。

(3) 直径符号：螺旋缝电焊钢管的规格表示仍同无缝钢管，外径×壁厚，即 $D\times\delta$。例如 $D426\times7$，表示螺旋电焊钢管的外径为 426mm，壁厚 7mm。

(4) 直径范围：其直径范围在 $D219\sim720$ 之间。见表 5-9。

螺旋缝电焊钢管常用规格及重量表(摘自 SYB 10004—63) **表 5-9**

外径 D/mm	壁厚(mm)			
	7	8	9	10
	理论重量(kg)			
219	36.60			
245	41.09			
273	45.92	52.28		
325	54.90	62.54		
377	63.87		81.67	
426	72.33	82.47	92.55	
478	81.31	92.73	104.07	
529	90.11	102.90	115.04	
630	107.50	122.70	137.80	152.90
720	123.50	140.50	157.80	175.10

注：表中 D219 管子的每根长度为 7～12m；其余规格的管子，每根长度为 8～18m。

（5）适用场合：通常用于工作压力不超过1.6MPa，介质温度不超过200℃的燃气、油、凝结水等管道。

2. 管件

螺旋缝电焊钢管的管件，常用的有以下两种：

（1）有缝冲压弯头（冲压焊接弯头）：弯头角度分90°和45°两种。如图5-3所示。

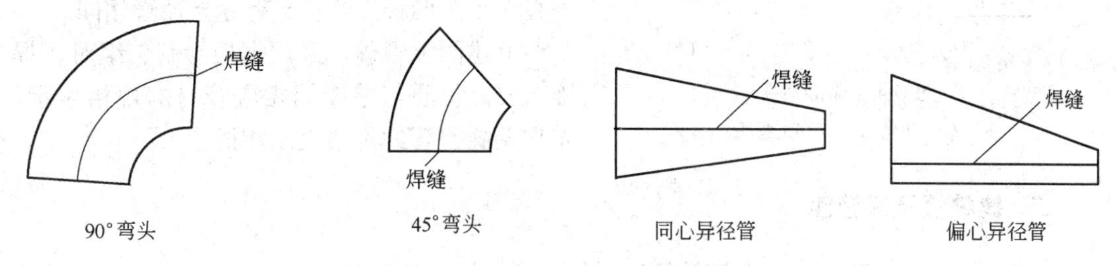

图5-3　有缝冲压弯头及有缝异径管

（2）有缝异径管（有缝冲压大小头）：分同心和偏心大小头两种。如图5-3所示。

以上两种管件，均用钢板冲压，采用电焊焊接。其材质与管材相应，而其壁厚则≥相应管材的壁厚。其管件的规格同无缝钢管的规格表示相同。

（四）直缝卷制电焊钢管及其管件

1. 管材：直缝卷制电焊钢管通常是现场用钢板卷焊而成，规格见表5-10。

直缝卷制电焊钢管常用规格　　表5-10

公称直径 DN (mm)	外径 D (mm)	壁厚 (mm)	每米重量 (kg)	公称直径 DN (mm)	外径 D (mm)	壁厚 (mm)	每米重量 (kg)
300	325	6 8	47.20 62.60	700	720	9 10	157.80 175.09
350	377	6 9	54.90 81.60	800	820	9 10	180.00 199.75
400	426	6 9	62.10 92.60	900	920	9 10	202.20 224.41
450	478	6 9	70.14 104.50	1000	1020	9 10	224.40 249.07
500	530	6 9	77.30 115.60	1200	1220	10 12	298.39 357.47
600	630	9 10	137.80 152.90				

（1）材质：通常采用普通碳素钢板在现场或工厂卷制、焊接而成。

（2）特征：直缝卷制电焊钢管管材纵横向均有直的焊缝。

（3）直径符号：管材规格一般最小外径为159mm；最大外径不限。表示方法仍同无缝钢管一样。

(4) 适用场合：这种管材适用于水泵房(水泵配管)、燃气等管道。

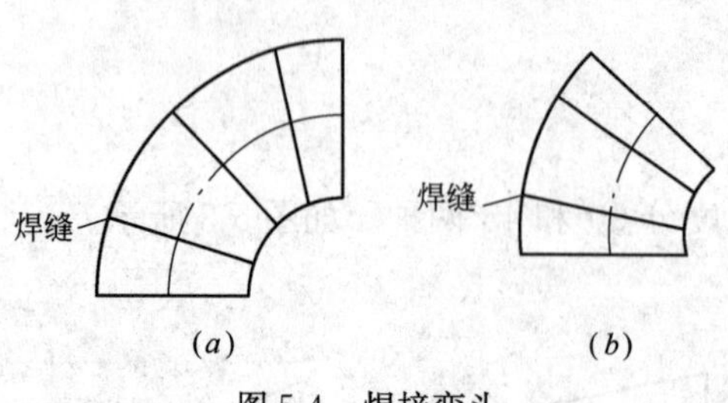

图 5-4　焊接弯头
(a)90°弯头；(b)45°弯头

2. 管件：常用的有以下两种：

(1) 焊接弯头(虾米腰)：弯头的角度分为90°和45°两种。如图 5-4 所示。

(2) 焊接异径管(焊接大小头)：分同心和偏心大小头两种。形状与有缝异径管相同。

上述两种管件，采用钢板卷制、组对、焊接而成。材质与壁厚同相应管材的规格表示，亦与无缝钢管的规格表示相同。

二、铸铁管及其管件

铸铁管分给水铸铁管(上水铸铁管)和排水铸铁管(下水铸铁管)两种。

(一) 给水铸铁管及其管件

1. 管材

(1) 材质：给水铸铁管采用灰口铸铁或球墨铸铁铸造。

(2) 分类：见表 5-11。

给水铸铁管分类　　**表 5-11**

<table>
<tr><td colspan="2">分类方法</td><td colspan="6">分类名称</td></tr>
<tr><td colspan="2">按制造材料</td><td colspan="2">普通灰口铸铁管</td><td colspan="4">球墨铸铁管</td></tr>
<tr><td colspan="2">按接口形式</td><td colspan="2">承插式铸铁管</td><td colspan="4">法兰铸铁管</td></tr>
<tr><td rowspan="4">按浇注形式</td><td>分类</td><td colspan="2">砂型离心铸铁直管</td><td colspan="4">连续铸铁直管</td></tr>
<tr><td>按壁厚</td><td>P级</td><td>G级</td><td>LA级</td><td>A级</td><td colspan="2">B级</td></tr>
<tr><td>型号表示</td><td>砂型管
P-500-6000</td><td>砂型管
G-500-6000</td><td>连续管
LA-500-5000</td><td>连续管
A-500-5000</td><td colspan="2">连续管
B-500-5000</td></tr>
<tr><td>代表意义</td><td colspan="2">P、G为壁厚分级，500为公称直径(mm)，6000为管长(mm)</td><td colspan="4">LA、A、B为壁厚分级，500为公称直径(mm)，5000为管长(mm)</td></tr>
<tr><td rowspan="2">按压力分</td><td colspan="2">高压(MPa)</td><td colspan="2">中压(MPa)</td><td colspan="3">低压(MPa)</td></tr>
<tr><td colspan="2">1.0</td><td colspan="2">0.75</td><td colspan="3">0.45</td></tr>
</table>

(3) 直径符号及常用直径范围：符号用 DN 表示，如 $DN75$ 表示给水铸铁管的直径为 75mm，常用直径范围在 75～1200mm 之间。见表 5-12～表 5-14。

砂型离心铸铁管规格　　**表 5-12**

DN (mm)	壁厚 (mm)		内径 (mm)		外径 (mm)	总重量(kg)			
						有效长度 5000mm		有效长度 6000mm	
	P级	G级	P级	G级		P级	G级	P级	G级
200	8.8	10.0	202.4	200	220.0	227.0	254.0		
250	9.5	10.8	252.6	250	271.6	303.0	340.0		

续表

DN (mm)	壁厚 (mm)		内径 (mm)		外径 (mm)	总重量(kg)			
						有效长度 5000mm		有效长度 6000mm	
	P级	G级	P级	G级		P级	G级	P级	G级
300	10.0	11.4	302.8	300	322.8	381.0	428.0	425.0	509.0
350	10.8	12.0	352.4	350	374.0			566.0	623.0
400	11.5	12.8	402.6	400	425.6			687.0	757.0
450	12.0	13.4	452.4	450	476.8			806.0	892.0
500	12.8	14.0	502.4	500	528.0			950.0	1030.0
600	14.2	15.6	602.4	599.6	630.8			1260.0	1370.0
700	15.5	17.1	702.0	698.8	733.0			1600.0	1750.0
800	16.8	18.5	802.6	799.0	838.0			1980.0	2160.0
900	18.2	20.0	902.6	899.0	939.0			2410.0	2630.0
1000	20.5	22.6	1000.0	955.8	1041.0			3020.0	3300.0

球墨铸铁管规格 **表 5-13**

DN (mm)	壁厚 (mm)	有效管长 (mm)	制造方法	重量(kg)	
				直部每米重	每根管总重
500	8.5	6000	离心铸造	99.2	650
600	10	6000	离心铸造	139	905
700	11	6000	离心铸造	178	1160
800	12	6000	离心铸造	222	1440
900	13	6000	离心铸造	270	1760
1000	14.5	6000	连续铸造	334	2180
1200	17	6000	连续铸造	469	3060

连续铸铁管规格 **表 5-14**

DN (mm)	外径 (mm)	壁厚 (mm)			管子总重量(kg)								
					有效长度 4000mm			有效长度 5000mm			有效长度 6000mm		
		LA级	A级	B级	LA级	A级	B级	LA级	A级	B级	LA级	A级	B级
75	93.0	9.0	9.0	9.0	75.1	75.1	75.1	92.2	92.2	92.2			
100	118.0	9.0	9.0	9.0	97.1	97.1	97.1	119	119	119			
150	169.0	9.0	9.2	10.0	142	145	155	174	178	191	207	211	227
200	220.0	9.2	10.1	11.0	191	208	224	235	256	276	279	304	328
250	271.6	10.0	11.0	12.0	260	282	305	319	347	376	378	412	446
300	322.8	10.8	11.9	13.0	333	363	393	409	447	484	486	531	575
350	374.0	11.7	12.8	14.0	418	452	490	514	557	604	609	662	718
400	425.6	12.5	13.8	15.0	510	556	600	626	685	739	743	813	878
450	476.8	13.3	14.7	16.0	608	665	718	747	819	884	887	973	1050
500	528.0	14.2	15.6	17.0	722	785	848	887	966	1040	1050	1150	1240
600	630.0	15.8	17.4	19.0	963	1050	1140	1180	1290	1400	1400	1530	1660

续表

DN (mm)	外径 (mm)	壁厚 (mm)			管子总重量(kg)								
					有效长度 4000mm			有效长度 5000mm			有效长度 6000mm		
		LA级	A级	B级	LA级	A级	B级	LA级	A级	B级	LA级	A级	B级
700	733.0	17.5	19.3	21.0	1240	1360	1460	1530	1670	1800	1810	1980	2140
800	836.0	19.2	21.1	23.0	1560	1700	1830	1910	2080	2250	2270	2470	2680
900	939.0	20.8	22.9	25.0	1900	2070	2240	2340	2550	2760	2770	3020	3280
1000	1041.0	22.5	24.8	27.0	2290	2500	2700	2810	3070	3320	3330	3640	3940
1100	1144.0	24.2	26.6	29.0	2720	2960	3190	3330	3630	3930	3950	4300	4660
1200	1246.0	25.8	28.4	31.0	3170	3450	3730	3880	4230	4580	4590	5010	5430

承插式连接的给水铸铁管使用较为广泛，其壁厚在 7.5～30mm 之间，长度有 4m、5m、6m 不等。

(4) 适用场合：一般中、低压给水铸铁管用在室外燃气、雨水管道上。高压给水铸铁管用在室外给水管道上。

承插连接式给水铸铁管的承口和插口部分的尺寸及重量如图 5-5 和表 5-15 所示。

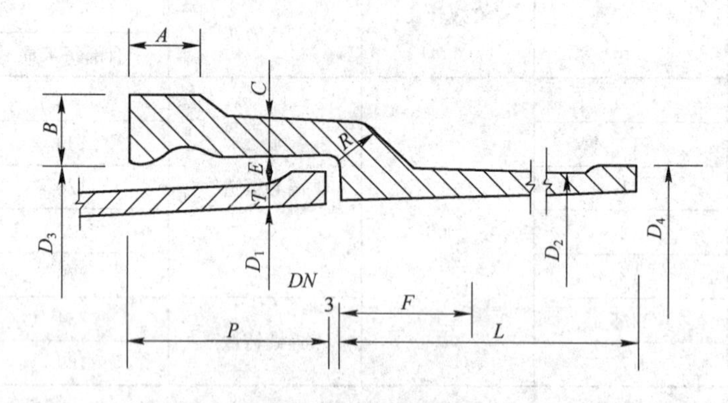

图 5-5　给水铸铁管承口和插口尺寸

给水铸铁直管承插口部分尺寸(mm)　　**表 5-15**

公称直径 DN (mm)	承插口部分尺寸(mm)													重量(kg)		
	D_1	D_2	D_3	D_4	A	B	C	P	E	R	T	F 直管	F 管件	直管承口	管件承口	插口突部
150	150	169.0	189.0	179.0	36.0	28.0	14.0	100.0	10.0	24.0	15.0	70.0	41.5	12.0	11.7	0.295
200	200	220.0	240.0	230.0	38.0	30.0	15.0	100.0	10.0	25.0	15.0	71.0	43.0	16.3	15.9	0.382
250	250	271.6	293.6	281.6	38.0	32.0	15.0	105.0	11.0	26.0	20.0	73.0	45.0	21.3	20.8	0.626
300	300	322.8	344.8	332.8	38.0	33.0	16.0	105.0	11.0	27.0	20.0	75.0	46.7	26.1	25.5	0.741
350	350	374.0	396.0	384.0	40.0	34.0	17.0	110.0	11.0	28.0	20.0	77.0	48.4	32.6	31.9	0.857
400	400	425.6	477.6	435.6	40.0	36.0	18.0	110.0	11.0	29.0	25.0	78.0	50.2	39.0	38.1	1.46
450	450	476.8	498.8	486.8	40.0	37.0	19.0	115.0	11.0	30.0	25.0	80.0	51.9	46.9	45.3	1.64
500	500	528.0	552.0	540.0	40.0	38.0	19.0	115.0	12.0	31.0	25.0	82.0	53.6	52.7	51.2	1.81

2. 管件：给水铸铁管的管件，多采用灰口铸铁铸造而成。种类有正三通、四通、异

径管、套袖、90°和45°弯头等，如图5-6所示。

管件的规格仍以公称直径表示。

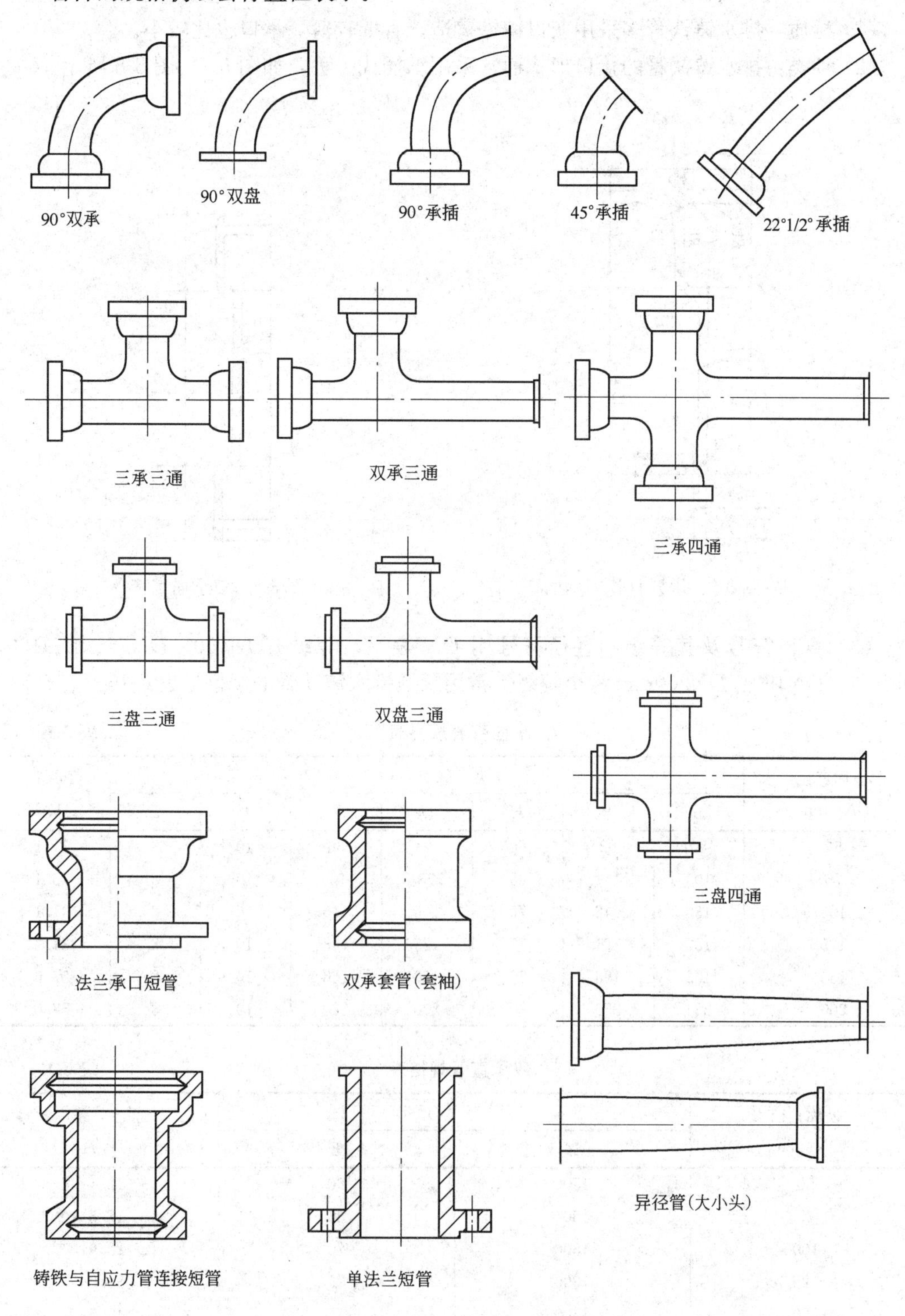

图5-6 给水铸铁管件配件

(二) 排水铸铁管及其管件

1. 管材

(1) 材质：排水铸铁管多采用灰口铸铁铸造。管壁较薄，承口也比较小。

(2) 种类：排水铸铁管的接口形式通常采用承插式一种，如图 5-7、图 5-8 所示。

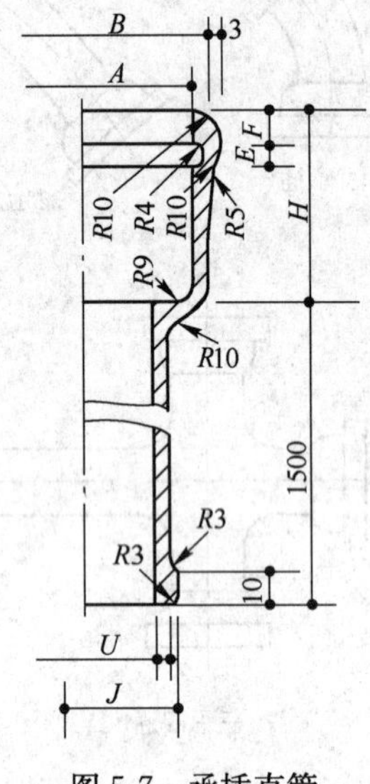

图 5-7　承插直管

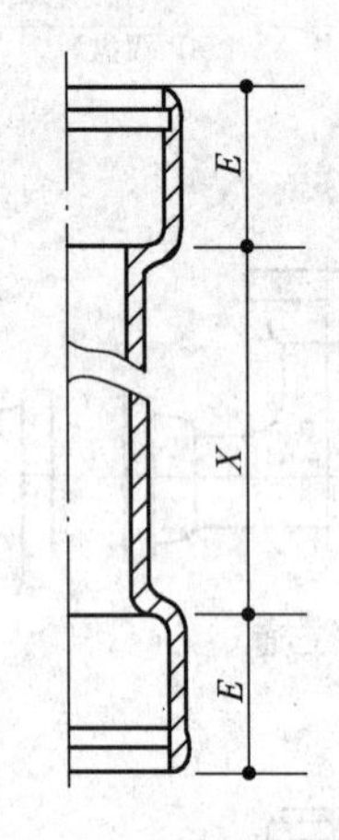

图 5-8　双承插直管

(3) 直径符号及其等级：直径符号用 *DN* 表示，等级有 *DN*50、*DN*75、*DN*100、*DN*125、*DN*150、*DN*200mm 六个等级。常用承插排水铸铁管的规格见表 5-16、表 5-17。

承插直管规格表　　**表 5-16**

公称直径 *DN*(mm)	尺寸(mm)							重量 (kg)
	A	*B*	*H*	*U*	*J*	*F*	*E*	
50	80	92	60	50	66	10	8	11.1
75	105	117	65	75	91	10	8	16.1
100	130	142	70	100	116	10	8	21.1
125	157	171	75	125	143	10	8	31.7
150	182	196	75	150	168	10	8	37.6
200	234	250	80	200	220	10	8	58.0

双承直管规格表　　**表 5-17**

公称直径 *DN*(mm)	尺寸(mm)		重量 (kg)
	X	*E*	
50	1500	60	12.1
75	1500	65	17.8
100	1500	70	22.9
125	1500	75	33.2
150	1500	75	40.6
200	1500	80	62.5

(4) 适用场合：排水铸铁管通常用在室内生活污水、雨(雪)水等管道工程中。

2. 管件

排水铸铁管的管件，多采用灰口铸铁铸造。种类形式较多，常用的有斜三通(立体三通)、斜四通(立体四通)、扫除口、存水弯(P形、S形)等。如图5-9所示。

排水铸铁管管件仍用公称直径表示。

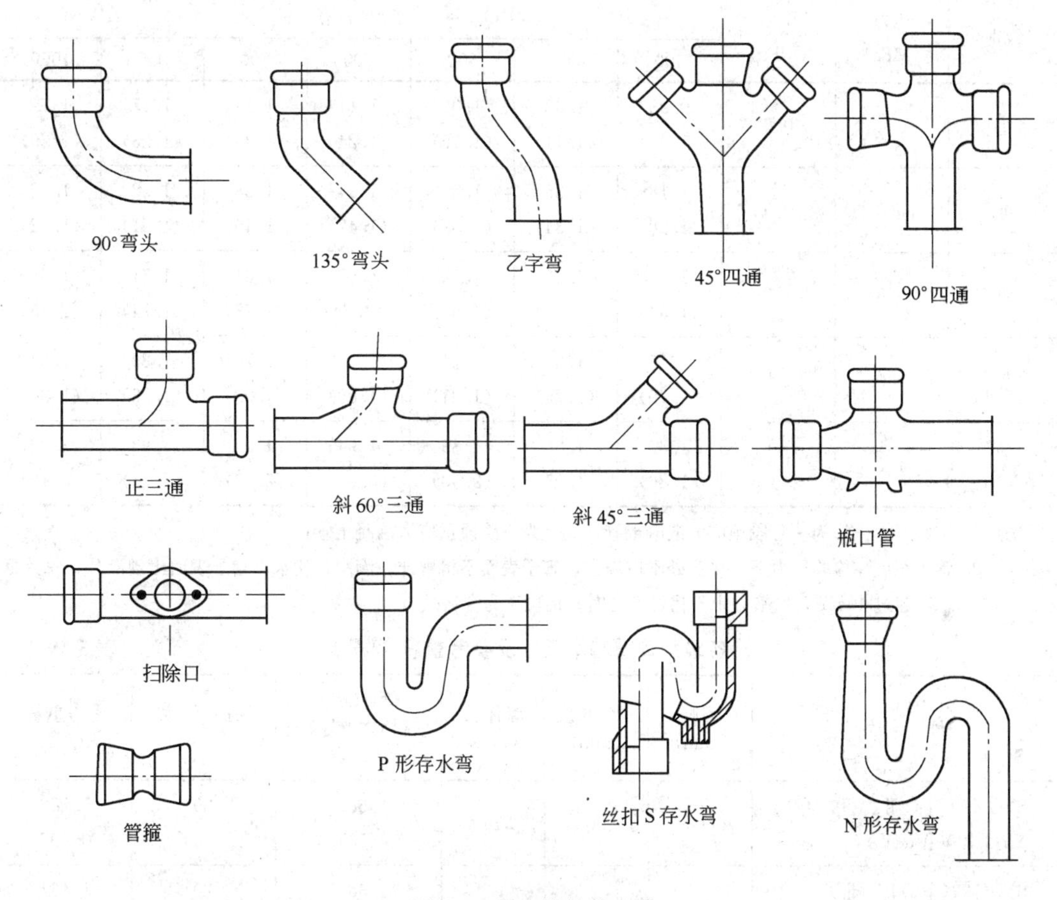

图5-9　排水铸铁管配件

三、非金属管

常用的非金属管有：预应力和自应力钢筋混凝土管、硬聚氯乙烯(UPVC)管和陶土管等。

(一) 预应力钢筋混凝土输水管

预应力钢筋混凝土输水管，采用振动挤压法生产的称为一阶段预应力钢筋混凝土管；用带纵向预应力钢筋的管芯—缠绕钢丝(产生环向预应力)—喷涂保护层三步法生产的称为三阶段预应力钢筋混凝土管。按其所能承受静水压力可分为5个级别。Ⅰ级能承受静水压力0.4MPa，每升一级提高0.2MPa。直到Ⅴ级。管材一般无管件。

1. 接口形式：预应力钢筋混凝土输水管接口形式采用承插式。

2. 直径符号及直径范围：直径符号用*DN*表示，直径范围，采用振动挤压工艺生产的预应力钢筋混凝土输水管公称直径 DN400～2000mm 之间，采用管芯绕丝工艺，即三阶段工艺生产的预应力钢筋混凝土管的公称直径范围为 DN400～3000mm。各级别管道性能及基本尺寸见表 5-18、表 5-19。型号表示法示例：

各级别管道性能 **表 5-18**

管子级别	工作压力（MPa）	抗渗压力（MPa）	抗裂压力(MPa)						
			DN(mm)						
			400	500	600	700	800	900	1000
Ⅰ	0.4	0.6	0.95 (1.03)	1.02 (1.11)	1.05 (1.16)	1.11 (1.24)	1.14 (1.26)	1.15 (1.28)	1.19 (1.29)
Ⅱ	0.6	0.9	1.18 (1.28)	1.25 (1.34)	1.29 (1.39)	1.34 (1.47)	1.38 (1.49)	1.38 (1.51)	1.42 (1.52)
Ⅲ	0.8	1.2	1.41 (1.54)	1.49 (1.57)	1.52 (1.62)	1.57 (1.7)	1.61 (1.73)	1.61 (1.74)	1.65 (1.75)
Ⅳ	1.0	1.5	1.60 (1.70)	1.67 (1.76)	1.71 (1.81)	1.76 (1.89)	1.79 (1.92)	1.80 (1.93)	1.84 (1.94)
Ⅴ	1.2	1.8	1.80 (1.86)	1.86 (1.95)	1.89 (2.00)	1.94 (2.08)	1.98 (2.10)	1.98 (2.11)	2.02 (2.12)

注：1. 抗裂压力（ ）为一阶段预应力混凝土管，其余为三阶段预应力混凝土管；

2. 管子在抗渗检验压力下，接头处不应滴水，管子表面不得冒汗、滴水、喷水，管子表面出现潮片，每片面积不超过 $40cm^2$，每平方米不超过 5 处时，仍可作为合格品。

各级别管道基本尺寸及参考重量(部分) **表 5-19**

型　号	*DN* (mm)	有效长度 (mm)	管体长 (mm)	管体芯厚 (筒体壁厚) (mm)	保护层厚度 (mm)	参考重量 (t/根)
SYG-400(Ⅰ、Ⅱ、Ⅲ) YYG-400(Ⅳ、Ⅴ)	400	5000	5160	38 (50)	20 (15)	1.182 (0.997)
SYG-500(Ⅰ、Ⅱ、Ⅲ) YYG-500(Ⅳ、Ⅴ)	500	5000	5160	38 (50)	20 (15)	1.464 (1.218)
SYG-600(Ⅰ、Ⅱ、Ⅲ) YYG-600(Ⅳ、Ⅴ)	600	5000	5160	43 (55)	20 (15)	1.890 (1.587)
SYG-800(Ⅰ、Ⅱ、Ⅲ) YYG-700(Ⅳ、Ⅴ)	700	5000	5160	43 (55)	20 (15)	2.228 (1.836)
SYG-800(Ⅰ、Ⅱ、Ⅲ) YYG-800(Ⅳ、Ⅴ)	800	5000	5160	48 (60)	20 (15)	2.720 (2.286)
SYG-900(Ⅰ、Ⅱ、Ⅲ) YYG-900(Ⅳ、Ⅴ)	900	5000	5160	54 (65)	20 (15)	3.289 (2.787)

YYG-400-Ⅲ

YYG 表示一阶段

400 为公称管径 DN(mm)

Ⅲ为耐压力级别

SYG-400-Ⅲ

SYG 表示三阶段，其余同前。

3. 适用场合：通常可以用于农田水利工程中。

（二）自应力钢筋混凝土输水管

自应力钢筋混凝土管是利用自应力水泥产生自应力。工作压力一般在 0.04～0.06MPa，出厂检验压力 0.08～0.12MPa，管材亦无管件。

（1）接口形式：自应力钢筋混凝土输水管接口形式亦采用承插式。

（2）直径符号及常用直径范围：直径符号用 DN 表示，常用直径范围在 DN100～800mm 之间。当 $DN\leqslant$250mm 时，单根长度为 3m。当 $DN\geqslant$400mm 时，单根长度为 4m。单根重量及壁厚见表 5-20。

自应力钢筋混凝土管壁厚及单根重量 **表 5-20**

DN (mm)	100	150	200	250	300	400	500	600	800
壁厚 (mm)	25	25	30	35	40	45	55	60	70
单根重量 (kg/根)	100～110	110～125	200～230	300～310	400～460	660～750	1000～1100	1400～1500	2200～2300

（3）适用场合：自应力钢筋混凝土输水管适用场合亦同预应力钢筋混凝土输水管。

（三）塑料管

塑料管有硬管、软管、工程塑料等，种类较多。适用场合各异，其种类、规格详见表 5-21。

塑料管的种类、规格及用途 **表 5-21**

<table>
<tr><td rowspan="2">种类
性能</td><td colspan="4">聚氯乙烯管</td><td rowspan="2">聚乙烯管</td><td rowspan="2" colspan="2">聚丙烯管</td><td rowspan="2">工程塑料</td><td rowspan="2">耐酸酚醛塑料管</td></tr>
<tr><td colspan="2">硬管</td><td>硬排水管</td><td>软管</td></tr>
<tr><td>代号</td><td colspan="2">PVC</td><td>PVC</td><td></td><td>PE</td><td colspan="2">PP</td><td>ABS</td><td></td></tr>
<tr><td rowspan="2">工作压力 (MPa)</td><td>轻型</td><td>重型</td><td rowspan="2">常压</td><td rowspan="2">≤0.25</td><td rowspan="2">0.4、0.5、0.75</td><td>轻型</td><td>重型</td><td rowspan="2">≤1</td><td rowspan="2">≤0.2</td></tr>
<tr><td>0.6</td><td>1</td><td>≤1</td><td>≤1.6</td></tr>
<tr><td>适用温度 (℃)</td><td colspan="2">−10～50</td><td>常温</td><td>−40～60</td><td>>60</td><td colspan="2">≤100</td><td>−40～80</td><td>−20～130</td></tr>
<tr><td>规格 (mm)</td><td colspan="2">外径 10～400
根长 4m</td><td>DN50～100
根长
2、7、3、4m</td><td>内径≤40
根长≥10m</td><td>外径 21～68
根长≥4m</td><td colspan="2">DN15～200</td><td>DN20～50
根长
4～6m</td><td>DN32～500
根长 0.5、1、1.5、2m</td></tr>
<tr><td>连接形式</td><td colspan="3">承插连接、粘接、焊接、丝扣连接、法兰连接</td><td>粘接</td><td colspan="3">热熔对接、承插连接、螺纹连接、法兰连接</td><td>法兰、承插、粘接等</td><td>活套法兰连接、粘接</td></tr>
<tr><td>用途</td><td colspan="2">输送化工介质、水等</td><td>输送生活污水、雨水等</td><td>输送低压腐蚀性流体等</td><td>输送水、气体及食用介质</td><td colspan="2">输送水</td><td>输送腐蚀性强的工业废水</td><td>输送酸性介质、有机溶剂等</td></tr>
</table>

塑料管件：塑料管件有三通、四通、弯头、异径管、存水弯、活接头、法兰等。法兰分平焊法兰、螺纹法兰、活套法兰三类，用公称压力(PN)和公称直径(DN)表示其规格。除耐酸酚醛塑料管件结构形式之外，其他塑料管件的结构是相同的。耐酸酚醛塑料管件的结构，其管件端头呈凸缘。如图 5-10 所示。

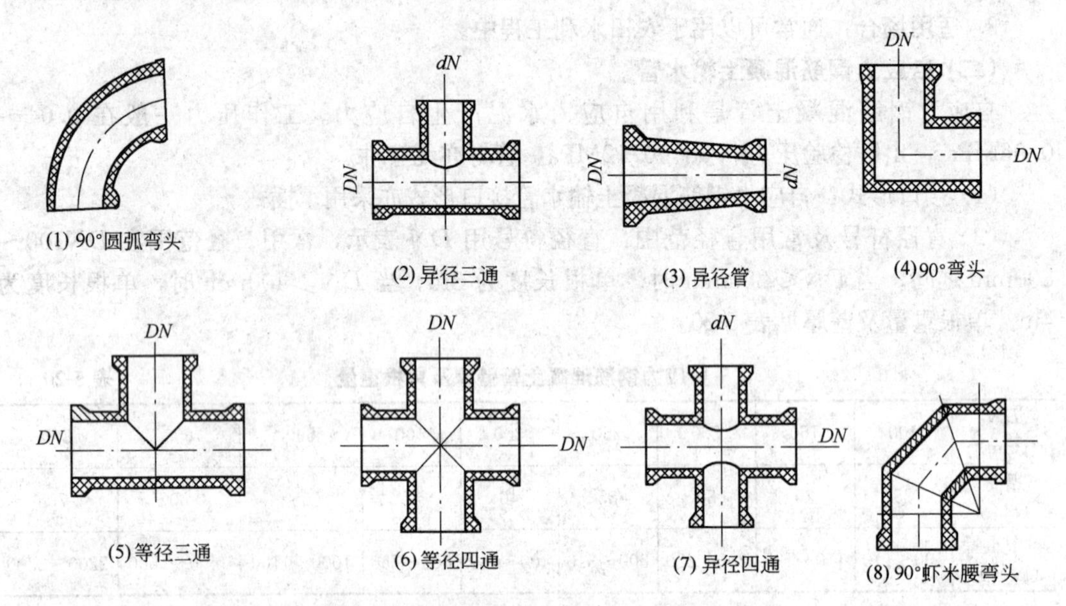

图 5-10　耐酸酚醛塑料管件

(四) 陶土管

1. 种类：陶土管分带釉和不带釉两种，不带管件。管材的特点是质脆，不适合用在埋设荷载及振动较大的地方。

2. 接口形式：陶土管的接口形式采用承插式。

3. 直径符号及常用直径范围：直径符号用 DN 表示，常用直径范围在 DN100～600mm 之间。

4. 适用场合：用在排除含酸碱等生产污水管道上。通常不适于埋设在振动较大的地方。

第五节　常用法兰及其螺栓与垫片

一、常用法兰

法兰连接是管道连接的主要方式之一，在管道工程中通常采用钢管道法兰和通风管道法兰两种。

(一) 钢管道上常用法兰

1. 种类：在钢管道上最常用的法兰有平焊型光滑面、凹凸面法兰两种，如图 5-11、图 5-12 所示。

2. 材质：在中、低压碳素钢管的法兰连接中，法兰用 Q235 或 20 号钢制造。工作压力≤2.5MPa 时，一般采用光滑面平焊钢法兰；工作压力为 2.5～6.0MPa 时，可采用凹凸面平焊钢法兰。

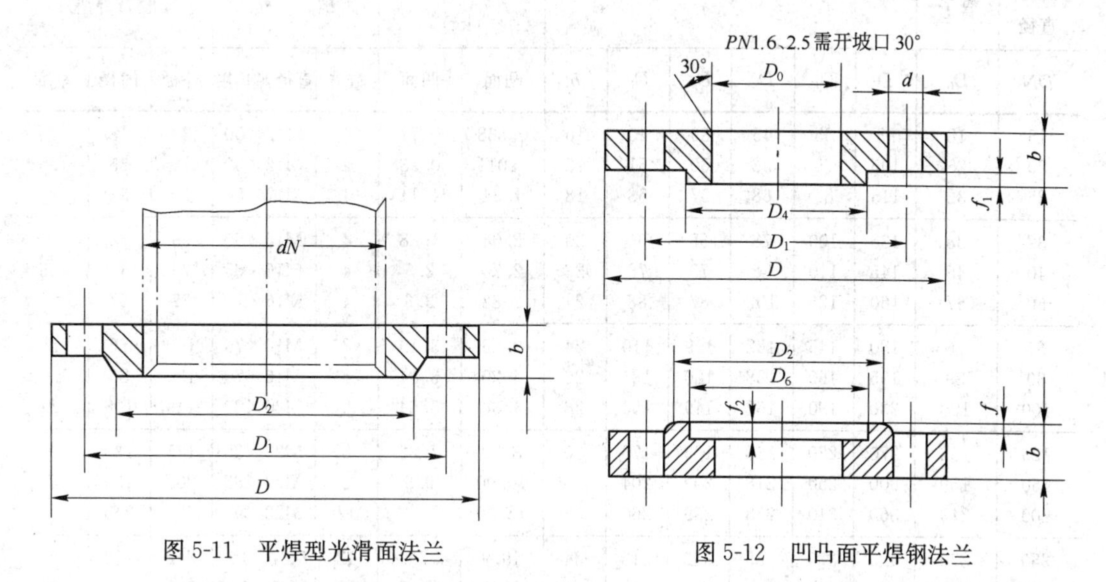

图 5-11　平焊型光滑面法兰

图 5-12　凹凸面平焊钢法兰

3. 规格表示：用公称直径 DN 和公称压力 PN 表示，例如钢法兰：DN100、PN1.6，表示法兰的公称直径为 100mm，公称压力为 1.6MPa。光滑面平焊钢法兰和凹凸面平焊钢法兰的尺寸见表 5-22、表 5-23。

PN＝1MPa 平焊型光滑面法兰尺寸　　**表 5-22**

公称直径	管子	法兰					螺栓		橡胶石棉垫片		
DN	dN	D	D_1	D_2	b	重量(kg)	数量	直径×长度	外径	内径	厚度
10	14	90	60	40	12	0.458	4	M12×40	40	14	
15	18	95	65	45	12	0.511	4	M12×40	45	18	1.5
20	25	105	75	58	14	0.748	4	M12×45	58	25	
25	32	115	85	68	14	0.89	4	M12×45	68	32	1.5
32	38	135	100	78	16	1.40	4	M16×50	78	38	
40	45	145	110	88	18	1.71	4	M16×55	88	45	
50	57	160	125	102	18	2.09	4	M16×55	102	57	1.5
70	76	180	145	122	20	2.84	4	M16×60	122	76	
80	89	195	160	138	20	3.24	4	M16×60	138	89	
100	108	215	180	158	22	4.01	8	M16×65	158	108	1.5
125	133	245	210	188	24	5.40	8	M16×70	188	133	2.0
150	159	280	240	212	24	6.12	8	M20×70	212	159	
175	194	310	270	242	24	7.44	8	M20×70	242	194	2.0
200	219	335	295	268	24	8.24	8	M20×70	268	219	
225	245	365	325	295	24	9.30	8	M20×70	295	245	
250	273	390	350	320	26	10.70	12	M20×75	320	273	2.0
300	325	440	400	370	28	12.90	12	M20×80	370	325	
350	377	500	460	430	28	15.9	16	M20×80	430	377	
400	426	565	515	482	30	21.8	16	M22×85	482	426	3.0
450	478	615	565	532	30	24.4	20	M22×85	532	478	

PN=2.5MPa凹凸面平焊钢法兰(mm) 表5-23

公称直径	管子							法兰重量(kg)		螺栓		橡胶石棉垫片		
DN	D_0	D	D_1	D_2	D_4	D_6	b	凸面	凹面	数量	直径×长度	外径	内径	厚度
15	18	95	65	45	39	40	16	0.838	0.77	4	M12×50	39	18	
20	25	105	75	58	50	51	18	1.011	0.93	4	M12×50	50	25	1.5
25	32	115	85	68	57	58	18	1.24	1.11	4	M12×50	57	32	
32	38	135	100	78	65	66	20	2.04	1.88	4	M16×60	65	38	
40	45	145	110	88	75	76	22	2.70	2.5	4	M16×65	75	45	1.5
50	57	160	125	102	87	88	24	2.82	2.6	4	M16×70	87	57	
65	76	180	145	122	109	110	24	3.25	3.19	8	M16×70	109	76	1.5
80	89	195	160	138	120	121	26	4.20	3.84	8	M16×70	120	89	1.5
100	108	230	190	162	149	150	28	4.36	5.64	8	M20×80	149	108	2
125	133	270	220	188	175	176	30	8.70	7.82	8	M22×85	175	133	
150	159	300	250	218	203	204	30	10.90	9.9	8	M22×85	203	159	2
200	219	360	310	278	259	260	32	15.30	13.7	12	M22×90	259	219	
250	273	425	370	335	312	313	34	19.9	17.9	12	M27×100	312	273	2
300	325	485	430	390	363	364	36	28.5	25.1	16	M27×105	363	325	2
400	426	610	550	505	473	474	44	46.8	43.0	16	M30×120	473	426	3

4. 适用场合：法兰一般安装在阀门处，需要拆卸处或设备上。

(二) 通风管道上常用法兰

1. 种类：通风管道上的法兰，按照风管断面形状，分为圆形法兰和矩形法兰。

2. 材质：制作法兰时选用材料和规格应根据圆形风管的直径或矩形风管的大边长来确定。薄钢板、不锈钢板及铝板风管使用的材料规格见表5-24。

法兰用料规格(mm) 表5-24

风管种类	圆形风管直径或矩形风管大边长	法兰用料规格			
		扁钢	角钢	扁不锈钢	扁铝
圆形薄钢板风管	≤140	—25×4			
	150～280	—25×4			
	300～500		∟25×3		
	530～1250		∟30×4		
	1320～2000		∟40×4		
矩形薄钢板风管	≤630		∟25×3		
	800～1250		∟30×4		
	1600～2000		∟40×4		
圆、矩形不锈钢风管	≤280			—25×4	
	320～560			—30×4	
	630～1000			—35×4	
	1120～2000			—40×4	

续表

风管种类	圆形风管直径或矩形风管大边长	法兰用料规格			
		扁钢	角钢	扁不锈钢	扁铝
圆、矩形铝板风管	≤280		∟30×4		—30×6
	320～560		∟35×4		—35×8
	630～1000				—40×10
	1120～2000				—40×12

3. 规格表示：圆形法兰用风管外径“*D*”表示；矩形法兰则用矩形风管的边长×边宽表示。

二、常用螺栓、螺帽、垫圈

(一) 常用螺栓、螺帽

螺栓(钉、杆)、螺帽(母)是用于各种管路及设备，起拉紧与固定作用的紧固件。

1. 种类：螺栓分为六角、方头和双头螺栓三种；按加工要求分为粗制、半精制、精制三种。螺帽(母)分为六角螺母和方螺母两种。其中常用的是粗制六角头螺栓及与之配套的普厚粗制六角螺母。

2. 材质：螺栓、螺帽(母)通常采用普通碳素钢、优质碳素钢或低合金钢加工制成。

3. 规格表示：用“M”和“L”表示，即公称直径×螺距(螺杆长)。例如 M12×40，表示螺距(螺栓长)为 40mm，公称直径为 12mm；与其相配套的螺帽应为 M12。粗制六角头螺栓、螺母规格见表 5-25、表 5-26。

粗制六角头螺栓规格 **表 5-25**

直径 *d*(mm)	螺杆长度 *L*(mm)	备注
10	20～200	1. 螺杆长度系列(mm)： 20，25，30，35，40，45，50，55，60，65，70，75，80，90，100，110，120，130，140，150，160，180，200，220，240，260，280，300，320，350，380，400，420，450，480，500 2. 括号内的直径，尽可能不采用
12	25～260	
(14)	25～260	
16	30～300	
(18)	35～300	
20	35～300	
(22)	50～300	
24	55～300	
(27)	60～300	
30	60～300	
36	80～300	
42	80～300	
48	110～300	
56	160～380	
64	180～380	
72	180～380	
80	200～380	
90	220～500	
100	220～500	

粗制六角螺母规格 **表 5-26**

直径 d(mm)	每1000个重量(kg)	直径 d(mm)	每1000个重量(kg)	直径 d(mm)	每1000个重量(kg)	直径 d(mm)	每1000个重量(kg)
2	0.13	6	2.338	16	32.46	27	158.5
2.5	0.252	8	5.745	18	44.20	30	221.4
3	0.414	10	11.09	20	61.94		
4	0.852	12	16.32	22	74.23		
5	1.257	14	23.79	24	104.6		

4. 适用场合：粗制六角头螺栓及螺帽，一般用在介质工作压力≤1.6MPa，工作温度不超过250℃的给水、供热、压缩空气等管道的法兰连接上。双头精制螺栓及螺帽，通常用在介质工作压力和温度较高的场合。

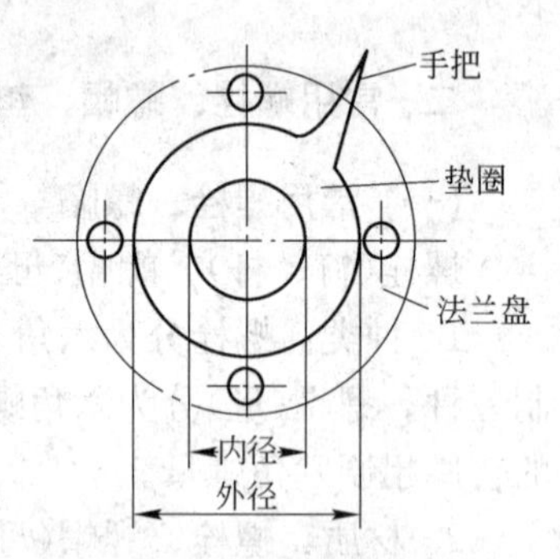

图 5-13 法兰垫圈

(二) 常用垫圈

管道工程中，法兰连接的接口为了严密，不渗漏，应加垫圈。法兰垫圈厚度一般为3～5mm，垫圈的材质根据管内流体介质的性质或同一介质在不同温度及工作压力的条件下选用，管道工程中常用的垫圈材料见表5-27。

法兰垫圈材料选用表 **表 5-27**

材料名称		适用介质	最高工作压力(MPa)	最高工作温度(℃)
橡胶板	普通橡胶板	水、空气、惰性气体	0.6	60
	耐油橡胶板	各种常用油料	0.6	60
	耐热橡胶板	热水、蒸汽、空气	0.6	120
	夹布橡胶板	水、空气、惰性气体	1.0	60
	耐酸碱橡胶板	能耐温度≤60℃以下，浓度≤20%的酸碱液体介质的浸蚀	0.6	60
石棉橡胶板	低压石棉橡胶板	水、空气、蒸汽、煤气、惰性气体	1.6	200
	中压石棉橡胶板	水、空气及其他气体、蒸汽、煤气、氨、酸及碱稀溶液	4.0	350
	高压石棉橡胶板	蒸汽、空气、煤气	10	450
	耐油石棉橡胶板	各种常用油料、溶剂	4.0	350
塑料板	软聚氯乙烯板 聚四氟乙烯板 聚乙烯板	水、空气及其他气体、酸及碱稀溶液	0.6	50
耐酸石棉板		有机溶剂、碳氢化合物、浓酸碱液、盐溶液	0.6	300
铜、铝等金属板		高温高压蒸汽	20	600

在使用法兰垫圈时，要注意其内径不得小于法兰的孔径，外径应小于相对应的两个螺栓孔内边缘的距离。对不涂敷粘接剂的垫圈，制作垫圈时应留一个手把，便于安装，如图5-13所示。

第六节　常　用　阀　门

阀门是用来控制管内介质输出、流量、速度、减压等的部件。通常按其压力、材质、连接形式分类。亦可按管道内通过的介质不同，分为水路阀门和通风阀门。

一、阀门型号的组成

阀门标准型号(JB308-75)的组成：

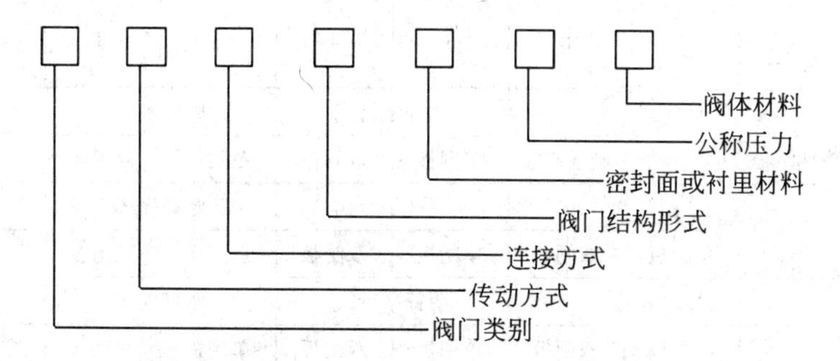

第一单元：阀门类别用汉语拼音字母代表，见表5-28。

阀门类别代号　　**表5-28**

代号 标准号	Z	J	L	G	X	Q	D	H	A	Y	S	M	U	T	P
JB308-75	闸阀	截止阀	节流阀	隔膜阀	旋塞阀	球阀	蝶阀	止回阀	安全阀	减压阀	疏水器				平衡阀
F1023-65	闸阀	截止阀	节流阀	隔膜阀	旋塞阀	球阀	蝶阀	止回阀	安全阀	减压阀	疏水器	液面计	栓塞阀		
JB308-62	闸阀	截止阀	节流阀	隔膜阀	旋塞阀	球阀	蝶阀	止回阀	安全阀	减压阀	疏水器			调节阀	

第二单元：用0～9表示阀门的传动方式，见表5-29。

阀门传动方式　　**表5-29**

代号 标准号	0	1	2	3	4	5	6	7	8	9
JB308-75	电磁传动	电磁—液压传动	电机—液压传动	蜗轮传动	正齿轮	伞齿轮	气动	液动	气—液联动	电机传动
F1023-65				蜗轮传动	正齿轮	伞齿轮	气动	液动	电磁传动	电机传动
JB308-62				蜗轮传动	正齿轮	伞齿轮	气动	液动	电磁传动	电机传动

对于手轮、手柄、扳手等直接传动和自动阀门，可省略本单元。

第三单元：用1～9表示阀门进出口端与管路连接的方式，见表5-30。

阀门进出口端与管路连接方式 表 5-30

标准号 \ 代号	1	2	3	4	5	6	7	8	9
JB308-75	内螺纹	外螺纹		法兰		焊接	对夹	卡箍	卡套
F1023-65	内螺纹	外螺纹	法兰	法兰	法兰	焊接	对夹	卡箍	卡套
JB308-62	内螺纹	外螺纹	法兰	法兰	法兰	焊接			

第四单元：用 0～9 表示阀门的结构形式，对于不同的阀类，其含义各不相同，详见表 5-31～表5-40。

闸　阀　Z 表 5-31

标准号 \ 代号	0	1	2	3	4	5	6	7	8
JB308-75	明杆楔式			明杆平行式		暗杆楔式			
	弹性闸板	刚性单板	刚性双板	单闸板	双闸板	单闸板	双闸板		
F1023-65	明杆楔式			明杆平行式		暗杆楔式		暗杆平行式	
		单闸板	双闸板	单闸板	双闸板	单闸板	双闸板		双闸板
JB308-62	明杆楔式			明杆平行式		暗杆楔式		暗杆平行式	
		单闸板	双闸板	单闸板	双闸板	单闸板	双闸板	单闸板	双闸板

截止阀 J 节流阀 L 表 5-32

标准号 \ 代号	0	1	2	3	4	5	6	7	8	9
JB308-75		直通式			直角式	直流式	带平衡装置			
							直通式	直角式		
F1023-65		直通式（铸造）	直角式（铸造）	直角式（锻造）	直角式（锻造）	直流式				波纹管
JB308-62		直通式（铸造）	直角式（铸造）	直角式（锻造）	直角式（锻造）	直流式			节流式	其他

旋　塞　阀　X 表 5-33

标准号 \ 代号	0	1	2	3	4	5	6	7	8	9
JB308-75				填　料　式				油封式		
				直通	T 型三通	四通		直通	T 型三通	
F1023-65				填料式				油封式		
				直通	三通			直通	三通	
JB308-62		无填料式		填料式		保温式			滑润式	液面指示器
		直通		直通	三通	直通	三通			

球　阀　Q　　　　表 5-34

<table>
<tr><th>代号
标准号</th><th>0</th><th>1</th><th>2</th><th>3</th><th>4</th><th>5</th><th>6</th><th>7</th><th>8</th><th>9</th></tr>
<tr><td rowspan="2">JB308-75</td><td rowspan="2"></td><td rowspan="2">浮动
球直通</td><td rowspan="2"></td><td rowspan="2"></td><td colspan="2">浮动球</td><td rowspan="2"></td><td rowspan="2">固定
球直通</td><td rowspan="2"></td><td rowspan="2"></td></tr>
<tr><td>L 型三通</td><td>T 型三通</td></tr>
<tr><td>F1032-65</td><td></td><td>浮动
球直通</td><td></td><td></td><td>浮动
球三通</td><td></td><td></td><td>固定
球直通</td><td></td><td></td></tr>
</table>

蝶　阀　D　　　　表 5-35

代　号 标准号	0	1	2	3
JB308-75	杠杆式	垂直板式		斜板式
F1023-65	杠杆式	垂直板式		斜板式

隔　膜　阀　G　　　　表 5-36

代　号 标准号	1	3	4	5	7
JB308-75	屋脊式	截止式			闸板式
F1023-65	屋脊式	截止式		直流式	闸板式

止回阀及底阀 H　　　　表 5-37

<table>
<tr><th>代号
标准号</th><th>0</th><th>1</th><th>2</th><th>3</th><th>4</th><th>5</th><th>6</th><th>7</th><th>8</th><th>9</th></tr>
<tr><td rowspan="2">JB308-75</td><td rowspan="2"></td><td colspan="2">升降式</td><td rowspan="2"></td><td colspan="3">旋启式</td><td rowspan="2"></td><td rowspan="2"></td><td rowspan="2">蝶式</td></tr>
<tr><td>直通</td><td>立式</td><td>单瓣</td><td>多瓣</td><td>双瓣</td></tr>
<tr><td rowspan="2">F1023-65</td><td rowspan="2"></td><td colspan="2">升降式</td><td rowspan="2"></td><td colspan="2">旋启式</td><td rowspan="2" colspan="4"></td></tr>
<tr><td>水平瓣</td><td>垂直瓣</td><td>单瓣</td><td>多瓣</td></tr>
<tr><td rowspan="2">JB308-62</td><td rowspan="2"></td><td colspan="3">升降式</td><td colspan="2">旋启式</td><td rowspan="2" colspan="4"></td></tr>
<tr><td>直通(铸)</td><td>立式</td><td>直通(锻)</td><td>单瓣</td><td>多瓣</td></tr>
</table>

减　压　阀　Y　　　　表 5-38

代　号 标准号	1	2	3	4	5
JB308-75	薄　膜　式	弹簧薄膜式	活　塞　式	波 纹 管 式	杠杆式
F1023-75	弹簧载荷式	薄　膜　式	弹簧薄膜式	散　热　式	
JB308-62	弹簧载荷式	杠　杆　式	活　塞　式	散　热　式	薄膜具有蒸汽载荷式

安 全 阀 A **表 5-39**

标准号 \ 代号	0	1	2	3	4	5	6	7	8	9
JB308-75	弹簧式									脉冲式
	封闭			不封闭	封闭	不封闭				
	带散热片			带扳手			带控制机构	带扳手		
	全启式	微启式	全启式	双簧微启	全启式	微启式	全启式	微启式	全启式	
F1023-75	弹簧式									脉冲式
	封闭			不封闭	封闭	不封闭				
	带散热片			带扳手				带扳手		
	全启	微启	全启	双簧微启	全启			微启式	全启式	
JB308-62	单弹簧式									
	带散热片	封闭		封闭带扳手		不封闭		不封闭带扳手		带散热片
	全启	微启	全启	微启	全启	微启	全启	微启	全启	微启
	双弹簧式									
		封闭无扳手		封闭有扳手		不封闭无扳手		不封闭有扳手		
		微启	全启	微启	全启	微启	全启	微启	全启	
		单杠杆		双杠杆						
		微启	全启	微启	全启		脉冲式			

疏 水 器 S **表 5-40**

标准号 \ 代号	0	1	2	3	4	5	6	7	8	9
JB308-75		浮球式				钟型浮子式		双金属片式	脉冲式	热动力式
F1023-75		浮球式				钟型浮子式			脉冲式	热动力式
JB308-62		浮球式		浮桶式		钟型浮子式				热动力式

第五单元：用汉语拼音字母表示密封圈(面)或衬里材料，见表 5-41。

密 封 圈 代 号 **表 5-41**

材料名称	代号	材料名称	代号	材料名称	代号
铜合金	T	橡胶	X	皮革	P
不锈钢	H	硬橡胶	J	搪瓷	C 或 TC
巴氏合金	B	塑料	S	衬胶	J 或 CJ
硬质合金	Y	酚醛塑料	SD	衬铅	Q 或 CQ
铝合金	L	聚四氟乙烯塑料	SA	尼龙	N
渗氮钢	D	氟塑料	F	尼龙塑料	NS

W 表示密封面由阀体直接加工，不另加密封圈。当阀座与阀瓣密封面的材料不同时，用低硬度材料表示(隔膜阀除外)。

第六单元：直接以公称压力数字表示。当介质温度超过 530℃时，用工作压力表示。

第七单元：用汉语拼音字母表示阀体材料，见表 5-42。

阀体材料 表 5-42

材料名称	代号	材料名称	代号	材料名称	代号
铸铁	Z	铬钼钢	I	高硅铁	G
可锻铸铁	K	铬镍钛钢	P	蒙乃尔合金	M
球墨铸铁	Q	铬镍钼钛钢	R	钛材	Ti
铜合金	T	铬钼钒钢	V	低温钢	N
碳钢	C	铝合金	L	低碳合金	DR
塑料	S	马氏合金	H	铝合金	B

当 $PN \leqslant 1.6$MPa 时为铸铁阀、$PN \geqslant 2.5$MPa 时，碳钢阀可省略本单元。

二、阀门的名称、规格、型号表示

1. Z944T-1，DN500：其名称为明杆平行式双闸板闸阀，电动机传动，法兰连接，铜密封圈，公称压力为 1MPa，阀体材料为铸铁(铸铁阀门 $PN \leqslant 1.6$MPa，故不写材料代号)，公称直径 500mm。

2. J_{11}W-10T，DN40：其名称为内螺纹截止阀，手轮传动(第二部分省略)，内螺纹连接，直通式(铸造)，密封面由阀体直接加工，不另加密封圈，公称压力 10MPa，阀体材料为铜合金，公称直径为 40mm。

对于通风管道的阀门，其名称，规格，型号可查阅有关标准图集，如常用的离心式通风机圆形瓣式启动阀(T301-5)，适用于 4-62，9-55 和 4-72 型 4～20 号通风机。蝶阀(T301-1～9)，插板阀(T355-1、2)、调节阀(T306-1、2)等。

三、常用阀门

1. 闸阀(闸板阀)：是利用闸板升降控制启闭的阀门，流体经过阀门时，流向不变，故阻力较小。多用于冷、热水管网系统中，如图 5-14 所示。

2. 截止阀：利用阀杆下部的阀盘(或阀针)与阀孔的配合来启、闭介质流通。流体的阻力比闸阀大。主要用于冷、热水供应及高压蒸汽等管路中，如图 5-15 所示。

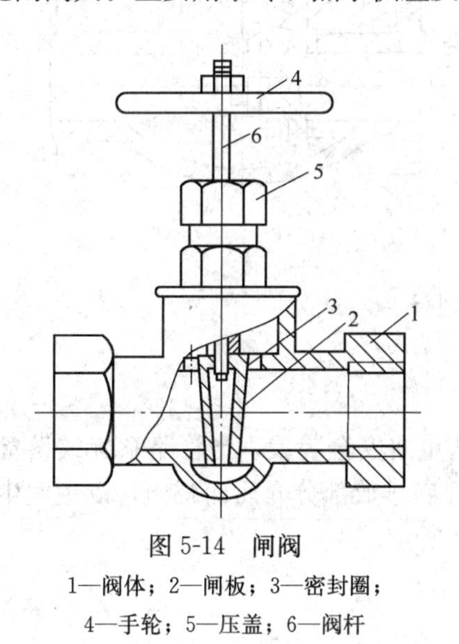

图 5-14 闸阀

1—阀体；2—闸板；3—密封圈；4—手轮；5—压盖；6—阀杆

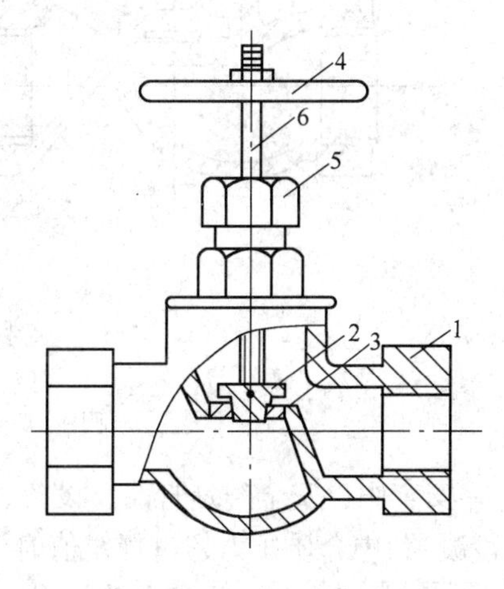

图 5-15 截止阀

1—阀体；2—阀针；3—密封圈 4—手轮；5—压盖；6—阀杆

3. 节流阀：其构造特点是无单独的阀盘，利用阀杆的端头磨光代替阀盘。多用在小管路上，如像安装压力表所用的阀门，常采用节流阀，如图 5-16 所示。

4. 旋塞阀：阀门启、闭迅速，旋转 90°即全开或全关，阻力较小。用于温度和压力不高的较小管路上。热水龙头也属旋塞阀的一种，如图 5-17 所示。

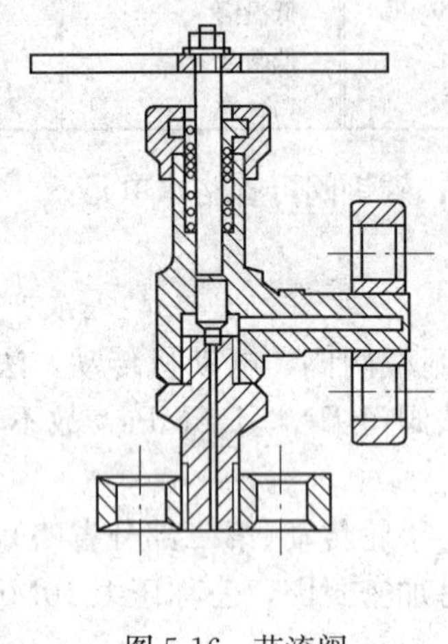

图 5-16　节流阀

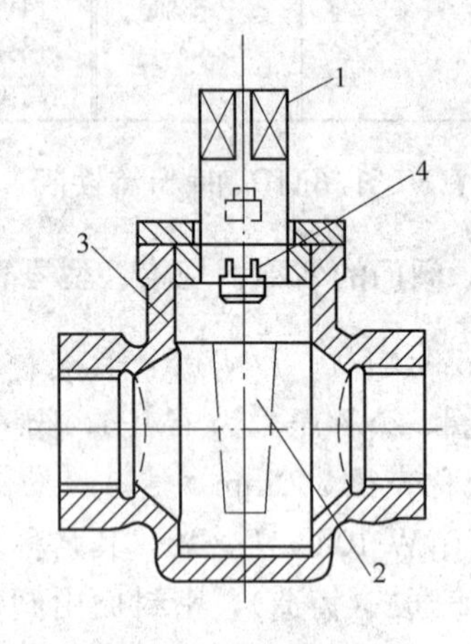

图 5-17　旋塞阀

1—转芯；2—转芯的开孔；
3—阀体；4—沟槽

5. 止回阀(逆止阀)：可根据阀瓣前后的压力差自动启闭。阻止管内介质逆向流动。多用于水、气、水泵出口的管路上，如图 5-18 所示。

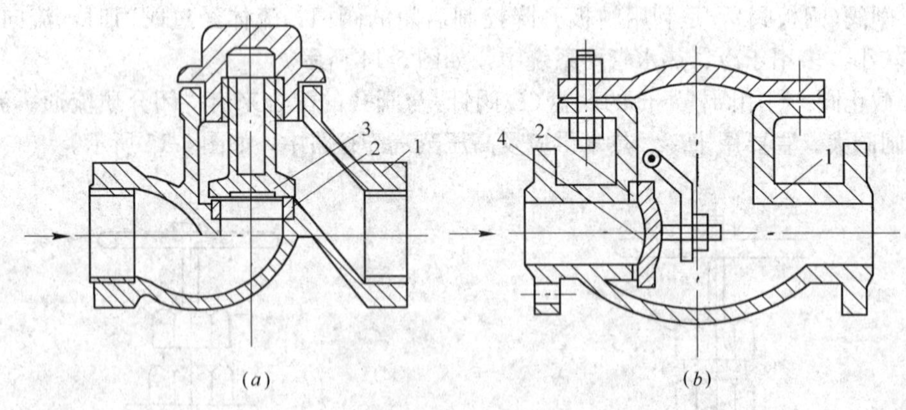

图 5-18　止回阀

(a)升降式；(b)旋启式

1—阀体；2—密封圈；3—阀盘；4—摇板

6. 安全阀：安全阀是管路、设备、锅炉上的重要安全装置，当管路系统或设备(如锅炉、冷凝器)中介质压力超过规定值时，其自动开启排放部分介质而减压，以免发生爆破。当压力降至规定值时，阀门自动关闭，如图 5-19 所示。

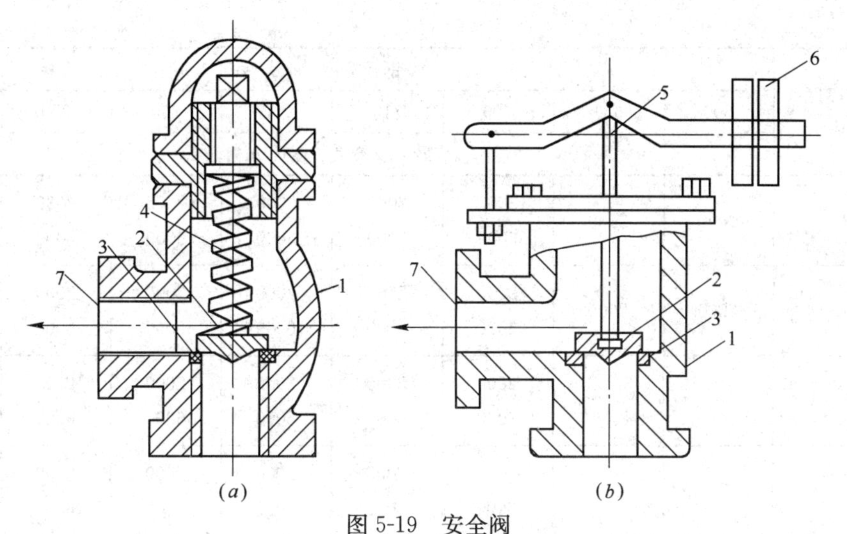

图 5-19 安全阀

(a)弹簧式；(b)杠杆式

1—阀体；2—阀盘；3—密封圈；4—弹簧；5—杠杆；6—重锤；7—介质排出口

第七节 板材和型钢

一、板材

(一) 金属板材

1. 种类：在安装工程中金属板材使用较为广泛，常用的板材有如下几种。

(1) 钢板：按其制造方法可分为热轧和冷轧钢板。按其厚度分为厚钢板、薄钢板。而薄钢板亦可分为镀锌钢板(白铁皮)和非镀锌钢板(黑铁皮)。常用热轧钢板的规格见表5-43。

热轧钢板的尺寸(GB 709—88) **表 5-43**

钢板公称厚度(mm)	钢板宽度(mm)							
	600	650	700	710	750	800	850	900
	最小及最大长度(mm)							
0.50、0.55、0.60	1200	1400	1420	1420	1500	1500	1700	1800
0.65、0.70、0.75	2000	2000	1420	1420	1500	1500	1700	1800
0.80、0.90	2000	2000	1420	1420	1500	1500	1700	1800
1.0	2000	2000	1420	1420	1500	1600	1700	1800
1.2、1.3、1.4	2000	2000	2000	2000	2000	2000	2000	2000
1.5、1.6、1.8	2000	2000	2000 6000	2000 6000	2000 6000	2000 6000	2000 6000	2000 6000
2.0、2.2	2000	2000	2000 6000	2000 6000	2000 6000	2000 6000	2000 6000	2000 6000

续表

钢板公称厚度(mm)	钢板宽度(mm)							
	600	650	700	710	750	800	850	900
	最小及最大长度(mm)							
2.5、2.8	2000	2000	2000 6000	2000 6000	2000 6000	2000 6000	2000 6000	2000 6000
3.0、3.2、3.5、3.8、3.9	2000	2000	2000 6000	2000 6000	2000 6000	2000 6000	2000 6000	2000 6000
4.0、4.5、5			2000 6000	2000 6000	2000 6000	2000 6000	2000 6000	2000 6000
6.7			2000 6000	2000 6000	2000 6000	2000 6000	2000 6000	2000 6000

(2) 不锈钢板(耐酸不锈钢板)：在空气、酸、碱性气体中不易被腐蚀，高温下具耐酸蚀能力，其钢号40余种，用途各不相同。

(3) 铝板：延伸性能好，易于咬口连接，亦耐腐蚀，具有传热性能良好，磨擦时不产生火花的特性。

2. 规格表示：长×宽×厚，如钢板长3000mm，宽1250mm，厚1.2mm，可表示为3000×1250×1.2。

3. 适用场合：通常厚钢板厚度$\delta \geqslant 2$mm，材质有普通碳素钢、优质碳素钢、低合金钢、不锈钢等。故主要用在加工制作箱、罐、槽、柜、设备底板等。$\delta \geqslant 10$mm时，可用于加工制作管道法兰等。薄钢板厚度$\delta \leqslant 2$mm，则用在加工制作风管、保温层的保护壳等。不锈钢板主要用在化工高温环境下的耐腐蚀通风系统。铝板主要用在防爆的通风系统。

(二) 非金属板材

常用的非金属板材有硬聚氯乙烯塑料板和玻璃钢板等。硬聚氯乙烯塑料是由聚氯乙烯树脂加入稳定剂、增塑剂、填料、着色剂及润滑剂等压制或压铸而成。优点是机械强度较高，抗老化性较好，故用在管道工程中制作管件、离心泵、通风机等。

玻璃钢板是由玻璃丝布加粘接剂树脂，经过一定程序成型。其特点是强度高，耐高温，重仅为钢材的1/6～1/7倍，故用在给排水卫生器具如大便器、浴缸和下水管道以及通风、制冷工程中用作通风道、水池、冷却塔等。

二、型钢

常用型钢有圆钢、扁钢、角钢以及槽钢等。

(一) 圆钢

1. 常用规格：安装工程中，多采用直条，普通碳素钢的热轧圆钢。直径从ϕ5.5～250mm，共计68个直径等级，见表5-44。直条长度：直径≤25mm，长4～10m，直径≥25mm，长3～9m。

热轧圆钢的规格及重量(GB 705—89)　　**表 5-44**

直　径(mm)	理论重量(kg/m)	直　径(mm)	理论重量(kg/m)	直　径(mm)	理论重量(kg/m)
5.5	0.186	*27	4.49	70	30.2
6	0.222	28	4.83	75	34.7
6.5	0.260	*29	5.18	80	39.5
7	0.302	30	5.55	85	44.5
8	0.395	*31	5.92	90	49.9
9	0.499	32	6.31	95	55.6
10	0.617	*33	6.71	100	61.7
11	0.764	34	7.13	105	68.0
12	0.888	*35	7.55	110	74.6
13	1.04	36	7.99	115	81.5
14	1.21	38	8.90	120	88.8
15	1.39	40	9.86	125	96.3
16	1.58	42	10.9	130	104
17	1.78	45	12.5	140	121
18	2.00	48	14.2	150	139
19	2.23	53	17.3	160	158
20	2.47	*55	18.6	170	178
21	2.72	56	19.3	180	200
22	2.98	*58	20.7	190	223
23	3.26	60	22.2	200	247
24	3.55	63	24.5	220	298
25	3.85	*65	26.0	250	385
26	4.17	*68	28.5		

注：带“*”者不推荐使用。

2. 规格表示：用“ϕ”表示直径，单位“mm”，例如 ϕ8、ϕ25，分别表示圆钢的直径为 8mm、20mm。常用直径范围从 ϕ6～28。

3. 适用场合：管道工程中圆钢多用于加工支架或螺杆、抱箍等。

(二) 扁钢

1. 常用规格：扁钢采用普通碳素钢热轧而成。其厚度从 3～60mm，共 25 个等级；宽度从 10～200mm，共 37 个等级；扁钢长度：当理论重量≤19kg/m 时，每根为 3～9m；理论重量＞19～60kg/m 时，每根为 3～7m；理论重量＞60kg/m 时，每根为 3～5m。见表 5-45。

热轧扁钢的尺寸及理论重量(摘要 GB 704—88)　　**表 5-45**

宽　度(mm)	厚　度(mm)									
	3	4	5	6	7	8	9	10	11	12
	理论重量(kg/m)									
10	0.24	0.31	0.39	0.47	0.55	0.63				
12	0.28	0.38	0.47	0.57	0.66	0.75				

续表

宽度(mm)	厚度(mm)									
	3	4	5	6	7	8	9	10	11	12
	理论重量(kg/m)									
14	0.33	0.44	0.55	0.66	0.77	0.88				
16	0.38	0.50	0.63	0.75	0.88	1.00	1.15	1.26		
18	0.42	0.57	0.71	0.85	0.99	1.13	1.27	1.41		
20	0.47	0.63	0.78	0.94	1.10	1.26	1.41	1.57	1.73	1.88
22	0.52	0.69	0.86	1.04	1.21	1.38	1.55	1.73	1.90	2.07
25	0.59	0.78	0.98	1.18	1.37	1.57	1.77	1.96	2.16	2.36
28	0.66	0.88	1.10	1.32	1.54	1.76	1.98	2.20	2.42	2.64
30	0.71	0.94	1.18	1.41	1.65	1.88	2.12	2.36	2.59	2.83
32	0.75	1.00	1.26	1.51	1.76	2.01	2.26	2.55	2.76	3.01

2. 规格表示：—$b\times\delta$，即以扁钢的宽度×厚度。例如—25×4，表示扁钢宽25mm，厚4mm。常用规格b在20～50mm之间。

3. 适用场合：扁钢通常用在加工制作风管法兰、抱箍或加固圈。

(三) 角钢

1. 种类：角钢按边宽分为等边和不等边两类。建安工程中等边角钢最为常用。

2. 等边角钢常用规格：等边角钢的边宽从20～200mm，共计20个宽度等级；厚度从3～24mm，共计12种厚度等级。如图5-20及表5-46所示。

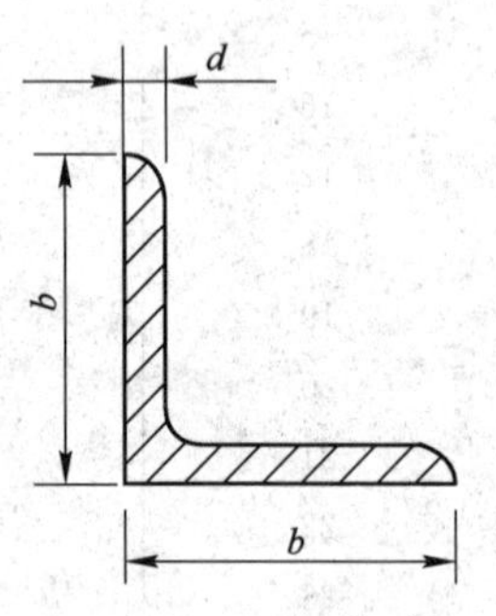

图5-20　等边角钢

热轧等边角钢的尺寸及理论重量(摘要 GB 9787—88)　　表5-46

型号	尺寸(mm)		截面面积(cm²)	理论重量(kg/m)	外表面积(m²/m)
	b(边宽)	d(厚度)			
2	20	3	1.132	0.889	0.078
		4	1.459	1.145	0.077
2.5	25	3	1.432	1.124	0.098
		4	1.859	1.459	0.097
3.0	30	3	1.749	1.373	0.117
		4	2.276	1.786	0.117
3.6	36	3	2.109	1.656	0.141
		4	2.756	2.163	0.141
		5	3.382	2.654	0.141
4	40	3	2.359	1.852	0.157
		4	3.086	2.422	0.157
		5	3.791	2.976	0.156

续表

型　号	尺寸(mm)		截面面积 (cm²)	理论重量 (kg/m)	外表面积 (m²/m)
	b(边宽)	d(厚度)			
4.5	45	3	2.659	2.088	0.177
		4	3.486	2.736	0.177
		5	4.292	3.369	0.176
		6	5.076	3.985	0.176
5	50	3	2.971	2.332	0.197
		4	3.897	3.059	0.197
		5	4.803	3.770	0.196
		6	5.688	4.465	0.196
5.6	56	3	3.343	2.624	0.221
		4	4.390	3.446	0.220
		5	5.415	4.251	0.220
		8	8.367	6.568	0.219
6.3	63	4	4.978	3.907	0.248
		5	6.143	4.822	0.248
		6	7.288	5.721	0.247
		8	9.515	7.469	0.247
		10	11.657	9.151	0.246

3. 规格表示：直角边宽×边长×厚度(等边角钢为边宽×厚度) 例如∟50×4，表示等边角钢边宽均为50mm，厚度为4mm。

4. 适用场合：角钢用于加工制作管道支、吊、托架、支撑、风管法兰等。

(四) 槽钢

1. 种类：槽钢分为普通和轻型槽钢两种。普通槽钢最为常用。

2. 普通槽钢的规格：普通碳素钢的热轧普通槽钢从5～40号，共计41个等级号，常用槽钢规格有5、6.3、8、10、12.6、14a、14b、16a、16、18a、18、20a、20、22a、22、25a、25b、25c等。如图5-21及表5-47所示。

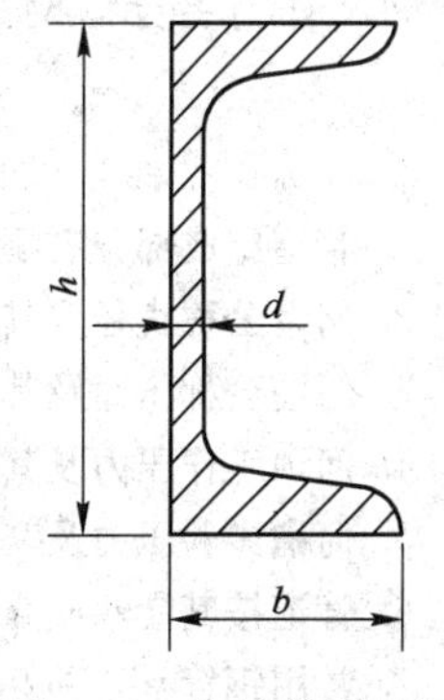

图5-21　热轧普通槽钢

热轧槽钢的尺寸及理论重量(GB 707—88)　　　**表5-47**

型　号	尺寸(mm)			理论重量 (kg/m)	型　号	尺寸(mm)			理论重量 (kg/m)
	h	b	d			h	b	d	
5	50	37	4.5	5.438	14a	140	58	6.0	14.535
6.3	63	40	4.8	6.634	14b	140	60	8.0	16.733
6.5	65	40	4.8	6.709	16a	160	63	6.5	17.240
8	80	43	5.0	8.045	16	160	65	8.5	19.752
10	100	48	5.3	10.007	18a	180	68	7.0	20.174
12	120	53	5.5	12.059	18	180	70	9.0	23.000
12.6	126	53	5.5	12.318	20a	200	73	7.0	22.637

续表

型号	尺寸(mm)			理论重量(kg/m)	型号	尺寸(mm)			理论重量(kg/m)
	h	*b*	*d*			*h*	*b*	*d*	
20	200	75	9.0	25.777	28c	280	86	11.5	40.219
22a	220	77	7.0	24.999	30a	300	85	7.5	34.463
22	220	79	9.0	28.453	30b	300	87	9.5	39.173
24a	240	78	7.0	26.860	30c	300	89	11.5	43.883
24b	240	80	9.0	30.628	32a	320	88	8.0	38.085
24c	240	82	11.0	34.396	32b	320	90	10.0	43.107
25a	250	78	7.0	27.410	32c	320	92	12.0	48.131
25b	250	80	9.0	31.335	36a	360	96	9.0	47.814
25c	250	82	11.0	35.260	36b	360	98	11.0	53.466
27a	270	82	7.5	30.838	36c	360	100	13.0	59.118
27b	270	84	9.5	35.077	40a	400	100	10.5	58.928
27c	270	86	11.5	39.316	40b	400	102	12.5	65.204
28a	280	82	7.5	31.427	40c	400	104	14.5	71.488
28b	280	84	9.5	35.823					

注：通常长度(每根长度)，5～8号时，为5～12m；10～18号时，为5～19m；20～40号时，为6～19m。

3. 规格表示：用符号“[”代表槽钢，*h*表示高度，*b*表示腿宽，*d*表示相应的槽钢腰厚。例如“[”$20^{\#}$，表示槽钢为20号，相应高度200mm，腿宽75mm，腰厚为9mm。

4. 适用场合：槽钢可用作加工管道支、吊架、金属容器及设备支座等。

思考题

1. 管道组成部分有哪些?
2. 何谓公称直径及其表示符号?
3. 何谓公称压力及其表示符号?
4. 何谓工作压力及其表示符号?
5. 何谓试验压力及其表示符号?
6. 管道按其属性或介质温度通常分为哪几类?
7. 常用钢管有几种? 各种钢管的材质、特征、适用场合?
8. 给水铸铁管分哪几种? 有哪些管件?
9. 排水铸铁管有哪些管件?
10. 硬聚氯乙烯塑料管有哪几种? 适用于哪些场合?
11. 钢管常用法兰有哪几种? 通风管常用法兰有哪几种?
12. 常用金属板材有哪几种? 各自适用场合? 非金属板材用在哪些工程中?
13. 常用型钢有哪些? 各自适用场合?
14. 阀门型号由哪几部分组成? 常用阀门有哪些?

第六章　室内给水排水工程安装

第一节　室内给水工程安装

一、室内给水系统的分类

室内给水系统是根据用户对水质、水压、水量和水温的要求，并结合外部给水系统情况考虑的。按其用途可划分为以下三类：

1. 生活给水系统：指用于公共建筑以及工业建筑内的生活饮用水系统等。其水质应符合国家规定的饮用水质标准。

2. 生产给水系统：指专门供生产使用的给水系统。如原料、产品的洗涤用水，锅炉用水等。该系统用水，对水质有所差异。

3. 消防给水系统：供建筑物内消防系统的消防设备用水。如室内消火栓、特种消防设备用水等。该系统对水质的要求低于饮用水标准，但须按建筑设计防火规范的有关规定，保证有足够的水量和水压。

二、室内给水系统的组成

室内给水系统主要由六大部分组成，如图 6-1 所示。

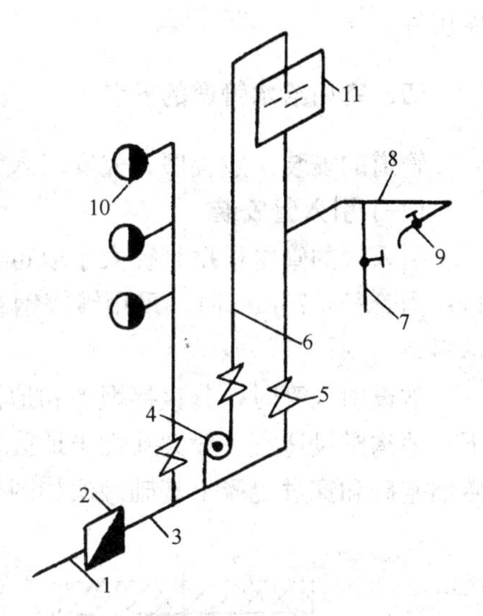

图 6-1　给水系统组成
1—引入管；2—水表井；3—水平干管；4—水泵；5—主控制阀；6—主干管；7—立支管；8—水平支管；9—水嘴及用水设备；10—消火栓；11—水箱

1. 进户管(引入管)：从室外管网引入室内进水管，与室内管道相连，直达水表位置的管段。此处通常设水表井(阀门井)。

2. 水表节点(水表井)：用来计量室内给水系统总用水量，故在引入管段设水表，前后装有阀门、旁通管、泄水装置等。

3. 室内给水管网：包括水平干管、立干管、支管(水平支管、立支管)等。

4. 给水管道附件：阀门、水嘴、过滤器等。

5. 升压和储水设备：水泵、水箱等。

6. 消防设备：消火栓、喷淋头等。

三、室内给水管道的布置与敷设形式

(一) 室内给水管道的布置

室内给水管道的布置一般分下分式、上分式、中分式以及环状式四种形式。下分式是水平干管设于底层走廊或地下室的顶棚下、管沟内，或直接埋地，之后由水平干管向上接

出立管，自下而上供水。一般用在直接供水的公共建筑系统上。上分式则是水平干管设于顶棚或吊顶层内，高层建筑则设在技术层内，由水平干管分出立管，自上而下供水。此方式适于设置水箱的供水系统。中分式是指水平干管设在建筑物的中层走廊内向下向上分别供水，亦适合直接给水的方式。环状式可分为水平干管环和立管环两种。水平干管环指水平干管连成环状，立管环是指各立管除由水平干管连通外，在立管的另外一端也互相连通。此种布局适于大型公共建筑以及不允许断水的车间等场合。

(二) 室内给水管道的敷设形式

根据建筑物的要求，室内给水管道的敷设形式分为明装和暗装。

1. 明装管道：管道沿墙、柱、顶棚下暴露敷设即为明装。其特点便于安装和检修，造价低，但影响美观、管道表面易积灰尘。适于工艺要求不高的场合。

2. 暗装管道：管道可以在管沟、管井、吊顶层、地下室内隐蔽敷设即为暗装。管道暗装工艺较复杂、检修困难，造价亦高，但比较美观，适宜有特殊要求的场合，如宾馆、库房等。

四、室内给水管道的安装

管道的安装一般程序为先安引入管，然后安装水平干管、立管和支管。

(一) 引入管安装

引入管的管材根据直径大小取定，当管径≥75mm时，采用给水铸铁管，石棉水泥接口；当管径<75mm时，采用镀锌钢管，螺纹连接，及其相应的管件，聚四氟乙烯生料带填料。

敷设引入管时，分直接埋地和地沟敷设两种方式，埋地敷设深度通常在当地冰冻线以下。地沟敷设适宜一般大孔性土地区，一旦漏水时，可使其顺地沟排向室外。引入管穿过砖墙基础和穿过混凝土基础做法如图6-2、图6-3所示。

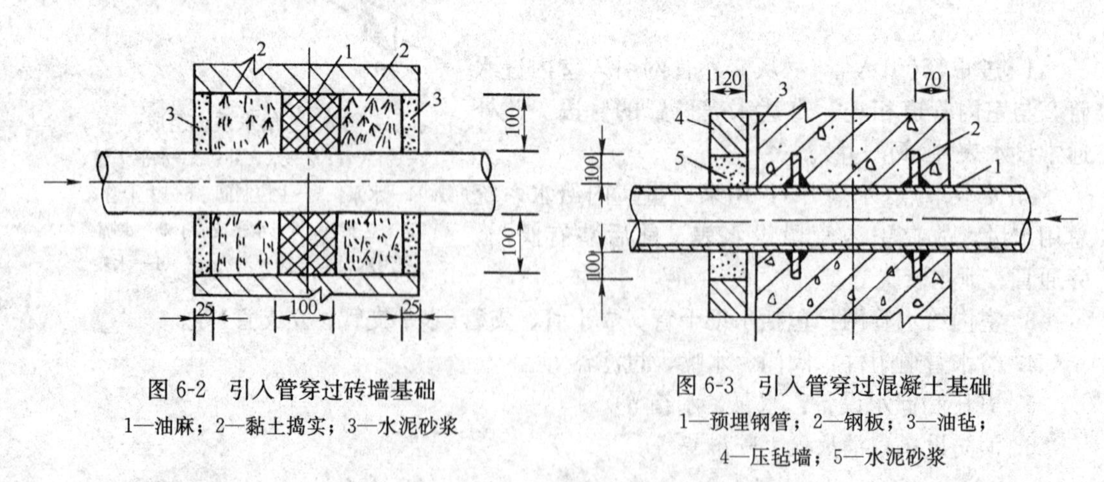

图6-2 引入管穿过砖墙基础

1—油麻；2—黏土捣实；3—水泥砂浆

图6-3 引入管穿过混凝土基础

1—预埋钢管；2—钢板；3—油毡；4—压毡墙；5—水泥砂浆

(二) 水表安装

为计量用水量以及收水费，通常在建筑物的引入管上设有水表，称为进户水表；此外在居住房屋内，也要安装分户水表。水表安装地点，应选择便于维修、不受暴晒、不易污染的场合。室内给水系统中，常用的水表有叶轮式和螺翼式两种。叶轮式多用于测量小流量；而螺翼式的翼轮转轴与水流方向平行，阻力较小，故适于用在大口径，测量大流量。安装水表时，不能将水表直接放于水表井底的垫层上，要用红砖或混凝土预制块将水表垫起。如图 6-4 中的 1—1 断面所示。明装于室内分户的水表，表外壳距墙表面不应大于 30mm。对于环状供水管网，如果建筑物由两路供水，此时各路水表出水口处应设止回阀，以防水表因反向压力而倒转，受到损坏。水表安装形式分不设旁通管和设旁通管两种。对用水量不大，供水可间断的建筑物，一般不设旁通管，如图 6-4 所示(附主材表6-1)。对于设有消防设备和不允许间断供水的建筑物应设旁通管。

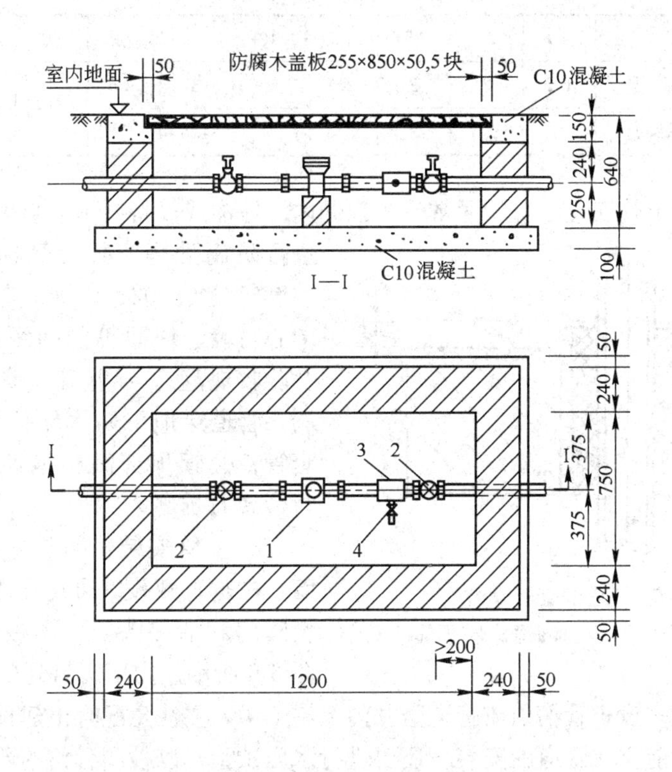

图 6-4 室内水表井及水表安装平面图

1—水表；2—闸阀；3—三通；4—水龙头

主要材料表 **表 6-1**

管道公称直径 *DN*		15		20		25		32		40	
编号	材料名称	规格	数量	规格	数量	规格	数量	规格	数量	规格	数量
1	水表(个)	15	1	20	1	25	1	32	1	40	1
2	闸阀(个)	15	2	20	2	25	2	32	2	40	2
3	三通(个)	15×15	1	20×15	1	25×15	1	32×15	1	40×15	1
4	水龙头(个)	15	1	15	1	15	1	15	1	15	1

(三) 室内给水管道安装

1. 水平干管安装：明装管道的干管安装位置，通常设在建筑物的顶棚下或建筑物的地下室顶板下。沿墙敷设时，管外表面同墙面净距为 30～50mm，采用角钢和管卡固定。先安装支架于墙内，再敷设管。如图 6-5 所示。支架的间距，参照表 6-2 选定。

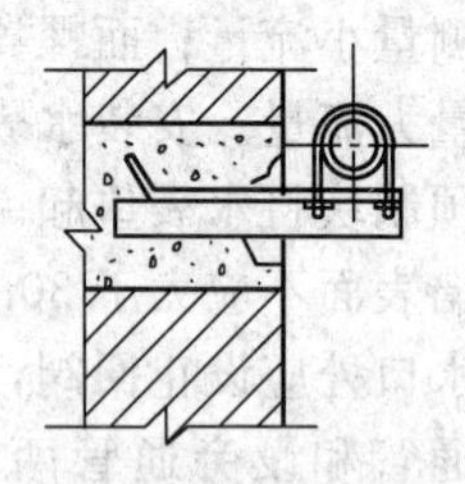

图 6-5　砖墙上安装支架

水平管道钢管支、吊架间距　　表 6-2

管　径(mm)		15	20	25	32	40	50	70	80	100	125	150
支架最大间距(m)	保　温	1.5	2	2	2.5	3	3	3.5	4	4.5	5	6
	不保温	2	2.5	3	3.5	4	4.5	5	5.5	6	6.5	7

暗装管道的干管安装位置，通常设于顶棚内、地沟或设备层里。直埋地面的管道，应进行防腐处理，敷设管标高按设计规定，坡度宜设 0.002～0.005 坡向泄水装置，管中心与墙、柱面等的间距详见相应《施工及验收规范》。穿基础、墙、楼板等应预留洞；管道穿地下防水墙体、顶板应做防水套管；套管顶部高出地面 20mm。内填密封膏或石棉绳。

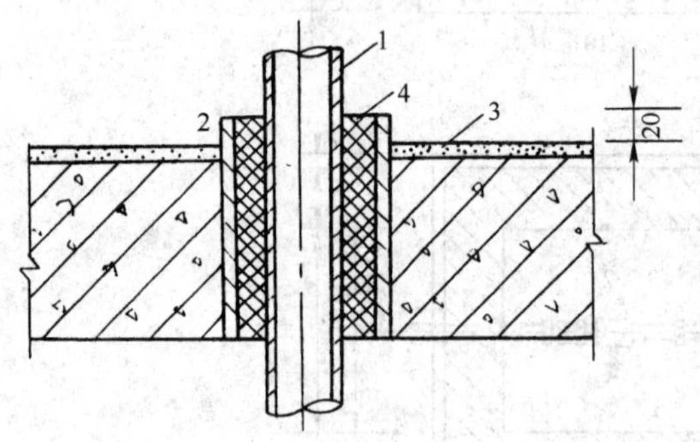

图 6-6　立管的套管设置
1—立管；2—套管；3—楼板面；4—石棉绳

2. 立管安装：明装立管设于墙角或沿墙、柱垂直敷设。通常在距地面 150mm 处设阀门和活接头。穿楼板时应设套管，如图 6-6 所示。内填密封膏或石棉绳。

暗装立管，多设于管槽内或管道竖井内，施工中，要注意配合土建预留槽，并且一定要在墙壁抹灰之前完成管道的安装。还要进行水压试验，以检测管路的严密性；对于各种阀门及管道的活接件不允许埋入墙内。

3. 支管安装：明装支管，沿墙敷设，坡度为 0.002～0.005，坡向立管或配水点，支管用管卡或钩钉与墙壁固定。当冷、热水管上下平行敷设时，热水支管要安装在上面，垂直安装时，热水管应在面向的左侧。

(四) 阀门安装

给水管网阀门的选择，应符合现行设计规范的要求，当管径≤50mm 时，宜采用截止阀；管径＞50mm 时，宜采用闸阀。截止阀用螺纹连接，闸阀口径＞80mm 时，可采用法兰连接；闸阀口径＜80mm 时，可采用螺纹连接。此外，在经常启闭的管段上，宜采用截止阀。阀门的安装要点：

1. 闸阀应设置在明显、便于维修的地方；

2. 在水平管段上，阀杆应垂直向上；

3. 安装法兰式闸阀时，应使两法兰端面互相平行且同心；

4. 安装螺纹式闸阀时，应保证螺纹完整无缺，连接螺纹不宜过长；

5. 安装截止阀时，应使介质自阀盘下面流向上面(低进高出)。

(五) 水嘴安装

室内生活给水常用的水嘴(水龙头)是普通水嘴，如图 6-7 所示。安装时出水口应垂直向下，冷、热水嘴安装时，应按热左冷右规则进行。

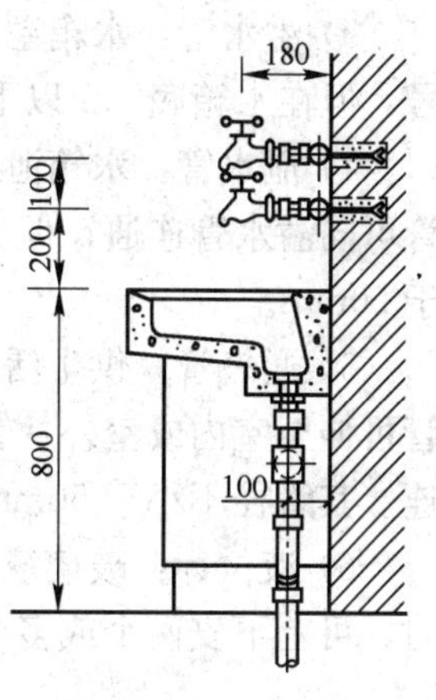

图 6-7 普通水龙头

(六) 水箱安装

水箱按外形分为圆形、方形或矩形水箱；按材质可分为金属水箱、钢筋混凝土水箱、玻璃钢水箱、塑料水箱等。金属水箱大小均可使用。重量较轻，通常采用碳素钢板焊接而成，其内表面要进行防腐处理。用于生活用水时刷符合饮用水标准的涂料两遍；用于非饮用水时，刷防锈漆两道。箱外不保温时刷一道防锈漆、两道面漆；保温时刷两道防锈漆。保温材料可采用高压聚苯乙烯板材、高压聚乙烯泡沫塑料板材，保温层厚度由设计定。为了解决钢板易锈蚀、维修量大的不足，目前已出现装配式镀锌钢板水箱和搪瓷钢板水箱，现场组装时，板块之间夹橡胶垫密封并用螺栓连接，已列入国家现行建筑设计标准设计。钢筋混凝土水箱，适于大型水箱，耐用、易于维修，但重量大，接口处理不好则易漏水。玻璃钢水箱等虽然耐腐蚀、重量轻，但造价高。

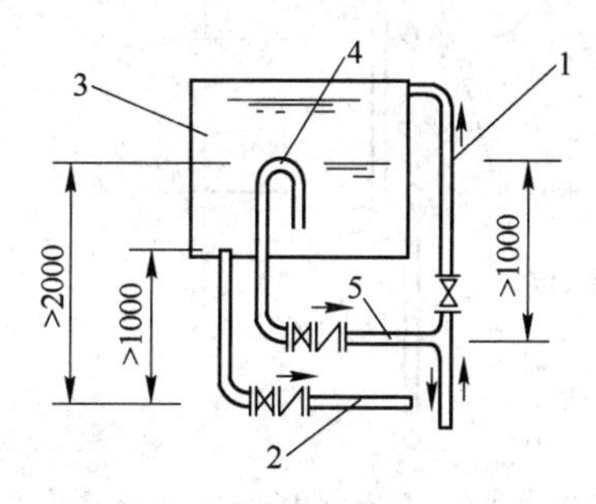

图 6-8 水箱附件平、剖面

1—进水管；2—消防出水管；3—水箱；4—虹吸管顶钻眼；5—生活出水管

水箱附件通常设有进、出水管、溢水管、泄水管、通气管、液位计、人孔等。如图 6-8 所示。

1. 水箱及其附件安装

(1) 水箱安装：金属水箱的安装必须符合设计和产品说明要求。支座或支墩用槽钢或钢筋混凝土。为防止水箱底与支座的接触面腐蚀，在他们之间垫石棉橡胶板等绝缘材料。水箱底距地面宜不小于 700mm 的净距。

(2) 水箱附件安装

1) 进水管：水箱进水管通常从侧壁、顶部接入。当水箱利用管网压力进水时，进水管水流出口应尽量安装液压水位控制阀或浮球阀，控制阀由顶部接进水箱，当管径≥50mm时，设置数量不少于两个，且每一控制阀前应装有检修阀门。如果水箱是利用加压泵压力进水且利用水位升降自动控制加压泵运行时，可不设水位控制阀。

2) 出水管：水箱出水管可从侧壁或底部接出。出水管上可设置内螺纹(小口径)或法兰(大口径)闸阀，不允许安截止阀。如需加装止回阀，应采用阻力较小的旋启式代替升降式，止回阀标高应低于水箱最低水位 1m 以上。生活同消防合用一个水箱时，消防出水管上的止回阀应低于生活出水虹吸顶管(低于此管顶时，生活虹吸管真空破坏，可保证消防出水管有水流出)2m 以上，使之具一定压力，以便推动止回阀，一旦发生火灾，消防贮备用水量可以充分发挥作用。如图 6-8，图 6-9 所示。

3）溢水管：水箱溢水管(溢流管)可从底部或侧壁接出去。其管径宜比进水管大1～2号，但在水箱底1m以下管段可用大小头缩成等于进水管管径。溢水管上不设阀门。

4）泄水管：水箱泄水管应从底部最低处接出。泄水管上设内螺纹或法兰闸阀。泄水管可同溢水管连通，但不能与排水系统直接连接。泄水管管径如无特殊要求，一般不小于50mm。

5）通气管：供生活饮用水的水箱应设密封箱盖，箱盖上应设检修人孔和通气管。其管可伸至室内或室外，管口朝下。通气管上不设阀门。并不得与排水通气系统和通风道相连。其管径不小于50mm。

6）液位计：玻璃液位计通常安装在水箱侧壁，用来指示水位。一个液位计长度不够时，可上下安两个或多个。其重叠部分不少于70mm，如图6-10所示。

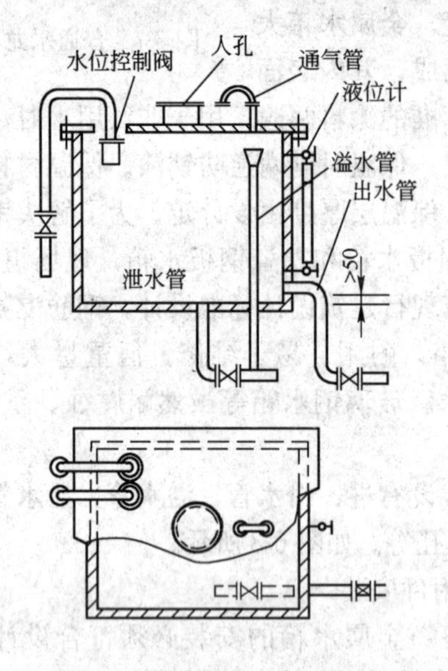

图6-9　生活和消防合用水箱

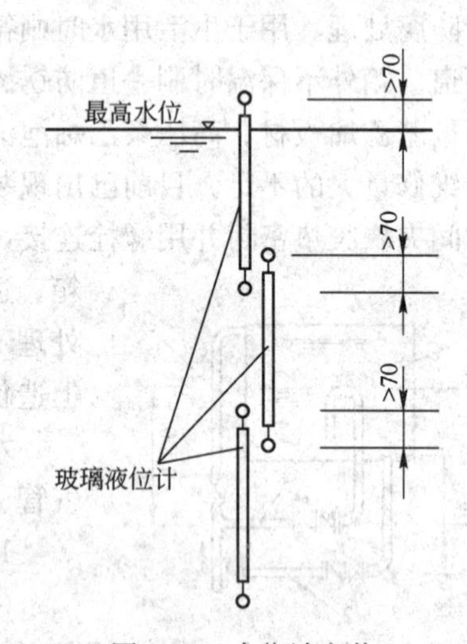

图6-10　水位计安装

(3) 水箱满水试验：水箱组装完后，要进行满水试验。此时关闭出水管和泄水管，打开进水管，边放水边检查，直至放满，经过2～3h，不渗水方为合格。

2. 水箱布置

水箱间的位置应便于管道布置，尽可能缩短管线长度。此外还应考虑通风、采光等效果，室内最低气温不低于5℃。水箱布置间距见表6-3。大型公共建筑和高层建筑，可考虑将水箱分为两格或设两个水箱。

水箱布置间距(m)　　表6-3

形　式	箱外壁至墙面的距离		水箱之间的距离	箱顶至建筑最低点的距离
	有阀一侧	无阀一侧		
圆　形	0.8	0.5	0.7	0.6
矩　形	1.0	0.7	0.7	0.6

注：1. 水箱旁连接管道时，表中所规定的距离应从管道外表面算起；

2. 表中有阀或无阀指有无液压水位控制阀或浮球阀。

(七）室内消防管道安装

室内消防给水管道的安装，通常采用普通消防系统、自动喷洒和消防水幕系统。

1. 普通消防系统

室内普通消防系统主要由以下几部分组成：

(1) 消防给水管道：对于使用消火栓灭火的低层住宅建筑(9层以内)，高度不超过24m的其他民用建筑以及建筑高度超过24m的单层公共建筑。室内消防给水管道通常分为无加压泵、无水箱的室内消火栓给水系统，如图6-11所示。设有水箱的室内消火栓给水系统，如图6-12所示。设加压泵和水箱的室内消火栓给水系统，如图6-13所示。前者适合于室外给水管网布置为环状，且室外给水管道的压力和流量能够确保室内最不利点消火栓的设计水压和设计流量要求(或室外为高压消防给水系统)时使用。后者适合于室外消防给水管道经常性不能保证室内消防给水系统的用水量以及水压要求时采用。而图6-12则适合室外给水管道昼夜内间断性满足室内消防、生产、生活用水要求。

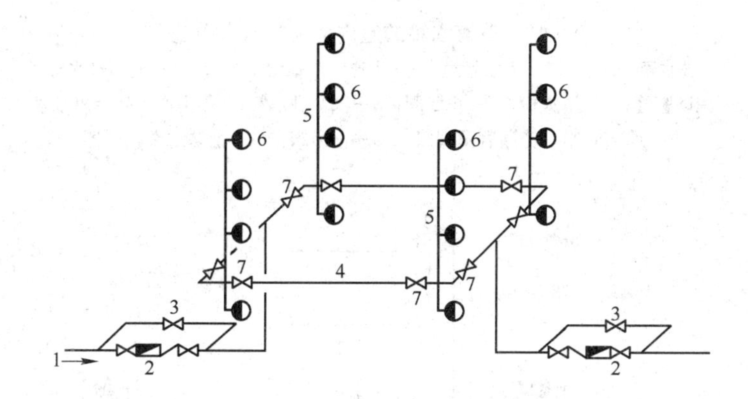

图6-11　无加压泵、无水箱室内消火栓给水系统

1—来自室外管道的水源；2—水表；3—水表旁通管及其上阀门；
4—输水管；5—竖管；6—室内消火栓；7—消防阀门

(2) 室内消火栓安装：室内消火栓由水枪、水龙带、消火栓、消火栓箱和挂架等组成。水枪可直接灭火，通常采用铝合金或塑料制成。水枪为直流渐缩形，水流由较细一端喷嘴喷出，喷水口径有13mm、16mm、19mm三种。另一端与水龙带承插旋转内扣式连接，口径有50mm和65mm两种。水龙带为帆布或苎麻制成，其长度一般有15m、20m、25m、30m几种。口径与水枪进水端相匹配，有50mm和65mm两种。水龙带一端与水枪相连，另一端与消火栓的出水口相连。消火栓一端与消防管道接出的支管相连，出水口与水龙带承插旋转内扣式连接，消火栓的口径一般有50mm和65mm两种。构造如图6-14所示。

消火栓通常设在各层楼梯间、走廊、大厅的出入口等明显处。室内消火栓的栓口中心离地面高为1.2m；其出水方向，宜向下或与设置消火栓的墙面相垂直，同一楼层的消火栓间距不应超过30m。

(3) 室内消火栓箱安装：室内消火栓箱分明装和暗装(壁龛式)两种。箱体材质通常为

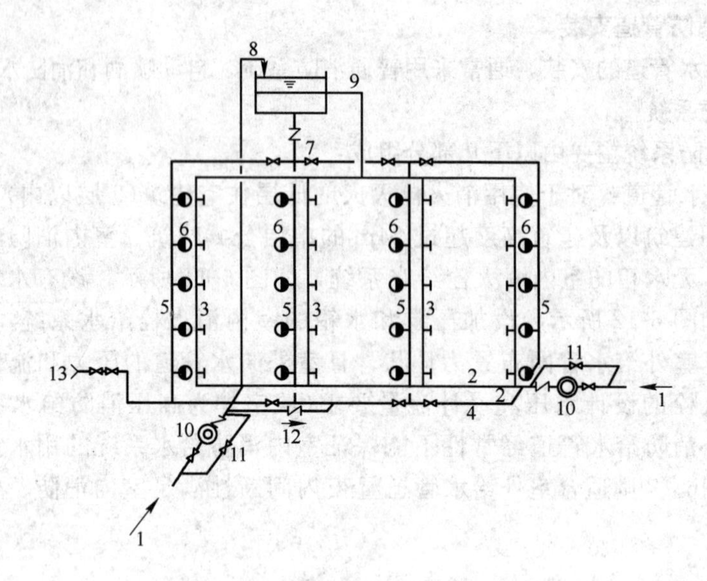

图 6-12 设有水箱的室内消火栓给水系统

1—进水管；2—生产、生活管道；3—生产、生活给水竖管；4—消防输水管；5—消防竖管；6—消火栓；7—止回阀；8—水箱进水管；9—生产、生活出水管；10—水表；11—旁通管及阀门；12—止回阀；13—消防水泵接合器

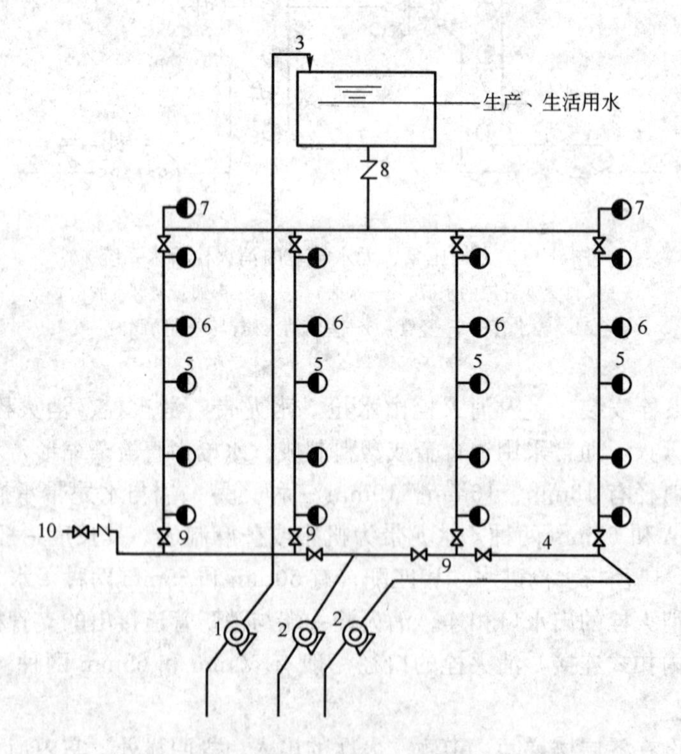

图 6-13 设加压泵和水箱的室内消火栓给水系统

1—生产、生活水泵；2—消防水泵；3—水箱进水管；4—消防管网输水管；5—消防竖管；6—消火栓；7—屋顶消火栓；8—水箱出水管止回阀；9—常开消防阀门；10—消防水泵接合器

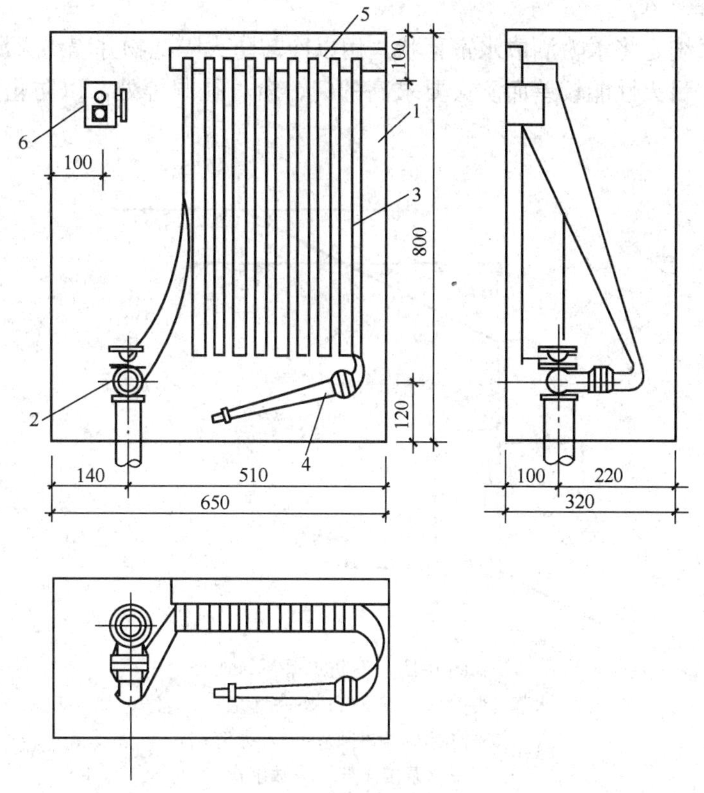

图 6-14 室内消火栓

1—消火栓箱；2—消火栓；3—水龙带；4—水枪；5—挂架；6—信号按钮

金属板制成，门为铝合金框玻璃门。消防水管由箱体下方进入箱内，与消火栓相连。箱体的安装亦可按其居墙体位置分为外凸式、半凸式和内凹式三种。此外，一些消火栓箱内设有一个信号按钮，当发生火灾时打开消防箱箱门，按动按钮，信号可通过导线送入消防控制中心。以便启动消防泵或发出消防报警。水龙带挂在箱内的挂架上或在水龙带盘上。

2. 自动喷洒消防系统

自动喷洒消防系统装置可自动喷水灭火并发出火警信号。因闭式喷头喷水口处设有易熔金属元件封闭，一旦发生火灾，热度使分布在顶棚下面的闭式喷头的易熔锁片受热熔化；水就从喷头喷出。同时，配水立管上设置的信号阀内水力启动警铃发出报警信号。因此，该装置多用于大商场、大剧院舞台等火灾危险性较大的场所，如图 6-15 所示。

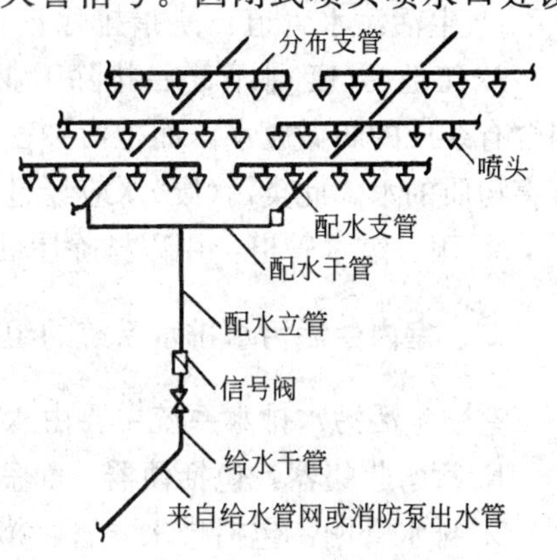

图 6-15 自动喷洒消防装置

自动喷洒消防系统如设计无要求时，充水系统可采用螺纹连接或焊接；其坡度不小于 0.002。对于吊、支架的安装位置不应影响喷头的喷水效果。吊架与喷头的距离不小于 300mm，与末端喷头的距离不大于 750mm。

3. 消防水幕系统

消防水幕系统是将水喷洒成水帘幕状，用以冷却防火隔绝物并隔绝火源，阻止火势蔓延。该系统适于耐火性能较差而防火要求高的门、窗、孔洞等处，以防止火势窜入房内。如图 6-16 所示。

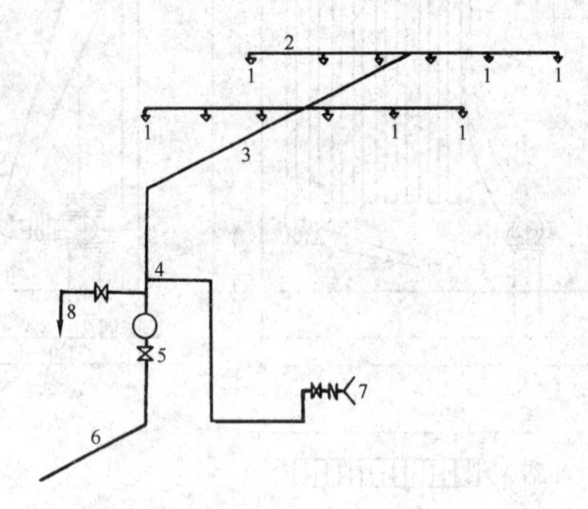

图 6-16 消防水幕系统

1—水幕喷头；2—分配支管；3—配水管；4—主管；
5—控制阀(雨淋阀)；6—供水管；
7—水泵接合器；8—放水管

主要由喷头、管网、控制设备和水源四部分组成。消防水幕系统的连接亦可采用螺纹连接或焊接。充水系统的坡度亦不小于 0.002。

第二节 室内排水工程安装

一、室内排水系统的分类

室内排水系统就其排污性质可划分为以下三类：

1. 生活污水管道：是指排除日常生活中的盥洗、洗涤污水和粪便污水的排水系统。

2. 工业污(废)水管道：排除工业生产过程中产生的污(废)水。通常把污染程度较轻，但含有杂质的叫做废水，而把污染程度较重的水称做污水，如含酸碱性物质、含重金属等有害物质的水。此类污(废)水应经过局部处理后，方可排入室外排水管网。

3. 雨、雪水管道：用以排除屋面雨水和已融化的雪水。

二、室内生活污水排水系统的组成

室内生活污水排水系统主要由六大部分组成，如图 6-17 所示。

1. 污水收集器：包括便器、面盆等用水设备；其材质多用陶瓷、搪瓷等。

2. 排水管网：包括排水立管、横管及支管等。其中排水立管的作用是将各层排水横管的污水收集并且排至排出管。通常设置在墙角明装，如有特殊要求，亦可采用管槽或管井暗装。排水横管则是指连接卫生器具排水管的水平管段。它具有一定坡度。其作用是将各排水支管的污水收集后排至排水立管。排水支管是连接卫生器具排出口至排水横管部分的管段。此外，排出管是指排水立管与室外第一座检查井之间相连接的管段。

3. 透气装置：排气管、透气管、透气帽（球）；其中排气管又称辅助通气管，透气管是设在最高层卫生器具以上且伸至屋顶以上的一段立管，如果一幢建筑物的楼层较多或在同一排水支管上卫生器具数目较多，而放水机率大时，可考虑设排气管。透气管和排气管的作用是使室内、外的排水管道同大气相通，将排水管道中的臭气和有害气体排放到大气中，同时，还可防止存水弯的水封被破坏，从而确保管道水流通畅。透气管的管顶设有一圆形（方形）铅丝球（帽），目的是防止杂质落进管内。

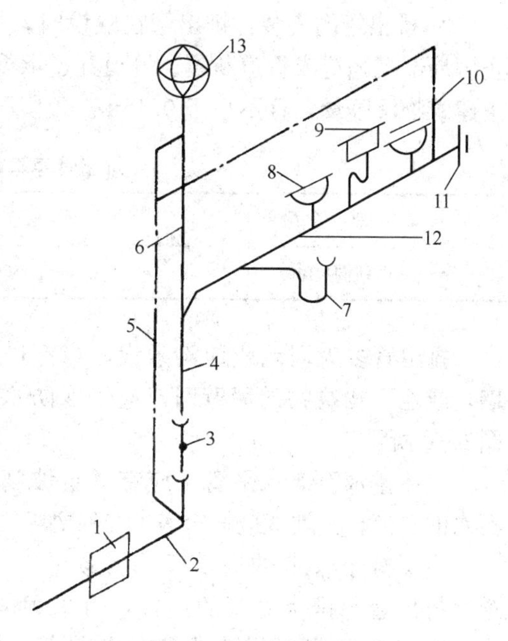

图 6-17 排水系统组成

1—检查井；2—排出管；3—检查口；4—排水立管；5—排气管；6—透气管；7—大便器；8—地漏；9—脸盆等用水设备；10—环形通气管；11—清通口；12—排水横管；13—透气帽（球）

4. 排水管网附件：存水弯、地漏等。

5. 清通装置：地面扫除口（清扫口）、检查口；这些装置是用来疏通排水管道，以保证管路畅通。

6. 检查井：检查井的作用是接收排水立管排出的污（废）水，它是用砖砌筑或预制成型的构筑物。

三、室内生活污水排水管道的安装

室内排水系统生活污水管道的管材，通常选用排水铸铁管，承插连接。接口材料，当安装排水支、横管和接出管时可采用石棉水泥接口，排水立管和透气管宜用水泥砂浆接口。当直径<50mm 的管道需安装时，可采用镀锌钢管连接，以延长其使用寿命。管道安装程序应同土建工程相互配合、协调，通常是先做地下管线，就是先安排出管，次安排水立管以及排水支管，最后安装卫生器具。

（一）排出管安装

1. 排出管的布置：排出管的布置应尽量短些，以保证污水快速排出室外。排出管上设扫除口（清扫口）至室外检查井中心的最大长度应满足表 6-4 的要求。

2. 排出管的埋设深度：室外部分可敷设在冰冻线以上 0.15m，但应考虑地面荷载引起管道的破坏，在车行道下，一般不小于 0.7m。

排水立管或排出管上的清扫口至室外检查井中心的最大长度　　表 6-4

管径（mm）	50	75	100	100 以上
最大长度（m）	10	12	15	20

3. 排出管的安装：排出管在敷设时，要注意沟槽不应超挖，从而破坏原土层，以防止因局部沉陷造成管道断裂。管道穿过承重墙或基础时，应预留洞口。管顶上部净空不小于建筑物沉陷量，且不小于0.15m。预留洞口尺寸应符合表6-5的规定。

排出管穿基础留洞尺寸(mm) **表6-5**

管　径 d	50～75	≥100
留洞尺寸	300×300	(d+300)×(d+300)

排出管多为埋地或地沟敷设，当穿过地下室外墙，或地下构筑物的墙壁时，应采取防水处理，如图6-18所示。

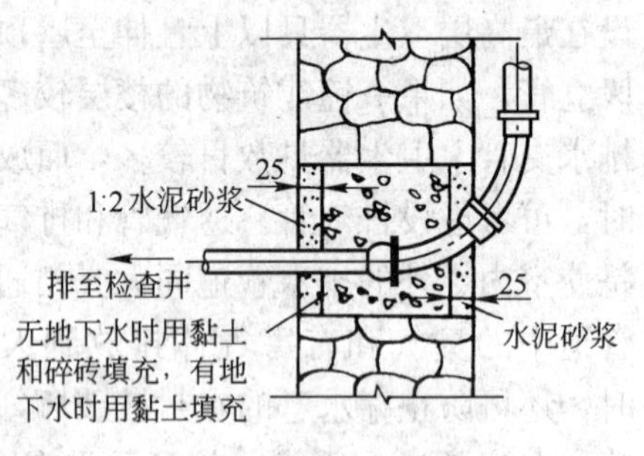

图6-18　排出管穿墙基础图

生活排水管道水平管，应有一定坡度，以实现污水的自流，其坡度应符合表6-6的要求。

为了减小管道的局部阻力并防止杂质堵塞管道，排出管与排水立管的连接，可采用两个45°弯头，如图6-18所示。排水横管与横管、横管与立管的连接，宜采用45°三通、45°四通、90°斜三通、90°斜四通，也可以采用直角顺水三通或直角顺水四通等配件。

生活污水管道的坡度 **表6-6**

管径(mm)	通用坡度	最小坡度
50	0.035	0.025
75	0.025	0.015
100	0.020	0.012
125	0.015	0.010
150	0.010	0.007
200	0.008	0.005

(二) 排水立管安装

1. 排水立管的布置：排水立管应靠近最脏、排水量最大的卫生器具，尽可能使污水流向合理、缩小排水支管的直径，及时将大量污水排出。此外从美观、安装和维修方便考虑，排水立管一般设在墙角处。

2. 排水立管的安装：排水立管安装时应设管卡，层高<4m时，可设一个，否则应设两个以上固定卡。当立管在垂直方向转弯时，必须用乙字管或2个45°弯头连接。≥10层的居住建筑，底层生活污水应单独排至室外，以防止破坏下层水封或造成底层地漏泛水。立管穿楼板应预留孔洞。其距离墙及留洞尺寸，见表6-7。

立管与墙面距离及楼板留洞尺寸(mm)　　表 6-7

管　径	50	75	100	150
管轴与墙面距离	100	110	130	150
楼板留洞尺寸	100×100	200×200		300×300

(三) 排水支管安装

1. 排水支管的布置：一般沿墙布置，底层通常埋地或地沟敷设，二层及以上通常采用架空敷设水平支管；对于有特殊要求的建筑物，可敷设在吊顶内。无论采取任何一种方式，都必须考虑维修方便。支管布置要避免穿越沉降缝、伸缩缝，以防止管道遭受破坏。

2. 排水支管的安装：当立管安装完毕，应按卫生器具的位置以及管道规定的坡度敷设排水支管。其末端与排水立管预留的三通或四通相连接。安装前，排水支管根据不同敷设方式，(埋地、暗装、明装)应进行防腐处理。对架空敷设的水平支管，其吊架间距不大于 2m。

(四) 通气管道的安装

规范 GBJ 15—88 将透气管和排气管通称为通气管。

1. 通气管道的分类与敷设

(1) 伸顶通气管：延伸排水立管至建筑屋面以上的通气管。

(2) 专用通气立管：建筑物内设有卫生设备的层数如果在 10 层及 10 层以上，或生活排水立管所承担的卫生器具排水设计流量超过规范规定的无专用通气立管的排水立管最大排水能力，应设专用通气立管，如图 6-19 所示。

(3) 环形通气管：在同一污水支管所连接的卫生器具有 4 个或 4 个以上，且污水支管长度＞12m 时，或同一污水支管所连接大便器在 6 个或 6 个以上时，应设环形通气管，如图 6-20 所示。

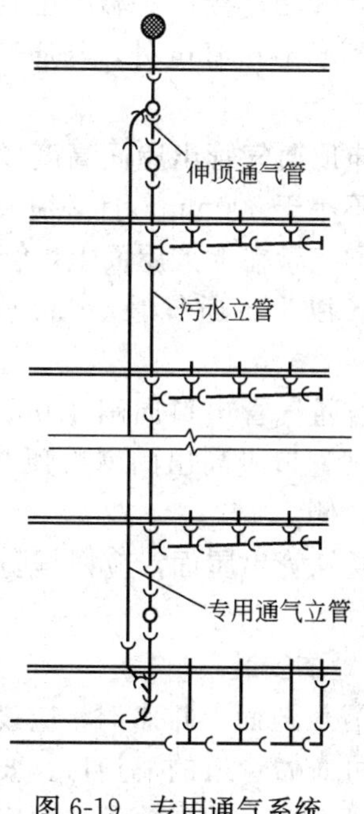

图 6-19　专用通气系统

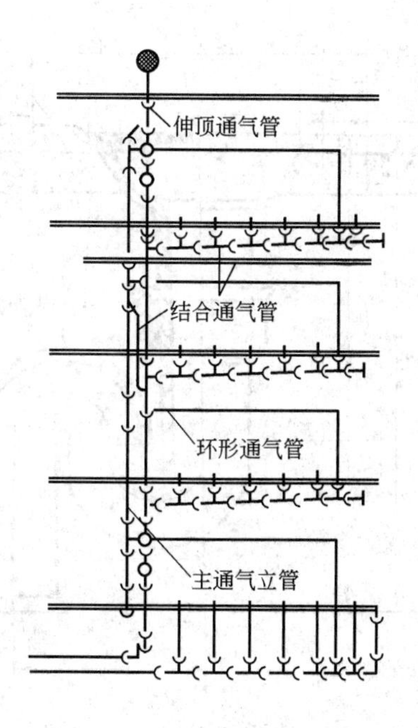

图 6-20　环形通气系统

(4) 器具通气管：在卫生、安静要求较高的建筑物内，生活污水管道宜设置器具通气管，如图 6-21 所示。

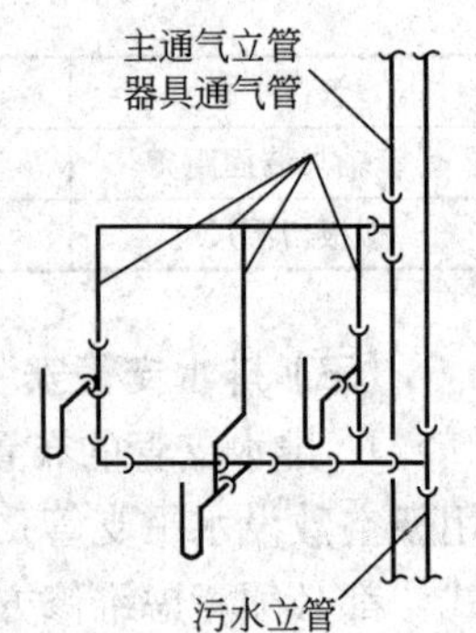

图 6-21　器具通气管系统

2. 通气管道的安装：通气管管径，一般不小于排水管管径的 1/2，其最小管径可按表 6-8 确定。

伸顶通气管管径，可与排水立管相同。但在最冷月平均气温低于－13℃的地区，应在室内平顶或吊顶下 0.3m 处，将管径放大一级。

(1) 通气管和排气管的连接

1) 器具通气管应设在存水弯出口端；环形通气管应在横支管上始端的两个卫生器具间接出，且在排水支管中心线以上与排水支管呈 90°或 45°连接。

通气管最小管径　　表 6-8

通气管名称	污水管管径(mm)					
	32	40	50	75	100	150
器具通气管	32	32	32		50	
环形通气管			32	40	50	
通气立管			40	50	75	100

2) 器具通气管、环形通气管应在卫生器具上边缘以上不小于 0.15m 处，按不小于 0.01 上升坡度与通气立管相连。

3) 专用通气立管应每隔两层，主通气立管应每隔 8～10 层设结合通气管与排水立管相连接。结合通气管下端宜在排水横支管以下与排水立管相连接；上端可在卫生器具上边缘以上不小于 0.15m 处，与通气立管用斜三通连接。

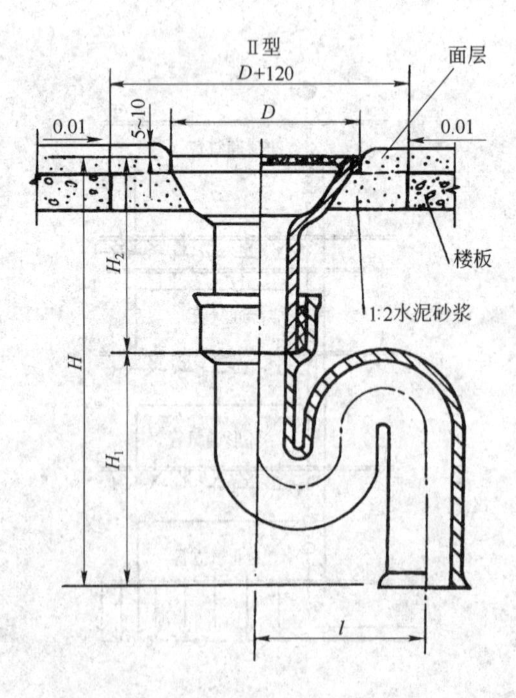

图 6-22　地漏

(2) 伸顶通气管出屋面高度：通气管出屋面高度不小于 300mm，且必须大于最大积雪厚度。通气管在上人屋面上，管口应高出屋面 2.0m 以上。通气管上口应设风帽或网罩。

(3) 当通气管出口周围 4.0m 以内有门窗时，通气管口应高出门窗口顶 0.6m 或引向无门窗一侧。

(4) 通气管出屋面，应根据防雷要求采取接地措施。

(五) 地漏安装

室内需从地面上排水时，应设地漏，同时，地漏可兼做管道的清扫口。坡向地漏的坡度不小于 0.01；地漏箅子顶面应比该处地面低 5～10mm，如图 6-22 所示，地漏规格见表 6-9。

地 漏 规 格 **表 6-9**

DN	Ⅱ 型				
	D	*H*	H_1	H_2	*l*
50	139	499	265	234	160
75	184	529	280	249	210
100	232	599	335	264	260

1. 地漏管径为 50mm 时，集水半径为 6m 左右。地漏管径为 100mm 时，集水半径为 12m 左右。

2. 地漏的设置：厕所、盥洗室内设置 3 个或 3 个以上卫生器具(不包括淋浴器)时，可设直径为 50mm 的地漏。淋浴室内地面排水时，1～2 个淋浴器设直径为 75mm 的地漏；3～4 个淋浴器可设直径为 100mm 的地漏。如采用明沟排水，地漏可小 1 号。一般不采用不符合水封要求深度(50mm)的钟罩式地漏，因地漏存水太浅，易蒸发破坏水封，可采取排水口接存水弯或其他形式的地漏。小便槽或落地式拖布池中，亦设置地漏。

3. 地漏安装时，应在楼板上预留安装孔(*D*＋120)；如果装设在地面上，应先装地漏，后做地面。

(六) 清通设备

为专供清通管道堵塞之物使用。可双向清通的维修口叫检查口(如图 6-23 所示)；仅单向清通的维修口叫清扫口。如图 6-24 所示，清扫口规格见表 6-10。

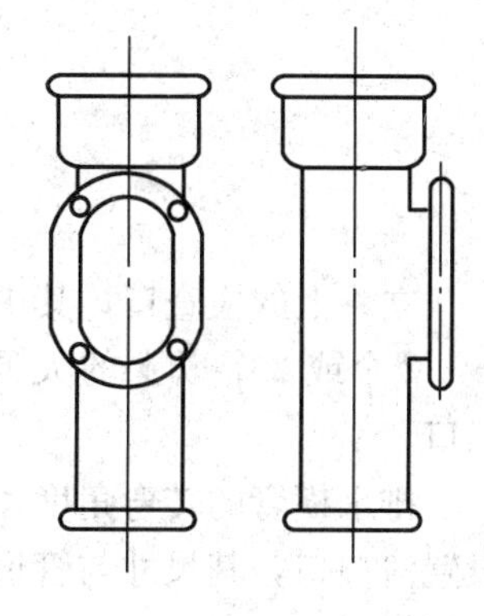

图 6-23 检查口

清 扫 口 规 格 **表 6-10**

		Ⅰ 型		
		H≥	*h*	*l*
50	60	450	248	223
75	65	480	283	244
100	70	510	314	264
125	75	540	337	266
150	75	570	371	311

1. 检查口、清扫口的布置：立管检查口每隔两层设一个。楼层的最低层和有卫生设备的最高层必须设置。若只有两层建筑，可仅在底层设置立管检查口，当立管装有乙字形弯头时，应在乙字弯头上部设检查口。检查口的位置应便于检修。

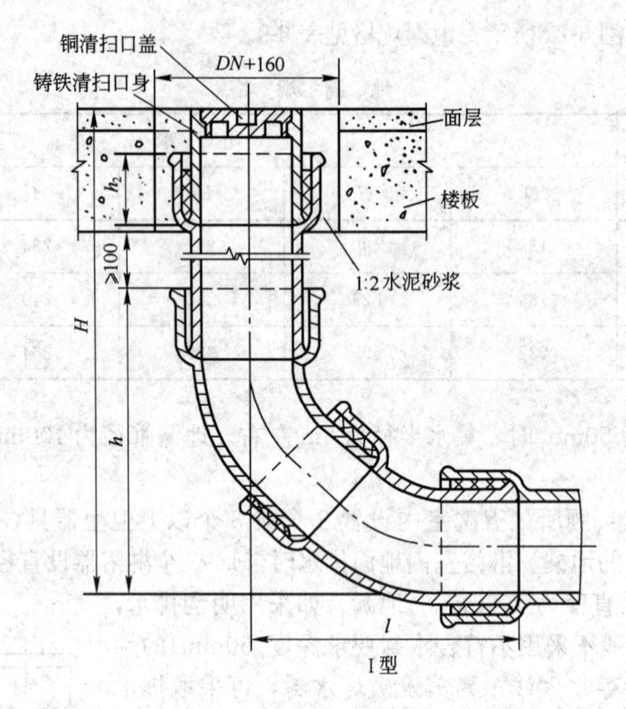

图 6-24　清扫口Ⅰ型

立管上的检查口，其中心距地面 1.0m，并应高出该卫生器具上边缘 0.15m。

2 个或 2 个以上的大便器，或 3 个及 3 个以上的卫生器具在排水横管上，应设清扫口。

排水横管的转弯角度<135°时，应设检查口或清扫口。管径<100mm 的排水管道上，设置清扫口，其尺寸与管道同径；管径等于或大于 100mm 的管道设清扫口，采用 100mm 的管径。

2. 检查口、清扫口的安装：安装检查口时，为清通方便，应将盲板向外，开口方向与墙面成 45°夹角。暗装立管的检查口处，应设检修门。

清扫口装设在楼板上，应预留安装孔（$DN+160$）如装设在地面上，应先安清扫口，后做地面。

四、卫生器具安装

（一）常用卫生器具的种类

1. 便溺用卫生器具：如大、小便器，大、小便槽等；

2. 盥洗、沐浴用卫生器具：如洗脸盆、盥洗槽、淋浴器和浴盆等；

3. 洗涤卫生器具：如洗涤盆、家具盆、化验盆、妇女卫生盆等。

（二）卫生器具的安装程序和要求

1. 卫生器具的安装要在土建单位施工时，安装工人预留洞（孔），并预埋木砖或钢板等。

2. 安装质量要正确、平直，垂直度偏差不大于 3mm。允许偏差单独器具 10mm；成排器具 5mm。

3. 安装高度应符合表 6-11 的要求。

卫生器具的安装高度 **表 6-11**

项次	卫生器具名称		卫生器具安装高度(mm)		备注
			居住和公共建筑	幼儿园	
1	污水盆(池)	架空式	800	800	至上边缘
		落地式	500	500	至上边缘
2	洗涤盆(池)		800	800	自地面至器具上边缘
3	洗脸盆和洗手盆(有塞、无塞)		800	500	
4	盥洗槽		800	500	
5	浴盆		480	—	
6	蹲式大便器	高水箱	1800	1800	自台阶面至高水箱底
		低水箱	900	900	自台阶面至低水箱底
7	坐式大便器	高水箱	1800	1800	自台阶至高水箱底
		低水箱 外露排出管式	510	—	自地面至低水箱底
		低水箱 虹吸喷射式	470	370	
8	小便器	立　式	1000	—	自地面至上边缘
		挂　式	600	450	自地面至下边缘
9	小便槽		200	150	自地面至台阶面
10	大便槽冲洗水箱		不低于 2000	—	自台阶至水箱底
11	妇女卫生盆		360	—	自地面至器具上边缘
12	化验盆		800	—	自地面至器具上边缘

4. 卫生器具的铜活装配后，要根据需要进行试水，将需要先同卫生器具连接的配件全部装好。

(三) 几种卫生器具的安装

1. 洗脸盆安装：洗脸盆一般由盆架、排水栓、链堵以及水嘴等组成，如图 6-25 所示。

(1) 先安装脸盆架，根据管道的甩口位置以及安装高度划线、定位，并用木螺钉把盆架拧紧在预埋的木砖上，墙壁是钢筋混凝土结构时，采用膨胀螺栓固定。

(2) 放置脸盆与固定的盆架上，然后安装水嘴，将冷、热水嘴加厚度为 2～3mm 胶皮垫(上、下各一片)，并用根母紧固在脸盆的边缘上。

(3) 安装排水栓：将排水栓加橡胶垫用根母紧固于脸盆的下水口上。

(4) 将角阀的入口端同预留的上水口连接，另一端配短管同脸盆水嘴连通，用锁母固定。

(5) 卸开存水弯锁母，上端套在缠麻抹好铅油的排水栓上。下端套在护口盘上，并插

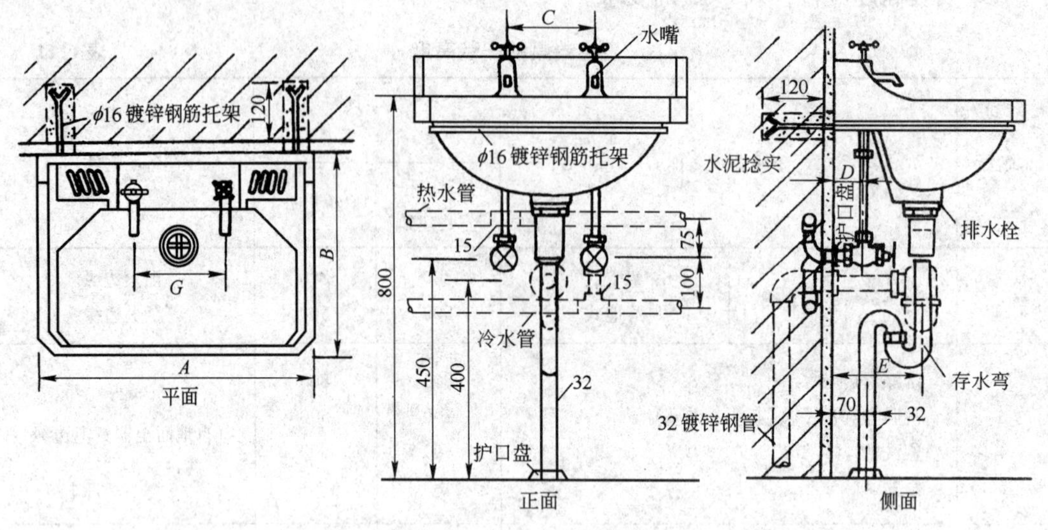

图 6-25　洗脸盆安装范围

入预留的排水管管口内，之后把存水弯锁母加垫、找正、紧固，最后将存水弯下端同预留的排水管口间的缝隙用铅油缠麻塞紧，盖好护口盘。

2. 浴盆安装：按材质不同，浴盆分铸铁搪瓷、钢板搪瓷、陶瓷、玻璃钢以及聚丙烯塑料等产品。按外形尺寸大小，浴盆有大号、小号之分。按安装形式不同，浴盆有带腿和不带腿之分。带腿时可由铸铁盆支承、砌体(外贴瓷砖或陶瓷锦砖)支承。按使用情况，浴盆可分不带淋浴器、带固定或活动淋浴器等。浴盆的外形多呈长方形，如图 6-26 所示。

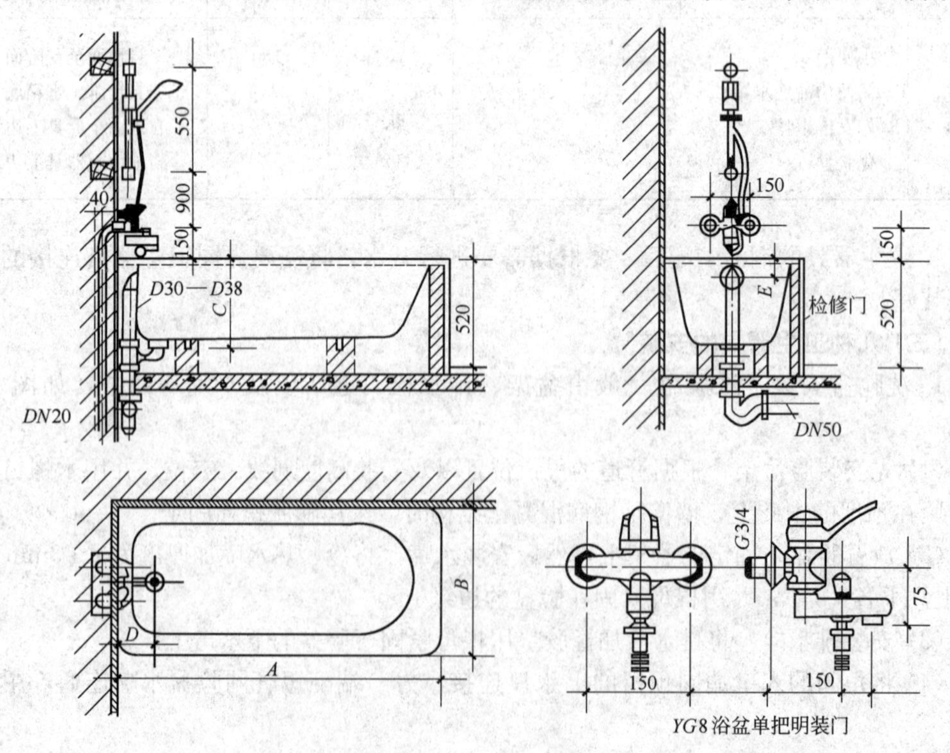

图 6-26　浴盆的安装

(1) 浴盆安装：浴盆通常安装在墙角处，盆底本身有 0.02 的坡度，坡向排水孔。安装时，将浴盆腿插在浴盆底的卧槽内靠稳，再按要求位置放正、放平，如果无腿时，可用砖砌成墩子垫平。

(2) 安装排水和溢水口，可将溢水管、弯头、三通等进行预装配，连接时注意截取所需管段的长度。

(3) 将浴盆排水栓加胶垫由盆底排水孔穿出，再加垫并用根母紧固，之后将弯头安于已紧固好的排水栓上，弯头另一端装上短管及三通。

(4) 将弯头加垫安在溢水口上，然后用一端带长丝的短管将溢水口外的弯头同排水栓外的三通相连接。

(5) 将三通另一端，接小短节后直插入存水弯内，存水弯的出口与下水道相连接。

最后安装淋浴喷头，和冷、热供水管等。给水管可明装或暗装。暗装时给水配件的连接短管上要先套上护口盘，再同墙内给水管螺纹连接，之后用油灰压紧护口盘。淋浴器喷头与混合器的锁母连接时，加胶垫；固定式喷头立管上需设管卡固定；活动式喷头应设喷头架，且用螺栓(木螺钉)固定于墙上。

3. 高水箱蹲式大便器安装：一套高水箱蹲式大便器，由高水箱、冲洗管、蹲桶及附件组成。蹲式大便器自身不带存水弯，安装时另配存水弯。如图 6-27 所示。

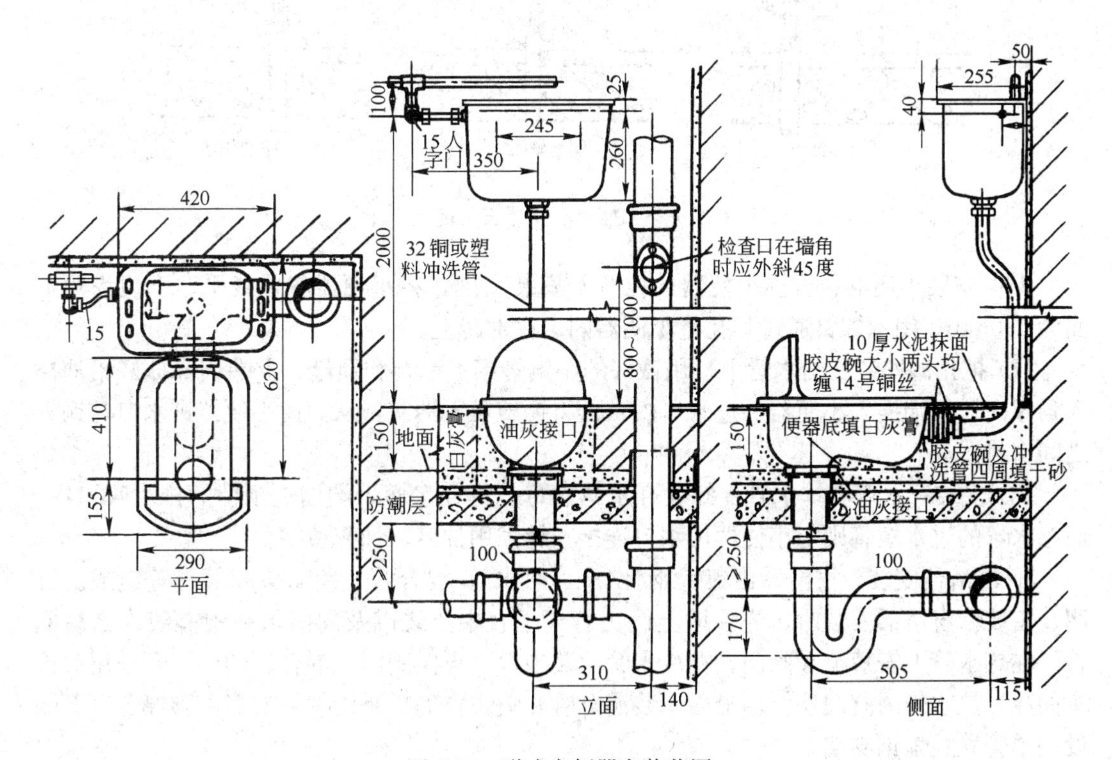

图 6-27　蹲式大便器安装范围

(1) 确定水箱位置：装配水箱附件，用木螺钉或膨胀螺栓加垫把水箱固定在墙上。装水试验，并调好浮球位置。

（2）安装大便器：将大便器就位，大便器下存水弯的承口缠油麻，然后插入大便器的排水口，用水平尺找正、找平。

（3）安装冲洗管：将冲洗管上端（已做好乙字弯），用胶皮垫与水箱底锁母紧固。下端用胶皮碗大小头同大便器进水口连通，用 14 号铜丝缠紧。

4. 挂式小便器安装：小便器分立式、挂式和角式，常见的是挂式小便器，安装如图6-28 所示。

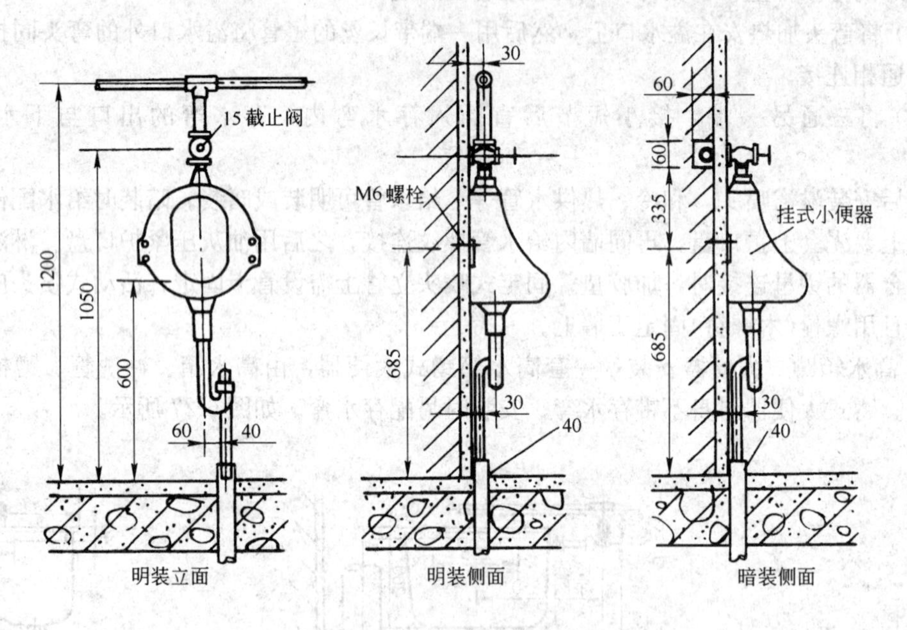

图 6-28 挂式小便器安装范围

（1）安装小便器：根据小便器的位置及安装高度，将小便器就位找平、下边缘距地面为 600mm；用木螺钉通过耳孔将小便器固定在木砖上。

（2）把角阀安装在给水管上，用截好的小铜管穿上铜碗和锁母，上端缠麻抹好铅油插入角阀内，下端插入小便器的进水口内，再将铜碗压入油灰，从而使小便器进水口与铜管之间密封。

（3）安装存水弯和排水管：卸去存水弯锁母，将存水弯下端插进预留的排水管口内。而存水弯的进水短管则与小便器出水口连接。缝隙用油麻、油灰填塞。

5. 淋浴器安装：淋浴器由镀锌钢管（冷、热水）、混合管、莲蓬头和管件等组成。分明、暗装。淋浴器安装时，先在墙上画出管子垂直中心线以及阀门水平中心线，之后配管。在热水管上安短节和阀门，在冷水管上装抱弯，再安阀门。混合管的半圆弯采用活接头同冷、热水管的阀门连接，最后安装混合管和喷头，如果是管件淋浴器，则混合管上端设一单管立式扁钢支架。

安装成品淋浴器时，将阀门下部短管丝扣缠麻后抹铅油，同预留管口相连，阀门上端混合管抱弯采用锁母同阀门紧固，之后把锁母与混合水铜管紧固于冷、热水混合处，如图 6-29 所示。

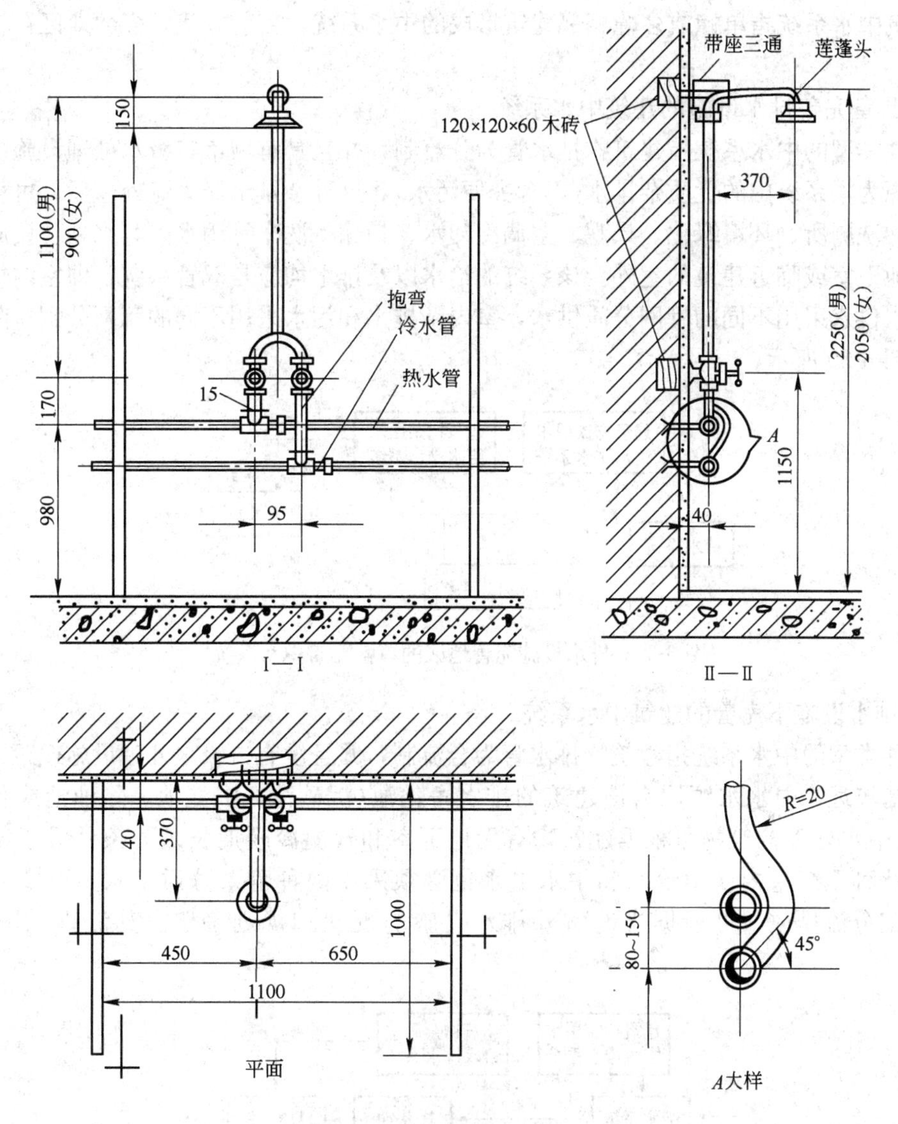

图 6-29　成品淋浴器安装范围

说明：(1)本淋浴器为成品安装；(2)单个按个体设计要求

第三节　建　筑　中　水

一、中水系统的分类

中水系统是一个巨大的系统工程，是融给水工程技术、排水工程技术、水处理工程技术和建筑环境技术为一体的综合性工程。通过诸工程有效的结合，使得各种使用功能、节水功能以及建筑环境功能达到统一。按照中水系统服务的范围，通常分为建筑中水系统、小区中水系统和城镇中水系统等三类。

(一) 建筑中水系统

建筑中水系统指单幢或多幢相邻建筑形成的中水系统，目前，我国多数地区存在着两种类型。

1. 具备完善排水设施的建筑中水系统

这种类型的中水系统指建筑物排水管为分流制，并且具有城市二级水处理设施。其中水的水源为本系统内的优质杂排水(不含粪便污水)，这种杂排水经集流处理后，可供应本建筑内冲洗厕所、环境绿化、景观、空调冷却水、扫除、洗车等用水。其水处理设施可设于建筑地下室或临近建筑的室外。该系统的给水以及排水均应是双管系统，即室内饮用给水和中水供水采用不同的管网分质供水，室内杂排水和污水采用不同的管网分别排除。其流程如图 6-30 所示。

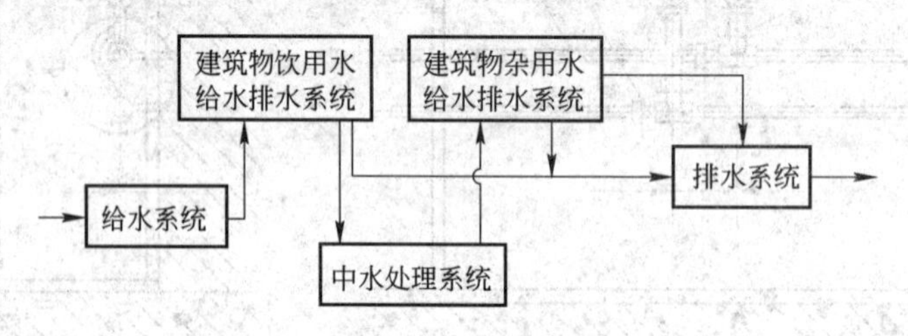

图 6-30　排水设施完善地区的单幢建筑中水系统

2. 排水设施不完善的建筑中水系统

这种类型的中水系统指建筑物排水管为合流制，并且没有二级水处理设施或距二级水处理设施较远。中水水源取自该建筑的排水净化池(沉砂池、沉淀池、除油池或化粪池等)。其中水处理构筑物可根据建筑物有无地下室和气温冷暖期长短等条件设于室内或室外。此种系统室内饮用给水和中水供水也必须采用两种管系分质供水，而室内排水则不一定分流排放，可根据当地室外排水设施的现状和规划确定。其流程如图 6-31 所示。

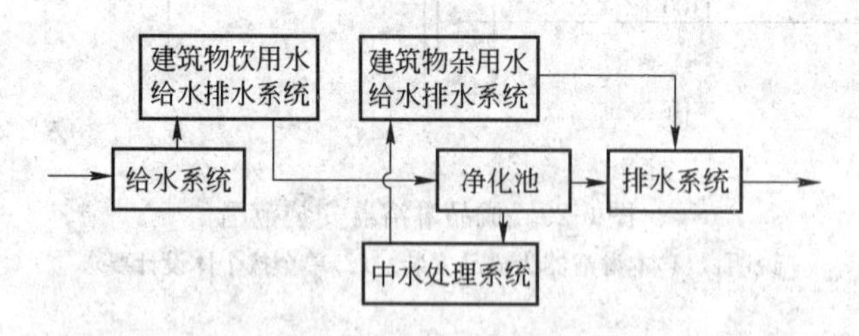

图 6-31　排水设施不完善地区的单幢建筑中水系统

(二) 小区中水系统

小区中水系统适用于城镇小区、机关大院、企业学校等建筑群。其中水水源取自建筑小区内各建筑物排放的污、废水。室内饮水给水和中水供水应采用双管系统分质供水。室内排水应与小区室外排水体制相对应，污水排放应按照生活废水和生活污水分质、分流进行排放。其系统框图如图 6-32 所示。

(三) 城镇中水系统

城镇中水系统是以城镇二级污水处理厂的出水和部分雨水作为中水水源，经过提升后送到中水处理站，处理达到生活杂用水水质标准后，供城镇杂用水使用。系统的设置不要求室内外排水系统采用分流制。但是城镇应当设置污水处理厂，城镇和室内供水管应为双管系统。其系统框图如图 6-33 所示。

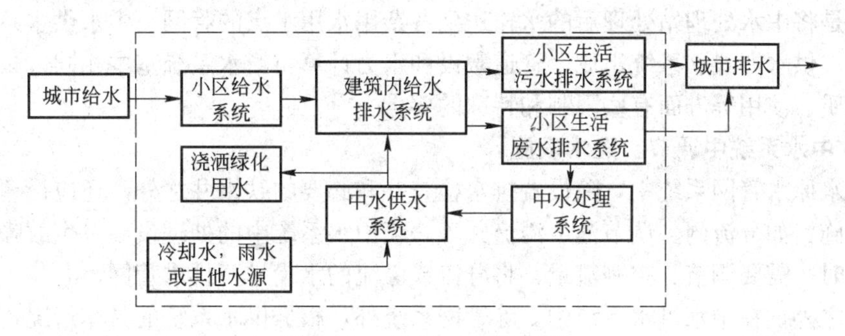

图 6-32　小区中水系统框图

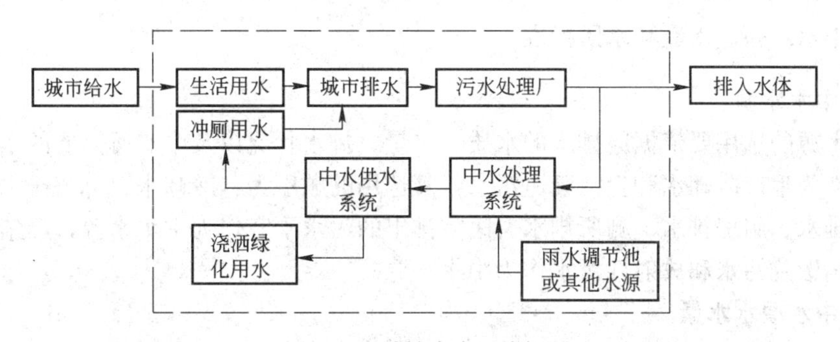

图 6-33　城镇中水系统框图

二、建筑中水系统的组成

建筑中水系统通常由中水原水系统、中水处理设施、中水管道系统、中水系统中的调节以及贮水设施等组成。

(一) 中水原水系统

中水原水系统是指收集、输送中水原水至中水处理设施的管道系统和一些附属构筑物。建筑的排水系统有污、废水分流制与合流制，而中水的原水通常采用分流制中的杂排水和优质杂排水作为中水水源。

(二) 中水处理设施

中水处理通常将处理过程划分为前处理、主要处理和后处理 3 个阶段。

1. 前处理阶段：在此阶段主要任务是截留较大的漂浮物、悬浮物和杂质，分离油脂、调整 pH 值等。其处理设施为格栅、滤网、除油池、化粪池等。

2. 主要处理阶段：在此阶段主要是去除水中的有机物、无机物等。其主要处理设施为沉淀池、混凝池、气浮池、生物接触氧化池、生物转盘等。

3. 后处理阶段：在此阶段主要针对某些中水水质要求高于杂用水时，所进行的深处理，如过滤、活性炭吸附和消毒等。其主要处理设施为过滤池、吸附池和消毒设施等。

（三）中水管道系统

中水管道系统分为中水原水集水和中水供水两大部分。中水原水集水管道系统主要是建筑排水管道系统和将原水送至中水处理设施所需要的管道系统。中水供水管道系统要单独设置，是将中水处理站处理后的水输送到各杂用水用水点的管网。中水供水系统的管网系统类型、供水方式、系统组成、管道敷设和水力计算与给水系统基本相同，只是在供水范围、水质、使用等方面有些限制和特殊的要求。

（四）中水系统中调节、贮水设施

在中水原水管网系统中，除设置排水检查井和必要的跌水井之外，还应设置控制一定流量的设施，如分流闸、调节池、溢流井等，当中水系统中的处理设施发生故障或集流量发生变化时，需要调节、控制流量，将分流或溢流的水量排至排水管网。

除此之外，在中水供水系统中，除管网系统外，根据供水系统的具体情况，还可设置中水贮水池、中水加压泵站、中水气压给水设备、中水高位水箱等设施。

三、中水水源、水量和水质标准

（一）中水水源

中水水源的选用要依据原排水的水质、水量、排水状况以及中水所需要的水质水量来确定。通常为生产冷却水和生活废、污水，其选用的顺序为：冷却水、淋浴排水、盥洗排水、洗衣排水、厨房排水、厕所排水。医院排出的污水不宜作为中水水源，严禁将工业污水、传染病医院污水和放射性污水作为中水水源。

（二）中水原水水量

中水原水是指来源于建筑的各种排水的组合。中水原水水量指建筑组合排水（如优质杂排水、杂排水、粪便污水等）水量。各地区的用水量差异较大，但各类建筑物的生活排水量，可按照给水量估算排水量（常规经验，建筑的生活污水排放量可按照该建筑给水量的80%～90%确定）外，还可根据本地区多年调查积累的资料来确定。亦可参考表6-12确定。

各类建筑物生活给水量及百分率 **表6-12**

类别	住宅		宾馆、饭店		办公楼		附注
	生活给水量 /(L·人$^{-1}$·d^{-1})	百分率（%）	生活给水量 /(L·人$^{-1}$·d^{-1})	百分率（%）	生活给水量 /(L·人$^{-1}$·d^{-1})	百分率（%）	
厕所	40～60	31～32	50～80	13～19	15～20	60～66	
厨房	30～40	21～23					
淋浴	40～60	31～32	300	71～79			盆浴及淋浴
盥洗	20～30	15	30～40	8～10	10	34～40	
总计	130～190	100	380～420	100	25～30	100	

（三）中水水质标准

1. 中水原水水质

中水原水水质可视各类建筑、各种排水的污染程度不同而有所差异，应按照当地的情况进行测定和统计，或参照表 6-13 确定。

各类建筑物各种排水污染质量浓度表　（单位：mg/L）　表 6-13

类别	住宅			宾馆、饭店			办公楼		
	BOD	COD	SS	BOD	COD	SS	BOD	COD	SS
厕所	200～260	300～360	250	250	300～360	200	300	360～480	250
厨房	500～800	900～1350	250						
淋浴	50～60	120～135	100	40～45	120～150	80			
盥洗	60～70	90～120	200	70	150～180	150	70～80	120～150	200

2. 中水水质标准

中水的水质必须在卫生方面安全可靠，无毒、无害，外观上无使人不快的感觉，并且不会引起管道设备产生结垢、腐蚀和造成维修困难等问题。目前，我国已颁布《生活杂用水水质标准》CJ 25.1—89，见表 6-14。对于用于水景、空调冷却用的中水水质应当达到相应的标准。

生活杂用水水质标准　表 6-14

项目	厕所冲洗便器、城市绿化	洗车、扫除
浊度/度	10	5
溶解度固体质量浓度/($mg \cdot L^{-1}$)	1200	1000
悬浮性固体质量浓度/($mg \cdot L^{-1}$)	10	5
色度	30	30
臭	无不快感	无不快感
pH 值	6.5～9.0	6.5～9.0
BOD/($mg \cdot L^{-1}$)	10	10
COD/($mg \cdot L^{-1}$)	50	50
氨氮(以 N 计)质量浓度/($mg \cdot L^{-1}$)	20	10
总硬度(以 $CaCO_3$ 计)/($mg \cdot L^{-1}$)	450	450
氯化物质量浓度/($mg \cdot L^{-1}$)	350	300
阴离子合成洗涤剂质量浓度/($mg \cdot L^{-1}$)	1.0	0.5
铁质量浓度/($mg \cdot L^{-1}$)	0.4	0.4
锰质量浓度/($mg \cdot L^{-1}$)	0.1	0.1
游离余氯质量浓度/($mg \cdot L^{-1}$)	管网末端水≥0.2	管网末端水<0.2
总大肠菌群/(个$\cdot L^{-1}$)	3	3

四、中水处理工艺流程

(一) 选择工艺流程的依据

中水处理工艺流程的选择，首先要了解当地缺水环境背景以及节水的技术条件；处理场地与环境条件是否适应拟选定的处理工艺流程，是否能够合理地排放处理过程中的污水及对污泥的处理；建筑环境条件是否适宜拟选的工艺流程，其生态、气味、噪声、外观是否与环境协调；当地的技术水平与管理水平是否与处理工艺相适应；投资者的投资能力以及各种流程的经济技术的比较。

其次是分析中水原水水质。分析取用的原水是分流制中的废水还是合流制中的污水，原水的污染程度等。不管是哪种原水，应当有实测的或相类似的水质资料。

三是要对中水的用途以及水质进行分析。中水的用途对水质提出了要求，还应注意中水是否与人体直接接触以及输送中水的管道、使用中水的设备对结垢与腐蚀的特殊要求，以及确定不同的深度处理措施。

(二) 常用的中水处理工艺流程

1. 当以优质排水和杂排水为中水水源时(水中有机物浓度较低，处理的目的主要是去除悬浮物和少量有机物，降低原水的色度和浊度)，可采用如图 6-34 所示的以物理化学处理为主的工艺流程或采用生物处理和物化处理相结合的工艺流程。

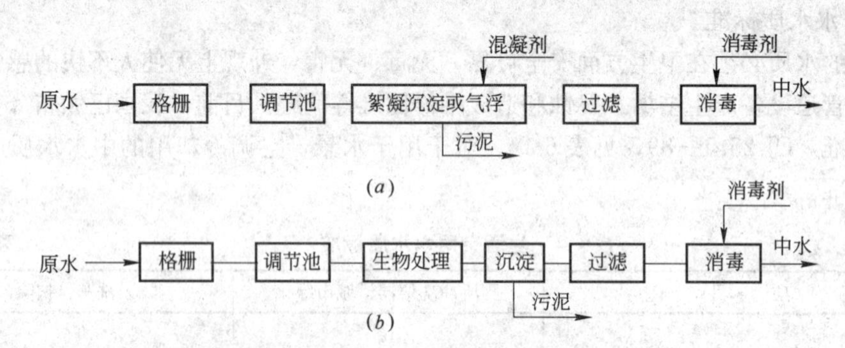

图 6-34 优质杂排水和杂排水为中水水源的水处理工艺流程

(a)物理化学处理；(b)生物处理与物理化学处理结合

2. 当以生活污水为中水水源时(水中悬浮物和有机物浓度都很高，处理的目的是同时去除悬浮物和有机物)，可采用如图 6-35 所示的二段生物处理或生物处理与物化处理相结合的工艺流程。

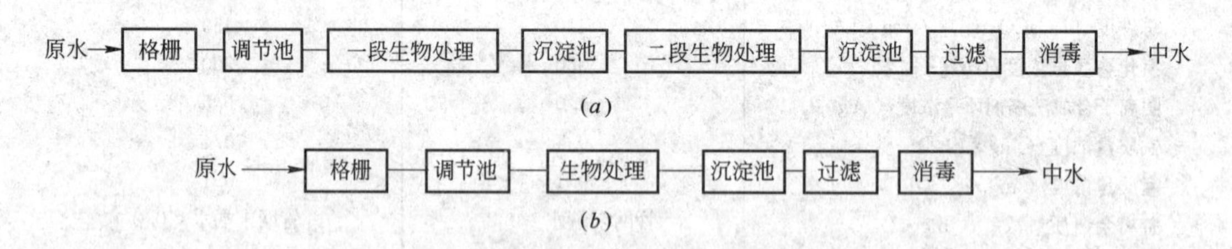

图 6-35 生活排水为中水水源的水处理工艺流程

(a)二段生物处理；(b)生物处理与物化处理结合

3. 当利用建筑小区污水处理站二级生物处理的出水作为中水水源时(处理的目的是去除残留的悬浮物，降低水的色度与浓度)，可采用如图 6-36 所示的化学处理(或三级处理)工艺流程。

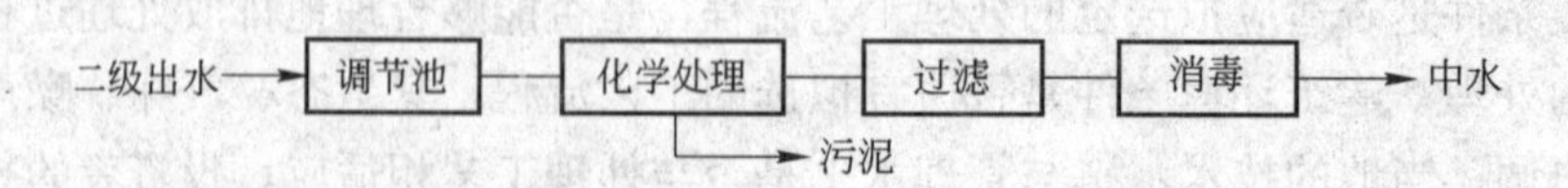

图 6-36 小区污水处理站二级生物处理出水为中水水源的水处理工艺流程

五、中水处理技术

（一）格网、格栅

格网、格栅主要是用来阻隔、去除中水原水中的粗大杂质，不使这些杂质堵塞管道或影响其他处理设备的性能。其栅条、网格按照间隙的大小分为粗、中、细3种，按照结构形式分为固定式、旋转式和活动式(活动式中又有筐式和板框式2种)。中水处理一般采用细格栅(网)或二道格栅(网)组合使用。当处理洗浴废水时还应加设毛发清除器。

（二）水量调节

水量调节是将不均匀的排水进行贮存调节，使处理设备能够连续、均匀稳定地工作。采取的措施是设置调节池。工程实践证明污水贮存停留时间最长不宜超过24h。调节池的形式可以是矩形、方形或圆形，其容积应当按照排水的变化情况、采用的处理方法和小时处理量技术确定。

（三）沉淀

沉淀的功能是使液固分离。混凝反应后产生的较大粒状絮凝物，靠重力通过沉淀去除，大量降低水中污染物。常用的有竖流式沉淀池、斜板(管)沉淀池和气浮池。原水通过格栅(网)后，如无调节池时，应设初沉池。生物处理后的二次沉淀池和物化处理的混凝沉淀池，宜采用竖流式沉淀池或斜板(管)沉淀池。

（四）生物处理

1. 接触氧化

接触氧化是在用曝气方法提供充足的氧气条件下，使污水中的有机物与附着在填料上的生物膜接触，利用微生物生命活动过程中的氧化作用，降解水中有机污染物，使水得到一定程度的净化。

2. 生物转盘

生物转盘的作用与接触氧化相同，不同之处在于生物膜附着在转盘的盘上，并且转盘时而与水接触，时而与空气接触，通过与空气的接触去获得充分的氧。中水处理中的生物转盘应采用2～3级串联式转盘。

生物处理法在国内外还有一些其他的处理形式，可参见《水处理工程》教材。

（五）过滤

过滤主要是去除水中的悬浮和胶体等细小杂质，还能起到去除细菌、病毒、臭味等作用。过滤有多种形式，中水处理通常采用密封性好的、定型制作的过滤器或无阀滤池。常用的滤料有石英砂、无烟煤、泡沫塑料、硅藻土以及纤维球等。

（六）消毒

消毒是中水使用和生产过程中安全性得到保障的重要环节。中水虽不饮用，但中水的原水是经过人的直接污染，含有大量细菌、寄生虫和病毒。虽然经过许多环节的处理，已经降低了细菌等含量，但还未达到中水水质标准。因此，中水的消毒不仅要求抑制细菌和病毒的效果好，同时还要提高中水的生产和使用过程在整个时间上的保障。常用的消毒剂有：氯、次氯酸钠、漂白粉、二氧化氯等。此外，还有臭氧消毒和紫外线消毒等方法。

六、中水处理装置

中水处理的设施可根据有关资料，参数进行设计、建造处理构筑物。如果中水处理负荷较小时，可直接选用成套处理装置，以下介绍几种中水处理装置。

（一）中水网滤设备

成品网滤器可直接装于水泵吸水管上，将经过泵而进入处理系统的水进行初滤，截流粗大固体物。其过水流量有20，100，200，300，400m^3/h等5档。网滤器进出管直径分别为100，200，250，350mm。

（二）曝气设备

在生物处理法中，均应进行曝气，曝气除选择合适的风机外，主要是选择曝气器。曝气方式有：穿孔管曝气、射流曝气和微孔曝气。曝气的服务面积通常为3～9m^2，供气量一般为0.6～1.3m^3(min·个)，适用水深2～8m。

（三）气浮处理装置

气浮池的规格有5～50t/h等8种，相应的气浮池直径为1.37～3.73m，操作平台直径为2.57～4.96m，高度为2.99～4.19m。

（四）组装式中水处理设备

组装式分为6个阶段，即初处理器(组合内容有格栅、滤网、分流、溢流、计量)、好氧处理体(调节、贮存、曝气、氧化提升)、厌氧处理体(调节、贮存、厌氧水解、曝气回流)、浮滤器(溶气、气浮、过滤)、加药器(溶药、投加、计量)、深处理器(吸附交换供水)。处理能力有10，20，30，50m^3/h等四种。

（五）接触氧化法处理装置

该装置日产水量为80，160，240，320，400，480m^3/d等6档，占地面积相应为50，80，100，120，140，180m^2，接触氧化曝气池的面积为(2×3)～(3×8)m^2等6种规格。

（六）生物转盘法处理设备

该设备中转盘直径为1.4～3.6m等8种规格，相应的转盘面积为290～8100m^2，设备占地面积为4.5～40.2m^2，设计处理能力为24～720m^3/d。

（七）接触过滤器

接触过滤器分上进下出和下进上出2种形式，其产水量有5～98m^3/h等14种规格，其直径为0.7～2.5m不等，进水允许浊度一般应＜100mg/L，正常出水浊度一般应＜5mg/L。

（八）BGW型中水处理设备

该设备处理工艺采用高效生物转盘、强化消毒、波形板反应、集泥式波形斜板沉淀、分层进水过滤和自身反冲洗技术。生物转盘直径为2.0m，其进水$BOD_5 \leqslant 250mg/L$，出水$BOD_5 \leqslant 10mg/L$，进水SS≤400mg/L，出水SS≤10mg/L。处理能力为100，200，400m^3/d 3种。

除上述装置外，还有厕所冲洗水循环处理装置、平板式超过滤器、ZS系列中水净化器、A/O系统立式污水净化槽、WHCG小型污水处理装置等。

七、中水处理站

（一）中水处理站的布置

中水处理站的位置可根据建筑的总体布局，中水原水的主要出口、中水的用水位置、环境卫生、便于隐蔽隔离和管理维修等综合因素确定，注意充分利用建筑空间，少占地面，最好有方便的、单独的道路和进出口，便于进出设备、排除污物等。对于单幢建筑的中水处理站可设在地下室或建筑附近，对于建筑群的中水处理站应靠近主要集水和用水处。尽量利用中水原水出口高程，使处理过程在重力流动下进行。处理产生的污物必须合理处置，不允许随意堆放。要考虑预留发展位置。

处理站除有安置处理设施的场所外，还应有值班室、化验室、贮藏室、维修间及必要的生活设施等附属房间。处理间必须安装通风换气设施，有保障处理工艺要求的采暖、照明和给水排水设施。

处理站的设计，应考虑工作人员的保健和安全问题，应尽量提高处理系统的机械化、自动化程度，尽量采用自动记录仪表或远距离操作；贮存消毒剂、化学药剂的房间宜与其他房间隔离开，并有直接通向室外的门。对药剂所产生的污染危害和二次危害，必须妥善处理，采取必要的安全防护措施；用氯做消毒剂产生的氢、厌氧处理产生的可燃气体等处的电气设备，均应采取防爆措施。

（二）中水处理站的隔振消声与防臭

设置在建筑地下室的中水处理站，必须与主体建筑以及相邻房间严密隔开，并做建筑隔声处理，以防止空气传声；站内设备基座均应安装减振垫，连接设备的管道均应安装减振接头和吊桥，以防止固体传声。

对于防臭，先要尽可能选择产生臭气较少的工艺以及封闭性较好的处理设备，其次是对产生臭气的设备加盖、加罩使其尽量少逸散。对于无法避免散出的臭气，可考虑集中排除稀释(排出口应高出人们活动场所 2m 以上)，或者采用燃烧法、化学法、吸附法、土壤除臭法等进行除臭。

八、中水管道系统

（一）中水原水集水管道系统

中水原水集水管道系统通常由建筑内合流或分流集水管道，室外或建筑小区集水管道、污水泵站及有压污水管道和各处理环节之间的连接管道等部分组成。

1. 建筑内集水管道系统

建筑内集水管道系统是指建筑内排水管网、支管、立管和横干管的布置与敷设，均同建筑排水设计。

(1) 建筑内合流制集水管道系统

合流制管道系统中的集水干管(收集排水横干管或排出管污水的管道)应根据处理间设置位置以及处理流程的高程要求，设计成室内集水干管，也可设计成室外集水干管。当设置为室内集水干管时，应考虑充分利用排水的水头，也就是尽可能保持较高的出流高程，便于依靠重力流向下一道处理工序。但集流干管要选择合适的位置以及设置必要的水平清通口。并在进入处理间或中水调节池之前，设置超越管，以便在出现事故时可以直接排放至小区或城市排水管网。

(2) 建筑内分流制集水管道系统

分流制管道系统要求分流顺畅，因此必须与其他专业协调，卫生间的位置和卫生器具的布置合理、协调。还应注意洗浴器具与便器最好是分侧设置，以便用单独的支管、立管排出；洗浴器具宜上下对应设置，便于接入同一立管。明装的污废水立管宜在不同墙角设置，比较美观。同时，污废水支管不宜交叉，以免横支管标高降低太多。高层公共建筑的排水系统宜采用污水、废水、通气三管组合管系。

2. 室外或小区集水管道系统

该部分管道的布置与敷设亦与相应的排水管道基本相同，最大的区别在于室外集水干管还需要将收集的原水送至室内或附近的中水处理站。因此，除需要考虑排水管布置时的一些因素以外，应根据地形、中水处理站的位置，注意使管道尽可能长度较短，通常布置在建筑物排水侧的绿地或道路下；要有利于使所集污、废水能流向中水处理站；布管时，要与给水、排水、供热、燃气、电力、通信等管网系统综合考虑。在平面上与给水管、雨水管、污水管的净距宜在0.8～1.5m以上，与其他管道的净距宜在1.0m以上。与其他管道垂直净距应在0.15m以上；还要考虑工程分期建设的安排和远期扩建的可能性。

3. 污水泵站以及有压污水管道

当地形受到限制时，集水干管的出水不能依靠重力流到中水处理站时，就必须设置污水泵将污水加压送至中水处理站。污水泵的数量由污水量(或中水处理能力)确定。污水泵站应根据当地的环境条件而设置。

污水泵出口至中水处理站起始进口之间的管道为有压污水管道。此段管道要求有一定的强度，接头必须严密，以防止泄漏，还需要一定的耐腐蚀性。

对于中水处理站内各处理环节之间的连接管道，应根据其工艺流程和处理站的布局去确定，既要满足工艺要求，又能确保运行的可靠性。

(二) 中水供水管道系统

中水供水管道系统与建筑给水供水系统基本相同。根据中水的特点值得注意的是，中水管道必须具有耐腐蚀性。因为中水中存在有余氯和多种盐类，会产生多种生物学和电化学腐蚀，一般采用塑料管、钢塑复合管和玻璃钢管比较合适。如遇到不可能采用耐腐蚀性材料的管道和设备时，可采取防腐处理，并要求表面光滑，使其易于清洗、清垢。中水用水点宜采用使中水不与人直接接触的密闭器具，此外，冲洗汽车、浇洒道路与绿地的中水出口宜用地下式给水栓。

(三) 中水系统的安全防护

使用中水，可以节约水源，缓解我国水资源严重不足的现状，颇具良好的综合效益。宜可减少环境污染、有益于环境保护。但是中水水质低于生活用水水质，并且与生活给水管道系统在建筑内共存，就目前我国现阶段大多数人对中水了解不够，故要防止误用、误饮的情况发生。为保证安全，应在中水设计、安装，运行使用全过程采取防范措施。

中水处理系统应连续、稳定地运行，不宜间断，处理量不宜时多时少，且出水水质须达到《生活杂用水水质标准》。考虑到排水水量和水质的不稳定性，在主要处理阶段前，应设置调节池。处理系统如需要连续进行，其调节容积可按照日处理量的30%～40%计算。如果需要间歇进行，调节容积为设备最大连续处理的1.2倍即可。

由于中水处理站的出水量与中水用水量不一致，为确保出现故障或检修时用水的可靠性，应在处理设施后设中水贮水池。处理系统如果是连续运行时，中水贮水池的调节容积可按照日处理水量的20%～30%集水。若必须间歇运行时，可按照连续运行处理水量与中水用水量差值的1.2倍集水。为了保证用水不中断以及水压恒定而设中水高位水箱时，水箱的容积不小于日用水量的5%。中水贮水箱宜采用玻璃钢等耐腐蚀性材料制作。

严格执行《建筑中水设计规范》规定，中水管道外部应涂成浅绿色，以便与其他管道相区别。室内中水管道在任何情况下，都必须禁止与生活饮用水管道相接。不在室内设置可供直接使用的中水龙头，以免误用。如果需要将生活饮用水管作为补充水时，该出口应高出中水水池(箱)最高水位2.5倍管径以上的空气隔离高度。中水管与排水管平行埋设时，其水平净距不小于0.5m，交叉埋设时，中水管应置于饮水管之下、排水管之上，管道净距不小于0.15m。水池、水箱、阀门、水表以及给水栓均应标注“中水”字样。

中水处理站的管理人员必须经过专门培训才能上岗，以保证水质和运行安全。

思 考 题

1. 室内给水系统分为哪几类?
2. 室内给水系统由哪几部分组成?
3. 室内给水管道是怎样布置的?
4. 室内给水管道敷设形式有几种?
5. 室内生活给水管道通常采用哪些管材?有哪些接口方式和填料?
6. 常用水表有哪几种?
7. 室内消防系统分为哪几类?
8. 室内普通消防系统由哪几部分组成?
9. 消火栓(箱)应设置在哪里?
10. 室内排水系统应分为几类?
11. 室内生活污水排水系统的组成部分有哪些?
12. 室内生活污水排水系统中透气管的设置部位?
13. 透气管和排气管的作用?
14. 通气管的分类有哪几种?
15. 清扫口、检查口、地漏、存水弯的作用及设置部位?
16. 简述水箱的构造及作用。
17. 什么是建筑中水?发展建筑中水有何意义?
18. 建筑中水系统通常由哪几部分组成?
19. 中水处理的工艺流程有哪些?
20. 中水处理过程中，通常采用哪些技术措施?
21. 布置、敷设中水原水集水管道应注意哪些问题?布置、敷设中水供水管道应注意哪些问题?
22. 如何确保建筑中水的安全使用?

第七章　室内采暖工程安装

第一节　室内采暖系统的分类及敷设形式

一、室内采暖系统的分类

按输送介质的不同，室内采暖系统主要分为热水采暖、蒸汽采暖和真空采暖三大类。

1. 热水采暖系统：按热媒参数可分为低温热水采暖系统（温度低于100℃）和高温热水采暖系统（温度高于100℃两种）。

按系统热媒循环动力分为自然循环（重力循环）和机械循环两种。

2. 蒸汽采暖系统：按所供蒸汽压力不同，蒸汽采暖系统可分为两种，即高压蒸汽采暖系统，供汽压力＞70kPa；低压蒸汽采暖系统，供汽压力≤70kPa，但高于当地大气压；

按蒸汽系统的凝结水回水动力的不同，蒸汽采暖系统可分为重力回水系统和机械回水系统。

3. 真空蒸汽采暖系统：供汽压力低于当地大气压。

二、室内采暖系统的敷设形式

（一）室内采暖系统的敷设方式

室内供暖管道多采用明敷，只是对装饰要求高或工艺上需要特殊要求的建筑物中才使用暗敷方式。对于暗敷管道不能直接靠在砌体上，避免影响伸缩或破坏结构物。

（二）室内采暖管道系统的基本图式

1. 热水采暖工程中，其系统图式按热媒在系统中流通的路程有同程式和异程式系统；按管道系统敷设位置可分为垂直式和水平式系统；按每组立管的根数可分为单管和双管系统；按干管设置位置可分为上供下回、上供上回、下供下回和下供上回系统；按管道与散热器的连接方式可分为串联式、并联式和跨越式系统等图式。详见本教材安装识图第三章第一节内容。

2. 室内低压蒸汽采暖工程中，常见的图式有双管上供下回式系统；双管下供下回式系统；双管中供式系统；单管下供下回式系统；单管上供下回式系统等形式。详见本教材安装识图第三章第一节内容。

第二节　采暖系统入口装置安装

一、采暖系统入口装置及其安装位置

室内采暖系统同室外供热管网交接处的装置称为采暖系统热力入口装置。该装置一般设在室外管网进口处的用户房间内或设于地沟内。

二、热水及蒸汽采暖系统入口装置安装

（一）热水采暖系统入口装置

1. 作用：设置热力入口是为了接通或切断热媒，及观测热媒参数，减压等作用。

2. 形式：根据外网供水参数以及用户的用水参数不同，通常可设置三种形式的热水采暖系统入口装置。即设调压截止阀的热水采暖系统入口装置、设调压板的热水采暖入口装置以及设混水器的热水采暖系统入口装置。

3. 组成：在热力入口处的供回水总管上，均应设置温度计、压力表，必要时在供水总管上安装调压板和除污器等。对于小型热水采暖系统，可只设置温度计和压力表。其主要组成部分如图 7-1 所示。

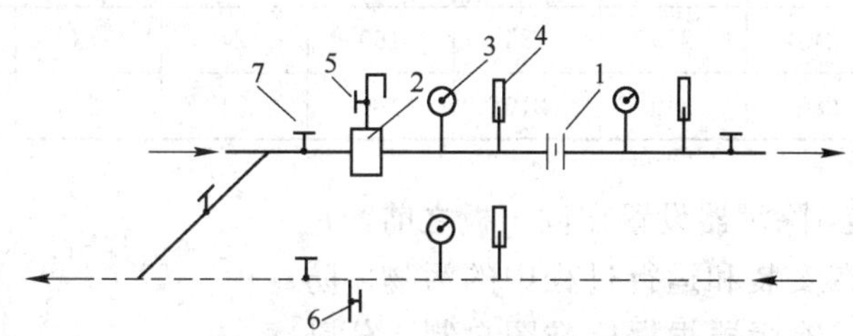

图 7-1　设调压板的热水采暖系统入口装置

1—调压板；2—除污器；3—压力表；4—温度计；5—放气阀；6—泄水阀；7—截止阀

4. 调压板和除污器安装

（1）调压板安装：热水采暖系统的调压板安装在入口供水总管上，材质可选用不锈钢或铝制品。调压板孔径 d 由设计定，法兰用钢制品，法兰配 $\delta=3$mm 厚的石棉橡胶垫圈。调压板是为了调整供水压力，安装时，要把系统冲洗净之后，方可操作。其构造如图7-2 所示，规格见表 7-1。

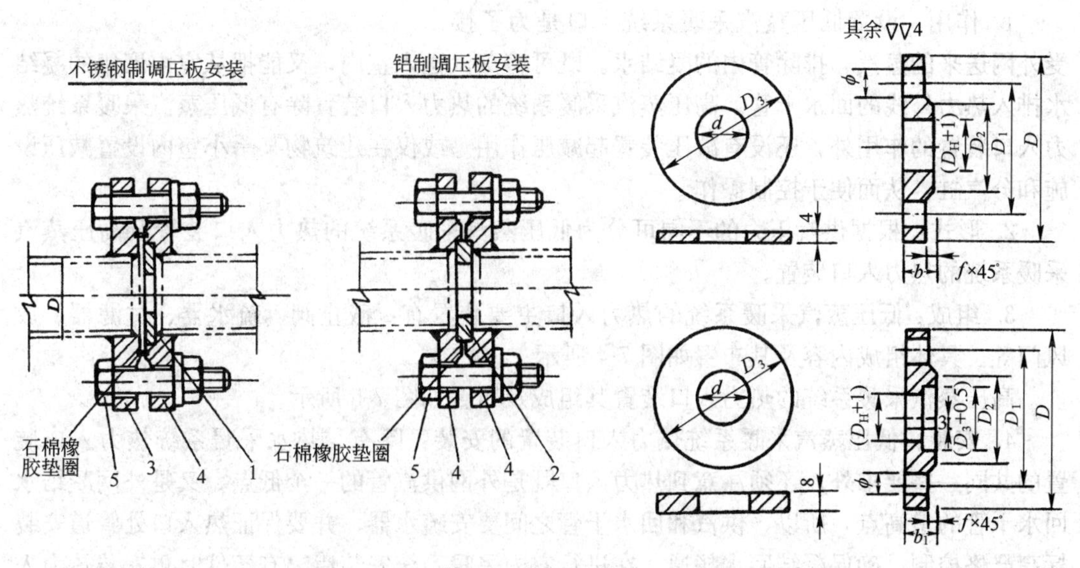

图 7-2　调压板构造

1—不锈钢制调压板；2—铝制调压板；3、4—钢制法兰；5—带帽螺栓

调压板尺寸表 表 7-1

DN	D_H	D	D_1	D_2	D_3	b	b_1	f	孔数×ϕ
25	33.5	115	85	65	45	14	18	2	4×14
32	42.25	135	100	78	55	16	20	2	4×18
40	48	145	110	85	60	18	22	3	4×18
50	60	160	125	100	75	18	22	3	4×18
65	75.5	180	145	120	90	20	24	3	4×18
80	88.5	195	160	135	105	20	24	3	4×18
100	108	215	180	155	130	22	26	3	8×18
125	133	245	210	185	160	24	28	3	8×18
150	159	280	240	210	180	24	28	3	8×23

(2) 除污器安装：除污器设置在调压板之前，是为了清除供暖管路在安装和运行过程中的污物，防止管路和设备堵塞。除污器根据标准图自制，分卧式、立式直通式以及卧式直通式三种。安装时须注意方向，上部要设排气阀，下部设排污丝堵。小型除污器用临时支架支撑，配管与除污器法兰连接，再作管道支架，待管道支架达到强度要求后再拆除临时支架；大型除污器要预先将砖砌支墩或预制混凝土垫块安放在设计的位置，再将除污器抬放在支墩上，然后连接配管。如图 7-3 所示。

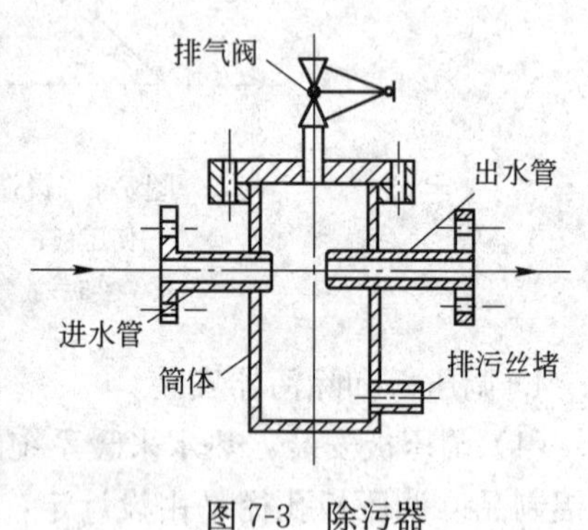

图 7-3 除污器

(二) 蒸汽采暖系统入口装置

1. 作用：设置低压蒸汽采暖系统入口是为了接受外网送来的蒸汽，排除管内的凝结水。既可将蒸汽送入室内，又能把从室内聚集的凝结水排入热力外线的回水干管。高压蒸汽采暖系统的热力入口装置除有低压蒸汽采暖系统热力入口装置的作用外，还设有减压装置起减压作用。或仅在建筑物某一小室内设置减压设施和分汽缸，从而便于控制操作。

2. 形式：根据供汽压力的不同可分为低压蒸汽采暖系统的热力入口装置及高压蒸汽采暖系统的热力入口装置。

3. 组成：低压蒸汽采暖系统的热力入口主要装置有：截止阀、疏水器、过滤器、放风门等。具体组成内容及其布置如图 7-4 所示。

高压蒸汽采暖系统的热力入口装置其组成及布置如图 7-5 所示。

4. 安装：低压蒸汽采暖系统热力入口装置的安装：除有与热水采暖系统热力入口装置的共同一些要求外，还须注意到热力入口既是外网供汽管的一个低点，又是外网凝结水回水干管的最高点，所以，供汽和回水干管之间要安疏水器，并要保证热入口处管道安装标高严格控制，确保凝结回水畅通。在进行室内采暖系统安装后，有条件时再安装热力入口装置，将入口处的管道安装到热力小室人孔外时，应停下来，装上管堵或封头，待整个

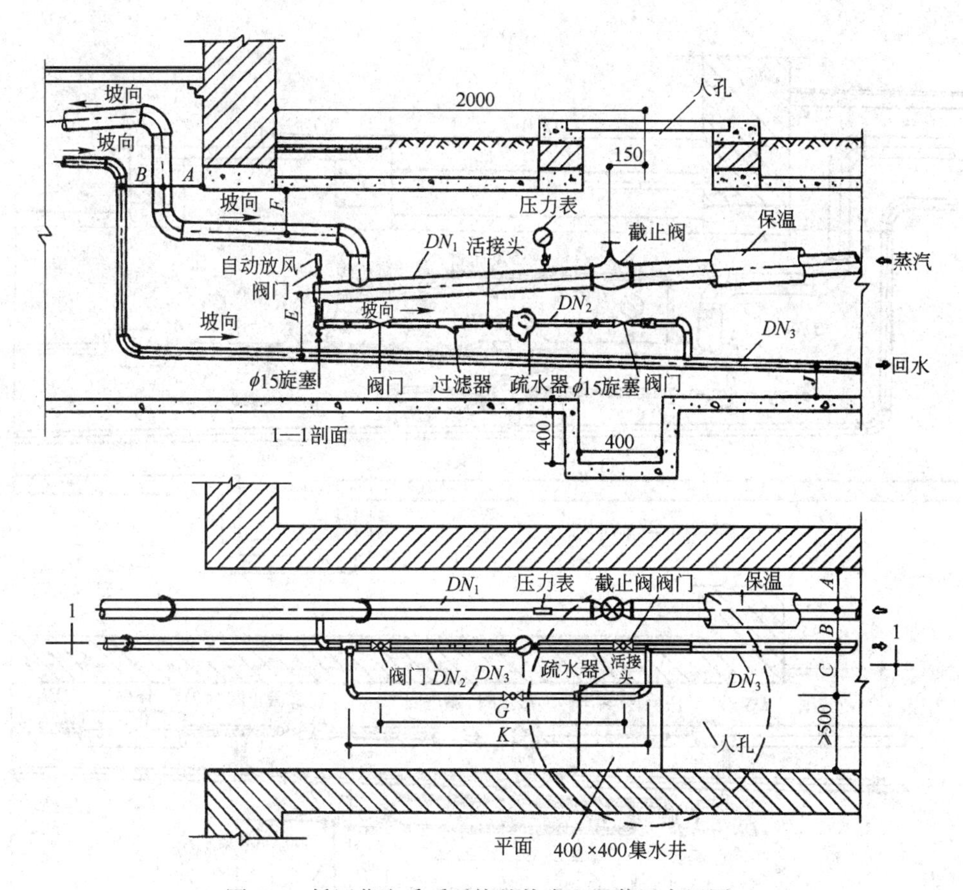

图 7-4 低压蒸汽采暖系统的热力入口装置布置图

室内采暖系统包括热力入口装置在内的水压试验和管道冲洗经合格后方可与热网供汽回水管相连，进行管道保温。

当锅炉房同时供应几个建筑物用蒸汽时，各热力入口的回水干管上应装有起切断作用的截止阀，以防止其他建筑物的回水以及所带的蒸汽进入建筑物。

高压蒸汽在通过减压阀后会降为低压蒸汽，这时体积扩大，故减压后的蒸汽管管径应比高压段管径大。此外，为防止减压阀失灵而发生事故，在低压蒸汽管道上必须安装安全阀。安全阀应在安装前送往有资格对其检测鉴定的单位，按设计给定的低压段工作压力加0.02MPa进行调整和检验，并提供有效的鉴定报告。经检验合格的安全阀要加锁或铅封，其排气口不能正对着人孔方向，最好使排气口应接管通向安全处。

由于热力入口装置较多，设备及管道要按实际规格尺寸进行排定。如果选用的减压阀型号不同时，配管的连接方式也应不同。

高压蒸汽热力外网的凝结水量一般比低压蒸汽的凝结水量少，入口处的排水管较小，在冲洗外网时要注意不将杂质冲入此管，管网冲洗要在同热力入口相连之前进行。

（1）减压阀安装

1）减压阀的作用：减压阀是一种直接作用式调节阀。通过调节，可将进口压力减至某一需要的出口压力，并依靠介质自身的能量，使出口压力保持在一个稳定的范围。

2）减压阀的种类：减压阀种类有活塞式、薄膜式和波纹管式。以活塞式减压阀应用较

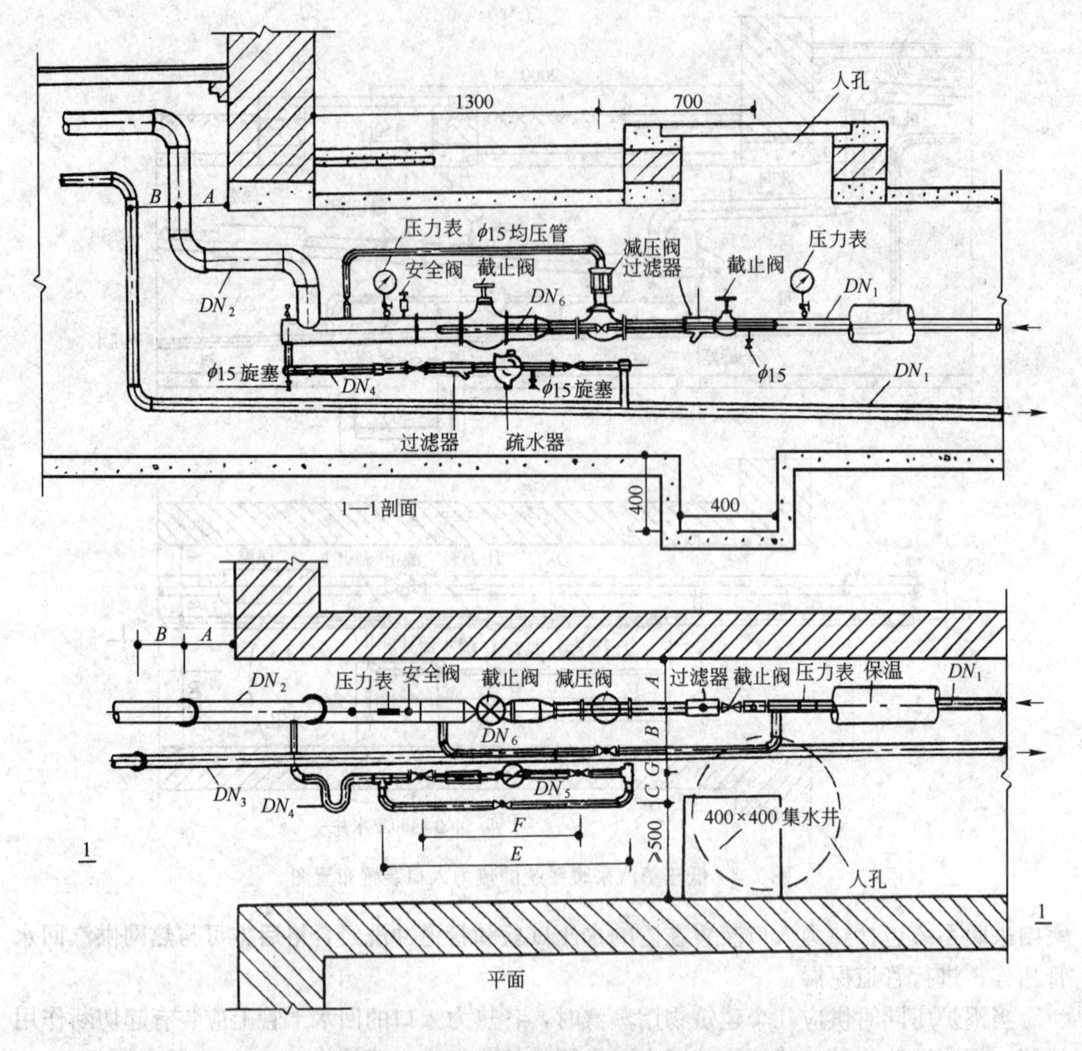

图 7-5 高压蒸汽采暖系统的热力入口装置布置图

多，适用于较高压力和温度，多用在蒸汽减压上；薄膜式减压阀虽可适于较高压力，但阀内膜片采用的是氯丁橡胶，所以只在常温下使用。可用在水、空气的减压；而波纹管式减压阀一般仅用于小口径蒸汽和空气管路上使用。活塞式减压阀构造如图 7-6 所示，其规格见表 7-2。

活塞式减压阀规格 （单位：mm） **表 7-2**

公称直径 DN	L	H	h	D	D_1	D_2	b	f	d	孔数 Z	质量(kg)
40	200	385	100	145	110	85	18	3	18	4	17
50	210	404	112	160	125	100	20	3	18	4	21

适用于公称压力 $PN \leqslant 1.0$MPa，工作温度 $t \leqslant 200$℃的蒸汽管路上。

3）活塞式减压阀工作原理：减压阀能调节压力，靠的是介质通过阀座通道时产生的节流效应，使进口压力降低到预定范围的出口压力。如活塞式减压阀当调节弹簧处于自由状态时，主阀瓣和辅阀瓣因阀前压力的作用以及主阀弹簧顶着，故处于关闭状态。如果拧动调整螺栓且顶开辅阀，介质由进口通道 a 经过辅阀通道 b 进入活塞上方，而活塞面积比主阀瓣大，因受力后朝下移动，促使主阀瓣开启，介质流向出口。同时介质经通道 c 进入薄膜下部，逐渐使压力同调节弹簧压力平衡，使阀后压力保持在一定差值范围之内。如阀后压力过高，膜下方压力大于调节弹簧压力，膜片即向上移，辅阀关小使流入活塞上方的介质减少，引起活塞及主阀上移，减小主阀瓣开启程度，出口压力随之下降。

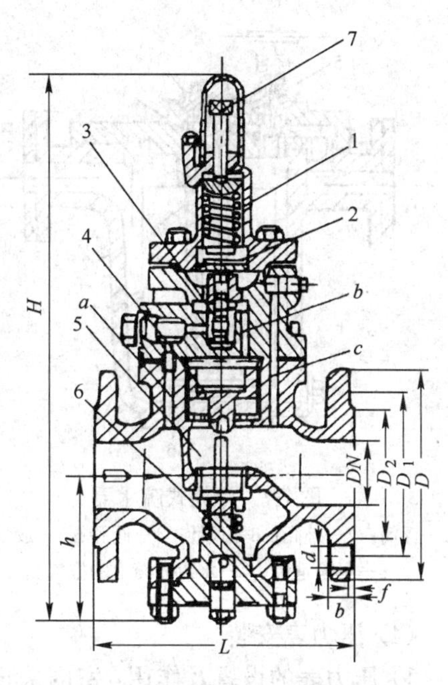

图 7-6　Y43H-10 型活塞式减压阀

1—调节弹簧；2—膜片；3—辅阀；4—活塞；5—主阀；6—主阀弹簧；7—调整螺栓

a、b、c—通道

4）减压阀安装：减压阀装置组装按设计，截止阀采用法兰连接，旁通管用弯管连接，采用焊接，可用型钢制作托架，分别设于减压阀的两边。减压阀呈垂直状，进口方向按箭头所示，安装完毕根据使用工作压力进行调试。

（2）疏水器安装

1）疏水器的作用：疏水器又称疏水阀、隔汽具，用在蒸汽管道系统。能自动排除蒸汽管路、设备以及散热器内的凝结水，并且可阻止蒸汽的排出，既可提高蒸汽汽化热的利用率，又可防止管路中发生水锤、振动等现象。

2）疏水器的种类：根据疏水器(阀)的动作原理，常用疏水器(阀)可分为三种类型。即热膨胀型(恒温型)、热力型和机械型疏水阀。恒温型疏水阀有双金属片式、波纹管式疏水阀。属于热力型的疏水阀有热动力式和脉冲式疏水阀。而机械型疏水阀根据浮子结构不同，可分为浮球式、浮筒式和钟形浮子式(倒吊桶式)疏水阀。

3）浮筒式疏水器工作原理：浮筒式疏水器的构造如图 7-7 所示。当凝结水流进疏水器外壳内，壳内水位升高时，浮筒浮起，将阀孔关闭。水继续流入，进入浮筒。当水将要充满浮筒时，浮筒下沉，阀孔打开，凝结水借蒸汽压力排入凝水管去。凝水排出一定数量后，浮筒的总重量减轻，使其再次浮起，又会将阀孔关闭。周而复始循环动作。

图 7-8 是浮筒式疏水器动作原理示意图。图 7-8(a)表示浮筒即将下沉，阀孔在关闭状态，凝水装至 90%时，浮筒的情况；图 7-8(b)表示浮筒即将上浮，阀孔处开启状态，余留在浮筒内的一部分凝结水起着水封作用，封住蒸汽逸漏通路的情况。浮筒的容积，浮筒及阀杯等的重量，阀孔直径及阀孔前后凝水的压力差决定着浮筒的正常沉浮。浮筒底附带的可换重块，可用来调节它们之间的配合关系。

4）疏水器安装：疏水器通常置于用热设备冷凝水出口之下，前方设过滤器。安装疏水器时找准进出口方向，不可将方向弄反。

（3）过滤器安装

过滤器安装在疏水器之前，过滤网的材质、规格应符合设计规定，安装时注意介质流向按照箭头所示。

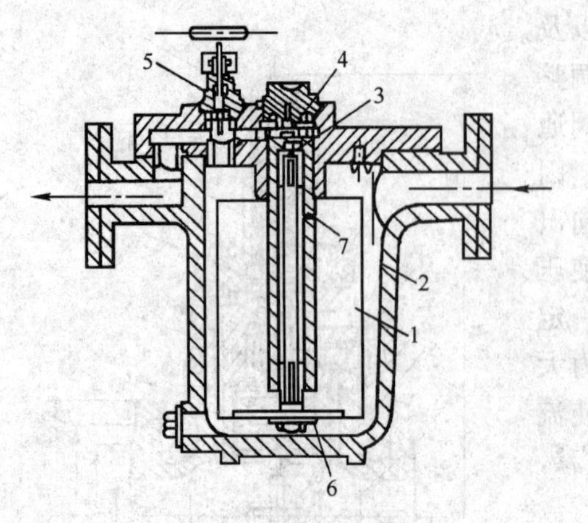

图 7-7 浮筒式疏水器

1—浮筒；2—外壳；3—顶针；4—阀孔；5—放气阀；
6—可换重块；7—水封套筒上的排气孔

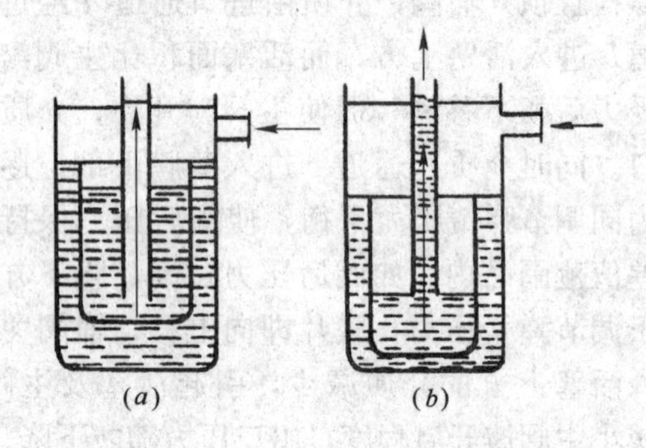

图 7-8 浮筒式疏水器的动作原理示意图

(4) 压力表安装

1) 压力表的设置及作用：室内采暖系统中一般只在热力入口处设置压力表。

热水采暖系统热力入口的供回水管上均应设有压力表，两压力表的读数差将帮助操作人员了解该建筑物采暖系统的总阻力损失，该读数差和供水管上压力表的读数将有助于整个供暖系统的热力平衡。

低压蒸汽采暖系统的供汽管上设置压力表，显示出进入建筑物的蒸汽压力大小。

高压蒸汽采暖系统供汽管上的减压阀前后设有两个压力表，减压阀前的压力表显示采暖系统外线的供汽压力，减压阀后的压力表用来帮助调节减压阀，显示减压阀后的蒸汽压力。

2) 压力表装置：室内采暖系统的压力表装置包括压力表、表旋塞和表弯管。安装位置有条件时，还应加设切断阀。如图 7-9 所示。

目前常用的压力表有弹簧管式压力表。表旋塞可按需要随时切断或开启，以保护压力

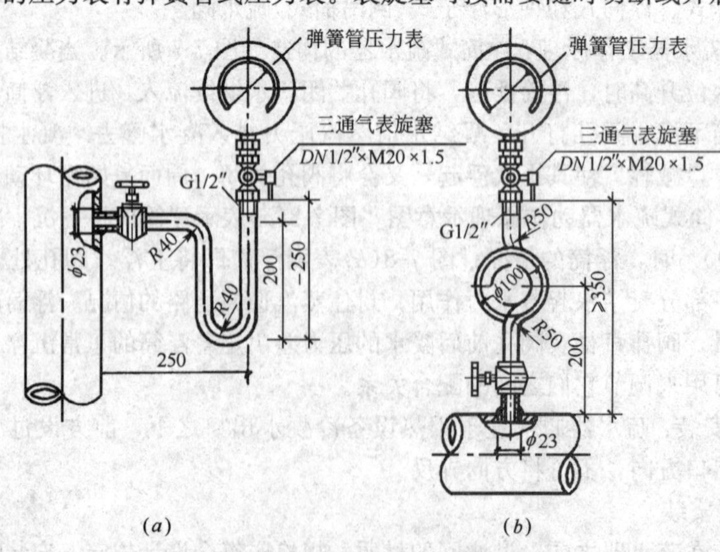

图 7-9 压力表安装图

(a)压力表在垂直管上安装；(b)压力表在水平管上安装

表或进行放水放汽冲洗；表弯管根据压力表所安装的管道位置不同有圆圈形和U形等；切断阀是压力表与采暖管道之间的阀门，一般采用截止阀。

3）压力表装置安装：

a. 在进行采暖管道安装的同时，应将切断阀装上，一般是在管道安装压力表的位置上，根据具体情况焊上管箍或装上三通，再装上切断阀。该阀参与管道试压；

b. 依次装上表弯管和表旋塞；

c. 安装经检验合格的压力表于旋塞上；

d. 全套装置共同参与采暖系统试压。

(5) 安全阀安装

1）安全阀的作用：安全阀是一种安全保护用阀。在管道和各种压力容器上，为控制压力，使其不得超过允许数值，应设置安全阀。安全阀具有一定的压力适应范围，使用中可按需要调整定压，一旦介质实际压力超过定压数值，安全阀瓣会被顶开，通过向系统外排放介质来防止压力超过规定数值。随着介质压力的降低，阀瓣在弹簧力的作用下被推回阀座、重新关闭。

2）安全阀的种类：安全阀主要有弹簧式、重锤式(即杠杆式)和先导式(即脉冲式)三种类型。重锤式安全阀是一种老式安全阀，依靠杠杆和重锤来平衡阀瓣压力；先导式安全阀是利用主阀和副阀连接在一起，通过副阀的脉冲作用驱动主阀动作，通常用于大口径安全阀。

应用最广泛的是弹簧式安全阀。根据阀瓣开启高度的不同，可分为全启式和微启式两种。全启式是指阀瓣的开启高度大于或等于阀座直径的1/4；微启式是指阀瓣的开启高度为阀座直径的1/40～1/20。全启式安全阀泄放量大，回弹力好，适用于气体和液体介质；微启式安全阀用于液体介质。

弹簧式安全阀按结构形式又分为封闭式和不封闭式。易燃易爆和有毒介质应采用封闭式安全阀；空气、蒸汽或其他一般介质可采用不封闭式安全阀。如图7-10所示就是弹簧式安全阀外形图。

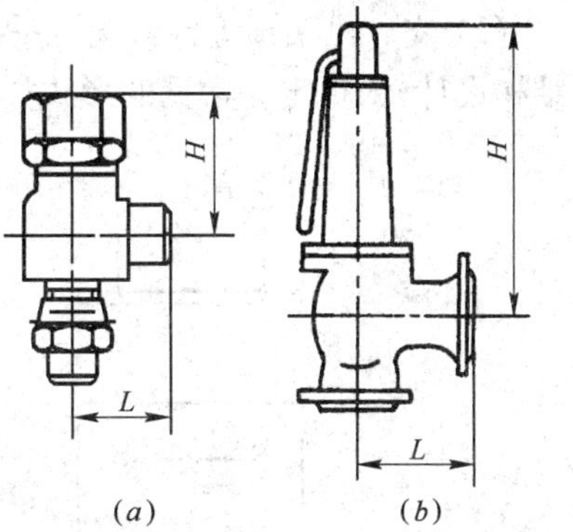

图7-10 弹簧安全阀

(*a*)外螺纹弹簧安全阀；(*b*)法兰弹簧安全阀

3）安全阀安装

高压蒸汽采暖系统热力入口处通常设置安全阀，其装设位置如图7-5所示。一般情况下，安全阀的前后不得安截止阀。如果管路介质中含有杂质，安全阀起跳后，回座不能关严时，可在安全阀前面安装截止阀，但要保持全部开启，并加铅封，截止阀可采用明杆式，以便可以从外观判断阀门是否保持开启状态。

安全阀应垂直安装，管路、容器与安全阀之间保持通畅。

第三节 采暖管道安装

一、室内采暖系统安装工艺流程

室内采暖系统安装工艺流程如图7-11所示。

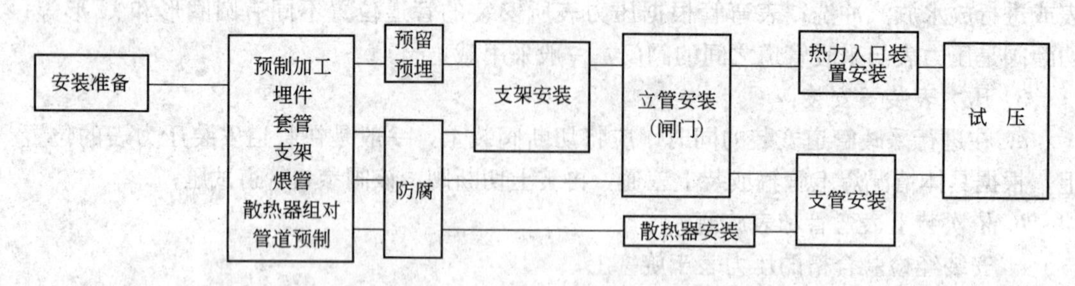

图 7-11 室内采暖系统安装工艺流程

二、蒸汽采暖管道安装

室内采暖管道系统的安装形式主要有顺序安装法和平行安装法。顺序安装法是在建筑物主体结构完成，墙面抹灰后开始安装管道，其优点是可以迅速将安装工程全面铺开。平行安装法是使管道安装与土建工程齐头并进，交叉作业，省掉预留孔洞的工序，但缺点是调配困难，容易出现停工，故多采用顺序施工法。

(一) 安装前施工准备

1. 预埋件制作

室内采暖管道敷设中经常碰到的预埋件有支、吊架的预埋件和预埋套管。

(1) 支、吊架预埋件：支、吊架预埋件是受力部件，其形式、规格及制作要求由设计(结构设计)人员定。常见的形式如图 7-12 所示。

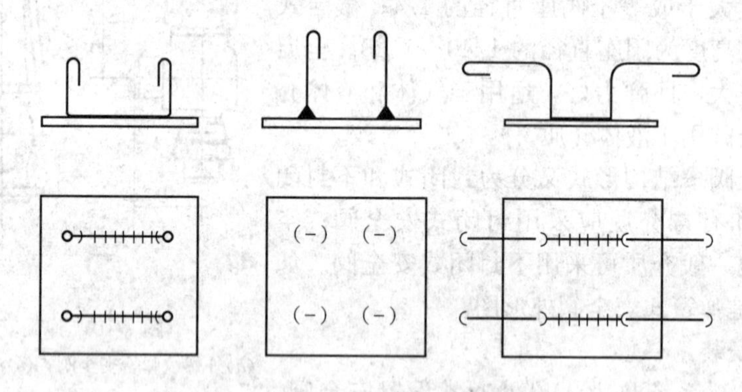

图 7-12 支、吊架预埋件

(2) 穿墙、穿基础、穿楼板套管：管道穿过建筑物基础、楼板、墙体时，应根据设计预留孔洞并埋设套管。预留孔洞的尺寸要比敷设管的管径大 2 倍左右，安装套管其作用是防止管路使用过程因热胀冷缩而拖掉墙皮，同时还可使管道移动受限制。

采暖管道的套管有三种情况：

第一种是对不保温的采暖管道过墙和过楼板处安装套管，这种套管为暖管提供冷热伸缩的可能，套管规格按比暖管大 1～2 号确定。但因为套管内径与暖管外径间隙小，预埋套管时的偏差将影响管道安装质量，故不宜采用套管预埋工艺；

第二种是对保温管道过墙和过楼板处的套管，除要保证冷热伸缩外，套管还起到保护保温层的作用。该套管的内径通常比保温外径大 50mm 以上，有利于管道安装时调整上下层管道的垂直度和做保温层；

第三种是防水套管，当采暖管穿过厨厕间、卫生间、地下室等有防水要求的地面或墙面时，为防止沿管道外皮渗漏水故设置防水套管。该套管根据其对供暖管的固定程度分为钢性防水套管和柔性防水套管，如图 7-13、图 7-14 所示。

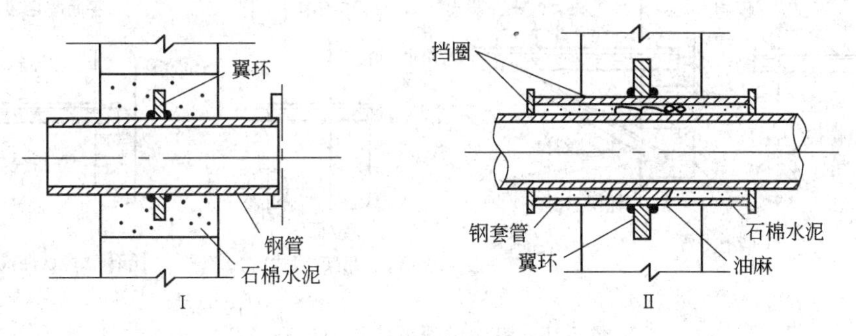

图 7-13 钢性防水套管

以上各种预埋件要随结构工程施工预埋在结构中。

2. 管道支、吊、托架预埋

采暖管道承托于支架上，预埋支架时应考虑管道设计所要求的坡度敷设。可先确定干管两端的标高，中间支架的标高可由这两点拉直线的办法确定。

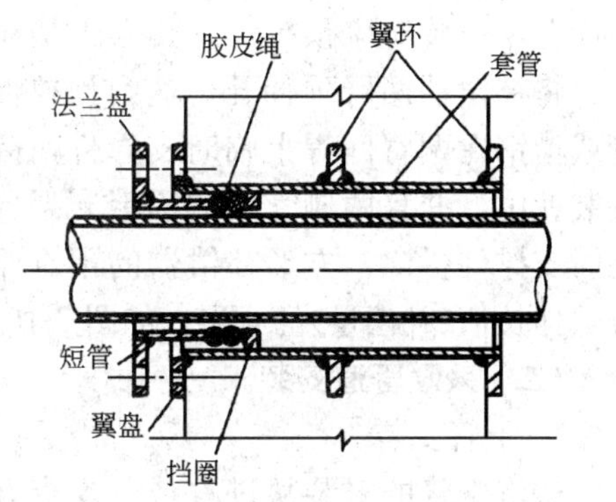

(法兰盘与翼盘用双头螺栓连接)

图 7-14 柔性防水套管

(1) 支架最大间距见表 7-3。

(2) 采暖管道支架种类：根据管道支架的作用、特点，支架可分为活动支架和固定支架。固定支架须承受较大的力，并可限制管道位移。固定支架按设计定，每两个固定支架间可设一个补偿器，以解决管道热胀冷缩的问题，固定支架之间可设若干活动支架。

钢管管道支架最大间距 **表 7-3**

管子公称直径(mm)		15	20	25	32	40	50	70	80	100	125	150	200	250	300
支架最大间距(m)	保温管	1.5	2	2	2.5	3	3	4	4	4.5	5	6	7	8	8.5
	非保温管	2.5	3	3.5	4	4.5	5	6	6	6.5	7	8	9.5	11	12

根据结构形式支架又可分为托架、吊架、管卡。托、吊架多用于水平管道。支架埋于墙内深度不少于 120mm，可固定在墙或柱上。材质用角钢和槽钢等制作。如图 7-15 所示。

3. 弯管、补偿器等加工

安装管路前应制作好所用弯管，室内采暖工程中常用弯管有 90°弯头、乙字弯(来回弯)、方形补偿器等。乙字弯是用在立管同供回水干管相连处及散热器供回水支管上。方形补偿器由四个 90°弯头组成，用来补偿管道的热胀冷缩。其材质宜用整根无缝钢管煨制，当管径＜40mm 时，可用水煤气管。补偿器的煨制在平台上进行，使四个弯头在同一

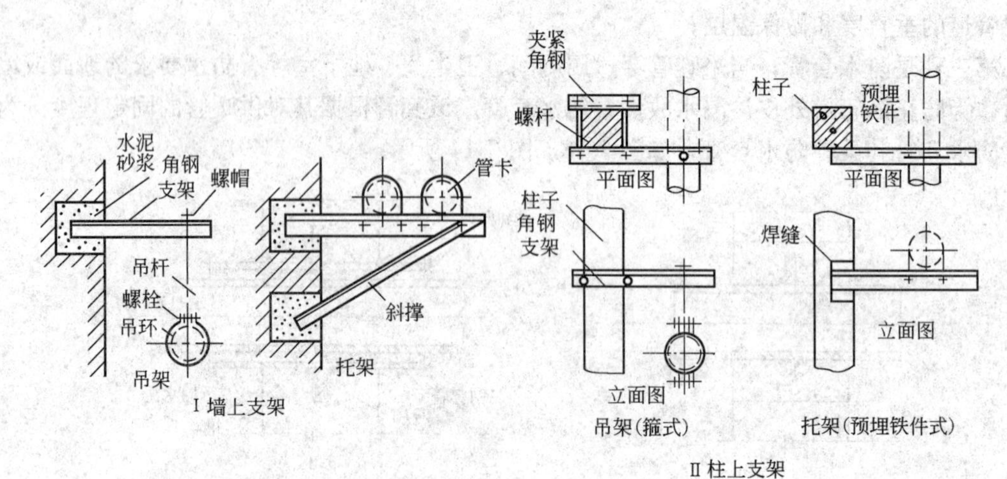

图 7-15 室内供暖系统几种支架

平面上，安装时应预拉伸。其方法是在现场用千斤顶，将补偿器两臂顶伸开，达到预拉伸量时，用钢管或槽钢在两臂间焊上临时支撑件，待方形补偿器安装就位，并且两侧管段的固定支架已焊牢，再将临时支撑件拆除。方形补偿器的预拉伸量为管段计算热伸长值(补偿量)的一半，如图 7-16 所示。

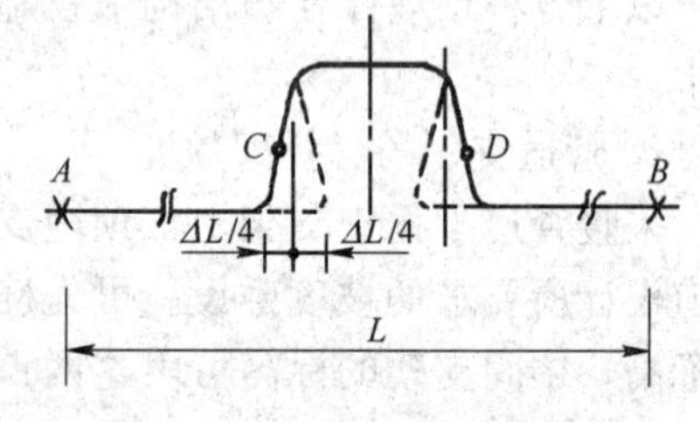

图 7-16 方形补偿器的预拉伸
L—固定支架间距；
ΔL—管长 L 时的热伸长量

(二) 采暖管道安装

1. 干管安装

供汽干管的安装从进户或分支点开始，安装时应了解干管位置、标高、管径、坡度、立管连接点。采暖图上的标高对管子而言是指管中心线的高度，其准点一般以底层室内地坪(±0.00)为零点。坡度随箭头方向不小于 0.002；汽水逆向流动的蒸汽管道，坡度不小于 0.005，且指向标高降低处。

干管连接采用焊接、法兰连接或螺纹连接。一般室内低压蒸汽采暖系统当管径>32mm，用焊接或法兰连接，管径≤32mm 时，用螺纹连接。管道变径处通常设在超过三通 200mm 处，如图 7-17 所示。

当干管与分支干管处在同一平面的水平连接时，水平分支干管可用羊角弯管从干管上接出，当分支干管同干管有安装标高差而做垂直连接时，分支干管应用弯管从干管上部或下部接出，如图 7-18 所示。

2. 立管安装

供暖立管应在各楼层地坪施工完好或挂装散热器后进行。立管安装位置由设计定。现场安装时为方便操作和维修，一般对左侧墙应不少于 150mm，对右侧墙应不少于 300mm，如图 7-19 所示。

立管位置确定后，须打通各楼层立管预留孔洞，自顶层向底层吊通线，在后墙上弹画出立管安装的垂直中心线，作为立管安装的基准线。之后在已定位弹画的立管垂直中心线上，确定立管卡的安装位置(距地面 1.5～1.8m)。

3. 散热器支管的安装

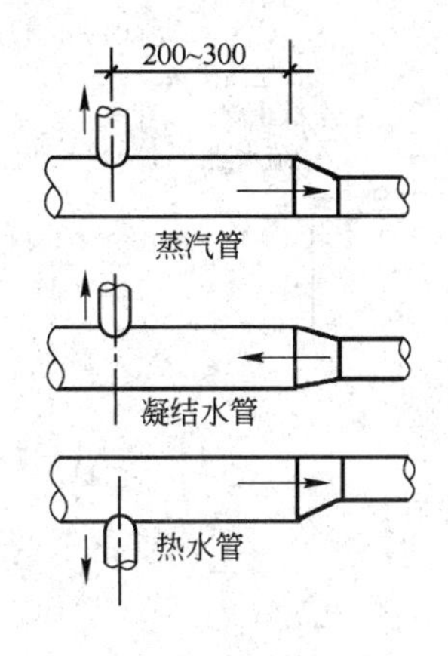

图 7-17 焊接干管的变径

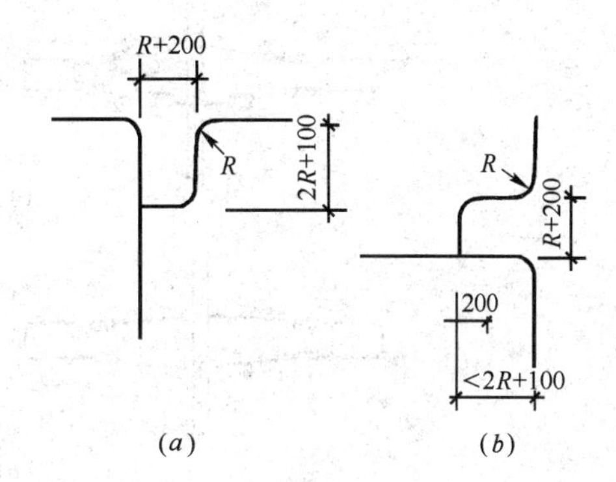

图 7-18 干管的分支
(a)干管与分支干管的水平连接;
(b)干管与分支干管的垂直连接

(1) 安装形式：散热器支管应在散热器安装且稳固、校正合格后进行。支管与散热器的安装形式有单侧、双侧连接两类；按热媒不同分热水采暖、蒸汽采暖支管；按系统形式有单管顺流、单管跨越、水平串联等支管形式，如图 7-20 所示。即为单管顺流式支管的安装形式。

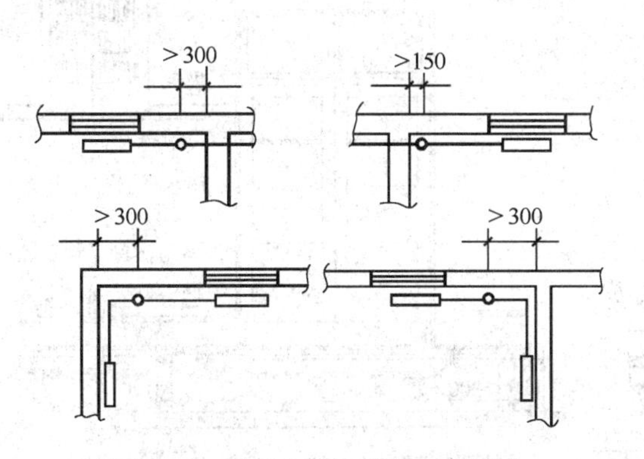

图 7-19 供暖立管安装位置的确定

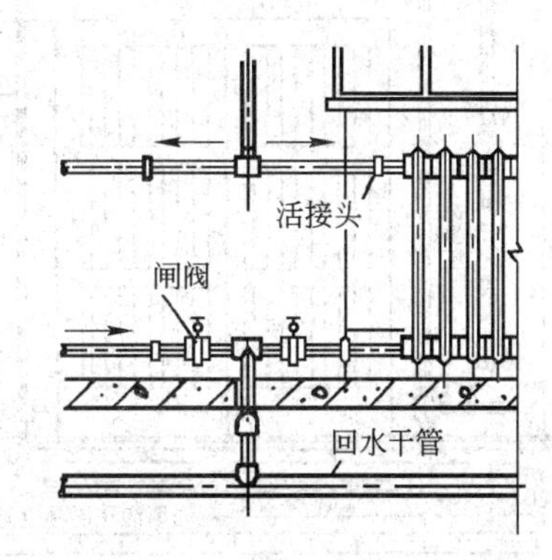

图 7-20 单管顺流式支管的安装

(2) 技术要求：散热器支管的安装应具有良好的坡度，如图 7-21 所示。

如果为单侧连接时，供、回水支管的坡降值为 5mm，双侧连接时为 10mm，蒸汽系统可按 1%的安装坡度施工。供汽(水)管、回水支管与散热器的连接均应是可拆卸连接，采暖支管与散热器连接时，对半暗装散热器，应用直管段连接，对明装和全暗装散热器，应用煨制或弯头配制的弯管连接。用弯管连接时，来回弯管中心距散热器边缘不超过 150mm。此外，散热器支管长度超过 1.5m 时，中部应加托架固定。水平串联管道可不受安装坡度限制，但不允许倒坡安装。

(3) 蒸汽采暖散热器支管安装

蒸汽采暖散热器支管的安装特点是供汽支管上装阀，回水支管上可装疏水器(回水盒)，连接形式也可分为单侧和双侧连接两种，如 7-21(a)所示。

4. 干管过门的安装

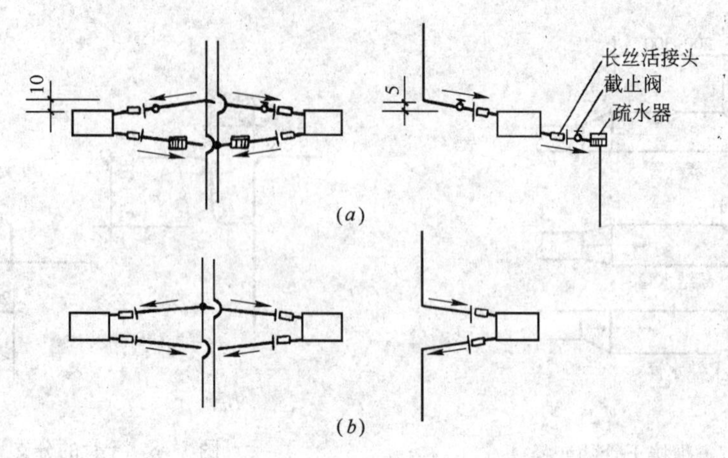

图 7-21　散热器支管安装坡度

(a)蒸汽支管；(b)热水支管

回水干管沿一层地面采取拖地安装时，常会遇到过门情况。如图 7-22(a)为蒸汽回水干管过门时的安装方法。图 7-22(b)为热水回水干管过门时的安装方法。

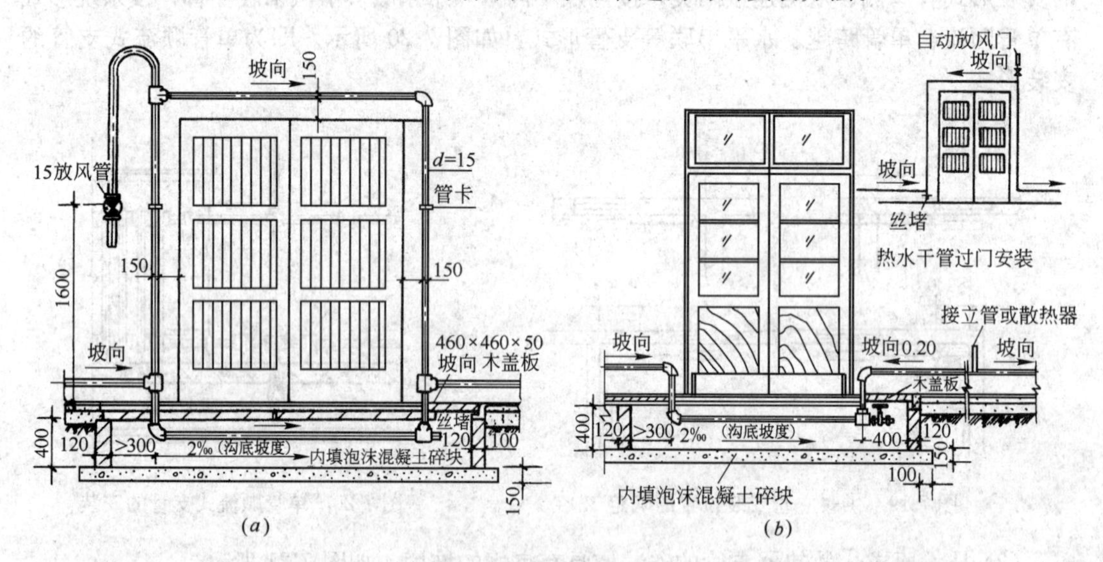

图 7-22　干管过门的安装

(a)蒸汽干管过门时的安装；(b)热水干管过门时的安装

过门地沟尺寸按照设计定，亦可采用 400×400(宽×高)的断面，长度略大于门宽。过门地沟的泄水阀一侧应设活动盖板。

三、热水采暖管道安装

1. 热水采暖管道的安装

热水采暖系统敷设形式繁多，但常见的有机械循环上供式双管热水采暖系统和机械循环下供式双管热水采暖系统。

热水采暖管道的安装同蒸汽采暖管道的安装基本相同，只是一些附属器具的设计或安装位置有所不同。

2. 热水采暖系统空气的排放

(1) 机械循环上供式双管热水采暖系统空气的排放，通常是在供水干管的末端(顶部)设置集气罐及排气阀来排除系统内的空气。

集气罐的构造形式根据国标 T 903 规定有立式和卧式两种。其接管方式有三种，如图 7-23 所示。其规格尺寸见表 7-4。

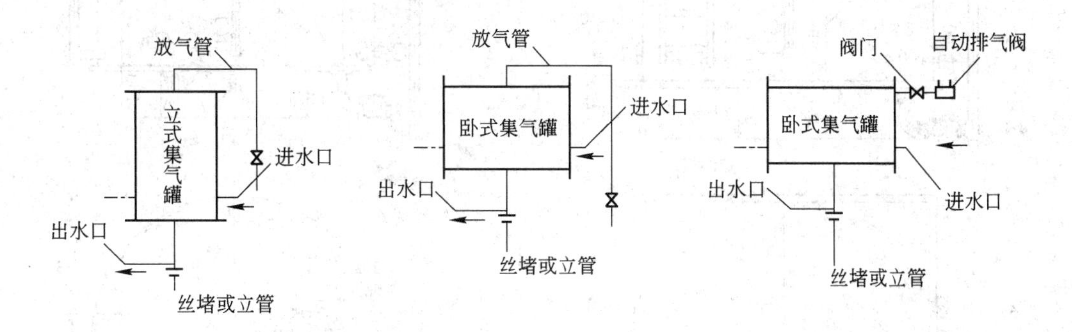

图 7-23 集气罐的接管方式

集气罐规格尺寸 **表 7-4**

规格	型号			
	1	2	3	4
D(mm)	100	150	200	250
H(L)(mm)	300	300	320	430
重量(kg)	4.39	6.95	13.76	29.29

集气罐通常采用 $\delta=4.5$mm 的钢板卷成或用 100～250mm 的钢管焊成。其直径要比连接处干管直径大一倍以上，有利于气体逸出且聚集于罐顶。为增大贮气量，进、出水管要接近罐底，罐的上部应设 ϕ15mm 的放气(风)管。放气管末端设放气阀门。分人工和自动开启两种。

(2) 膨胀水箱的安装

1) 作用：在热水采暖系统中设置膨胀水箱有调节水量、容纳水受热后膨胀的体积、稳定压力、控制水位和排除系统中的空气等作用。

2) 形式和规格：膨胀水箱的构造形式根据国标 T 905 规定有方形和圆形两种。如图 7-24、图 7-25 所示，其数量及规格选用见表 7-5、表 7-6。

3) 膨胀水箱的配管：膨胀水箱配有膨胀管、循环管、溢流管、信号管和排水管等。膨胀管通常设在接通循环水泵前的回水总管上，循环管使水箱内的水不冻结，当水箱所处环境温度在 0℃ 以上时可不设循环管。溢流管供系统内的水超过一定水位时溢流之用，它的末端接到楼房或锅炉房排水设备上。为确保系统安全运行，膨胀管、循环管、溢流管上是不准设阀门的。信号管即检查管，用于检查膨胀水箱存水否。其末端接到锅炉房内排水设备上方，并设有阀门。膨胀水箱的配管直径见表 7-7。

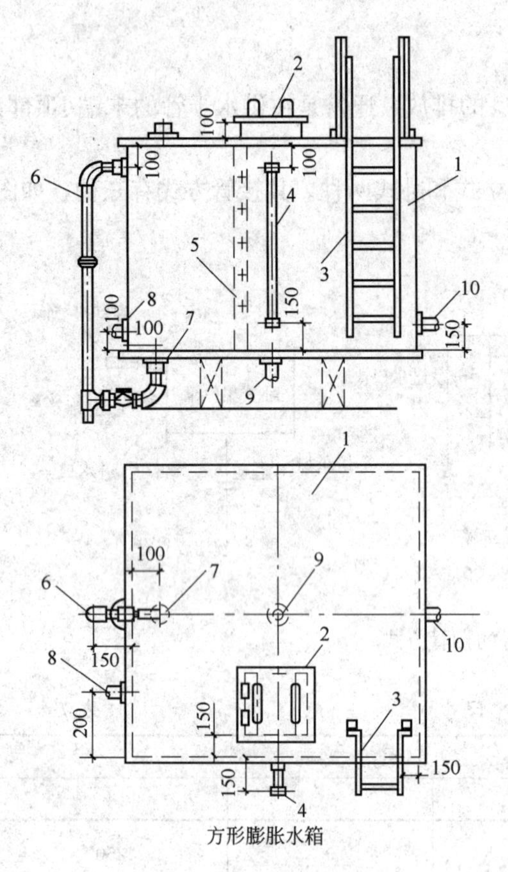

图 7-24　方形膨胀水箱

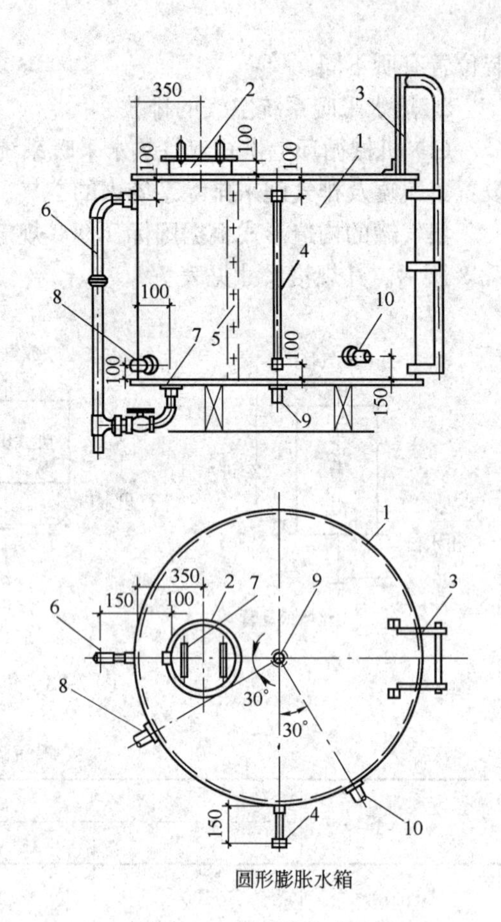

图 7-25　圆形膨胀水箱

方形膨胀水箱表　　　　**表 7-5**

编　号	名　　称	单　位	数　量	
1	箱体	个	1	
2	人孔	个	1	T905(一)－16
3	外人梯	个	1	T905(一)－14
4	玻璃管水位计	个	1	T905(一)－11
5	内人梯	个	1	T905(一)－15
6	溢水管	个	1	1～8 号：*DN*40；9～12 号：*DN*50
7	排水管	个	1	1～8 号：*DN*32；9～12 号：*DN*32
8	循环管	个	1	1～8 号：*DN*20；9～12 号：*DN*25
9	膨胀管	个	1	1～8 号：*DN*25；9～12 号：*DN*32
10	信号管	个	1	1～8 号：*DN*20；9～12 号：*DN*20

圆形膨胀水箱表 表 7-6

编 号	名 称	单 位	数 量	
1	箱体	个	1	
2	人孔	个	1	T905（一）－18
3	外人梯	个	1	T905（一）－16
4	玻璃管水位计	个	1	T905（一）－13
5	内人梯	个	1	T905（一）－17
6	溢水管	个	1	1～4 号：*DN*40；5～16 号：*DN*50
7	排水管	个	1	1～4 号：*DN*32；5～16 号：*DN*32
8	循环管	个	1	1～4 号：*DN*20；5～16 号：*DN*25
9	膨胀管	个	1	1～4 号：*DN*25；5～16 号：*DN*32
10	信号管	个	1	1～4 号：*DN*20；5～16 号：*DN*20

膨胀水箱的配管直径 表 7-7

膨胀水箱容积（L）	配管直径（mm）				
	膨胀管	溢流管	排水管	信号管	循环管
150 以下	25	32	25	20	20
150～400	25	40	25	20	20
400 以上	32～	50～	32	20～	25～

4）膨胀水箱的安装：膨胀水箱的材质可用 $\delta=3$mm 的钢板制作。箱顶人孔盖用螺栓紧固，箱下方垫枕木或角钢支架。箱内外可刷樟丹或其他防锈漆，且要进行满水试漏，箱底至少比室内采暖系统最高点高出 0.3m，或者同给水箱一道安于屋顶水箱间。其布置以及安装质量要求可参见给水箱的安装。

第四节 散 热 器 安 装

为达到室内采暖目的，需通过散热器将热水或蒸汽的热能释放到室内。

一、散热器的种类及技术性能

散热器按散热方式不同可分为对流散热器和辐射散热器；按材质不同可分为铸铁散热器、钢制散热器和铝制散热器；按其形状不同又可分为翼型、柱型、串片式、扁管式、板式、光管式等。常用的散热器有如下几种：

（一）灰铸铁长翼型散热器

灰铸铁长翼型散热器有良好的耐腐蚀性，可是承压能力较低，对≤130°C 的热水，允许工作压力不大于 0.4MPa；当介质为蒸汽时，允许工作压力不大于 0.2MPa，试验压力为 0.6MPa。其外形如图 7-26 所示。其规格尺寸有六种，见表 7-8。长翼型散热器的代号如下：

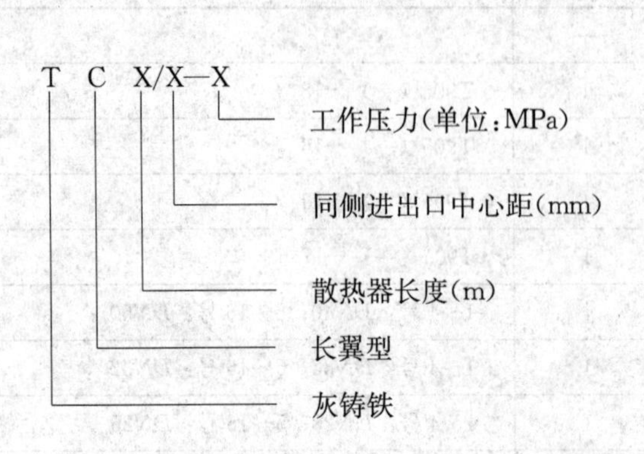

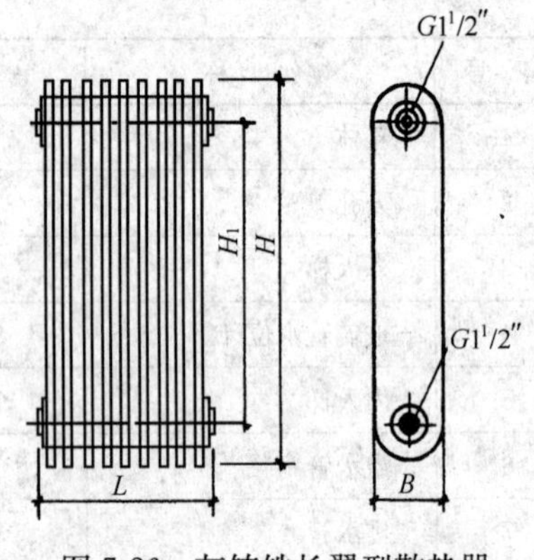

图 7-26　灰铸铁长翼型散热器

灰铸铁长翼型散热器规格表　　**表 7-8**

名　称	高度 H (mm)	上下孔距 H_1(mm)	宽度 B(mm)	长度 L(mm)	翼数	每片散热面积 (m^2)	每片容量(L)
60	600	505	115	280	14	1.175	3
60	600	505	115	200	10	0.860	5.4
46	460	365	115	240	12	—	4.9
46	460	365	115	180	9	—	3.8
38	380	285	115	300	15	1.000	4.9
38	380	285	115	240	12	0.750	3.8

(二) 灰铸铁圆翼型散热器

灰铸铁圆翼型散热器具有良好的耐腐蚀性，可是承压能力较低，允许工作压力值同长翼型散热器相同。其形状如图 7-27 所示；其长度分 $L=1000$mm 和 $L=750$mm 两种，翼型散热器的技术性能见表 7-9。圆翼型散热器的代号如下：

T Y X—X
- 工作压力(单位:MPa)
- 散热器长度(m)
- 圆翼型
- 灰铸铁

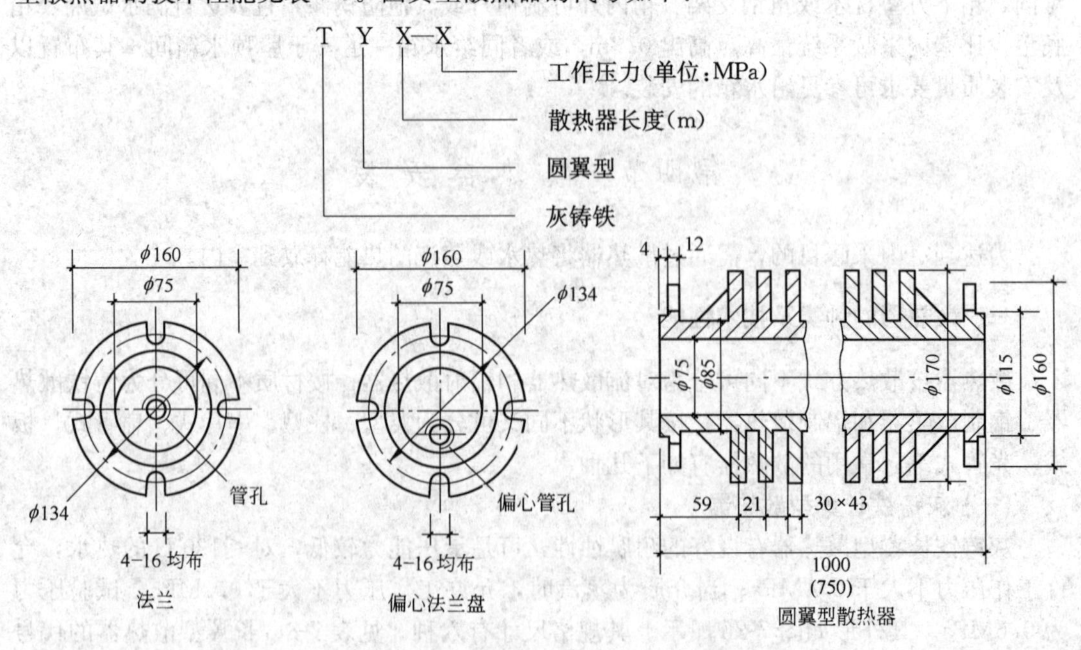

图 7-27　灰铸铁圆翼型散热器及配套法兰盘

翼型散热器的技术性能 **表 7-9**

型号 / 参数	长翼型		圆翼型	
	TC0.2/5-4	TC0.28/5-4	TY0.7-6(4)	TY1.0-6(4)
重量	18(kg/片)	26	24.6(kg/根)	30
水容量	5.7 (L/片)	8	3.32(L/根)	4.42
工作压力(MPa)	≤130℃热水 0.4，蒸汽 0.2		≤130℃热水 0.6，蒸汽 0.4	
试验压力(MPa)	0.6		0.9	
标准散热量	336(W/片)	444(W/片)	393(W/根)	550(W/根)

(三) 灰铸铁柱型散热器

灰铸铁柱型散热器按其材质不同，可分为普通灰铸铁柱型和稀土铸铁散热器；按照柱数的不同，又可分为二柱(俗称 132 型)、四柱、五柱和六柱铸铁散热器。二柱散热器规格用宽度表示，比如 M-132 型，其宽度即为 132mm。四柱及五柱散热器的规格采用高度表示，有带足和不带足两种，比如四柱 813 型，其高度即为 813mm。柱型散热器造型虽美，但强度低，承压能力差，其外形如图 7-28 所示。主要技术性能见表 7-10。柱型散热器的代号如下：

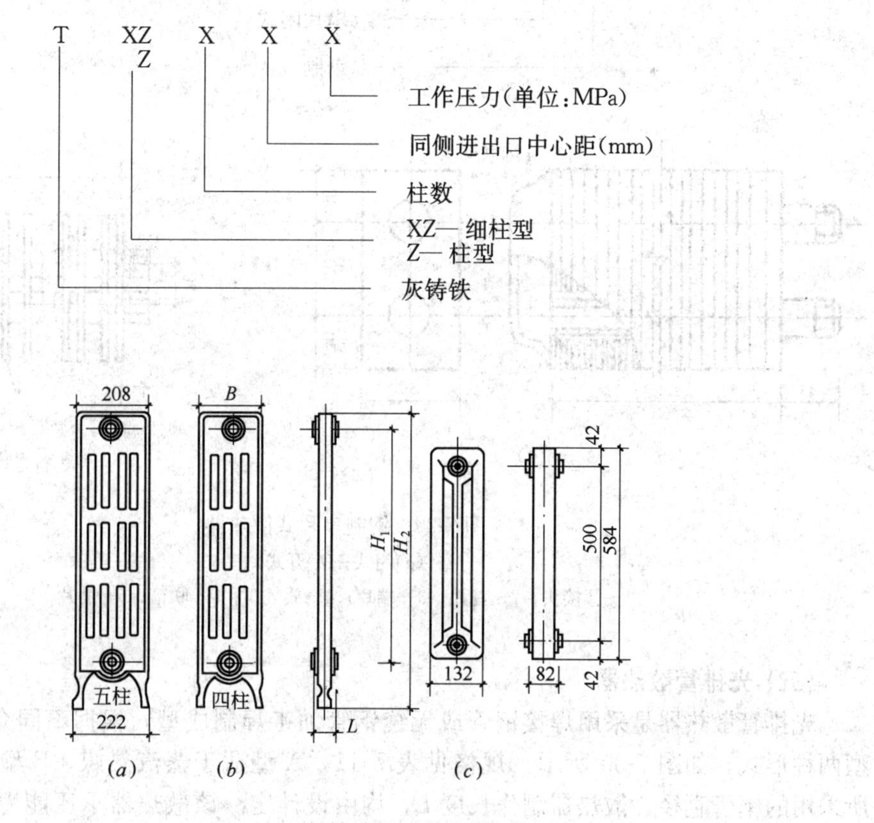

图 7-28 灰铸铁柱型散热器

灰铸铁柱型散热器技术性能　　表 7-10

名　称	高度 H (mm)		上下孔中心距 H_1(mm)	每片厚度 L (mm)	每片宽度 B(mm)	每片容量 (L)	每片放热面积 (m^2)	每片重量 (kg)	每片发热量 (W)	工作压力 (MPa)		试验压力 (MPa)
	腿片	中片								热水	蒸汽	
二柱 132	—	582	500	82	132	1.32	0.25	7.3(6.5)	130	0.4	0.2	0.6
四柱 760	760	682	600	60	143	1.15	0.235	7.0(6.2)	128	≤0.5	≤0.2	0.75
四柱 813	813	732	642	57	164	1.37	0.28	8.0(7.55)	—	0.5	0.2	0.8
五柱 700	700	626	544	50	215	1.22	0.28	10.1(9.2)	208	0.4	0.2	0.6
五柱 800	800	766	644	50	215	1.34	0.33	11.1(10.2)	251.2	0.4	0.2	0.6

(四) 钢制串片式散热器

采用钢管和薄钢板制作，串片两端折边 90°，形成封闭形。其承压能力较高，外形如图 7-29 所示。闭式对流散热器的代号如下：

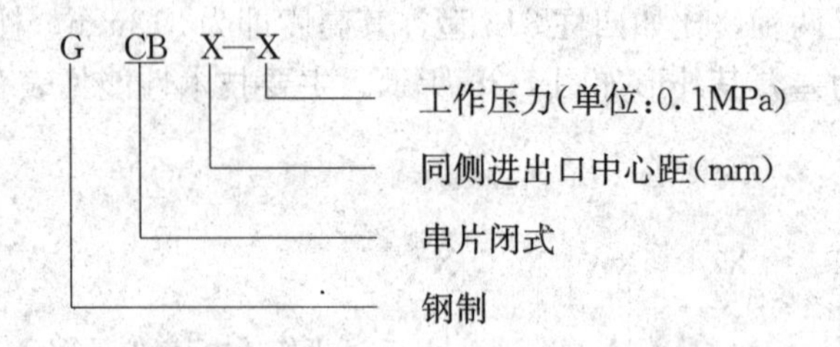

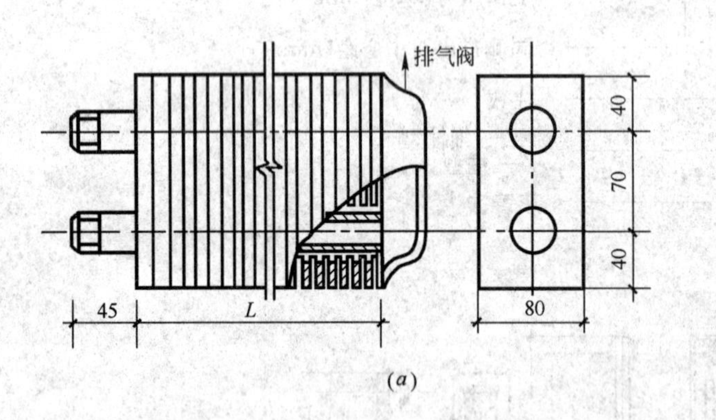

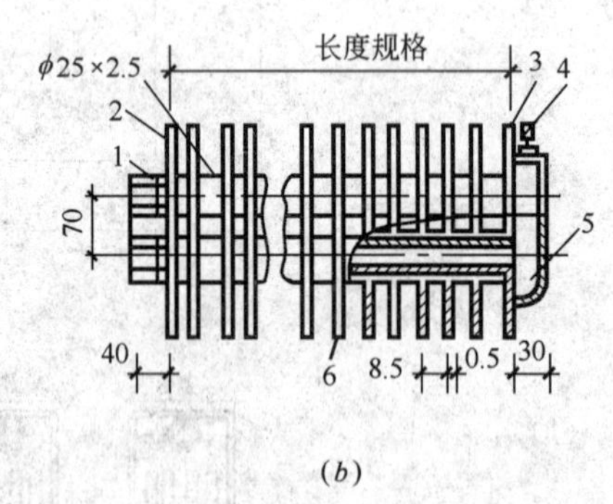

图 7-29　钢制串片式散热器

(*a*)闭式；(*b*)开式

1—管接头；2—首片；3—端片；4—放气门；5—联箱；6—肋片

(五) 光排管散热器

光排管散热器是采用焊接钢管或无缝钢管加工焊制成型，根据不同介质分 A 型和 B 型两种形式，如图 7-30 所示。规格见表 7-11，A 型适于蒸汽热媒，B 型适于热水热媒。所采用的钢管直径、散热器制作长度 L，均由设计定。该散热器承压能力高，不需组对，但不美观，多用于灰尘较多的车间。

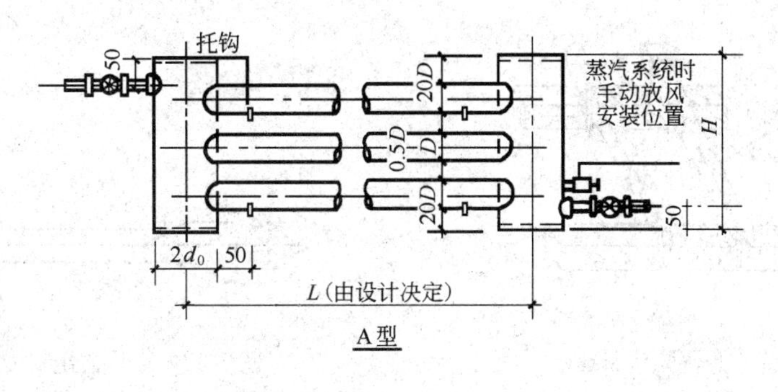

A型

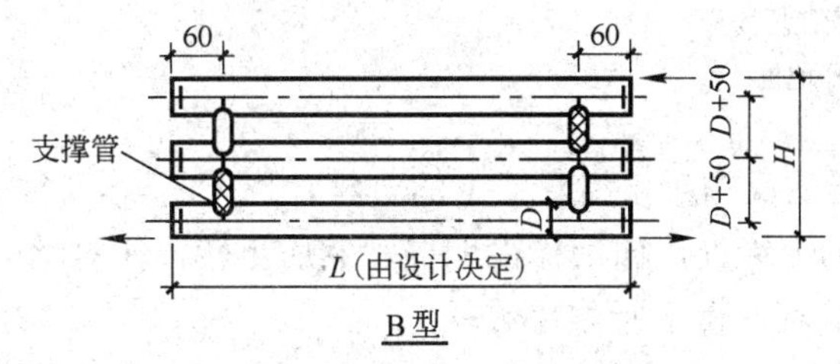

B型

图 7-30　光排管散热器

光排管散热器尺寸　　　　**表 7-11**

形式 \ 排数 \ 管径		$D76\times3.5$		$D89\times3.5$		$D108\times4$		$D133\times4$	
		三排	四排	三排	四排	三排	四排	三排	四排
H	A型	344	458	396	530	472	634	572	772
	B型	328	454	367	506	424	582	499	682

注：L 为 2000，2500，3000，3500，4000，4500，5000，5500，6000mm 共 9 种。

二、散热器的组对及水压试验

铸铁散热器通常是单片供货，必须根据设计片数经组对工序连接成散热器组（简称散热器，而单片称为散热片），然后进行水压试验。

（一）散热器的组对

1. 铸铁片式散热器的组对准备

（1）通常在现场备好散热器组对架，如图 7-31 所示。

（2）准备好组对散热器使用的石棉橡胶垫片，厚度不超过 1.5mm。组对时用机油随用随浸。

（3）选用组对散热器的对丝，合格者用钢刷刷干净使用。

（4）将进场的铸铁散热器内外清扫干净，再用钢刷清除掉散热器对口处及内丝处的铁锈，且用细砂布擦拭到露出金属本色，之后在散热器外表面刷防锈漆一遍。

（5）将组对所用的散热器专用钥匙备齐，如图 7-32 所示。

2. 组对散热器

（1）将第一片散热器平放在组对架上，如图 7-31 所示，应正扣向上；

（2）将两个对丝的正扣分别拧入散热器片的接口内 1～2 扣，并套上石棉橡胶垫；

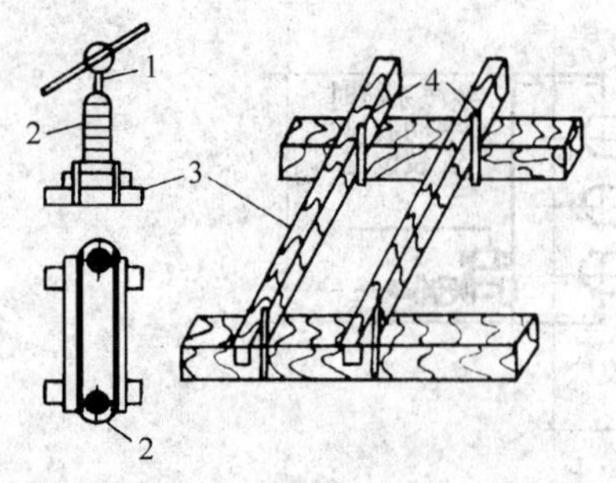

图 7-31　散热器组对架
1—钥匙；2—散热器(暖气片)；
3—木架；4—地桩

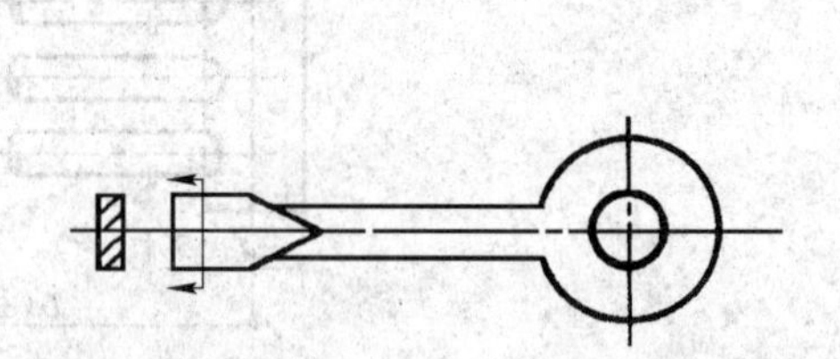
图 7-32　散热器组对专用钥匙

(3) 把第二片散热器的反扣对正组对架上的对丝，找正之后，将两把专用钥匙插入两个对丝孔中并卡在对丝的突缘处，向回徐徐倒退，然后正转，使对丝的两端入扣，且缓缓地均衡施力拧紧，逐片组对，直至所需片数；

(4) 根据设计要求的进、出水方向，装设散热器补心和丝堵；

(5) 将组对好的散热器从组对架上拿下，以便进行水压试验，合格之后再喷(刷）一道防锈漆和一道银粉；然后待安装。

(二) 散热器的水压试验

1. 试验数量：片式散热器组对以后和成组成品散热器进场以后均要进行散热器水压试验。前者要逐组进行水压试验；后者只是抽样试验。一般先抽 10%组，试验中若有不合格组，再抽 10%，试验中若还有不合格组时，则需全数进行水压试验。

2. 试验标准：见表 7-12。

散热器试验标准　　**表 7-12**

散热器型号	60 型、M132、M150 型 柱型、圆翼型		扁管型		板式	串片式	
工作压力(MPa)	≤0.25	>0.25	≤0.25	>0.25	—	≤0.25	>0.25
试验压力(MPa)	0.4	0.6	0.6	0.8	0.75	0.4	1.4
要求	试验时间为 2～3min，不渗不漏为合格						

3. 散热器水压试验用的基本装置，如图 7-33 所示。

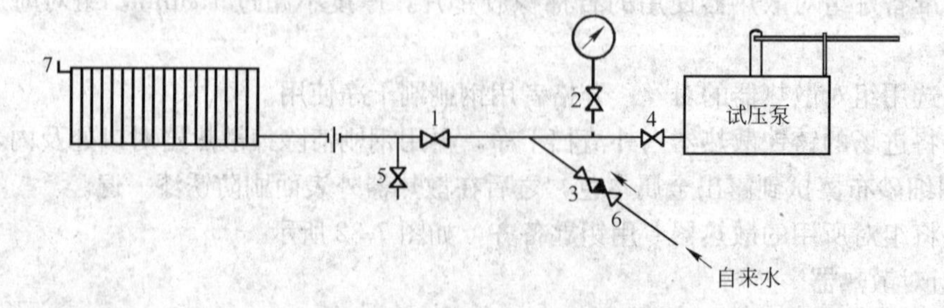

图 7-33　水压试验基本装置
1—进水阀门；2—压力表阀；3—补水阀；4—压泵出水阀；5—泄水阀；6—止回阀；7—放风阀

4. 水压试验

(1) 将散热器抬至试压台上，用管钳上好临时管堵和临时补心，配好试压管路。设置好放风门、进水阀门、补水阀门、压泵出水泵、压力表等，连接好试压泵管路和水源管路等。

(2) 开启进水阀门和补水阀门，朝散热器中充水，同时开放风门放气，若散热器水满时关闭进水阀和放风门。

(3) 开压泵出水阀，且朝压泵内灌水，当压泵水箱的水基本冲满时，关闭补水阀。

(4) 开启散热器进水阀和压力表阀，用压泵加压到规定的试验压力值时，再关闭压泵出水阀，持续2～3min，观察散热器上每个接口有无渗漏，无渗漏者为合格。

(5) 散热器试压合格后，打开泄水阀排水，拆掉临时丝堵和临时补心。

三、散热器组的安装

散热器一般安装在室内外墙窗台下或楼梯间、走廊等地方。且在安装时通常要设托架(钩)之后将散热器组挂于托架上。

(一) 散热器安装质量要求

1. 散热器的型号、规格、质量及安装前的水压试验应符合设计要求及施工规范规定。

2. 散热器支、托架、托钩的数量和形式应符合设计和施工规范规定。

3. 散热器安装高度应根据设计要求确定，如无设计要求时，其底边距地一般不小于150mm，安装允许偏差值为±15mm；明装散热器上表面不得高于窗台面。

4. 散热器内表面同墙面的距离要根据设计要求或标准图集规定，允许偏差值为6mm；散热器的中心线与窗中心线的安装偏差允许值为20mm；散热器的中心线和侧面的垂直度允许偏差值为3mm；散热器全长内的弯曲按散热器的组成长度不同，允许偏差值为3～6mm。

(二) 散热器安装

1. 主要安装工序

(1) 根据设计图要求，将不同型号、规格且经组对好并试压合格的散热器运至各安装地点。

(2) 按设计或施工方案等确定的安装位置和高度，在墙上画出散热器的安装中心线和标高控制线。

(3) 根据散热器生产厂家安装说明书及标准图进行支架的安装。

(4) 安装散热器。

2. 各种散热器支架的形式及长度

(1) 托钩：采用圆钢制作的托钩其形状如图7-34所示。安装铸铁M132时，$L=246$mm；柱铁四柱时，$L=262$mm；铸铁五柱时，$L=284$mm；铸铁长翼型时，$L=228$mm；铸铁圆翼型时，$L=228$mm；辐射对流散热器时，$L=228$mm；光管散热器时，$L=248$mm；细四柱时，$L=240$mm；细六柱时，$L=272$mm。托钩可由安装单位自制或买成品。安装时先在墙上打孔洞，洞深不小于120mm，填入M_{20}水泥砂浆在洞内一半时，再把托钩插入洞内，塞紧；然后用*DN*70的

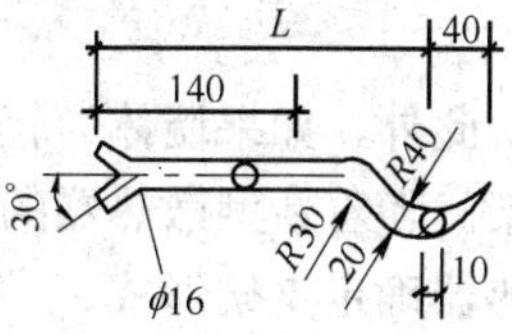

图7-34　托钩

钢管放在相邻的两个托架上，用水平尺找平、找正，最后填满水泥砂浆，表面抹平。

（2）固定卡：如图 7-35 所示，用于柱型散热器时卡子由 ϕ9 圆钢制成，总长 190mm，其中端头螺纹长 70mm，用于铸铁翼型散热器和辐射对流散热器时，卡子由 ϕ8 圆钢制成，总长 140mm，其中端头螺纹长 20mm。固定卡的尾部分叉，与托钩一样要栽到墙洞里，洞深不小于 80mm。安装固定卡时还应配垫片和螺母。

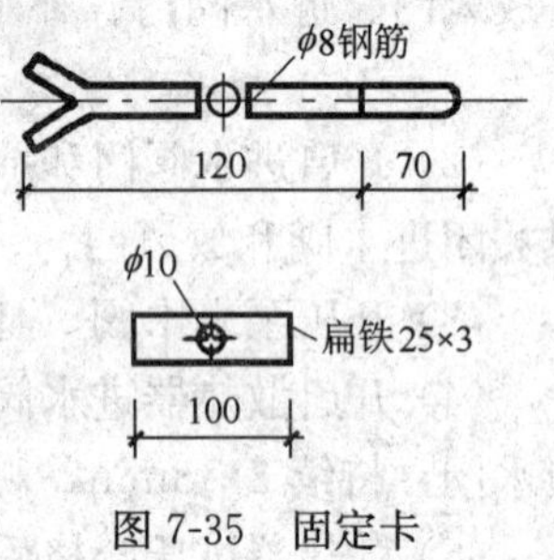

图 7-35　固定卡

（3）托架：除以上各种散热器外，各种钢制散热器一般由生产厂家提供相应的散热器托架。因为散热器形式不同，托架的形式和尺寸也都不同。如图 7-36 为闭式对流散热器的托架和拉卡形式。

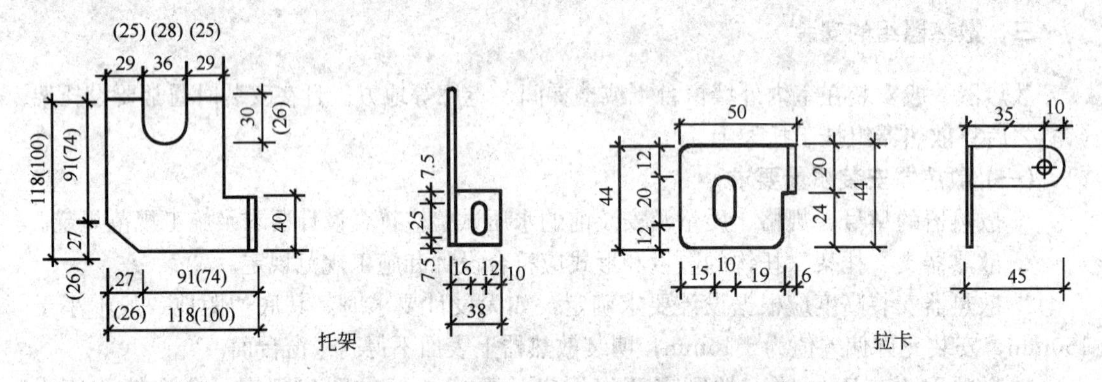

图 7-36　闭式对流散热器的托架和拉卡

（注：括弧内数字为 320×80 散热器的托架）

散热器的托架要通过膨胀螺栓或射钉固定于墙上，如果墙体材料不同，托架同墙体的固定方法亦不同，如图 7-37 所示为闭式对流散热器在四种墙上的安装方法。

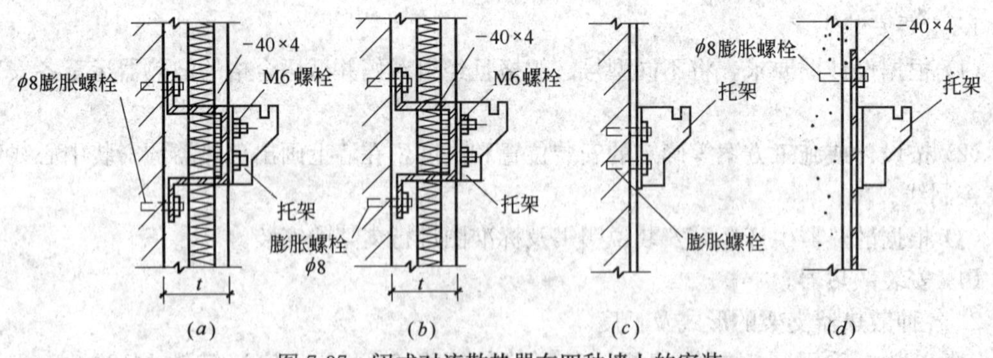

图 7-37　闭式对流散热器在四种墙上的安装

(*a*)复合内保温砖墙上安装；(*b*)复合内保温混凝土墙上安装；

(*c*)砖墙上安装；(*d*)加气混凝土墙上安装

此外，如果墙体为轻质墙如纸面石膏板墙、泰柏板等时，墙体无法承重，可选用落地支架。随着新型散热器的出现，出现了如吊架、包柱架等支架形式，在选用时可根据不同散热器确定支架形式。

3. 散热器支架的数量和安装位置

铸铁柱型散热器的支架，下部使用托钩，而上部用固定卡，具体设置位置及数量如图7-38所示；铸铁长翼型散热器的支架上下均应设托钩，具体设置位置及数量如图7-39所示；圆翼型铸铁散热器一片设两个托架，两片设三个托架。

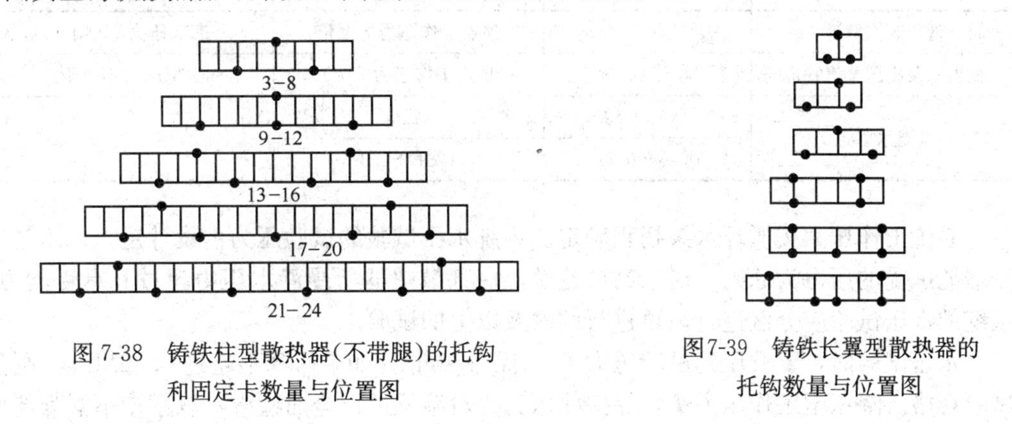

图7-38　铸铁柱型散热器(不带腿)的托钩和固定卡数量与位置图

图7-39　铸铁长翼型散热器的托钩数量与位置图

4. 散热器安装

(1) 带腿散热器的稳装：散热器补心正扣一侧应朝着立管方向，将固定卡里边的螺母上到符合要求的位置，套上两块夹板，固定在散热器里柱上，带上外螺母，把散热器推至需要的位置，再将固定卡的两块夹板横过来放正，用自制的专用管扳子拧紧螺母到一定程度后，将散热器找平、找正，当固定卡同散热器柱靠牢后再上紧螺母。

(2) 挂装散热器的安装：将散热器轻轻抬起来放在托钩上，扶正、立直后将固定卡摆正拧紧。

(3) 圆翼型散热器的安装：将组装好的散热器抬起，轻轻放在托钩上找直、找正，当为多排串联时，可将法兰先临时上好，量出配管尺寸并加工配管，再卸开临时连接的法兰，作正式串联安装。圆翼型散热器安装时应注意采用偏心法兰盘；对于热水系统，散热器的两端应使用偏心法兰盘；对蒸汽系统，则散热器同回水管相连端可采用偏心法兰盘。

(4) 钢制闭式对流散热器和钢制板式散热器的安装：可将散热器挂到安装好的托架上，带上垫圈和螺母，上紧到一定程度之后找平、找正，再拧紧到位。

第五节　室内采暖系统的试压与验收

一、试压

室内采暖系统安装完成后，在运行之前应进行试压。其目的是检测管路的机械强度和严密性。故一切需隐蔽的管道及其附件(总管及入口装置、地沟、屋顶、吊顶内的干管)在隐蔽前应进行水压试验；对系统的所有组成部分(管道及其附件、散热设备、水泵、水箱、除污器、集气装置等附属器具)应进行水压试验。前者称为隐蔽性试验，后者称为最终试验。

室内采暖管道用试验压力 P_s 做强度试验，系统压力 P 做严密性试验。其试验压力规定见表7-13。

室内采暖系统水压试验的试验压力　　表 7-13

管道类别	工作压力 P(MPa)	试验压力 P_s(MPa)	
		P_s	同时要求
低压蒸汽管道		顶点工作压力的 2 倍	底部压力不小于 0.25
低温水及高压蒸汽管道	小于 0.43	顶点工作压力+0.1	底部压力不小于 0.3
高温水管道	小于 0.43	$2P$	
	0.43～0.71	$1.3P+0.3$	

系统工作压力按循环水泵扬程确定。系统水压试验的试验压力由设计定，以不超过散热器能承受的压力为原则。对于高层建筑，底部散热器所受静水压力超过其承受能力时，系统的水压试验应分区进行，可进行两次及以上的试验。

水压试验时，要升压到试验压力 P_s，保持 5min，如果压降不超过 0.02MPa，则强度试验合格。降压至工作压力 P，保持此压力再对系统进行全面检查，以不渗不漏为严密性试验合格。

水压试验时，可将试压泵(或利用系统循环泵)置于系统底部，使底部加压顶部排气。升压过程中要严格检查系统各部分，防止出现漏水、变形、破裂等现象。试压完毕后要排净试验用水，关闭各泄水阀门。

系统试验时，应拆去压力表(试验后再装上)，打开疏水器、减压器旁通阀，关闭进口阀，不使压力表、减压器、疏水器参与试验，防止杂质堵塞。

二、验收

室内采暖系统应按分项、分部或单位工程验收。应有施工、设计、建设单位参与单位工程验收并做好验收记录。竣工资料应符合设计要求及采暖施工和验收规范的规定。

思 考 题

1. 室内采暖系统分为哪几类？
2. 室内采暖系统的敷设形式有几种？
3. 设置热水及蒸汽采暖系统入口装置的作用何在？它们分别由哪些部分组成？
4. 常见的散热器有哪几种？
5. 散热器支架的形式有哪些？支架的数量及托钩的长度是如何规定的？
6. 室内采暖系统的试压是如何规定的？为什么？
7. 简述膨胀水箱的构造及安装。
8. 简述热水采暖系统和蒸汽采暖系统集气罐的设置有什么不同。
9. 干管过门时应考虑的两种安装方法是什么？

第八章　通风与空调工程安装

第一节　概　述

通风工程和空气调节工程均包括风管及风管部、配件的制作和安装；风机和空气处理设备的安装；系统调节、试运转等工作内容。

通风工程通常包括送排风和除尘、排毒工程。

空调工程通常包括空调、恒温恒湿和空气洁净工程。

风管：由金属板材等制作的通风管道，其断面有矩形和圆形两种。

风道：用砖、木、石、混凝土等材料制作的通风管道。

部件：指安装在风管中的各种风口、排气罩、风帽、检查孔、测空孔、阀门、风管的支、吊、托架等。

配件：指实现风管变径、分支、转向等的管件，如通风空调系统的弯头、三通、四通、异径管、法兰盘、导流片、静压箱等。

一、通风系统的组成

(一) 送风(J)系统组成

送风(J)系统组成如图 8-1 所示。

1. 新风口：新鲜空气入口。

2. 空气处理室：将空气加热、加湿、过滤等处理。

3. 通风机：将处理后的空气送入风管中去。

4. 送风管：将通风机送来的空气送至各用风处。风管上通常安装调节阀、送风口、防火阀、检查孔等部件。

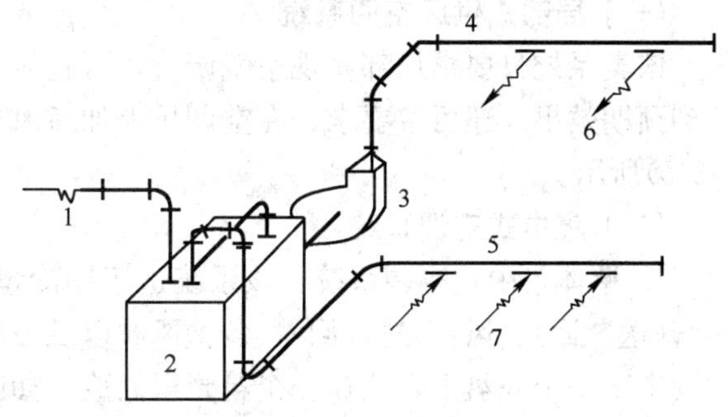

图 8-1　送风(J)系统组成示意

1—新风口；2—空气处理室；3—通风机；4—送风管；5—回风管；6—送(出)风口；7—吸(回、排)风口

5. 回风管：亦称排风管，是将浊气吸入管道中并送回空气处理室的管道，管上装有回风口、防火阀等部件。

6. 送(出)风口：将处理后的空气均匀送入用风处。

7. 吸(回、排)风口：将室内浊气吸入回风管道，送回空气处理室处理。

(二) 排风(P)系统组成

排风系统组成如图 8-2 所示。

1. 排风口：将浊气吸入排风管中，有吸风口、侧吸罩、吸风罩等部件。

2. 排风管：是输送浊气的管道。

3. 排风机：是将浊气通过机械作用从排风管道中强制性排出的设备。

4. 风帽：是将浊气排入大气中，以防止空气倒灌并防止雨水灌入的部件。

5. 除尘器：是通过排风机的吸力将含尘且有害浊气吸入其中的设备。

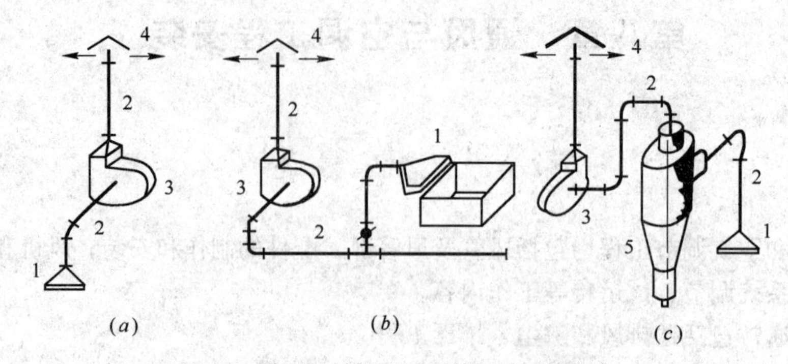

图 8-2　排风(P)系统组成示意

(a)P 系统；(b)侧吸罩；(c)除尘 P 系统

1—排风口；2—排风管；3—排风机；4—排风帽；5—除尘器

二、空调系统的组成

空调系统必须满足的技术参数即温度、湿度、清洁度、气体流动速度这“四度”的要求。就工艺要求而言，空调系统组成可作以下划分。

(一) 局部式供风空调系统

该类系统只要求局部实现空气调节，可直接用空调机组如柜式、壁挂式、窗式等即可达到预期效果。还可按要求，在空调机上加新风口、电加热器、送风管及送风口等。如图 8-3(b)所示。

(二) 集中式空调系统

1. 单体集中式空调系统：该系统适于制冷量要求不大时使用，可在空调机组中配上风管(送、回)、风口(送、回)、各种风阀以及控制设备等。其设置形式是把各单体设备集中固定于一个底盘上，装在一个箱壳里而成。如图 8-3(a)所示。

2. 配套集中式制冷设备空调系统：当系统的制冷量要求大时，设备体积较大，故可

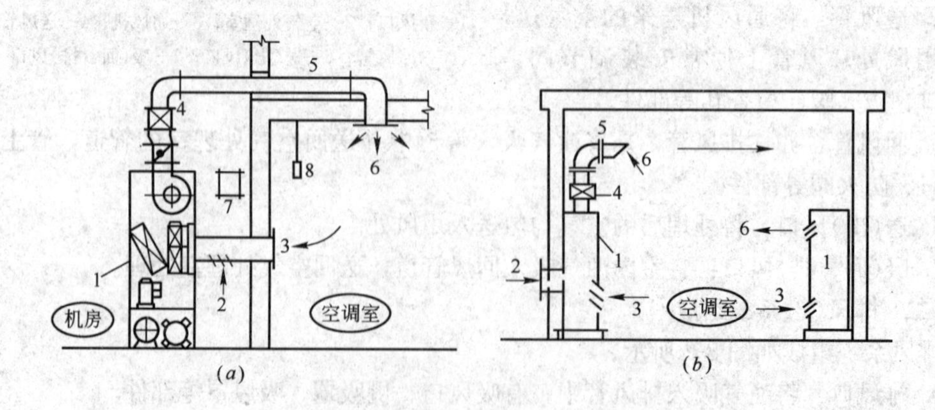

图 8-3　单体集中式及局部式供风空调系统

(a)单体集中式空调；(b)局部空调(柜式)

1—空调机组(柜式)；2—新风口；3—回风口；4—电加热器；5—送风管；

6—送风口；7—电控箱；8—电接点温度计

将各单位设备集中安装在某个机房中，然后配风管(送、回)、风机、风口(送、回)，各种风阀以及控制设备等。如图 8-4 所示。

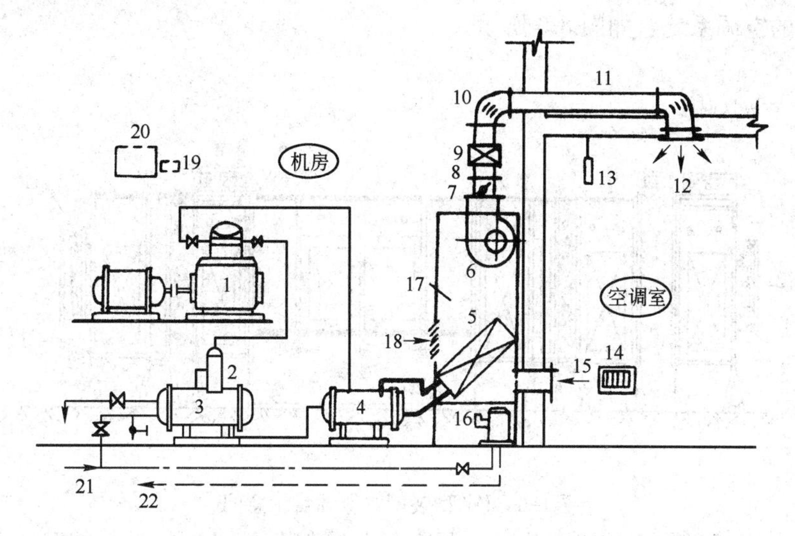

图 8-4　恒温恒湿集中式空调系统示意

1—压缩机；2—油水分离器；3—冷凝器；4—热交换器；5—蒸发器；6—风机；7—送风调节阀；8—帆布接头；9—电加热器；10—导流片；11—送风管；12—送风口；13—电接点温度计；14—排风口；15—回风口；16—电加湿器；17—空气处理室；18—新风口；19—电子仪控制器；20—电控箱；21—给水管；22—回水管

3. 冷水机组风机盘管系统：是将个体的冷水机设备，集中安装于机房内，再配上冷水管(送、回)；冷凝器使用的冷却塔以及水池、循环水管道等；冷水管再连通风机盘管，加上空气处理机就形成一个系统，如图 8-5 所示。

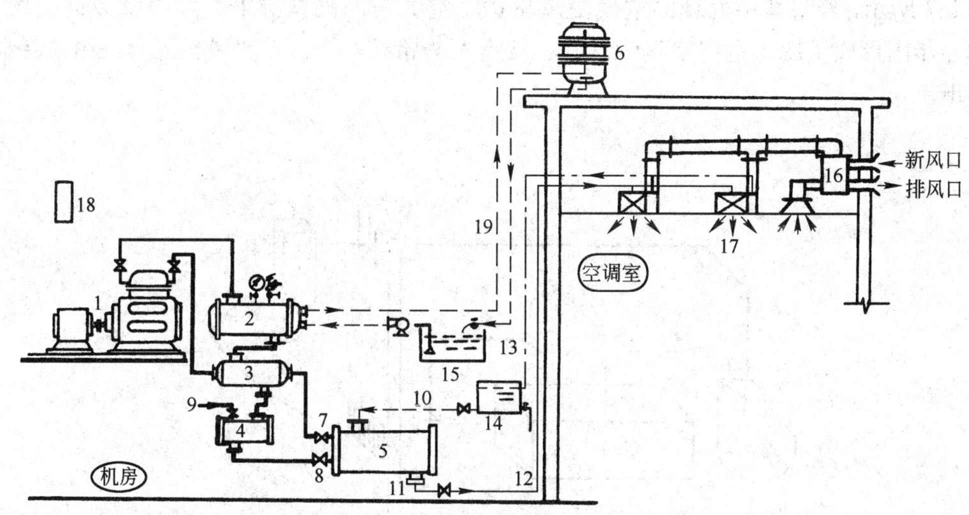

图 8-5　冷水机组风机盘管系统

1—压缩机；2—冷凝器；3—热交换器；4—干燥过滤器；5—蒸发器；6—冷却塔；7、8—电磁阀及热力膨胀阀；9—R 22入口；10—冷水进口；11—冷水出口；12—冷送水管；13—冷回水管；14—冷冻水箱；15—冷却水池；16—新风空气处理机；17—盘管机及送风口；18—电控箱；19—循环水管

4. 分段组装式空调系统：可将空调设备装在分段箱体内，且根据需要组成各种功能段，如混合段、加湿段、喷淋段、加热段、消声段、风机段等，亦称装配式空调器，多用在工业厂房的空调系统。如图 8-6 所示。

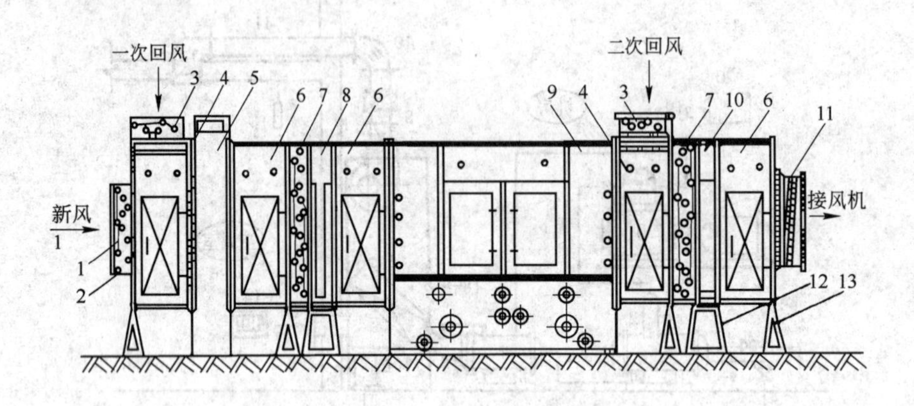

图 8-6　JW 型装配式空调器示意图

1—新风阀；2—混合式法兰；3—回风阀；4—混合室；5—过滤器；6—中间室；7—混合阀；8—一次加热；9—淋水室；10—二次加热器；11—风机接管；12—加热器支架；13—三角支架

（三）诱导式空调系统

实质上是一种混合式空调系统。是由集中式空调系统加诱导器组成。该系统是对空气进行集中处理，并利用诱导器实行局部处理后混合供风方式。诱导器用集中空调室来的一次风作诱导力，就地吸收室内回风(二次风)并经过处理同一次风混合后送出的供风系统。如图 8-7 所示，经过集中处理的空气由风机送至空调房间的诱导器，经喷嘴以高速喷出，在诱导器内形成负压，室内空气(二次风)被吸入诱导器，一、二次风相混合后由诱导器风口送出。

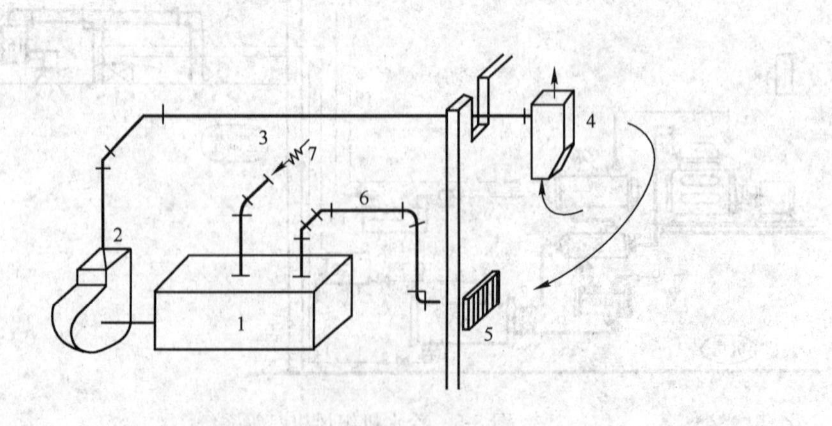

图 8-7　诱导式空调系统示意图

1—空气处理室；2—送风机；3—送风管；4—诱导器；5—回风口；6—回风管；7—新风口

第二节　通风管道的加工制作

一、通风工程常用材料

通风和空调工程的风管及其部、配件采用的材料，一般分为金属材料和非金属材料两类。金属材料主要有普通薄钢板(黑铁皮)、镀锌钢板(白铁皮)和型钢等黑色金属材料。前面两种钢板的常用厚度为0.5～2mm；如需防腐、防火等可采用不锈钢板、铝板等材料。

非金属材料有采用玻璃钢和硬聚氯乙烯板(硬塑料板)制作的风管和部、配件。或采用砖、混凝土、炉渣石膏板以及木丝板等材料制成的风道和风口。

几种常用的通风管道规格和板材厚度见表8-1～表8-7。

圆形通风管道统一规格　　表8-1

外径 D (mm)		外径 D (mm)		外径 D (mm)		外径 D (mm)	
基本系列	辅助系列	基本系列	辅助系列	基本系列	辅助系列	基本系列	辅助系列
100	90 100	250	240 250	560	530 560	1250	1180 1250
120	110 120	280	260 280	630	600 630	1400	1320 1400
140	130 140	320	300 320	700	670 700	1600	1500 1600
160	150 160	360	340 360	800	750 800	1800	1700 1800
180	170 180	400	380 400	900	850 900	2000	1900 2000
200	190 200	450	420 450	1000	950 1000		
220	210 220	500	480 500	1120	1060 1120		

注：应优先选用基本系列。

矩形通风管道统一规格　　表8-2

外边长(mm) (长×宽)	外边长(mm) (长×宽)	外边长(mm) (长×宽)	外边长(mm) (长×宽)	外边长(mm) (长×宽)	外边长(mm) (长×宽)
120×120	160×160	200×160	250×120	250×200	320×160
160×120	200×120	200×200	250×160	250×250	320×200
320×250	500×250	630×500	1000×320	250×500	1600×1000
320×320	500×320	630×630	1000×400	1250×630	1600×1250

续表

外边长(mm)(长×宽)	外边长(mm)(长×宽)	外边长(mm)(长×宽)	外边长(mm)(长×宽)	外边长(mm)(长×宽)	外边长(mm)(长×宽)
400×200	500×400	800×320	1000×500	1250×800	2000×800
400×250	500×500	800×400	1000×630	1250×1000	2000×1000
400×320	630×250	800×500	1000×800	1600×500	2000×1250
400×400	630×320	800×630	1000×1000	1600×630	
500×200	630×400	800×800	1250×400	1600×800	

普通钢板通风管道及配件的板材厚度　　表 8-3

圆形风道直径或矩形风道大边长(mm)	厚度(mm)			
	一般风管	除尘风管	消防排风	输送油烟、水蒸气及腐蚀性气体
≤200	0.50	1.50	1.0	2.0
>200～500	0.75	1.50	1.0	2.0
>500～1120	1.00	2.00	1.5	2.0
>1120～1400	1.20	2.00	2.0	2.0
>1400～2000	1.50	3.00	2.0	3.0

不锈钢风道及其配件的板材厚度　　表 8-4

圆形风道直径或矩形风道大边长(mm)	厚度(mm)
≤500	0.5
>500～1120	0.75
>1120～2000	1.0

铝板风道及其配件的板材厚度　　表 8-5

圆形风道直径或矩形风道大边长(mm)	厚度(mm)
≤320	1.0
>320～630	1.5
>630～2000	2.0

玻璃钢通风管道及其配件的板材厚度　　表 8-6

圆形风道直径或矩形风道大边长(mm)	厚度(mm)
≤200	1.5
>200～400	2.0
>400～630	2.5
>630～1000	3.0
>1000～2000	3.5

硬聚氯乙烯板通风管道及其配件的板材厚度　　表 8-7

圆形直径(mm)	矩形大边长(mm)	厚度(mm)
≤320	≤320	3
>320～630	>320～500	4
>630～1000	>500～800	5
>1000～2000	>800～1250	6
	>1250～2000	8

二、通风管及其部、配件的加工制作

通风管道和部配件的制作是从平整的板材经放样下料、剪切、成形(圆风管卷圆，矩形风管折方)、连接(咬口和焊接)以及安装法兰等工艺步骤。

(一) 放样下料

1. 圆形风管的放样下料：按照风管或配件的外形尺寸将其表面展开呈平面，在平台上根据实际尺寸画展开图，该过程称为展开划线或放样。可以每块钢板的长度作为一节风管的长度，钢板的宽度作为通风管的圆周长，需加长时，可用多块钢块拼接制作。在画线时，应注意在风管的圆周长上留出咬口余量(以不遮住法兰的螺栓孔为宜，一般为 8～10mm)，如图 8-8 所示。较厚的钢板，每节风管的两端可采用法兰焊接，而不留余量。

2. 矩形风管的放样下料：如图 8-9 所示，亦是在平台上操作，同样以每块钢板长作为一节风管的长度，钢板的宽度作周长；咬口闭合缝设在角上，如果周边长小于钢板宽时设一个角咬口；如果周边长大于钢板宽时设 2～4 个角咬口。在画线时必须留够咬口余量以及同法兰连接的翻边余量。

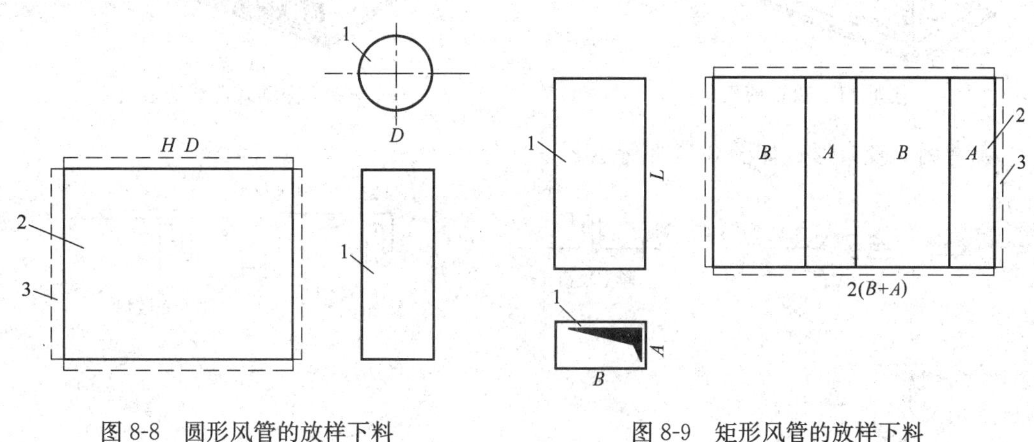

图 8-8　圆形风管的放样下料
1—圆风管；2—展开图；3—接口余量

图 8-9　矩形风管的放样下料
1—矩形风管；2—展开图；3—接口余量

圆形弯管等配件的展开画法可参见有关规范要求和暖通空调设备安装手册。

(二) 钢板的剪切

板材剪切要求是按划线形状进行裁剪；注意留出接口余量；做到切口平、直、曲线圆滑；角度准确。

1. 手工剪切：手工剪切常用工具是手剪。分为直线剪和弯剪两种。直线剪用在剪直线、圆及弧线的外侧边。弯剪用在剪曲线以及弧线的内侧边，手工剪切的钢板厚度不大于 1.2mm。

2. 机械剪切：常用的剪切机有龙门剪板机，如图 8-10 所示；双轮剪板机，如图 8-11 所示；振动式曲线剪板机，如图 8-12 所示。

(三) 薄钢板的咬口连接

制作风管及其配件时，连接形式取决于板材的厚度及材质，应尽可能采用咬接。咬口缝可以增加风管的强度，变形小，外形美观。

图 8-10　龙门剪板机

图 8-11 双轮剪板机

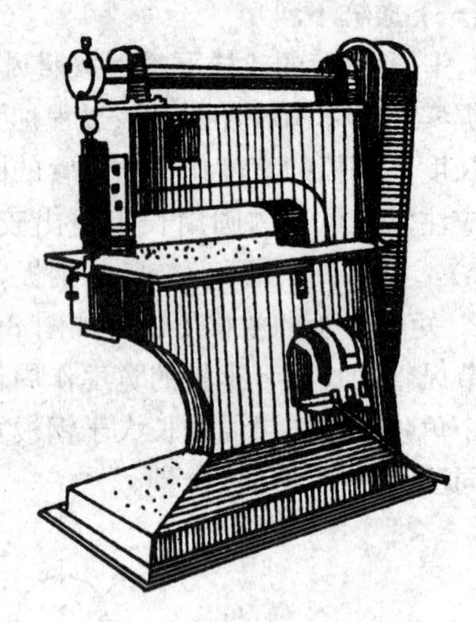

图 8-12 振动式曲线剪板机

1. 常用的咬口形式如图 8-13 所示。

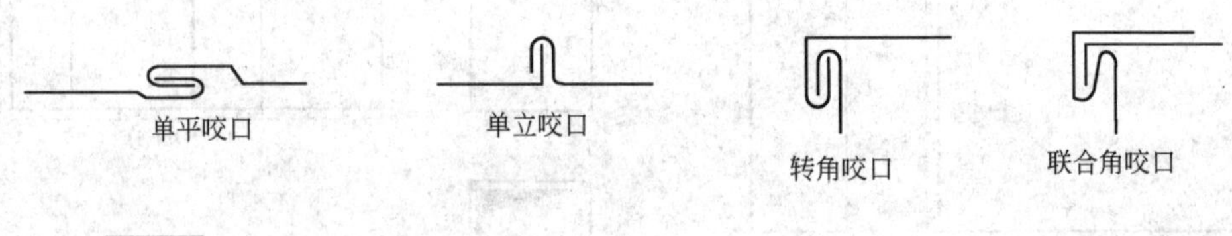

图 8-13 各种咬口形式

2. 常用的咬口适用范围见表 8-8。

常用的咬口适用范围 **表 8-8**

名 称	适 用 范 围
单平咬口	用于板材的拼接和圆形风管的闭合缝
单立咬口	用于圆形弯头的环向接缝
转角咬口	多用于矩形直管的咬接和有净化要求的空调系统；有时也用于弯管或三通管的转角闭合缝
联合角咬口	用于矩形风管、弯管、三通管及四通管的咬接
按扣式咬口	目前矩形风管多采用此咬口，有时也用于弯管、三通或四通管

单平及单立咬口的折边尺寸见表 8-9。

单平及单立咬口的折边尺寸 **表 8-9**

咬口形式	咬口宽	折边尺寸		咬口形式	咬口宽	折边尺寸	
		第一块钢板	第二块钢板			第一块钢板	第二块钢板
立咬口	8	7	14	平咬口	8	7	6
	10	8	17		10	8	7
	12	10	20		12	10	8

3. 单平咬口和转角咬口加工步骤。

单平咬口的加工步骤如图 8-14 所示；转角咬口加工步骤如图 8-15 所示。

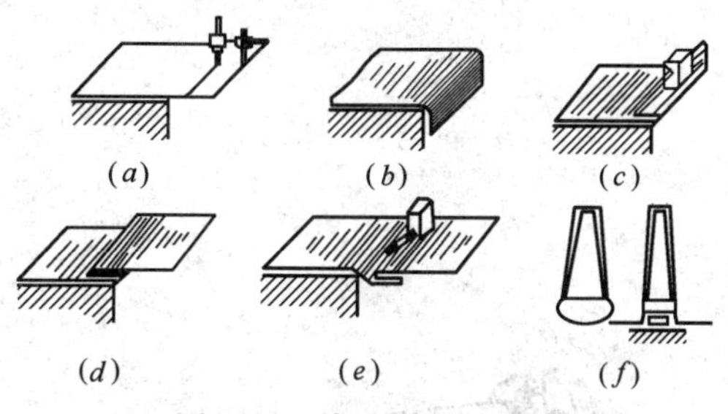

图 8-14　单平咬口加工步骤

(*a*)划线；(*b*)、(*c*)折边；(*d*)相互钩挂；(*e*)用木槌打平；(*f*)用咬口套压平咬口

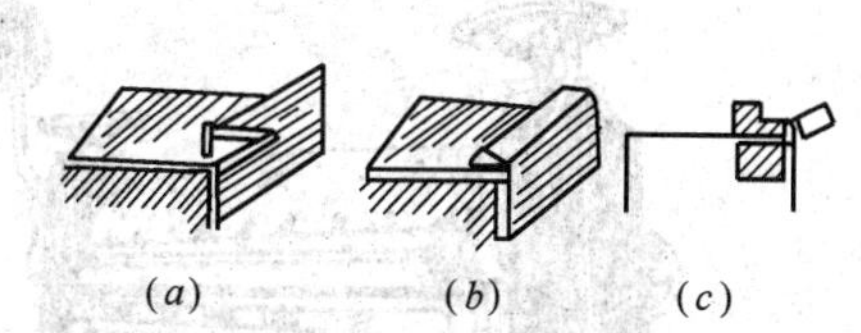

图 8-15　转角咬口加工步骤

(*a*)折边；(*b*)钩挂压倒咬口；(*c*)咬口平整

(四) 风管的焊接连接

风管及其配件在板材厚度＞1.2mm 时，可采用焊接连接。该连接形式的优点是严密性好，但焊后易变形，焊缝处易锈蚀或被氧化。

1. 焊接的种类：焊接连接通常采用电焊、气焊或氩弧焊。

2. 金属风管焊接接头形式如图 8-16 所示。

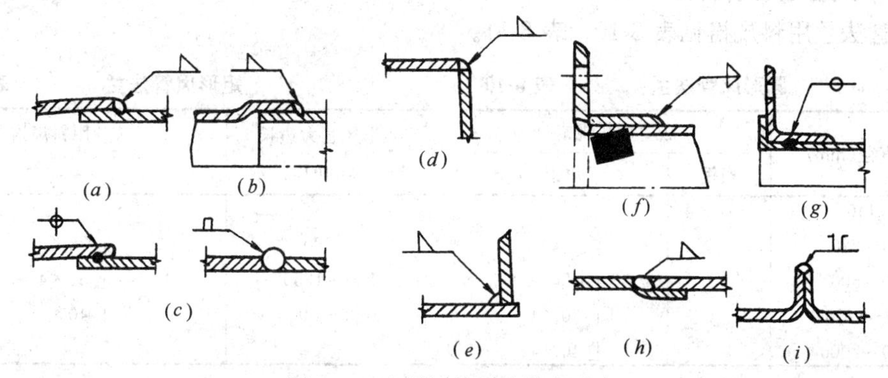

图 8-16　金属风管焊接接头形式

(*a*)圆形与矩形风管的纵缝；(*b*)圆形风管及配件的环缝；(*c*)圆形风管法兰及配件的焊缝；(*d*)矩形风管配件及直缝的焊缝；(*e*)矩形风管法兰及配件的焊缝；(*f*)矩形与圆形风管法兰的定位焊；(*g*)矩形风管法兰的焊接；(*h*)螺旋风管的焊接；(*i*)风箱的焊接

(五) 折方和卷圆

1. 折方是用在矩形风管和配件的直角成型上。当采用手工折方时，可将厚度＜1.0mm 的钢板放置于方垫铁上，或者用槽钢、角钢打成直角，之后用硬木方尺修整，打出棱角，让表面保持平整。如采用机械折方时，可使用扳边机压制折方。如图 8-17 即为手动扳边折方机。

2. 卷圆是在制作圆形风管和配件时需要将平板卷制成圆形，之后做闭合连接。手工卷圆一般只卷厚度在 1.0mm 以内的钢板。可将打好咬口边的板材在圆垫铁或圆钢管上压弯曲，卷成圆形，并使咬口互相扣合，把接缝合实打紧。最后用硬木尺均匀敲打找正，使圆弧均匀成正圆。机械卷圆是利用卷圆机进行。适于 2.0mm 以内，板宽 2m 以内的板材卷圆。如图 8-18 所示即为卷圆机。

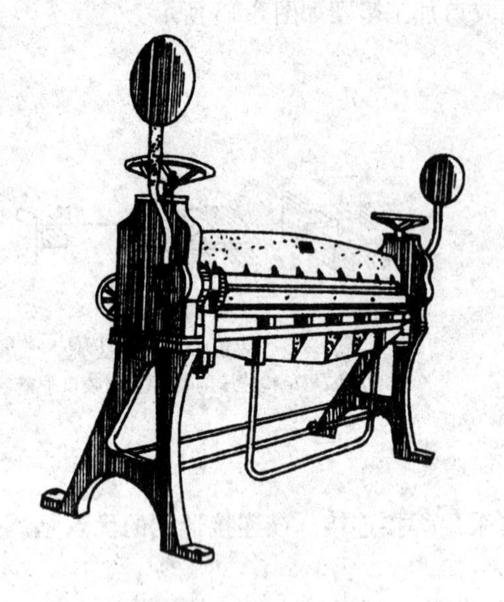

图 8-17　手动扳边机

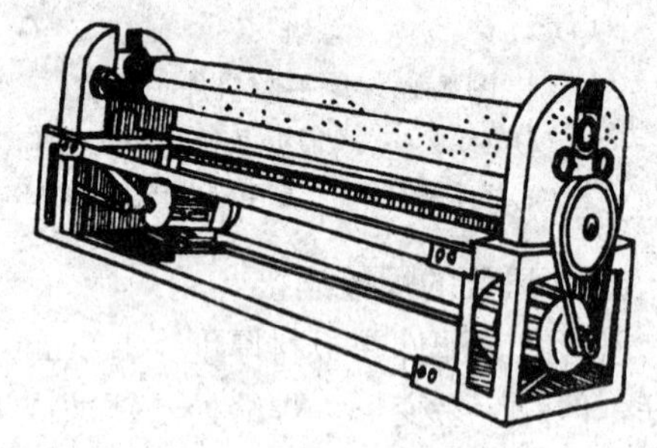

图 8-18　卷圆机

(六) 风管法兰的制作

风管法兰用料规格见表 8-10、表 8-11。

圆形风管法兰　　表 8-10

风管直径(mm)	法兰用料规格	
	扁钢	角钢
≤140	－20×4	
150～280	－25×4	
300～500		∟25×3
530～1250		∟30×4
1320～2000		∟40×4

矩形风管法兰　　表 8-11

矩形风管大边长(mm)	法兰用料规格(mm)
≤630	∟25×3
800～1250	∟30×4
1600～2000	∟40×4

1. 矩形法兰的制作如图 8-19 所示，在平台上放样下料，组对时角钢法兰的立面和平面必须保持互为 90°。将接触面上的焊缝磨平。

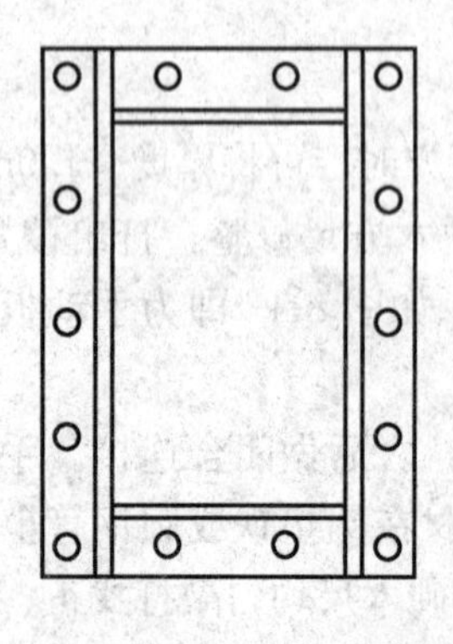

图 8-19　矩形法兰

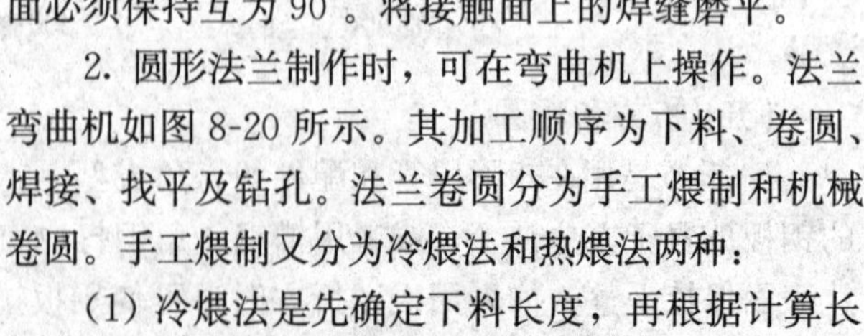

2. 圆形法兰制作时，可在弯曲机上操作。法兰弯曲机如图 8-20 所示。其加工顺序为下料、卷圆、焊接、找平及钻孔。法兰卷圆分为手工煨制和机械卷圆。手工煨制又分为冷煨法和热煨法两种：

(1) 冷煨法是先确定下料长度，再根据计算长度下料，切断后在铁模上用手锤逐渐把扁(角)钢打弯，直至圆弧均匀无扭曲，再用电焊焊接封口，然后再划线钻螺栓孔。

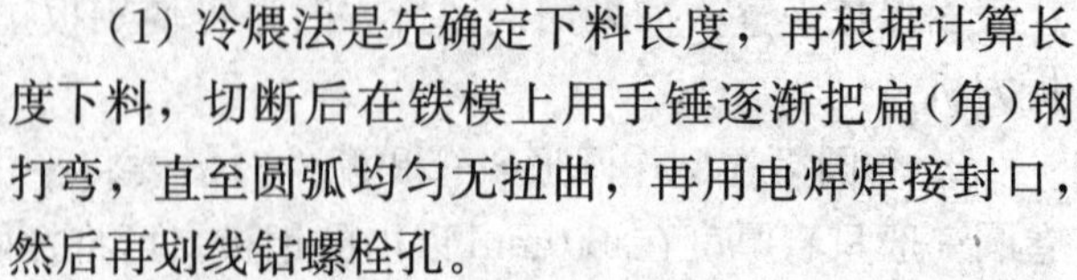

(2) 热煨法是把切断后的钢材在烘炉上加热到红黄色，之后放在胎具上将其煨弯成圆形。

如图 8-20(a)为热煨法兰示意图。直径较大时可分段多次弯成，待冷却后，稍微平整找圆，就可焊接钻孔。

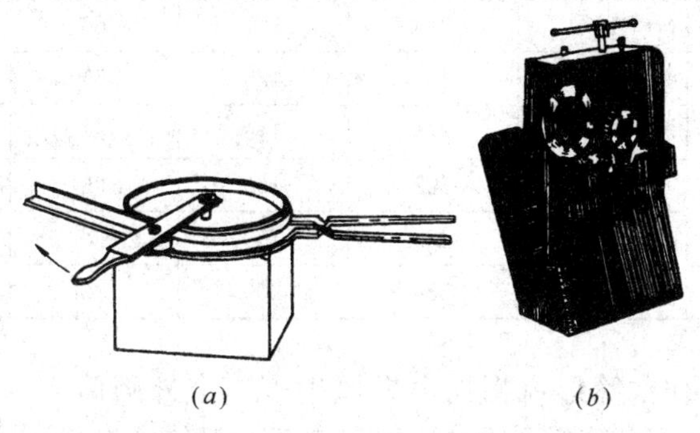

图 8-20 法兰加工

机械卷圆用法兰煨弯机进行，如图 8-20(b)所示。该设备由电机通过齿轮带动两个下辊旋转。直钢材插入下辊轮内被辊轮带动旋转。卷成螺旋圆，然后按需要的长度切断、平整找圆后方可焊接钻孔。

(七) 风帽的制作

排风系统中，可采用伞形、锥形或筒形风帽。

1. 伞形风帽的制作：伞形风帽主要由伞形罩、外筒、扩散管和支撑等部分组成。伞形罩可用黑铁皮按圆锥形展开咬口制作，边缘可翻边卷铁丝加固，支撑用扁钢。组装时可用螺栓(螺帽)将伞形帽同排气管的扩散口连接起来。其形状如图 8-21 所示。其规格见表8-12。

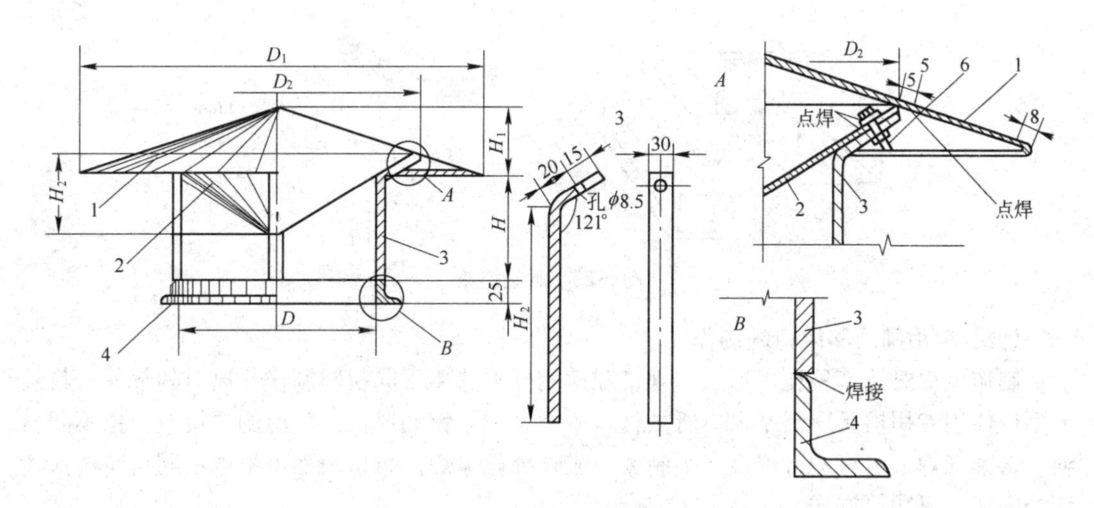

图 8-21 伞形风帽

1—伞形罩；2—倒伞形帽；3—支撑；4—法兰；5—螺栓；6—螺母

风帽尺寸表 **表 8-12**

型号	D	D_1	D_2	H	H_1	H_2	H_3
1	200	400	268	100	60	100	80

续表

型号	D	D_1	D_2	H	H_1	H_2	H_3
2	220	440	295	110	66	110	88
3	250	500	335	125	75	124	100
4	280	560	375	140	84	139	112
5	320	640	429	160	96	159	128
6	360	720	482	180	108	179	144
7	400	800	536	200	120	199	160

2. 筒形风帽的制作：筒形风帽比伞形风帽多一个外圆筒，在室外风力作用下，风帽短管处形成空气稀薄现象，促使空气从竖管排至大气。外圆筒及扩散管亦采用黑铁皮制作，用扁钢加固，其形状如图 8-22 所示。

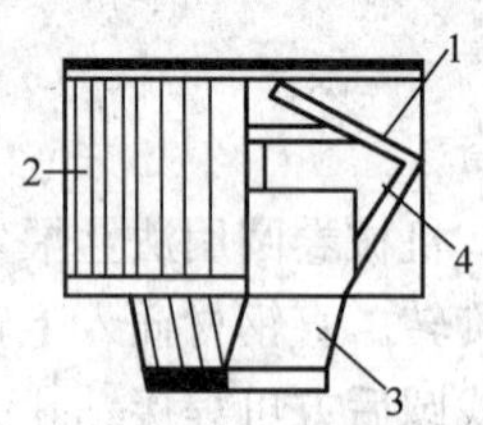

图 8-22　圆筒风帽
1—伞形罩；2—外筒；3—扩散管；4—支撑

（八）软管的制作

为防止风机在运行过程中产生的振动和噪声通过风管传入各通风房间内，通常在风机的吸入口或排出口或风管与部件的连接处设柔性软管。其材质可用人造革、帆布、防火耐高温布等材料。其长度一般为 150～200mm，如图 8-23 所示，即为软管将风管与部件静压箱侧送风口的连接。

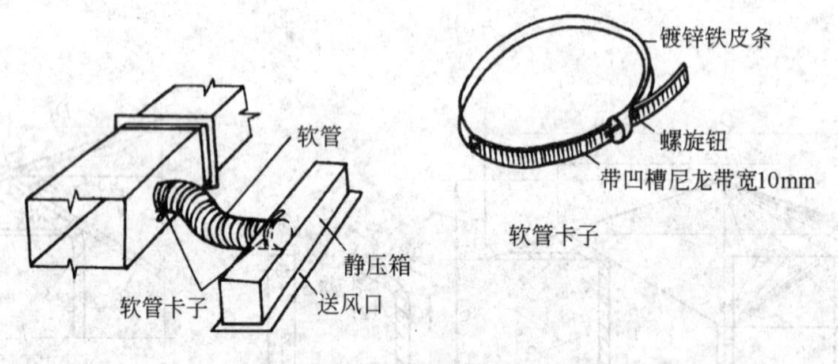

图 8-23　软管连接

（九）常用阀门和风口的制作

制作风口时按其种类、形式、规格和使用要求选用不同材料制作。风口的部件下料及成型应使用专用模具。铝制风口所需材料应为型材，钢制风口组装后的焊接应根据不同材料，选择气焊或电焊进行焊接。铝制风口应选择氩弧焊。风口表面可根据不同材料选择喷漆、喷塑、氧化等方式。

常用的阀门有蝶阀、防火阀等，可按阀门的种类形式、规格和使用要求选取不同材料制作。阀门外框及叶片下料要用机械完成，成型应尽量采用专用模具。阀门内转动的零部件应采用有色金属制作，以防止生锈。阀门外框可选用电焊或气焊方式进行焊接。多叶调节阀的叶片应采用铆接或焊接，组装之后贴合应严密。止回阀转轴必须灵活，阀板关闭严密，转动轴及轴套应采用不易锈蚀的材料制作。防火阀制作时，外框钢板厚度不小于

2mm，转动部件在任何时候都应灵活，并应采用耐腐蚀材料制作，如黄铜、不锈钢等材料。易熔件及执行机构应为正规产品，其易熔件熔点温度应符合设计规定。

此外阀门组装要按照规定程序进行。阀门要标明启、闭方向。

第三节　通风管道安装

风管系统在安装前，应检查风管及送回(排)风口等部件的标高是否与设计图纸相符，并检查土建预留的孔洞、预埋件的位置是否符合要求，并将预制加工的支(吊)架、风管及部、配件等运至现场。做好施工前的准备工作。

一、管道支架的安装

1. 支架的形式及材质：风管支架的形式有悬臂式、三角形、横梁式和吊架等，如图8-24所示，材质可用角钢、扁钢或槽钢制作，吊杆用 ϕ10mm 圆钢。

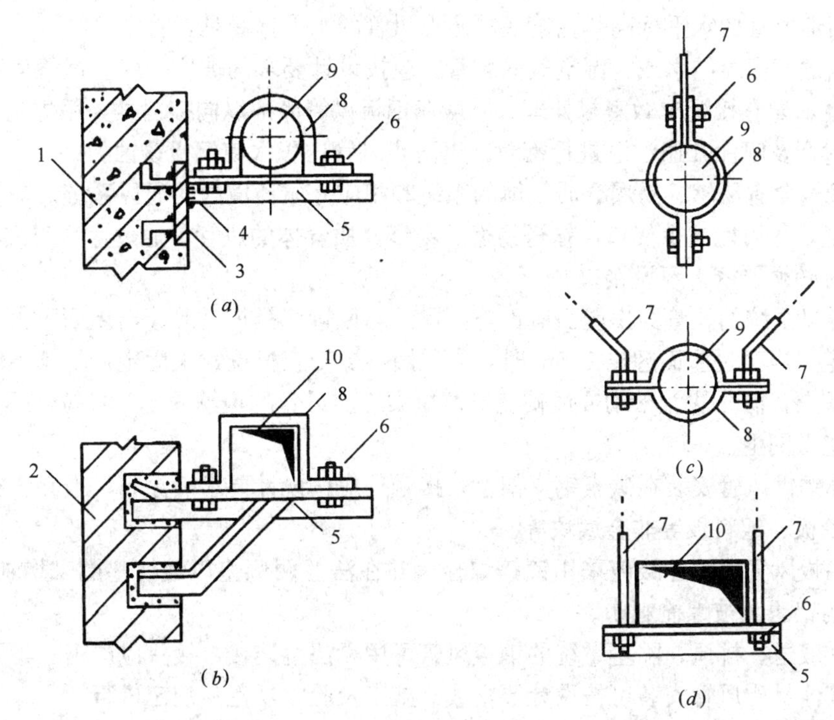

图 8-24　风管支架形式

(a)悬臂式；(b)三角形；(c)单双杆吊架；(d)横梁式吊架

1—钢筋混凝土墙(柱)；2—砖墙；3—预埋钢板；4—焊缝；5—角钢；6—螺帽；7—吊杆；8—管卡；9—圆形风管；10—矩形风管

2. 支、吊架的安装如果设计无专门要求时：

(1) 对于不保温风管应符合下列要求：

1) 水平安装：

直径或大边长＜400mm 时，间距不超过 4m；

直径或大边长≥400mm 时，间距不超过 3m。

螺旋风管的支架间距可适当加大。

2）垂直安装：间距为4m，且每根立管上设置不少于两个固定件。

（2）对于保温风管，因为选用的保温材料不同，其风管的单位长度重量亦不同，风管的支、吊架间距应符合设计要求，一般为2.5～3m。

（3）支架不得设置在风口、阀门、检视门处。吊架不得直接吊在法兰上。

（4）用于不锈钢、铝板风管的支、吊、托架的抱箍，应按设计要求做好防腐、绝缘处理。

二、风管的安装

1. 安装风管时的技术要求

（1）水平风管安装后的允许偏差为每米不大于3mm；总偏差不大于20mm。垂直风管安装后的允许偏差为每米不大于2mm；总偏差不大于20mm。风管沿墙敷设时，管壁到墙面至少保留150mm的距离，以便拧法兰螺丝。

（2）矩形风管的水平标高是指管底；圆形风管的水平标高是指管中心。

（3）输送产生凝结水或含湿空气的风管，应按设计要求的坡度安装。风管底部不应设置纵向接缝，如有接缝应做密封处理。一般薄钢板风管底部纵向接缝处，用焊锡、涂抹油腻子或密封膏及喷涂几遍油漆进行密封，以防止风管内积水使钢板锈蚀。

（4）输送含有易燃、易爆介质气体的系统和相应介质环境内的通风系统。应设置良好的接地装置，尽可能减少接口。输送易燃、易爆介质气体的风管，通过生活间或其他辅助生产房间时必须严密，不设接口。

（5）排风系统的风管穿出屋面应设防雨罩。当风管管径较大或穿出屋面不太高时，可用支架固定；当穿过屋面超出1.5m时，应采用不少于三根拉索来固定。拉索不能固定在法兰或风帽上，防止法兰松动或风帽变形。拉索应与风管的抱箍固定。且拉索不允许拉在避雷针或避雷网上。

（6）不锈钢风管安装在碳素钢支架上，接触处应按设计要求喷涂料，或在支架与风管间垫以橡胶板、塑料板等非金属块等。

（7）铝板风管法兰连接应采用镀锌螺栓，并在法兰两侧垫以镀锌垫圈来增加接触面，防止质软的铝法兰被螺栓刺伤。

（8）一般送、排风、除尘系统的钢板风管可用无法兰连接，接头应严密、牢固。

（9）其他材质风管安装可按设计要求或《施工及验收规范》规定进行。

（10）风管和支架的防腐应按设计要求进行。一般是涂刷底、面漆各两遍。对于保温的风管一般只刷底漆两遍。

（11）风管穿墙、板时应设套管，钢制套管的内径尺寸，应以能穿过风管的法兰和保温层为准，其壁厚不小于20mm，套管必须牢固地预埋在墙、楼板(或地板)内。

2. 风管部、配件的组配

（1）风管法兰的装配：为防止运输中变形，风管与法兰应在专门的加工场内连接。连接方式可采用焊接、翻边和铆接，如图8-25所示。

法兰内径应比风管外径略大2～3mm；法兰螺栓孔间距不大于150mm；角钢法兰的立面和平面应保持互为90°。当风管的管壁$\delta \leqslant 1.5$mm时，可采用翻边铆接，铆接部位应

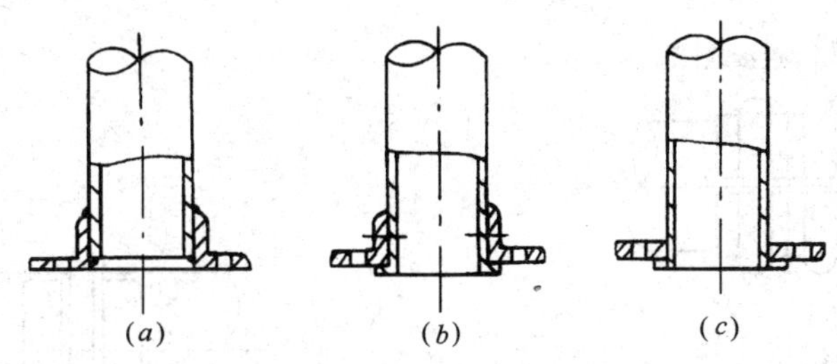

图 8-25　风管法兰的装配

(a)焊接；(b)翻边并铆接；(c)翻边

在法兰外侧；δ>1.5mm 时，可采用翻边点焊或沿风管的周边满焊。风管与法兰连接，如果采用翻边，其尺寸为 6～9mm。

(2) 风管的加固：圆形风管的强度较高，一般不进行加固；矩形风管强度较低，容易产生变形。因此对于矩形风管的大边尺寸≥630mm 时，应采用对角线角钢法兰法或压棱法进行加固。如图 8-26 所示。

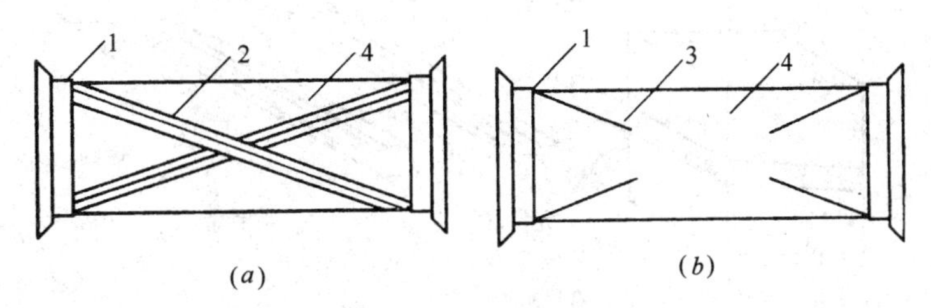

图 8-26　风管的加固

(a)对角线角钢法；(b)压棱法

1—法兰；2—角钢；3—棱；4—矩形风管

3. 风管的连接：传统的通风空调工程中风管的横向连接，都采用角钢或扁钢制成的成对法兰，分别铆在一段风管的两端并翻边，利用两段风管的这对法兰，中间加上密封垫，并用螺栓连接起来。其缺点是受材料、机具和施工的限制，且各段风管一般在 2.0m 以内，故一个系统或工程中，风管法兰接口多达成千上万，而法兰、密封垫及连接螺栓数量亦非常庞大。还因接口多，密封难以严格保证达到要求，漏风量大。

近几年来，在国外技术基础上，国内发展起来的无法兰连接施工工艺解决了以上问题。即将法兰及其附件取消；代之直接咬合、加中间件咬合、辅助夹紧件等方式完成风管的横向连接。连接接口简单，可采用标准件成批生产，节省大量钢材，简化了施工工艺。对于风管排列无法兰连接，介绍以下几种形式：

(1) 抱箍式连接：主要用在钢板圆风管同螺旋风管连接上。先将每段管两端轧制成鼓筋，并使一端缩为小口，安装时按气流方向把小口插入大口，外面用钢制抱箍把两个管端的鼓箍抱紧连接，最后用螺栓穿在耳环中固定拧紧。如图 8-27 所示。

(2) 插接式连接：主要用在矩形或圆形风管的连接上。先制作连接管件，然后插入两侧风管，再使用自攻螺钉或拉铆钉将其紧固，如图 8-28 所示。

(3) 插条式连接：主要用在矩形风管连接上。可把不同形状的插条插入风管两端，然后压实。其形状和接管方法如图 8-29 所示。

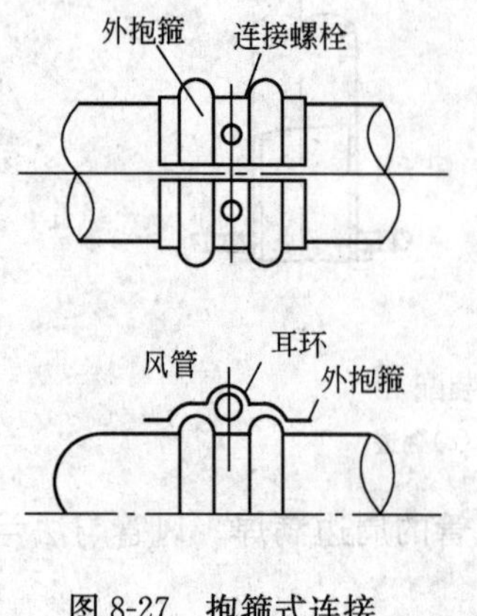

图 8-27 抱箍式连接

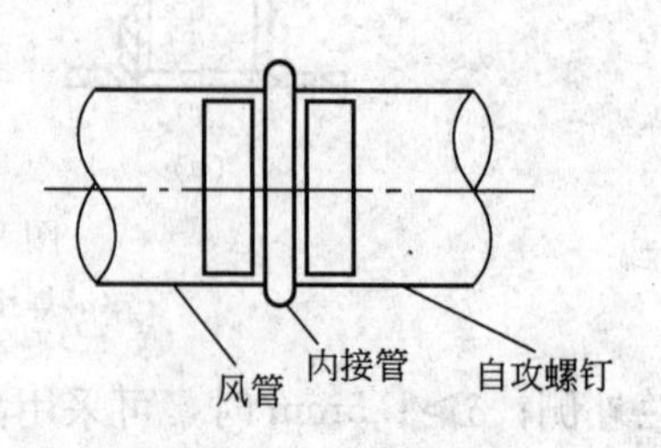

图 8-28 插接式连接

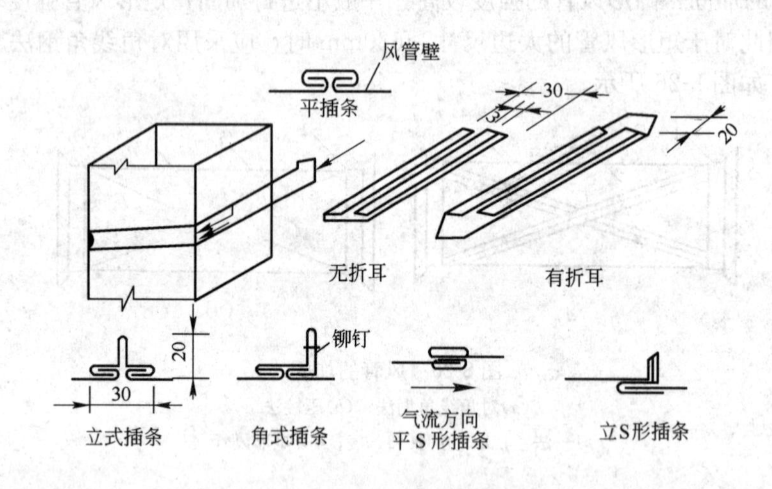

图 8-29 插条式连接

4. 风管接长吊装：当风管在地面上连接成一定的长度，可采用起重机具或手拉葫芦，吊装就位于支架或吊架上找平、找正，可用管卡固定。可采取逐节连接，连接长度在10～20m左右的风管，可用倒链或滑轮将风管提至吊架上去。安装完的风管及部、配件要保证表面光洁，室外风管应有防雨雪措施。

第四节 风 机 的 安 装

通风机是通风空调系统中的主要设备之一，常用的是轴流式和离心式两种。

一、轴流式风机安装

轴流式风机可安装在墙洞内，留洞尺寸及外形大样如图 8-30～图 8-32 所示，规格、型号等见表 8-13、表 8-14。安装时，将风机放入墙洞内预先做好的基础上，注意要先把风机壳体上的电源线盒拆除，换成穿线套管引至墙外后再浇筑混凝土。安装水平找正后，用细石混凝土将墙洞的空隙填实粉光。

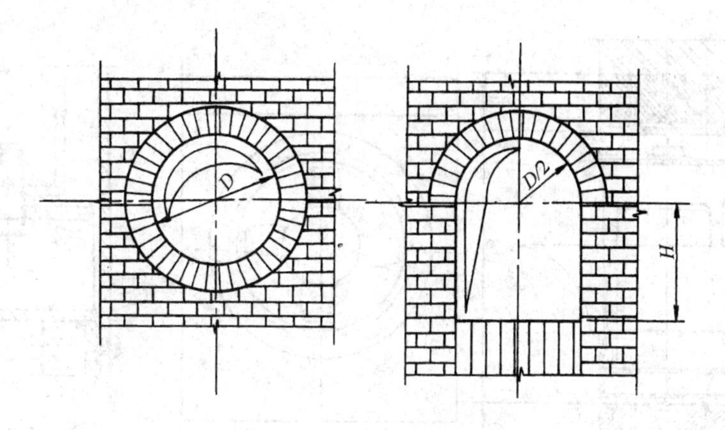

图 8-30　留洞尺寸

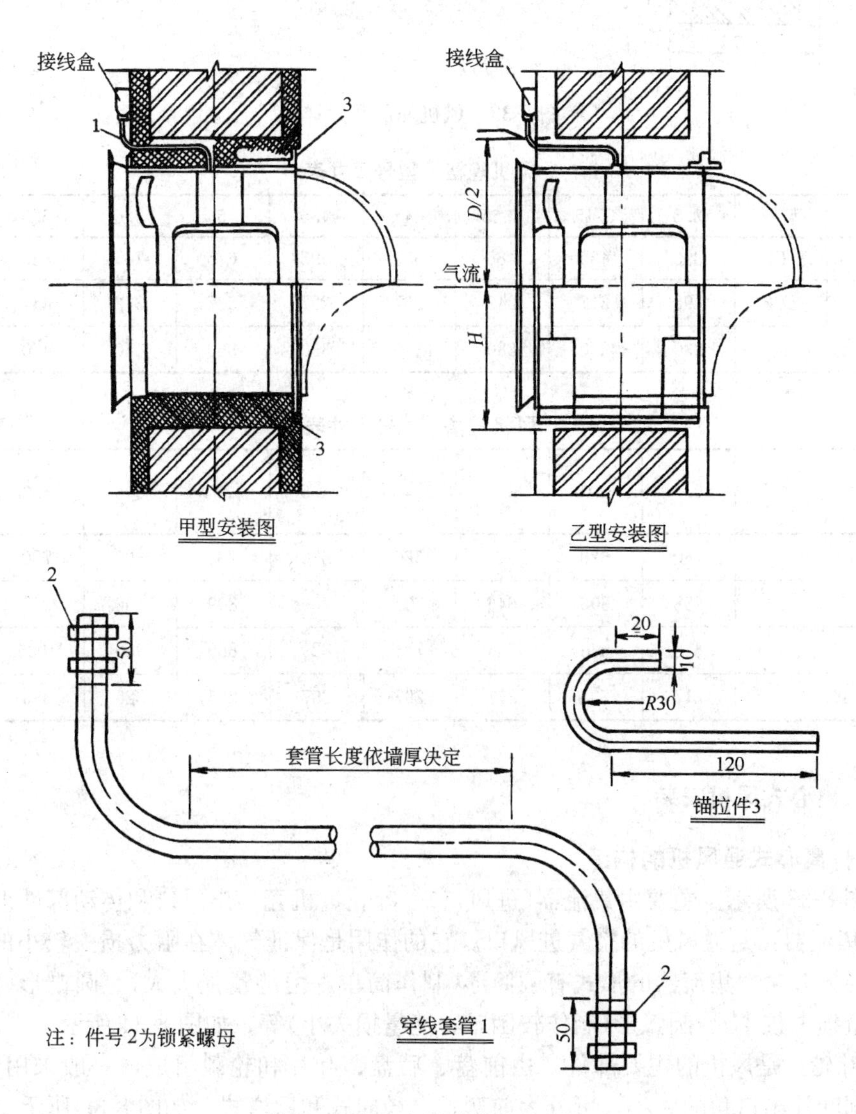

图 8-31　风机洞口安装及大样图

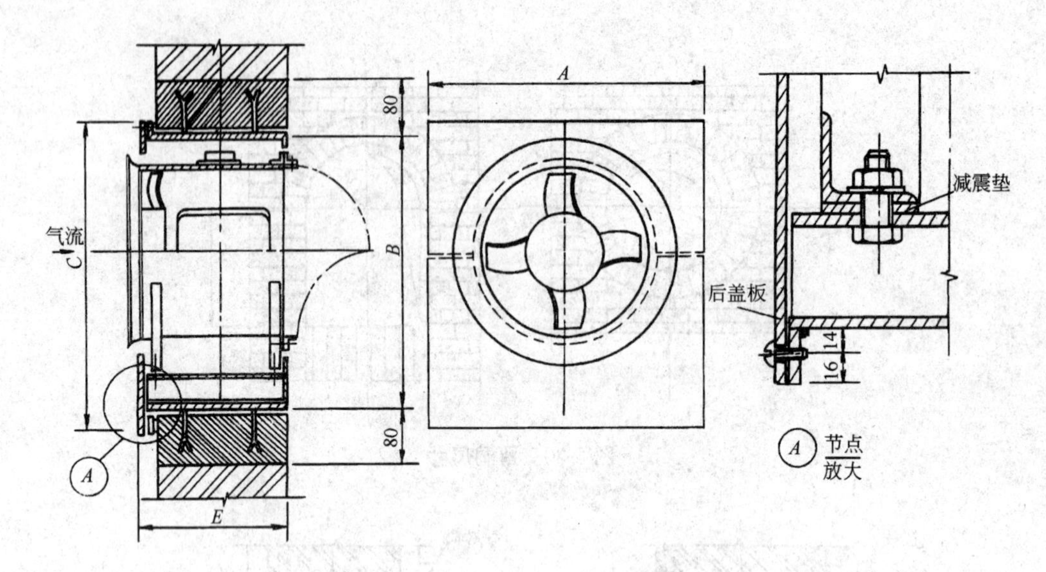

图 8-32　风机外形及大样图

风机规格、型号尺寸表　　　　表 8-13

安装形式	型号	2.8	3.15	3.55	4	4.5	5	5.6	6.3	7.1
甲型	*D*	390	435	485	535	595	675	745	835	935
乙型	*D*/2	195	217	242	267	297	337	372	417	467
	H	230	260	280	310	350	360	410	450	510

风机规格、型号尺寸表　　　　表 8-14

尺寸＼型号	2.8	3.15	3.55	4	4.5	5	5.6	6.3	7.1
A	460	520	560	620	670	720	890	780	960
B	558	606	646	704	769	809	890	975	1065
C	618	666	706	764	829	869	950	1035	1125
E	217	237	277	297	257	295	325	385	395

二、离心式风机安装

(一) 离心式通风机的构造

如图 8-33 所示。主要由集流器(进风口)、叶轮、机壳、出风口和传动部件组成。

1. 集流器：是通风机的空气进风口。它的作用是保证气体在阻力损失较小的情况下，均匀地导入叶轮。集流器的形式有圆筒形(制作简单，但能量损失大)、圆锥形(制作较简单，能量损失较小)、圆弧形(制作较困难，能量损失小)等，如图 8-34 所示。

2. 叶轮：是风机的主要部件。由前盘、后盘、叶片和轮毂组成，一般采用焊接和铆接。根据叶片出口角的大小，可分为前弯式、径向式和后弯式。如图 8-35 所示。

3. 机壳：是包围在叶轮外面的外壳，一般为螺线式。

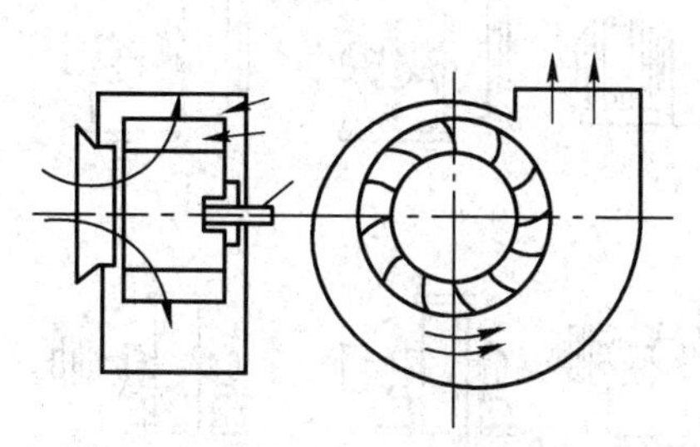

图 8-33　离心式通风机构造示意图

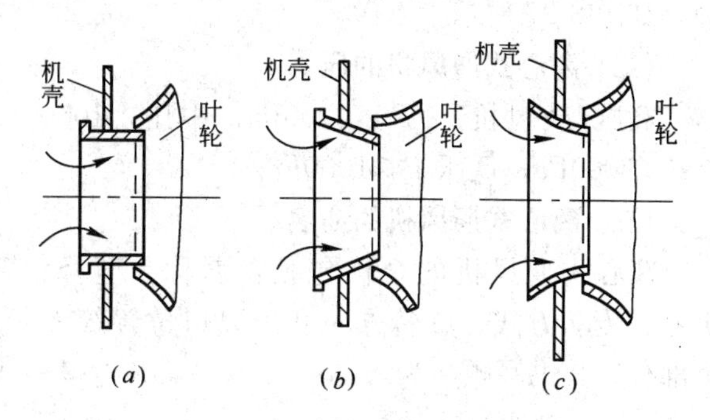

图 8-34　离心式通风机的集流器形式

(a)圆筒形；(b)圆锥形；(c)圆弧形

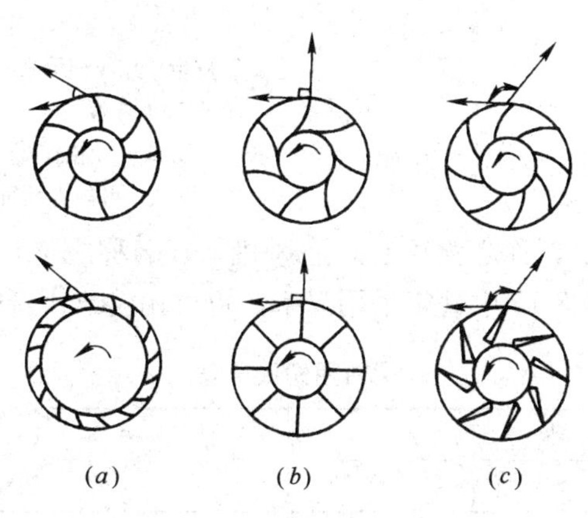

图 8-35　离心通风机叶轮结构形式

(a)前弯式；(b)径向式；(c)后弯式

4. 出风口：可向任何方向。它在机壳所处的位置由叶轮的旋转方向和出风方向决定。如图 8-36 所示。

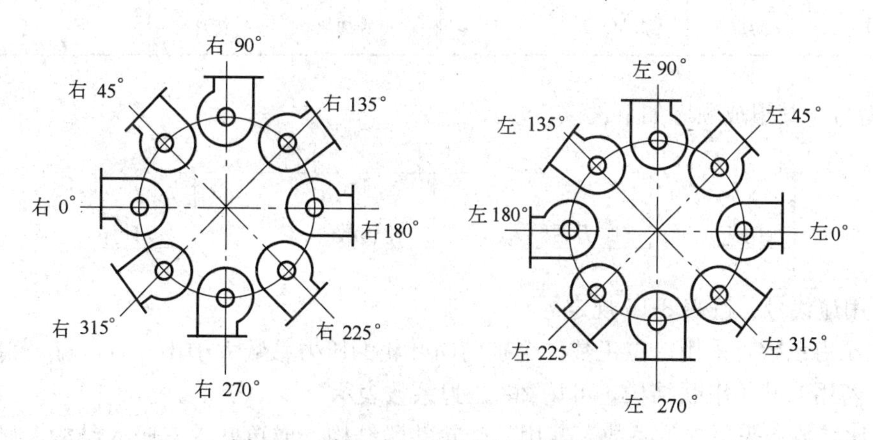

图 8-36　离心式通风机出风口位置表示法

5. 传动部件：包括轴和轴承，有的还包括联轴器和皮带轮。它们是通风机和电机的连接部件。机座一般用铸铁铸成或用型钢焊成。离心式通风机与电机的连接方式一般有 6

种，如图 8-37 所示。

（二）离心式通风机的压力

高压(鼓风机)，$P \geqslant 3000\text{Pa}$；中压，$1000 \leqslant P < 3000\text{Pa}$；低压 $P \leqslant 1000\text{Pa}$。

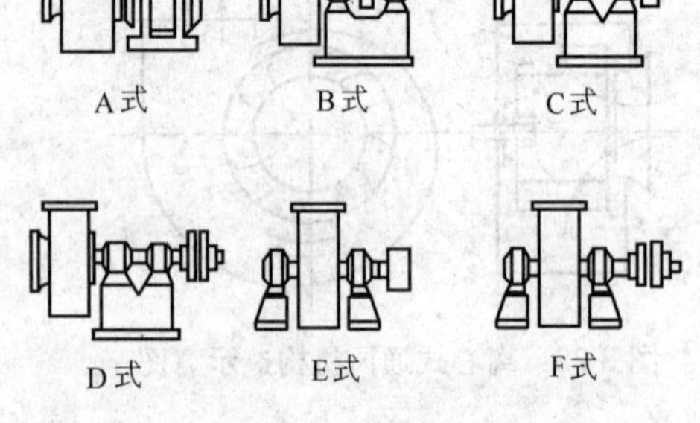

图 8-37　电动机与通风机的传动方式

A 式—无轴承，电机直联；B 式—悬臂支撑，皮带轮在两轴承之间；C 式—悬臂支撑，皮带轮在两轴承外侧；D 式—悬臂支撑，联轴器直接传动；E 式—叶轮在两轴承中间，皮带轮在外侧；F 式—叶轮在两轴承中间，联轴器直接传动

（三）离心式通风机的命名

离心式通风机的全称包括：名称、型号、机号、传动方式、旋转方向和出风口位置等六个部分，其书写顺序为：

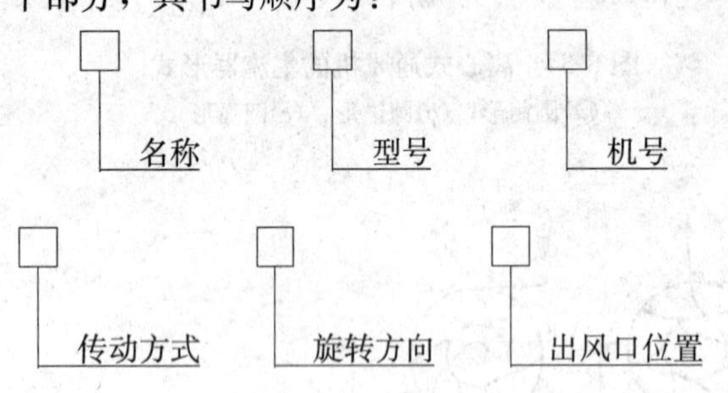

1. 名称：按其作用原理称之为离心式通风机，在名称之前可冠以用途字样，也可忽略不写，用途字样可按表 8-15 中规定采用汉字，也可用汉语拼音字头。

风机用途代号表　　表 8-15

用　途	代　号			用　途	代　号		
	汉字	汉语拼音	简写		汉字	汉语拼音	简写
排尘通风	排尘	CHEN	C	矿井通风	矿井	KUANG	K
输送煤粉	煤粉	MEI	M	锅炉引风	引风	YIN	Y
防腐蚀	防腐	FU	F	锅炉通风	锅炉	GUO	G
工业炉吹风	工业炉	LU	L	冷却塔通风	冷却	LENG	LE
耐高温	耐温	WEN	W	一般通风	通风	TONG	T
防爆炸	防爆	BAO	B	特殊通风	特殊	TE	E

2. 型号：其组成顺序如下：

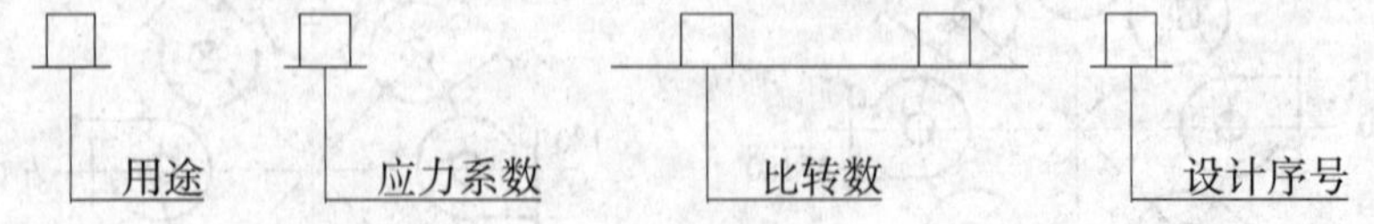

(1) 用途代号：按表 8-15 规定。

(2) 压力系数：采用一位正数。个别前向叶轮的压力系数大于 1.0 时，可采用二位整数表示。若用二叶轮串联结构，可用 2×压力系数表示。

(3) 比转数：采用二位整数。若用二叶轮并联结构，或单叶轮双吸入结构，则用 2×比转数表示。

(4) 若产品的型式中有重复代号或派生型时，则在比转数后加注序号，采用罗马字体Ⅰ、Ⅱ等表示。

(5) 设计序号用阿拉伯数字“1”、“2”等表示。

3. 机号：用叶轮的分米尺寸表示，其尾数四舍五入，前面冠以符号“No”表示。

4. 传动方式：按图 8-37 的规定。

5. 旋转方向：从主轴槽轮或电动机位置来看叶轮旋转方向，顺时针者为“右”，逆时针者为“左”。

6. 出风口位置：以叶轮的旋转方向和出风方向(角度)来决定。按图 8-36 的规定。

(四) 离心式通风机的安装

小型的 2.8～5 号的离心式通风机，全部采用直联结构，风机叶轮直接固定在电机轴上，机壳直接固定在电机端头的法兰上。安装时要将电动机固定，基础用型钢支架(高位的)或混凝土(地面的)，机座用螺栓和基础连接。直联风机安装应保持机壳壁面垂直，底座水平，叶轮和机壳不能相碰，如图 8-38 所示。

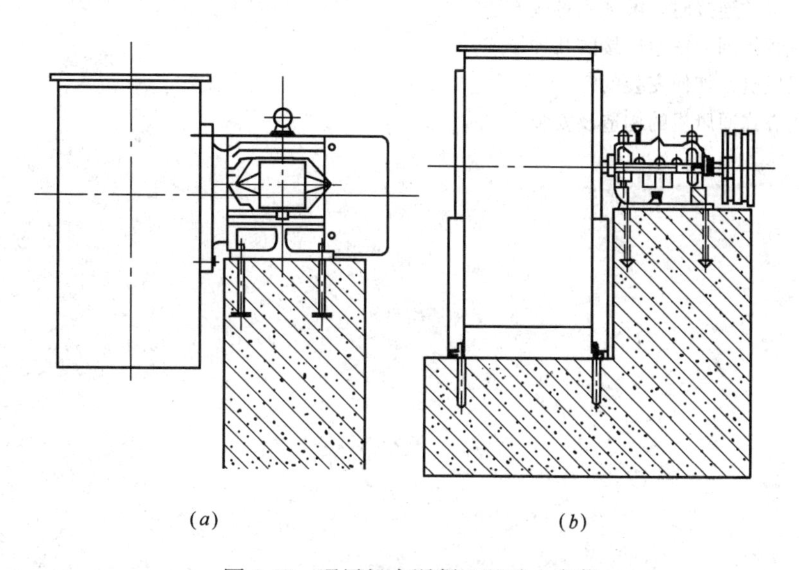

图 8-38 通风机在混凝土基础上安装

6 号以上的大中型离心式风机的轴和电机的轴是分开的，采用弹性联轴器连接或用三角皮带传动。16 号以下的风机外壳是一个整体，不可拆开，转动机壳改变圆孔边上固定螺栓孔的位置，可改变出风口的方向。对于 16～20 号的风机，为便于安装和运输，机壳做成三开式的，各部分用螺栓连接，可拆可装，出风口的方向是固定的。风机、联轴器和电机均分别有基础支承。安装前先检查基础位置和标高以及地脚螺栓孔洞的位置、数量和风机一致否。对于混凝土基础的预留螺栓孔中的杂物要清理干净。安装步骤如下：

1. 将机壳在基础上放正并穿上地脚螺栓(暂不拧紧)；

2. 将叶轮、轴承和皮带轮的组合体吊放到基础上，并将叶轮插入机壳，穿上轴承箱底座的地脚螺栓，之后将电机吊装，就位于基础上；

3. 分别对轴承箱组合件、风机和电机进行找平、找正应以通风机为准，轴心偏差保持在允许偏差范围内；

4. 在混凝土基础的预留孔内用比基础的混凝土高一级强度等级的混凝土灌浆，捣实抹平，地脚螺栓不能歪斜。待初凝后再检查一次各部分是否平正，最后上紧地脚螺栓。

思 考 题

1. 解释通风和空调的含义。
2. 简述通风系统的组成。
3. 简述空调系统的组成。
4. 通风工程常用材料有哪些?
5. 常用的咬口形式有哪几种?且其适用范围是什么?
6. 金属风管焊接接头形式有哪些?
7. 简述风帽的种类及安装部位。
8. 简述软管的制作、安装、材质及长度。
9. 通风工程中常用的阀门有哪几种?
10. 通风管道支架有哪几种形式?间距如何考虑?
11. 风管与法兰连接时,可采用哪些方法?
12. 简述风管排列无法兰连接的几种形式。
13. 轴流式风机是如何安装的?
14. 简述离心式通风机的构造及安装。

第九章　安装工程预算定额

第一节　安装工程预算定额概述

一、建设工程预算定额分类

建设工程预算定额是经过国家授权机构组织编制、颁布实施的具有法律性的工程建设标准。该定额可按照生产要素、编制程序和建设用途、费用性质、专业性质以及管理权限进行分类。如图 9-1 所示。

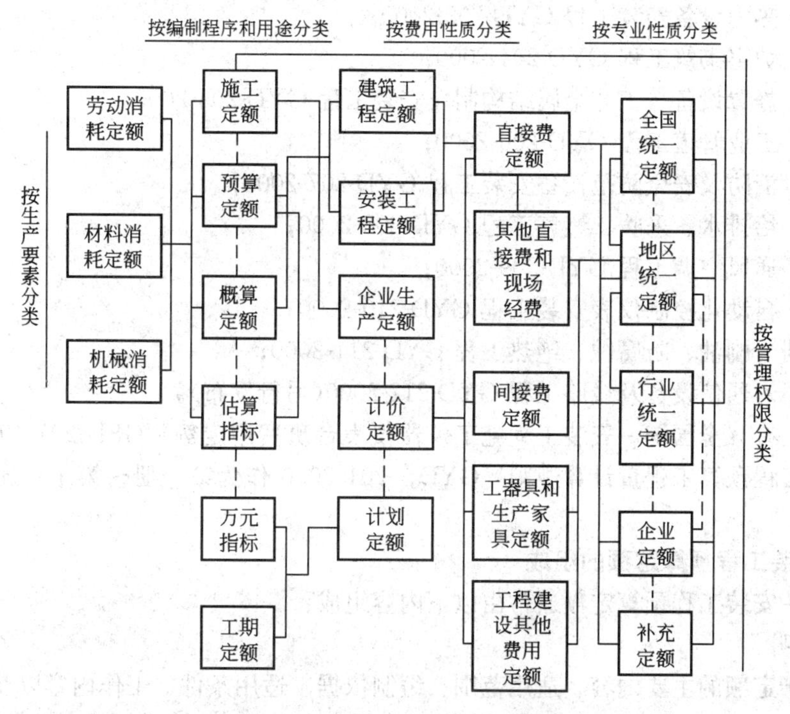

图 9-1　建设工程预算定额分类图

按生产要素可分为劳动消耗定额、材料消耗定额和机械台班消耗定额等三种。

按定额的编制程序和用途可分为施工定额、预算定额、概算定额、投资估算指标、万元指标、工期定额等。

按投资的费用性质可分为建筑工程定额、设备安装工程定额、建筑安装工程费用定额（包括直接费、其他直接费、间接费等）、工具器具和生产家具定额以及工程建设其他费用定额等。

按专业性质可分为通用定额（如全国统一安装工程预算定额、地区统一预算定额）、行业通用定额（如各行业统一使用的定额）和专业专用定额等。

按管理权限可分为全国统一定额、行业统一定额、地区统一定额、企业定额和补充定额等。

二、安装工程预算定额

（一）安装工程预算定额的概念

安装工程预算定额指由国家或授权单位组织编制并颁发执行的具有法律性的数量指标。它反映出国家对完成单位安装产品基本构造要素(即每一单位安装分项工程)所规定的人工、材料和机械台班消耗的数量额度。

（二）全国统一安装工程预算定额的种类

目前，由建设部批准，机械工业部主编，2000 年 3 月 17 日颁布的《全国统一安装工程预算定额》共分 12 册：

第一册　机械设备安装工程 GYD-201-2000；

第二册　电气设备安装工程 GYD-202-2000；

第三册　热力设备安装工程 GYD-203-2000；

第四册　炉窑砌筑工程 GYD-204-2000；

第五册　静置设备与工艺金属结构制作安装工程 GYD-205-2000；

第六册　工业管道工程 GYD-206-2000；

第七册　消防及安全防范设备安装工程 GYD-207-2000；

第八册　给排水、采暖、燃气工程 GYD-208-2000；

第九册　通风空调工程 GYD-209-2000；

第十册　自动化控制仪表安装工程 GYD-210-2000；

第十一册　刷油、防腐蚀、绝热工程 GYD-211-2000；

第十二册　通信设备及线路工程 GYD-212-2000(另行发布)。

此外，还有《全国统一安装工程施工仪器仪表台班费用定额》GFD-201-1999 和《全国统一安装工程预算工程量计算规则》GYD_{GZ}-201-2000 作为第一册～第十一册定额的配套使用。

（三）安装工程预算定额的组成

全国统一安装工程预算定额通常由以下内容组成：

1. 册说明

介绍关于定额的主要内容、适用范围、编制依据、适用条件、工作内容以及工料、机械台班消耗量和相应预算价格的确定方法、确定依据等。

2. 目录

目录是为查、套定额提供索引。

3. 各章说明

介绍本章定额的适用范围、内容、计算规则以及有关定额系数的规定等。

4. 定额项目表

它是每册安装定额的核心内容。其中包括：分节工作内容、各分项定额的人工、材料和机械台班消耗量指标以及定额基价、未计价材料等内容。

5. 附录

一般置于各册定额表的后面，其内容主要有材料、元件等重量表、配合比表、损耗率表以及选用的一些价格表等。

(四) 安装工程预算定额编制原则

为了确保定额的质量，发挥其作用，在编制工作中应遵循如下原则：

1. 社会平均水平确定预算定额水平的原则

由于预算定额是确定和控制建筑安装工程造价的主要依据，因此，它必须遵循价值规律的客观要求，即按照生产过程中所消耗的社会必要劳动时间来确定定额水平。换言之，是在现有的社会正常生产条件下，在社会平均的劳动熟练程度和劳动强度下创造某种使用价值所必须的劳动时间来确定定额水平。所以，安装工程预算定额的水平是在正常的施工条件下，合理组织施工、在平均劳动熟练程度和劳动强度下，完成单位分项工程基本构造要素所需的劳动时间。

预算定额水平是以施工定额水平为基础。预算定额反映的是社会平均水平，施工定额反映的是社会平均先进水平，所以，预算定额水平要低于施工定额水平。

2. 简明适用原则

这是从执行预算定额的可操作性考虑，在编制定额时，通常采用“细算粗编”的方法，从而减少定额的换算，少留定额“活口”，即简明、适用的原则。

3. 坚持统一性和差别性相结合原则

所谓统一性，是从全国统一市场规范计价行为出发，计价定额的制定规划和组织实施由国务院建设行政主管部门归口，并负责全国统一定额制定或修订，颁发有关工程造价管理的规章制度办法等。从而利于通过定额和工程造价管理实现建筑安装工程价格的宏观调控。通过编制全国统一定额，使建筑安装工程具有一个统一的计价依据，同时可使考核设计和施工的经济效果具有一个统一的尺度。

所谓差别性，是在统一性基础上，各部门和省、自治区、直辖市主管部门根据部门和地区的具体情况，制定部门和地区性定额，补充性制度和管理办法。

(五) 预算定额的编制方法

编制预算定额的方法主要有：调查研究法、统计分析法、技术测定法、计算分析法等。如采用计算分析法编制预算定额的具体步骤为：

1. 根据安装工程(电气、管道)施工及验收规范、技术操作规程、施工组织设计和正确的施工方法等，确定定额项目的施工方法、质量标准和安全措施。依据编制定额方案规定的范围、内容、对定额项目(子目)进行工序的划分。

2. 制定材料、成品、半成品施工操作中的损耗率表。

3. 选择有代表性的施工图纸，计算各工序的工程量，并确定定额综合内容以及所包括的工序含量和比重。

4. 根据定额的工作内容及建筑安装工程统一劳动定额，计算完成某一工程项目的人工和施工机械台班用量。采用理论计算法，计算材料、成品、半成品消耗用量，从而确定完成定额规定计量单位所需要的人工、材料、机械台班消耗量指标。

(六) 预算定额的作用

1. 预算定额是编制施工图预算。确定和控制建筑安装工程造价的基础。施工图预算是施工图设计文件之一，是控制和确定建筑安装工程造价的必要手段，同时，预算定额对建筑安装工程直接费影响颇大，依据预算定额编制施工图预算，对于确定建筑安装工程费用起着非常重要的作用。

2. 预算定额是对设计方案进行技术经济比较、技术经济分析的依据。设计方案在设计工作中居核心地位，并且，方案的选择需要满足功能、符合设计规范。要求技术先进、经济合理，需要采用预算定额对方案进行多方面的技术经济比较，对工程造价产生的影响，从技术和经济相结合的角度考虑方案采用后的可能性和经济效益。

3. 预算定额是施工企业进行经济活动分析的依据。企业实行经济核算的最终目的，是采用经济的手段促使企业在保证质量和工期的前提下，使用较少的劳动消耗获取最大的经济效果。因此，企业必须以预算定额作为衡量企业工作的重要标准。从而提高企业的市场竞争能力。

4. 预算定额是编制标底、投标报价的基础。这是在市场经济体制下，预算定额作为编制标底的依据和施工企业报价的基础性作用所决定，亦是由其自身的科学性和权威性决定的。

5. 预算定额是编制概算定额和概算指标的基础。概算定额和概算指标是在预算定额基础上经过综合、扩大编制而成。

(七) 预算定额的特点

1. 科学性

预算定额的科学性有两重含义，其一，指定额与生产力发展水平相适应，反映了工程建设中生产消耗的客观规律。其二，指定额管理在理论、方法和手段上适应现代科学技术和信息社会发展的需要。定额的制定是尊重客观实际、适应市场运行机制需要的。

2. 系统性

预算定额具有相对的独立性，拥有鲜明的层次性和明确的目标。这是由工程建设的特点所决定的。根据系统论的观点，工程建设是庞大的实体系统。而预算定额正是服务于该实体的。

3. 统一性

预算定额的统一性，是由国家经济发展的有计划宏观调控职能所决定的。在工程建设全过程中，采用统一的标准，对工程建设实行规划、组织、调节和控制，有利于项目决策、方案的比选和成本控制等工作的进行。

4. 权威性

预算定额拥有很大权威，并且在一定条件下具有经济法规的性质。这种权威性反映统一的意志和要求，同时，亦反映了信赖的程度和定额的严肃性。

5. 稳定性和时效性

预算定额的相对稳定性和时效性，表现在定额从发布使用到结束历史使命，通常维持在5～10年的时期。

第二节 安装工程预算定额消耗量指标的确定

一、定额人工消耗量指标的确定

安装工程预算定额人工消耗量指标，是在劳动定额基础上确定的完成单位分项工程必须消耗的劳动量。其表达式如下：

分项工程人工消耗量＝基本用工＋其他用工

＝(技工用工＋辅助用工＋超运距用工)×(1＋人工幅度差率)

式中，技工用工指某分项工程的主要用工；辅助用工指现场材料加工等用工；超运距用工指材料运输中，超过劳动定额规定距离外增加的用工；人工幅度差率指预算定额所考虑的工作场地的转移、工序交叉、机械转移以及零星工程等用工。国家规定在10％左右。

二、定额材料消耗量指标的确定

安装工程施工，进行设备安装时要消耗材料，有些安装工程就是由施工加工的材料组装而成。构成安装工程主体的材料称为主要材料，其次要材料则称为辅助材料(或计价材料)。完成定额分项工程必须消耗的材料可以按下述方法计算：

分项定额材料消耗量＝材料净用量＋损耗量＝材料净用量×(1＋损耗率)

＝材料净用量×损耗系数

式中

$$损耗率=\frac{材料损耗量}{定额净用量}\times 100\%$$

$$损耗系数=\frac{1}{1-损耗率}$$

材料净用量是构成工程实体必须占用的材料，而损耗量则包括施工操作、场内运输、场内堆放等材料损耗量。

三、定额机械台班消耗量的确定

安装工程定额中的机械费通常为配备在作业小组中的中、小型机械，与工人小组产量密切相关，可按下式确定，不考虑机械幅度差。

$$机械台班消耗量=\frac{分项定额计量单位值}{小组总产量}$$

第三节　安装工程预算定额单价的确定

一、定额日工资单价的确定

(一) 日工资单价的组成和内容

定额日工资单价指一个建筑安装工人一个工作日在预算中应计入的全部人工费用。它基本反映了建筑安装工人的工资水平和一个工人在一个工作日中可获得的报酬。按照现行规定，其内容组成大致有以下几种：

1. 基本工资：指发放给生产工人的基本工资。

2. 工资性补贴：指按照规定标准发放的物价补贴，煤、燃气补贴，交通补贴，住房补贴，流动施工津贴等。

3. 生产工人辅助工资：指生产工人年有效施工天数以外非作业天数的工资，包括职工学习、培训期间的工资，调动工作、探亲、休假期间的工资，因气候影响的停工工资，女工哺乳时间的工资，病假在六个月以内的工资以及产、婚、丧假期的工资。

4. 职工福利费：指按照规定标准计提的职工福利费。

5. 生产工人劳动保护费：指按照规定标准发放的劳动保护用品的购置费以及修理费，徒工服装补贴，防暑降温费，在有碍身体健康环境中施工的保健费用等。

(二) 日工资单价的确定方法

日工资单价$(G)=\Sigma_1^5 G$：

$$基本工资(G_1)=\frac{生产工人平均月工资}{年平均每月法定工作日}$$

$$工资性补贴(G_2)=\frac{\Sigma 年发放标准}{全年日历日-法定假日}+\frac{\Sigma 月发放标准}{年平均每月法定工作日}+每工作日发放标准$$

$$生产工人辅助工资(G_3)=\frac{全年无效工作日\times(G_1+G_2)}{全年日历日-法定假日}$$

$$职工福利费(G_4)=(G_1+G_2+G_3)\times 福利费计提比例(\%)$$

$$生产工人劳动保护费(G_5)=\frac{生产工人年平均支出劳动保护费}{全年日历日-法定假日}$$

$$人工费=\Sigma(工日消耗量\times 日工资单价)$$

二、定额材料预算价格的确定

(一) 概念

材料预算价格是指材料由发货地运至现场仓库或堆放场地后的出库价格。材料从采购、运输到保管，在使用前所发生的全部费用构成了材料预算价格。其表达式如下：

$$材料预算价格=\Sigma(材料消耗量\times 材料基价)+检验试验费$$

1. 材料基价

$$材料基价=[(供应价格+运杂费)\times(1+运输损耗率(\%))]\times(1+采购保管费率(\%))$$

2. 检验试验费

$$检验试验费=\Sigma(单位材料量检验试验费\times 材料消耗量)$$

(二) 价格组成及确定方法

1. 供应价

材料供应价是材料的进价，通常包括货价和供销部门手续费两部分。这是材料预算价格构成中最主要的因素。供应价的确定方法如下：

(1) 原价的确定：原价是根据材料的出厂价、进口材料货价或市场批发价，同种材料由于出产地、供货渠道不一会出现几种原价，其综合原价可按照供应量的比例，加权平均计算。

(2) 供销部门手续费的确定：对于此项费用，根据国家现行的物资供应体制不能直接向生产单位采购订货，需要经过当地物资部门(如材料公司、金属公司等)供应时发生的经营管理费用。

2. 运杂费

运杂费是指由产地或交货地点运至现场仓库，所发生的车、船费用等之总和。

(1) 材料运输流程图如图 9-2 所示。

(2) 计算表达式：

运杂费=运输费+调车(船)费+装卸费+附加工作费+保险费+囤存费+运输损耗费

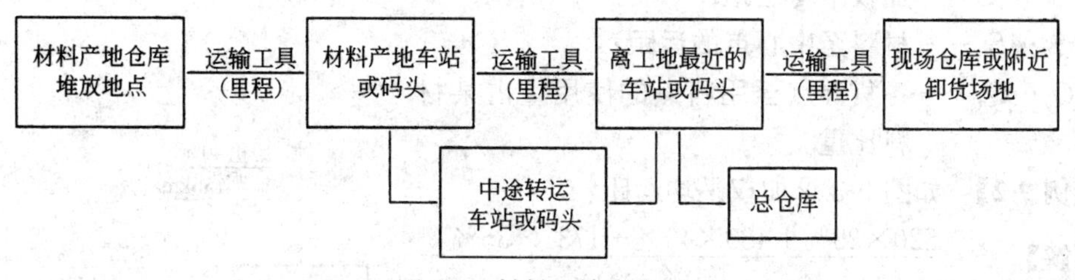

图 9-2　材料运输流程图

(3) 运费标准依据，铁路按铁道部门规定，水运按海港局或港务局的规定，公路按各省、市运输公司规定执行。

(4) 运费计算方法

1) 直接计算法：如三材、安装工程的主材可按重量直接计算运费。

2) 间接计算法：对一般材料采用测定一个运费系数来计算运费。

3) 平均计算法：这是对材料因多个地点交货、多种工具运输、而一个地区又是多个施工地点使用的情况，故一个地区的材料运杂费必须采用加权平均的方法计算。其计算表达式为：

$$C=\frac{T_1Q_1+T_2Q_2+\cdots+T_nQ_n}{Q_1+Q_2+\cdots+Q_n}$$

式中　　C——加权平均运费；

T_1、$T_2\cdots T_n$——各点运费；

Q_1、$Q_2\cdots Q_n$——各点至供应点的材料供应数量。

【例 9-1】 甲、乙、丙分别为铁路运输钢材，运至工地采用汽车。运距、运价和供货比重如图 9-3 所示，求钢材每吨运价？

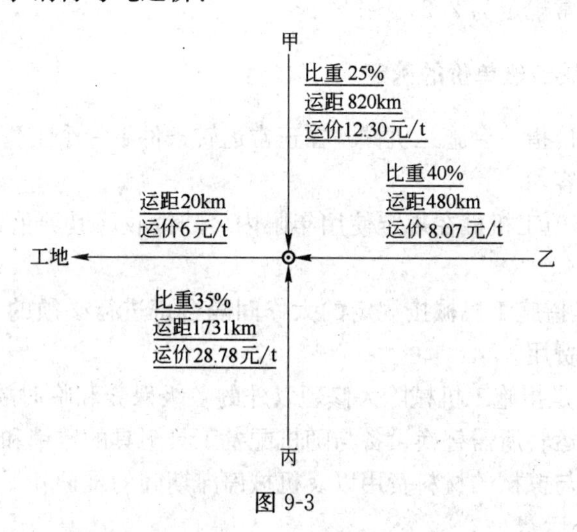

图 9-3

【解】　$C=\frac{12.30\times25\%+8.07\times40\%+28.78\times35\%}{100\%}+6=22.38$ 元/t

同理平均运距

$$S=\frac{S_1Q_1+S_2Q_2+\cdots+S_nQ_n}{Q_1+Q_2+\cdots+Q_n}$$

式中　　S——加权平均运距；

S_1、$S_2 \cdots S_n$——材料至中心点的运距；

Q_1、$Q_2 \cdots Q_n$——各货源点至用料点的使用量占某材料比重。

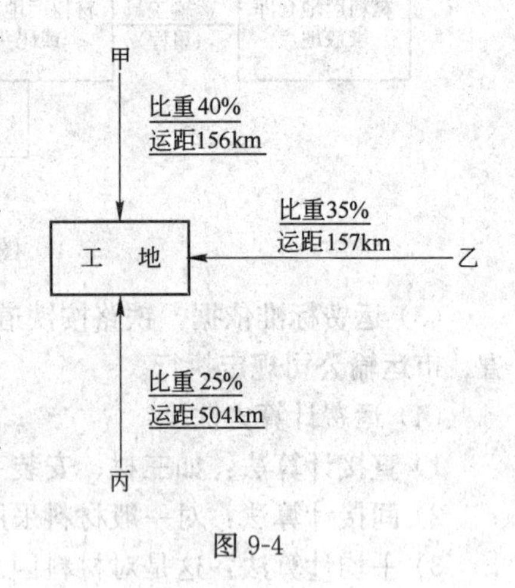

图 9-4

【例 9-2】 如图 9-3 求加权平均运距？

【解】 $S=\frac{820\times25\%+480\times40\%+1731\times35\%}{100\%}+20=1022.85\text{km/t}$

【例 9-3】 水泥汽车运输某省内为 0.22 元/t·km，求平均运距，如图 9-4 所示。

【解】 $S=\frac{156\times40\%+157\times35\%+504\times25\%}{100\%}=243.35\text{km}$

$C=243.35\times0.22=53.54$ 元/t

(5) 运输损耗费的确定

材料运输损耗费=(材料原价+装卸费+运输费)×运输损耗率

3. 采购及保管费

采购及保管费指在组织材料供应中发生的采购和保管库存损耗等费用。其内容包括工地仓库以及材料管理人员采购、运输、保管、公务等人员的工资和辅助工资。还有职工福利费、办公费、差旅和交通费、固定资产使用费、工具用具使用费、劳动保护费、检验试验费以及材料存储损耗等。其计算公式为：

材料及采购保管费=(原价+运杂费)×采购保管费率

采购保管费率通常规定为 2.2%～3%。

三、定额施工机械台班单价的确定

定额机械台班单价指一台施工机械，在正常运转条件下一个工作班总共所发生的全部费用。它包括 7 项内容：

1. 折旧费：是指施工机械在规定使用年限内，陆续收回其原值以及购置资金的时间价值。

2. 大修理费：是指施工机械按规定的大修间隔台班进行必须的大修，用以恢复其正常功能所需要的全部费用。

3. 经常修理费：是指施工机械除大修理以外的各级保养和临时故障排除所需的费用。包括为保障机械正常运转所需替换设备与随机配备工具附具的摊销和维护费用，机械运转中日常保养所需润滑与擦拭的材料费用以及机械停滞期间的维护和保养费用等。

4. 安拆费及场外运费

(1) 安拆费：指机械在施工现场进行安装、拆卸所需人工、材料、机械和试运转费用，包括机械辅助设施(基础、底座、固定锚桩、行走轨道、枕木等)的折旧、搭拆、拆除等费用。

(2) 场外运输：是指施工机械整体或分体自停置地点运到现场或从某一工地运至另一

施工地点的运输、装卸、辅助材料以及架线等费用。

5. 人工费：是指机上司机(司炉)和其他操作人员的工作日人工费及上述人员在施工机械规定的年工作台班以外的人工费。

6. 燃料动力费：是指机械在运转作业中所消耗的固体燃料(煤炭、木材)、液体燃料(汽油、柴油)及水、电等费用。

7. 养路费及车船使用税：是指施工机械按照国家和有关部门规定应交纳的养路费、车船使用税、保险费及年检费等。

上述费用中，折旧费、大修理费、经常修理费、安拆及场外运输费，是属于分摊性质的费用，称为第一类费用，亦称不变费用。而燃料动力费、人工费、养路费以及车船使用税属于支出性质的费用，称为第二类费用。

此外，在机械台班单价的测算中，其影响因素有机械价格、使用年限、使用效率以及政府税费政策等。

第四节　安装工程预算定额基价的确定

一、预算定额基价

预算定额基价指预算定额中确定消耗在工程基本构造要素上的人工、材料、机械台班消耗量，在定额中以价值形式反映，其组成有三部分，即：

(一) 定额人工费

定额人工费指直接从事建筑安装工程施工的生产工人开支的各项费用(含生产工人的基本工资、工资性补贴、辅助工资、职工福利费以及劳动保护费)。表达式为：

定额人工费＝分项工程消耗的工日总数×相应等级日工资标准

日工资标准应根据目前《全国统一建筑工程基础定额》中规定的完成单位合格的分项工程或结构构件所需消耗的各工种人工工日数量乘以相应的人工工资标准确定。但在具体执行中要注意地方规定，尤其是地区调整系数的处理。

(二) 定额材料费

定额材料费是指施工过程中耗用的构成工程实体的原材料、辅助材料、构配件、零件、半成品的费用和周转材料的摊销费，按相应的价格计算的费用之和。

安装工程材料分计价材料和未计价材料，定额材料费表达式如下：

定额材料费＝计价材料费＋未计价材料费

式中

计价材料费＝Σ分项项目材料消耗量×相应材料预算价格

未计价材料费＝Σ分项项目未计价材料消耗量×材料预算价格

(三) 定额机械费

定额机械台班费是指使用施工机械作业所发生的机械使用费以及机械安、拆和进出场费用。其表达式为：

定额机械台班费＝Σ分项项目机械台班消耗量×相应机械台班单价

所以，安装工程预算定额基价的表达式为：

预算定额基价＝人工费＋材料费＋机械台班费

二、单位估价表

执行预算定额地区，根据定额中三个消耗量(人工、材料、机械台班)标准与本地区相应三个单价相乘计算得到分项工程(子目工程)，预算价格称为“估价表单价”或工程预算“单价”。若将以上单价、基价等列入定额项目表中，并且汇总、分类成册，即为单位估价表。

预算定额与估价表的关系是，前者为确定三个消耗量的数量标准，是执行定额地区编制单位估价表的依据，后者则是“量、价”结合的产物。

第五节　安装工程预算定额的应用

一、材料与设备的划分

安装工程材料与设备界线的划分，目前国家尚未正式规定，通常凡是经过加工制造，由多种材料和部件按各自用途组成独特结构，具有功能、容量及能量传递或转换性能的机器、容器和其他机械、成套装置等均称为设备。但在工艺生产过程中不起单元工艺生产作用的设备本体以外的零配件、附件、成品、半成品等均称为材料。

二、计价材料和未计价材料的区别

计价材料是指编制定额时，把所消耗的辅助性或次要材料费用，计入定额基价中，主要材料是指构成工程实体的材料，又称为未计价材料，该材料规定了其名称、规格、品种及消耗数量，它的价值是根据本地区定额，按地区材料预算单价(即材料预算价格)计算后汇总在工料分析表中。计算方法为：

某项未计价材料数量＝工程量×某项未计价材料定额消耗量

未计价材料定额消耗量通常列在相应定额项目表中。而未计价材料费用的计算式为：

某项未计价材料费＝工程量×某项未计价材料定额消耗量×材料预算价格

三、运用系数计算的费用

预算造价计价表或计费程序表中某些费用，要经过定额规定的系数来计算。有些系数在费用定额中不便列出，而是通过在原定额基础上乘以一个规定系数计算，计算后属于直接费系数的有章节系数、子目系数、综合系数三种。

(一) 章节系数

有些子目(分项工程项目)需要经过调整，方能符合定额要求。其方法是在原子目基础上乘以一个系数即可。该系数通常放在各章说明中，称为章、节系数。

(二) 子目系数

子目系数是费用计算中最基本的系数，又是综合系数的计算基础，也构成工程直接费，子目系数由于工程类别不同，各自的要求亦不同，列在各册说明中。如高层建筑工程增加系数、单层房屋工程超高增加系数以及施工操作超高增加系数等。计取方法可按地方规定执行。

（三）综合系数

它是列入各册说明或总说明内，通常出现在计费程序表中，如脚手架搭拆系数、采暖工程中的系统调试计算系数、安装与生产同时进行时的降效增加系数、在有害健康环境中施工时要收取的降效增加系数以及在特殊地区施工中应收取的施工增加系数等。

四、安装工程预算定额表的查阅

预算定额表的查阅，就是指定额的使用方法，即熟练套用定额。其步骤为：

1. 确定工程名称，要与定额中各章、节工程名称相一致。

2. 根据分项工程名称、规格，从定额项目表中确定定额编号。

3. 按照所查定额编号，找出相应工程项目单位产品的人工费、材料费、机械台班费和未计价材料数量。

在查阅定额时，应注意除了定额可直接套用外，定额的使用中，还存在定额的换算问题。安装工程中如出现换算定额时，一般有定额的人工、材料、机械台班及其费用的换算，多数情况下，采用乘以一个系数的办法解决。但各地区可根据具体情况酌情处理。

4. 将套用的单位产品的人工费、材料费、机械台班费、未计价材料数量和定额编号，按照施工图预算表的格式及要求，填写清楚。

至于定额中查阅不到的项目，业主和施工方可根据工艺和图纸的要求，编制补充定额，双方必须经当地造价部门仲裁后方可执行。

思 考 题

1. 工程建设定额分哪五类？
2. 什么是安装工程预算定额？
3. 预算定额的编制方法有哪些？
4. 预算定额的作用有哪些？
5. 预算定额的特点有哪些？
6. 定额中人工、材料、机械台班消耗量指标是怎样确定的？
7. 定额中日工资单价、材料预算价格和机械台班单价是怎样确定的？
8. 什么是预算定额基价？
9. 简述预算定额和单位估价表之间的关系。
10. 简述预算定额基价的组成。
11. 什么是计价材料？什么是未计价材料？
12. 简述章节系数、子目系数、综合系数的含义和应用方法。
13. 简述在市场经济条件下，对定额实行“量”、“价”分离的必要性。
14. 我国工程造价改革中曾一度采取“控制量、指导价、竞争费”的原则，其“控制量”的“量”指的是什么量？其意义何在？
15. GB 50500—2003 颁布后，计价模式是否应否定定额计价的作用？

第十章　建筑安装工程施工图预算

第一节　费　用　构　成

一、建筑安装工程费用

（一）建筑工程造价的内容

1. 各类房屋建筑工程和列入房屋建筑工程预算的供水、供电、供暖、卫生、通风、煤气等设备费用及其装设、油饰工程的费用，列入建筑工程预算的各种管道、电力、电信和电缆导线敷设工程的费用。

2. 设备基础、支柱、工作台、烟囱、水塔、水池、灰塔等建筑工程以及各种窑炉的砌筑工程和金属结构工程的费用。

3. 为施工而进行的场地平整、工程和水文地质勘察、原有建筑物和障碍物的拆除以及施工临时用水、电、气、路和完工后的场地清理、环境绿化、美化等工程的费用。

4. 矿井开凿、井巷延伸、露天矿剥离、石油、天然气钻井、修建铁路、公路、桥梁、水库、堤坝、灌渠以及防洪等工程的费用。

（二）安装工程造价的内容

1. 生产、动力、起重、运输、传动和医疗、实验等各种需要安装的机械设备的装配费用，与设备相连的工作台、梯子、栏杆等装设工程，附属于被安装设备的管线敷设工程，被安装设备的绝缘、防腐、保温、油漆等工程的材料费和安装费。

2. 为测定安装工程质量，对单个设备进行单机试运行，对系统设备进行系统联动无负荷试运转工程的调试费。

建筑工程造价和安装工程造价的确定，国家都有相应的基础定额或预算定额以及与其相配套的工程量计算规则。在计算工程造价时，各类工程费用的确定，应执行当地有关定额的规定。当定额缺项时，应按照定额编制的方法，编制补充定额。

我国现行安装工程造价的构成见表10-1所示。

我国现行安装工程造价的构成　　**表10-1**

费用项目			参考计算方法
直接费一	直接工程费	人工费	Σ(人工工日概预算定额×日工资单价×实物工程量)
		材料费	Σ(材料概预算定额)×材料预算价格×实物工程量
		机械费	Σ(机械预算定额×机械台班预算单价×实物工程量)
	措施费	环境保护费	通用措施费项目的计算方法 建标［2003］206号文
		文明施工费	
		安全施工费	
		临时设施费	
		夜间施工费	
		二次搬运费	
		大型机械设备进出场及安拆费	

续表

	费 用 项 目		参考计算方法
直接费一	措施费	混凝土、钢筋混凝土模板及支架费 脚手架费 已完工程及设备保护费 施工排水、降水费	通用措施费项目的计算方法 建标［2003］206号文
间接费二	规费 企业管理费		安装工程：□×相应费率
三	利润		安装工程：□×相应利润率
四	税金(含营业税、城市维护建设税、教育费附加)		安装工程：(税前造价＋利润)×税率

按表10-1的规定，建筑安装工程造价由直接费、间接费、利润和税金组成。

二、直接费

建筑安装工程直接费由直接工程费和措施费组成。

(一) 直接工程费

直接工程费指施工过程中直接耗费的构成工程实体，有助于工程形成的各项费用。包括人工费、材料费和施工机械使用费。

1. 人工费：指直接从事建筑安装工程施工的生产工人开支的各项费用。

2. 材料费：是指施工过程中耗费的构成工程实体的原材料、辅助材料、构配件、零件、半成品的费用。内容包括：材料原价(或供应价)；材料运杂费；运输损耗费；采购及保管费；检验试验费等五项。其计算公式为：

材料费＝Σ(材料消耗量×材料基价)＋检验试验费

(1) 材料基价

材料基价＝[(供应价格＋运杂费)×(1＋运输损耗率(%))]×(1＋采购保管费率(%))

(2) 检验试验费

检验试验费＝Σ(单位材料量检验试验费×材料消耗量)

3. 施工机械使用费：指施工机械作业所发生的机械使用费以及机械安拆费和场外运费。

施工机械使用费＝Σ(施工机械台班消耗量×机械台班单价)

机械台班单价：

台班单价＝台班折旧费＋台班大修费＋台班经常修理费＋台班安拆费及场外运费＋台班人工费＋台班燃料动力费＋台班养路费及车船使用税

(二) 措施费

措施费是指为完成工程项目施工，发生在该工程施工前和施工过程中非工程实体项目的费用。此处只列通用措施费项目的计算方法，各专业工程的专用措施费项目的计算方法由各地区或国务院有关专业主管部门的工程造价管理机构自行制定。其内容如下：

1. 环境保护费：指施工现场为达到环保部门要求所需要的各项费用。

环境保护费＝直接工程费×环境保护费费率(%)

$$环境保护费费率(\%)=\frac{本项费用年度平均支出}{全年建安产值\times直接工程费占总造价比例(\%)}$$

2. 文明施工费：指施工现场文明施工所需要的各项费用。

$$文明施工费=直接工程费\times文明施工费费率(\%)$$

$$文明施工费费率(\%)=\frac{本项费用年度平均支出}{全年建安产值\times直接工程费占总造价比例(\%)}$$

3. 安全施工费：指施工现场安全施工所需要的各项费用。

$$安全施工费=直接工程费\times安全施工费费率(\%)$$

$$安全施工费费率(\%)=\frac{本项费用年度平均支出}{全年建安产值\times直接工程费占总造价比例(\%)}$$

4. 临时设施费：指施工企业为进行建筑工程施工所必须搭设的生活和生产用的临时建筑物、构筑物和其他临时设施费用等。包括临时宿舍、文化福利以及公用事业房屋与构筑物、仓库、办公室、加工厂以及规定范围内道路、水、电、管线等临时设施和小型临时设施。其费用包括临时设施的搭拆、维修、拆除费或摊销费。具体费用有周转使用临建(如活动房屋)；一次性使用临建(如简易建筑)；其他临时设施(如临时管线)三部分。

$$临时设施费=(周转使用临建费+一次性使用临建费)\times(1+其他临时设施所占比例(\%))$$

其中：

1) 周转使用临建费：

$$周转使用临建费=\frac{\Sigma[临建面积\times每平方米造价\times工期(天)]}{使用年限\times365\times利用率(\%)}+一次性拆除费$$

2) 一次性使用临建费：

$$一次性使用临建费=\Sigma临建面积\times每平方米造价\times[1-残值率(\%)]+一次性拆除费$$

3) 其他临时设施在临时设施费中所占比例，可由各地区造价管理部门依据典型施工企业的成本资料经分析后综合测定。

5. 夜间施工增加费：指因夜间施工所发生的夜间补助费、夜间施工降效、夜间施工照明设备摊销以及照明用电等费用。

$$夜间施工增加费=\frac{(1-合同工期)}{定额工期}\times\frac{直接工程费中的人工费合计}{平均日工资单价}\times每工日夜间施工费开支$$

6. 二次搬运费：指因施工场地狭小等特殊情况而发生的二次搬运费用。

$$二次搬运费=直接工程费\times二次搬运费费率(\%)$$

$$二次搬运费费率(\%)=\frac{年平均二次搬运费开支额}{全年建安产值\times直接工程费占总造价的比例(\%)}$$

7. 大型机械进出场及安拆费：指机械整体或分体自停放场地运至施工现场或由一个施工地点运至另一个施工地点，所发生的机械进出场运输及转移费用及机械在施工现场进行安装、拆卸所需要的人工费、材料费、机械费、试运转费和安装所需的辅助设施的费用。

$$大型机械进出场及安拆费=\frac{一次进出场及安拆费\times年平均安拆次数}{年工作台班}$$

8. 混凝土、钢筋混凝土模板及支架：指混凝土施工过程中需要的各种钢模板、木模板、支架等的支、拆、运输费用及模板、支架的摊销或租赁费用。

(1) 模板及支架费=模板摊销量×模板价格+支、拆、运输费

$$摊销量=一次使用量\times(1+施工损耗)\times[1+(周转次数-1)\times补损率/周转次数-(1-补损率)\times 50\%/周转次数]$$

(2) 租赁费＝模板使用量×使用日期×租赁价格＋支、拆、运输费

9. 脚手架搭拆费：指施工需要的各种脚手架搭、拆、运输费用及脚手架的摊销或租赁费用。

(1) 脚手架搭拆费＝脚手架摊销量×脚手架价格＋搭、拆、运输费

$$脚手架摊销量=\frac{单位一次使用量\times(1-残值率)}{耐用期\div一次使用期}$$

(2) 租赁费＝脚手架每日租金×搭设周期＋搭、拆、运输费

10. 已完工程及设备保护费：指竣工验收前，对已完工程及设备进行保护所需费用。

已完工程及设备保护费＝成品保护所需机械费＋材料费＋人工费

11. 施工排水、降水费：指为确保工程在正常条件下施工，采取各种排水、降水措施所发生的各种费用。

排水降水费＝Σ排水降水机械台班费×排水降水周期＋排水降水使用材料费、人工费

三、间接费

间接费由规费、企业管理费组成。安装工程间接费的计算基础是人工费。

(一) 规费

规费是指政府和有关权利部门规定必须缴纳的费用。内容有五项：

1. 工程排污费：指施工现场按规定缴纳的工程排污费。

2. 工程定额测定费：指按规定支付工程造价管理部门的定额测定费。

3. 社会保险费，包括以下内容：

(1) 养老保险费：指企业按规定标准为职工缴纳的基本养老保险费。

(2) 失业保险费：指企业按照国家规定标准为职工缴纳的失业保险费。

(3) 医疗保险费：指企业按照规定标准为职工缴纳的基本医疗保险费。

4. 住房公积金：指企业按照规定标准为职工缴纳的住房公积金。

5. 危险作业意外伤害保险：指按照建筑法规定，企业为从事危险作业的建筑安装施工人员支付的意外伤害保险费。

规费费率可根据地区典型工程发承包价的分析资料综合取定规费计算中所需数据。可以每万元发承包价中人工费含量和机械费含量；或以人工费占直接费的比例；亦可以每万元发承包价中所含规费缴纳标准的各项基数。

以人工费为计算基础时，规费费率计算公式如下：

$$规费费率(\%)=\frac{\Sigma 规费缴纳标准\times每万元发承包价计算基数}{每万元发承包价中的人工费含量}\times 100\%$$

(二) 企业管理费

指建筑安装企业组织施工生产和经营管理所需费用。内容包括：

1. 管理人员工资：指管理人员的基本工资、工资性补贴、职工福利费、劳动保护费等。

2. 办公费：指企业管理办公用的文具、纸张、账表、印刷、邮电、书报、会议、水

电、烧水和集体取暖(包括现场临时宿舍取暖)用煤等费用。

3. 差旅交通费：指职工因公出差、调动工作的差旅费、住勤补助费，市内交通费和误餐补助费，职工探亲路费，劳动力招募费，职工离退休、退职一次性路费，工伤人员就医路费，工地转移费以及管理部门使用的交通工具的油料、燃料、养路费及牌照费。

4. 固定资产使用费：指管理和试验部门及附属生产单位使用的属于固定资产的房屋、设备仪器等的折旧、大修、维修或租赁费。

5. 工具用具使用费：指管理使用的不属于固定资产的生产工具、器具、家具、交通工具和检验、试验、测绘、消防用具等的购置、维修和摊销费。

6. 劳动保护费：指由企业支付离退休职工的易地安家补助费、职工退休金、六个月以上的病假人员工资、职工死亡丧葬补助费、抚恤费、按规定支付给离休干部的各项经费。

7. 工会经费：指企业按照职工工资总额计提的工会经费。

8. 职工教育经费：指企业为职工学习先进技术和提高文化水平，按照职工工资总额计提的费用。

9. 财产保险费：指施工管理用财产、车辆保险。

10. 财务费：指企业为筹集资金而发生的各种费用。

11. 税金：指企业按照规定缴纳的房产税、车船使用税、土地使用税、印花税等。

12. 其他：包括技术转让费、技术开发费、业务招待费、绿化费、广告费、公证费、法律顾问费、审计费、咨询费等。

以人工费为计算基础时，企业管理费费率计算公式如下：

$$\text{企业管理费费率}(\%)=\frac{\text{生产工人年平均管理费}}{\text{年有效施工天数}\times\text{人工单价}}\times 100\%$$

$$\text{间接费}=\text{人工费合计}\times\text{间接费费率}(\%)$$

$$\text{间接费费率}(\%)=\text{规费费率}(\%)+\text{企业管理费费率}(\%)$$

四、利润

指施工企业完成所承包工程获得的盈利。盈利计算公式见表 10-7～表 10-12。

五、税金

指国家税法规定的应计入建筑安装工程造价内的营业税、城市维护建设税以及教育费附加等。

税金计算公式如下：

$$\text{税金}=(\text{税前造价}+\text{利润})\times\text{税率}(\%)$$

当纳税地点在市区的企业：

$$\text{税率}(\%)=\frac{1}{1-3\%-(3\%\times 7\%)-(3\%\times 3\%)}-1$$

当纳税地点在县城、镇的企业：

$$\text{税率}(\%)=\frac{1}{1-3\%-(3\%\times 5\%)-(3\%\times 3\%)}-1$$

当纳税地点不在市区、县城、镇的企业：

$$\text{税率}(\%)=\frac{1}{1-3\%-(3\%\times 1\%)-(3\%\times 3\%)}-1$$

第二节　建筑安装工程施工图预算的编制

一、施工图预算的概念

施工图预算是指以施工图为依据，按照现行预算定额(单位估价表)、费用定额、材料预算价格、地区工资标准以及有关技术、经济文件编制的确定工程造价的文件。

二、施工图预算的作用

在社会主义市场经济条件下，施工图预算的主要作用有：

1. 根据施工图预算调整建设投资

施工图预算根据施工图和现行预算定额等规定编制，确定的工程造价是该单位工程的计划成本，投资方或业主按照施工图预算调整筹集建设资金，并控制资金的合理使用。

2. 根据施工图预算确定招标的标底

对于实行施工招标的工程，施工图预算是编制标底的依据，亦是承包企业投标报价的基础。

3. 根据施工图预算拨付和结算工程价款

业主向银行贷款，银行拨款，业主同承包商签定承包合同，双方进行结算、决算等均依据施工图预算。

4. 根据施工图预算施工企业进行运营和经济核算

施工企业进行施工准备，编制施工计划和建安工作量统计，从而进行技术经济内部核算的主要依据是施工图预算。

三、施工图预算的编制依据

安装工程施工图预算的编制依据主要有：

1. 经会审后的施工图纸(含施工说明书)；
2. 现行《全国统一安装工程预算定额》和配套使用的各省、市自治区的单位估价表；
3. 地区材料预算价格；
4. 费用定额，亦称为安装工程取费标准；
5. 施工图会审纪要；
6. 工程施工及验收规范；
7. 工程承包合同或协议书；
8. 施工组织设计或施工方案；
9. 国家标准图集和有关技术、经济文件、预算工作手册、工具书等。

四、施工图预算编制应具备的条件

1. 施工图纸已经会审；
2. 施工组织设计或施工方案已经审批；
3. 工程承包合同已经签订生效。

五、施工图预算的计算步骤

1. 熟悉施工图纸(读图)；

2. 熟悉施工组织设计或施工方案；

3. 熟悉合同所划分的内容及范围；

4. 按照施工图纸计算工程量(列项)；

5. 汇总工程量，然后套用相应定额(填写工、料分析表)；

6. 计算直接工程费(先在工程量计价表中填写人工费、计价材料费、机械费、未计价材料费等，然后汇总上述四项费用，再在费用计算程序表中计取直接工程费)；

7. 在费用计算程序表中计算间接费(按照间接费用定额及有关规定)；

8. 计算利润(按照间接费用定额及工程承包合同约定)；

9. 计算按规定计取的有关费用；

10. 计算含税造价；

11. 计算相关技术、经济指标(如单方造价：元/m^2、单方消耗量：钢材 t/m^2、水泥 t/m^2、原木 m^3/m^2)；

12. 撰写编制说明(内容包括本单位工程施工图预算编制依据、价差的处理、工程和图纸中存在的问题、未尽事宜的解决办法等)；

13. 对施工图预算书进行校核、审核、审查、签字、盖章。

六、施工图预算书的组成

1. 封面：见表 10-2；

建设工程造价预(结)算书 表 10-2

建设单位：________ 单位工程名称：________ 建设地点：________

施工单位：________ 施工单位取费等级：________ 工程类别：________

工程规模：________ 工程造价：________ 单位造价：________

建设(监理)单位：________ 施工(编制)单位：________

技术负责人：________ 技术负责人：________

审核人：________ 编制人：________

资格证章： 资格证章：

年 月 日

2. 编制说明：见表 10-3；

编 制 说 明 表 10-3

编制依据	施工图号	
	合 同	
	使用定额	
	材料价格	
	其 他	
说 明		

3. 费用计算程序表(略);

4. 价差调整表(可自行设计);

5. 工程计价表(亦称工、料分析表,它是施工图预算表格中的核心内容),见表10-4;

工 程 计 价 表 **表 10-4**

<table>
<tr><th rowspan="3">定额编号</th><th rowspan="3">项目名称</th><th rowspan="3">单位</th><th rowspan="3">工程量</th><th colspan="6">计价工程费</th><th colspan="6">未计价材料</th></tr>
<tr><th colspan="3">单位价值</th><th colspan="3">合计价值</th><th rowspan="2">名称及规格</th><th rowspan="2">单位</th><th rowspan="2">定额量</th><th rowspan="2">计算数量</th><th rowspan="2">单价</th><th rowspan="2">合价</th></tr>
<tr><th>基价</th><th>人工费</th><th>机械费</th><th>合价</th><th>人工费</th><th>机械费</th></tr>
<tr><td></td><td></td><td></td><td></td><td></td><td></td><td></td><td></td><td></td><td></td><td></td><td></td><td></td><td></td><td></td><td></td></tr>
<tr><td></td><td></td><td></td><td></td><td></td><td></td><td></td><td></td><td></td><td></td><td></td><td></td><td></td><td></td><td></td><td></td></tr>
<tr><td></td><td></td><td></td><td></td><td></td><td></td><td></td><td></td><td></td><td></td><td></td><td></td><td></td><td></td><td></td><td></td></tr>
<tr><td></td><td></td><td></td><td></td><td></td><td></td><td></td><td></td><td></td><td></td><td></td><td></td><td></td><td></td><td></td><td></td></tr>
<tr><td></td><td></td><td></td><td></td><td></td><td></td><td></td><td></td><td></td><td></td><td></td><td></td><td></td><td></td><td></td><td></td></tr>
</table>

6. 材料、设备数量汇总表(可自行设计);

7. 工程量计算表(它是施工图预算书的最原始数据、基础资料,预算人员要留底,以便备查),见表10-5。

工 程 量 计 算 表 **表 10-5**

序 号	分项工程名称	单 位	数 量	计 算 式

七、安装工程造价计算程序及有关价差的调整

(一) 安装工程造价计算程序

安装工程造价计算顺序,我国目前尚未有统一的建筑安装工程造价计算程序,一般都是由各省、市自治区建设主管部门结合本地区情况自行拟定。

1. 费用项目及计算顺序的拟定

各个地区按照国家规定的建筑安装工程费用划分和计算,还要根据本地区具体情况拟定需要计算的费用项目。安装工程费用中的直接工程费、间接费、利润和税金四个部分是费用计算程序中最基本的组成部分。各地区可结合当地实际情况,在此基础上增加按实计算的费用以及材料价差调整费用等项目。然后根据确定的项目来排列计算顺序。

2. 费用计算基础和费率的拟定

安装工程费用费率的拟定，各地区不尽相同，但多数地区是按照工程的类别规定费用费率。

3. 安装工程类别划分标准

以重庆市为例，安装工程取费是以工程类别为标准的。见表10-6，即为该市安装工程类别划分标准。

安装工程类别划分标准 **表10-6**

编号	一类	二类	三类
一	1. 切削、锻压、铸造、压缩机设备工程 2. 电梯设备工程	1. 起重(含轨道)，输送设备工程 2. 风机、泵设备工程	1. 工业炉设备工程 2. 煤气发生设备工程
二	1. 变配电装置工程 2. 电梯电气装置工程 3. 发电机、电动机、电气装置工程 4. 全面积的防爆电气工程 5. 电气调试	1. 动力控制设备、线路工程 2. 起重设备电气装置工程 3. 舞台照明控制设备、线路、照明器具工程	1. 防雷、接地装置工程 2. 照明控制设备、线路、照明器具工程 3. 10kV以下架空线路及外线电缆工程
三	各类散装锅炉及配套附属辅助设备工程	各类快装锅炉及配套附属、辅助设备工程	
四	1. 各类专业窑炉工程 2. 含有毒气体的窑炉工程	1. 一般工业窑炉工程 2. 室内烟、风道砌筑工程	室外烟、风道砌筑工程
五	1. 球形罐组对安装工程 2. 气柜制作安装工程 3. 金属油罐制作安装工程 4. 静置设备制作安装工程 5. 跨度25米以上桁架制安工程	金属结构制作安装工程，总量5吨以上	零星金属结构(支架、梯子、小型平台、栏杆)制作安装工程，总量5吨以下
六	1. 中、高压工艺管道工程 2. 易燃、易爆、有毒、有害介质管道工程	低压工艺管道工程	工业排水管道工程
七	1. 火灾自动报警系统工程 2. 安全防范设备工程	1. 水灭火系统工程 2. 气体灭火系统工程 3. 泡沫灭火系统工程	
八	1. 燃气管道工程 2. 采暖管道工程	1. 室内给排水管道工程 2. 空调循环水管道工程	室外给排水管道工程
九	1. 净化工程 2. 恒温恒湿工程 3. 特殊工程(低温低压)	1. 一类范围的成品管道、部件安装工程 2. 一般空调工程 3. 不锈钢风管工程 4. 工业送、排风工程	1. 二类范围的成品管道、部件安装工程 2. 民用送、排风工程
十	仪表安装、调试工程	1. 仪表线路、管路工程 2. 单独仪表安装不调试工程	
十一		单独防腐蚀工程	1. 单独刷油工程 2. 单独绝热工程
十二	通信设备安装工程	通信线路安装工程	

4. 安装工程费用标准

建设部 206 号文颁布后，各地区可依据其精神相应调整费用计算标准。

5. 安装工程造价计算程序

根据建设部第 107 号部令《建筑工程施工发包与承包计价管理办法》的规定，发包与承包价的计算方法分为工料单价法和综合单价法。

(1) 工料单价法计价程序

工料单价法是以分部分项工程量乘以单价后的合计为直接工程费，直接工程费以人工、材料、机械的消耗量及其相应价格确定。直接工程费汇总后另加间接费、利润、税金生成工程发承包价，其计算程序分为三种：

1) 以直接费为计算基础时，其工程造价计算程序见表 10-7。

工程造价计算程序表 **表 10-7**

序号	费用项目	计算方法	备注
1	直接工程费	按预算表	
2	措施费	按规定标准计算	
3	小计	1+2	
4	间接费	3×相应费率	
5	利润	(3+4)×相应利润率	
6	合计	3+4+5	
7	含税造价	6×(1+相应税率)	

2) 以人工费和机械费为计算基础时，其工程造价计算程序见表 10-8。

工程造价计算程序表 **表 10-8**

序号	费用项目	计算方法	备注
1	直接工程费	按预算表	
2	其中人工费和机械费	按预算表	
3	措施费	按规定标准计算	
4	其中人工费和机械费	按规定标准计算	
5	小计	1+3	
6	人工费和机械费小计	2+4	
7	间接费	6×相应费率	
8	利润	6×相应利润率	
9	合计	5+7+8	
10	含税造价	9×(1+相应税率)	

3) 以人工费为计算基础时，其工程造价计算程序见表 10-9。

工程造价计算程序表 **表 10-9**

序　号	费 用 项 目	计 算 方 法	备　注
1	直接工程费	按预算表	
2	直接工程费中人工费	按预算表	
3	措施费	按规定标准计算	
4	措施费中人工费	按规定标准计算	
5	小计	1+3	
6	人工费小计	2+4	
7	间接费	6×相应费率	
8	利润	6×相应利润率	
9	合计	5+7+8	
10	含税造价	9×(1+相应税率)	

(2) 综合单价法计价程序

综合单价法是以分部分项工程单价为全费用单价，全费用单价经综合计算后生成，其内容包括直接工程费、间接费、利润和税金(措施费也可按照此方法生成全费用价格)。

各分项工程量乘以综合单价的合价汇总后，生成工程发承包价。由于各分部分项工程中的人工、材料、机械含量的比例不同，各分项工程可根据其材料占人工费、材料费、机械费合计的比例(以字母“C”代表该项比值)，在以下三种计算程序中选择一种计算其综合单价。

1) 当 $C>C_0$(C_0 为本地区原费用定额测算所选典型工程材料费占人工费、材料费和机械费合计的比例)时，可采用以人工费、材料费和机械费合计为基数计算该分项的间接费和利润。其工程造价计算程序见表 10-10。

工程造价计算程序表 **表 10-10**

序　号	费 用 项 目	计 算 方 法	备　注
1	分项直接工程费	人工费+材料费+机械费	
2	间接费	1×相应费率	
3	利润	(1+2)×相应利润率	
4	合计	1+2+3	
5	含税造价	4×(1+相应税率)	

2) 当 $C<C_0$ 值的下限时，可采用以人工费和机械费合计为基数计算该分项的间接费和利润。其工程造价计算程序见表 10-11。

工程造价计算程序表 **表 10-11**

序　号	费 用 项 目	计 算 方 法	备　注
1	分项直接工程费	人工费+材料费+机械费	
2	其中人工费和机械费	人工费+机械费	
3	间接费	2×相应费率	
4	利润	2×相应利润率	
5	合计	1+3+4	
6	含税造价	5×(1+相应税率)	

3）当该分项的直接费仅为人工费，无材料费和机械费时，可采用以人工费为基数计算该分项的间接费和利润。其工程造价计算程序见表10-12。

工程造价计算程序表 **表10-12**

序　号	费 用 项 目	计 算 方 法	备　注
1	分项直接工程费	人工费＋材料费＋机械费	
2	直接工程费中人工费	人工费	
3	间接费	2×相应费率	
4	利润	2×相应利润率	
5	合计	1＋3＋4	
6	含税造价	5×(1＋相应税率)	

（二）施工图预算有关价差的调整

各地区在执行统一定额基价时，执行地区必然同编制地区产生一个“价差”，可经过测算后用增加“价差”的方式调整处理，从而形成执行地区的预算单价。

1. 人工工资价差的调整

长期以来我国各省、市自治区编制的预算定额或基价表中对日工资单价通常采用工资调整系数进行调整。可由各地区造价部门在某段时期，根据实际情况，经测算后发布执行。其调整公式通常为：

$$日工资单价=基价人工费\times人工工资地区调整系数$$

2. 材料预算单价价差的调整

安装工程在使用材料预算价格时，因材料种类繁多，规格亦复杂，1992年企业转轨，经营机制发生很大变化，实行市场经济对材料价格的影响颇大，故材料调差必须适应形势需要。价差一般分为四种情况。即：

(1) 地区差，反映省与各市、县地区基价的差异，由省、直辖市造价部门测算后公布执行。如成、渝价差。市区内分区价差等一般由本市造价站测算后公布执行。其调整公式为：

$$分区价差额=主材数量\times分区价差值\times(1+采购保管费率)$$

(2) 时差(时间差)，指定额编制的年度与执行的年度，因时间变化，市场价格波动而产生的材料价差。一般由造价站测算调整系数来计算价差。

(3) 制差(制度差)，指在现行管理体制，实行双轨制度下，计划价格(预算价格)同市场价格之差。通常由物价局公布调差系数。

(4) 势差，因供求关系引起市场价格波动，从而形成的价差。

上述材料价差对于地方材料或定额中的辅助性材料(计价材料)的调整多数情况下采用综合系数法。故应及时测算出综合系数，以便进行价差的调整。其测算公式一般为：

$$材料综合调差系数=\frac{\Sigma(某材料地区预算价-基价)}{基价}\times比重\times100\%$$

$$单位工程计价材料综合调差额=单位工程计价材料费\times材料综合调差系数$$

对工程进度款进行动态结算时，按照国际惯例，亦可采用调值公式法实行合同总价调整价差。并在双方签订工程合同时就加以明确。其调值公式如下：

$$P=P_0(a_0+a_1A/A_0+a_2B/B_0+a_3C/C_0+a_4D/D_0+\cdots)$$

式中 P——调值后合同价款或工程实际结算价款；

P_0——合同价款中工程预算进度款；

a_0——固定要素，合同支付中不能调整部分的权重；

a_1、a_2、a_3、a_4……——代表合同价款或工程进度款中分别需要调整的因子(如人工费、钢材费用、水泥费用、未计价材料费用、机械台班费用等)在合同总价中所占的比重，其和 $a_0+a_1+a_2+a_3+a_4+\cdots\cdots+a_n$ 应为1；

A_0、B_0、C_0、D_0……——投标截止日期前28天与 a_1、a_2、a_3、a_4……相对应的各项费用的基期价格指数或价格；

A、B、C、D……——在工程结算月份(报告期)与 a_1、a_2、a_3、a_4……相对应的各项费用的现行价格指数或价格。

在采用该调值公式进行工程价款价差的调整时，首先需要注意固定要素一般的取值范围为0.15～0.35左右；其次各部分成本的比重系数，在招标文件中要求承包方在投标中提出，但亦可由发包方(业主)在招标文件中加以规定，由投标人在一定范围内选定。此外，还需注意调整有关各项费用要与合同条款规定相一致，以及调整有关费用的时效性。举一例加以说明。

某市建筑工程，合同规定结算款为100万元，合同原始报价日期为1995年3月，工程于1996年5月建成并交付使用。根据表10-13所列数据，计算工程实际结算款。

工程人工费、材料构成比例以及有关造价指数 表10-13

项　目	人工费	钢材	水泥	集料	一级红砖	砂	木材	不调值费用
比　例	45%	11%	11%	5%	6%	3%	4%	15%
1995年3月指数	100	100.8	102.0	93.6	100.2	95.4	93.4	
1996年5月指数	110.1	98.0	112.9	95.5	98.9	91.1	117.9	

【解】 实际结算价款＝100(0.15＋0.45×110.1/100＋0.11×98.0/100.8＋0.11×112.9/102.0＋0.05×95.5/93.6＋0.06×98.9/100.2＋0.03×91.1/95.4＋0.04×117.9/93.4)＝100×1.064＝106.4万元

经过调值，1996年5月实际结算的工程价款为106.4万元，比原始合同价多6.4万元。

安装工程中对于主要材料，也就是未计价材料，采取“单项调差法”逐项按实调整价差。即：

某项材料价差额＝某项材料预算总消耗量×(某项材料地区指导价－某项材料定额预算价)

其中，材料指导价，是指“结算指导价”，通常是当地工程造价部门和物价部门共同测定公布的当时某项材料的市场平均价格。

3. 机械台班单价价差的调整

施工机械台班单价价差的调整，亦是由当地工程造价部门测算出涨跌百分比，并公布执行。其调差额为：

施工机械台班费价差额＝单位工程机械台班数量×机械台班预算价格
×机械台班调差率

八、施工图预算的校核与审查

(一) 校核与审查的必要性

施工图预算编制之后，要进行认真、细致的校核与审查。从而提高工程预算的准确性，进一步降低工程造价，确保建设投资的合理使用。

1. 校核与审查施工图预算，有利于控制工程造价，预防预算超概算；

2. 校核与审查施工图预算，有利于加强固定资产投资管理，节约建设资金；

3. 校核与审查施工图预算，有利于施工承包合同价的合理确定；

4. 校核与审查施工图预算，有利于积累和分析各项技术经济资料，通过各项相关指标的比较，找出工作存在的问题，以便改进。

(二) 校核与审查的概念

1. 预算书的校核

“校核”是针对预算书的编制单位而言，当预算书编制完毕，经过认真自审，确定无误，称之为“自校”。自校完成后交本单位负责人或能力较强、经验丰富者查实核对，或两算人员(施工预算和施工图预算)互相核对项目，称之为“校对”。然后交上级主管负责人查核，称之为“审核”。经过这“三关”，可将错误减少到最低限度，达到正确反映工程造价的目的。

2. 预算书的审查

“审查”仍是对预算核实、查证，但却是针对业主或建设银行而言。也称之为“审核”。其目的在于层层把关，避免失误。

(三) 审查工作的原则

施工图预算书的审查，是一项政策性、专业性均很强的工作。就预算人员而言，不仅应具备相当的专业技术、经济知识、经验和技能，而且要有良好的职业道德。我国目前审查工作多由业主或建设银行完成，这是计划经济体制下的产物，随着建筑市场的行业管理和我国加入WTO以后，审查工作不仅逐渐走入社会化、专业化、规范化。即由业主与承包方之间的中介机构进行。类似工程预算咨询公司、审计所、监理工程师及工程造价事物所等。还要求我国的预算人员或造价工程师不断适应同国际接轨以后出现的新问题。但无论由谁审查，均应遵守以下原则：

1. 严格按照国家有关方针、政策、法律规定核查；

2. 实事求是，公平合理，维护发包方和承包方的合法权益；

3. 以理服人，大账算清，小账不过分计较，遇事协商解决。

(四) 审查工作的要求

1. 审查工作应由职业道德好、信誉高、业务精、坚持原则的单位和个人主持；

2. 审查者应根据搜集到的技术、经济文件、资料、数据等做好预期准备工作，以确保时间和效率；

3. 如为建设银行等审查，发包方和承包方应主动配合审查单位，完成此项工作。审查中，应确定审查重点、难点，逐项核实、减少漏项，以保证终审定案。

(五) 审查的主要依据和内容

1. 审查依据

(1) 会审后的施工图纸及说明书；

(2) 预算定额、材料预算价格、有关技术、经济文件；

(3) 承包合同及协议书、招标书、投标书；

(4) 工程量计算规则和定额解释；

(5) 施工组织设计或施工方案。

2. 审查内容

(1) 合同或协议规定的工程范围是否属实；

(2) 工程量计算和定额套用、换算是否准确，计算口径和计量单位是否一致；

(3) 价差调整是否合理；

(4) 取费标准和计费程序、计算方法是否正确；

(5) 取费以外内容，协商价或补充定额是否合理等。

(六) 审查的形式

目前我国预算制度，预算书的审查主要有三种形式：

1. 单独审查(单审)。适于工程规模不大的工程，可由发包方(业主)或建设银行单独审查，同承包方协商修正，调整定案后即可；

2. 联合审查(联审)。适于大、中型或重点工程，可由发包方(业主)会同设计方、建行、承包方联合会审。这种形式的审查，对决策性问题可决断，但涉及单位多，需要协调；

3. 专门审查。即由专门机构，如委托投资评估公司、工程建设监理公司、工程预算咨询公司等机构审查。但上述机构属中介组织，从业人员业务水准较高，委托单位需支付适当的咨询费。

(七) 审查的方法

预算书的审查方法颇多，可根据审查要求程度不同，灵活掌握。常用的方法有重点审查法、全面审查法、指标审查法。

1. 重点审查法，是指针对预算的重点内容进行审查的方法。所谓重点为：

(1) 工程量大或造价高的项目，如安装工程中的设备、主材等可作为重点审查的内容；

(2) 需要由补充定额处理的项目，对这类项目在划分标准、确定单价时，应保持慎重的态度。必要时由定额站仲裁解决；

(3) 材料价差在工程中所占的比重较大，对工程成本的影响起着举足轻重的作用，预算人员应高度重视这部分的内容；

(4) 费用程序和费率亦是引起关注的内容，对于当地的规定应非常熟悉，是以工程类别还是以企业等级取费均应了解。

2. 全面审查法，按照施工图纸、合同、定额等标准对工程编制一套完整的施工图预算，然后同对方预算人员编制的预算逐项核对即为全面审查法。此种方法优点是全面、细致、审查质量高，在具有审查能力时，可采用这种方法。但该方法耗时多，如用此方法时，应注意合理的安排时间，以适应工程的需要。

3. 指标审查法(对比审查法)，是利用某单位工程的技术、经济指标进行对比，并且加以分析的一种审查方法。施工图预算通常以单位工程为对象，如果其用途、建筑结构和建筑标准均一样时，并且在同一地区或同一城市范围内，预算造价和人工、材料消耗量基本相同时，可采用此法。即使由于建设地点不同，施工方法不同、建筑面积也不同时，亦可采用对比分析法，找出重点内容进行审查。但在使用中，应注意时间性、地区性的差异。还应注意所利用的指标是否具有相同的性质(同质性)，否则不具有可比性。

(八) 审查书的内容

审查书又可以称为定案通知单，定案通知单一般为建设银行审查时出具的结论性终审文件，如为业主审查时，只填写审查说明并在封面签名。其通知书的内容如下：

1. 审查单位、审查者(单位盖章，签字)；
2. 施工图预算送审时间；
3. 审查出的主要问题；
4. 处理定案方法；
5. 最终审定的工程造价；
6. 最终审定定案的日期。

第三节　安装工程量计算依据及要求

一、工程量的含义

工程量是以物理计量单位或自然计量单位，所表示的各个具体工程和构配件的数量。物理计量单位是指以法定计量单位表示的长度、面积、体积和重量等。如 m、m^2、m^3。通常可用来表示电气和管道安装工程中管线的敷设长度，管道的展开面积、管道的绝热、保温厚度等。用“t”或“kg”作单位来表示电气安装工程中一般金属构件的制作安装重量等。自然计量单位，通常指用物体的自然形态表示的计量单位，如电气和管道设备通常以“台”、各种开关、元器件以“个”、电气装置或卫生器具以“套”或“组”等单位表示。

二、工程量计算依据和条件

(一) 工程量计算依据

1. 经会审后的施工图纸、标准图集、现行预算定额或单位基价表；
2. 现行施工及技术验收规范、规程、施工组织设计或施工方案等；
3. 有关安装工程施工、计算和预算手册、造价资料等，如数学手册、建材手册、五金手册、工长手册等；
4. 其他有关技术、经济资料。如招、投标工程，应注意文件或合同、协议划分计算范围和内容。

(二) 工程量计算应具备的条件

1. 图纸已经会审；
2. 施工组织设计或施工方案已经审批；
3. 工程承包合用已签定生效；
4. 工程项目划分范围已经明确，各方责任落实(实施工程建设监理的项目)。

三、工程量计算的基本要求

(一) 计算口径一致

计算口径一致指根据现行预算定额计算出的工程量必须同定额规定的子目口径统一，这需要预算人员对定额和图纸非常熟悉，对定额中子目所包括的工作范围和工作内容必须清楚。

(二) 计量单位一致

在计算安装工程量时，按照施工图列出的项目的计量单位，要同定额中相应的计量单位相一致，以加强工程量计算的准确性。特别要注意安装工程中扩大计量单位的含义和用法。

(三) 计算内容一致

工程量的计算内容必须以施工图和合同界定的内容和范围为准，同时还要与现行预算定额的册(篇)、章、节、子目等保持一致。要注意定额各册、(篇)的具体规定以及定额的交叉性等特点。

思 考 题

1. 什么是施工图预算？
2. 简述建安工程费用的构成。
3. 简述施工图预算的编制原则。编制依据。编制条件。
4. 简述施工图预算的编制步骤。
5. 何谓直接费？何谓其他直接费？
6. 何谓人工费？何谓材料费？何谓机械费？
7. 何谓间接费？间接费用的构成有哪些？其计算基础是什么？
8. 何谓利润？其计算基础是什么？
9. 何谓税金？其计算基础是什么？
10. 何谓城市维护建设税？何谓教育费附加？各自的计算基础是什么？
11. 何谓施工图预算的校核？
12. 何谓施工图预算的审查？
13. 审查施工图预算的原则是什么？
14. 施工图预算审查的内容通常有哪些？
15. 施工图预算审查的方法通常有哪些？

第十一章　水、暖与通风空调工程施工图预算

第一节　给排水安装工程量计算

一、室内给水、排水工程量计算

(一) 室内给水排水系统组成

1. 室内给水系统可参见第六章第一节室内给水工程安装中室内给水系统组成部分内容。

2. 室内生活污水排水系统可参见第六章第二节室内排水工程安装中室内排水系统组成部分的内容。

(二) 室内给水管道工程量计算

工程量计算顺序：从入口处算起，先主干，后支管，先进入，后排出。先设备，后附件。

工程量计算要领：通常按管道系统为单元，或以建筑段落划分计算。支管按自然层计算。

1. 工程量计算规则

(1) 以施工图所示管道中心线长度，按延长米计量，不扣阀门、管件等所占长度。

(2) 室内外管道界线划分规定：

1) 入口处设阀门者以阀门为界，无阀门者以建筑物外墙皮 1.5m 处为界；

2) 与市政管道界线以水表井为界，无水表井者，以与市政管道碰头点为界。

2. 套定额

水暖工程预算大多套用第八册(篇)定额相应子目，但各册中亦有交叉，在使用中需要注意：

(1) 可按管道材质、接口方式和接口材料以及管径大小分档次，分别选套定额。

(2) 主材按定额用量计算，管件计算未计价价值。

(3) 管道安装定额包括内容：

1) 管道及接头零件安装；

2) 水压试验或灌水试验；

3) 室内 *DN*32mm 以内钢管的管卡以及托钩制作和安装均综合在定额中；

4) 钢管包括弯管制作与安装(伸缩器除外)，无论是现场煨制或成品弯管均不得换算；

5) 穿墙以及过楼板铁皮套管安装人工费。

(4) 管道安装定额不包括内容：

1) 镀锌薄钢板套管制作按“个”计量，执行第八册(篇)相应定额子目。其安装项目已包括在管道安装定额中，不再另行计算。钢管套管制作、安装工料，按室外钢管(焊接)项目计算；

2) 管道支架制作安装，室内管道 *DN*32mm 以下的安装工程已包括在内，不再另行计

算。$DN32$mm 以上者，以“kg”为计量单位，另列项计算；

3）室内给水管道消毒、冲洗、压力试验，均按管道长度以“m”计量，不扣除阀门、管件所占长度；

4）室内给水钢管除锈、刷油，按照管道展开表面积以“m^2”计量。其计算公式为：

$$F=\pi DL$$

式中 L——钢管长度；

D——钢管外径。

工程量计算可查阅第十一册(篇)《刷油、防腐蚀、绝热工程》附录九表。定额亦套用该册(篇)相应子目。

明装管道通常刷底漆 1 遍，其他漆 2 遍；埋地或暗敷部分的管道刷沥青漆 2 遍。

5）室内给水铸铁管道除锈、刷油的工程量，可按管道展开面积以“m^2”计量。其计算公式为：

$$F=1.2\pi DL$$

式中 F——管外壁展开面积；

D——管外径；

1.2——承插管道承头增加面积系数。

刷油可按设计图或规范要求计算，通常露在空间部分刷防锈漆 1 遍、调合漆 2 遍；埋地部分通常刷沥青漆 2 遍。

除锈、刷油定额选套第十一册(篇)《刷油、防腐蚀、绝热工程》相应子目。

（三）室内排水管道工程量计算

室内排水管道工程量计算顺序和计算要领同室内给水管道工程量计算。

1. 工程量计算规则

(1) 室内排水管道工程量计算规则同室内给水管道，仍以延长米计量。

(2) 室内外管道界线划分规定：

1）室内外以出户第一个排水检查井或外墙皮 1.5m 处为界；

2）室外管道与市政管道界线以室外管道与市政管道碰头井为界。

2. 套定额

(1) 可按管道材质、接口方式和接口材料以及管径大小分档次，选套相应定额。

(2) 主材按定额用量计算，管件计算未计价价值。

(3) 管道安装定额包括内容：

铸铁排水管、雨水管以及塑料排水管均包括管卡以及托、吊支架、透气帽、雨水漏斗的制作和安装；管道接头零件的安装。

(4) 管道安装定额不包括内容：

1）承插铸铁室内雨水管安装，选套第八册(篇)《给排水、采暖、煤气工程》定额相应子目。

2）室内排水管道除锈、刷油工程量，其计算方法和计算公式同室内给水铸铁管道。按照规范的规定，裸露在空间部分排水管道刷防锈底漆 1 遍，银粉漆 2 遍；埋地部分通常刷沥青漆 2 遍，或刷热沥青 2 遍，选套第十一册(篇)定额相应子目。

3）室内排水管道沟土石方工程量计算详室内、外给排水管道土方工程量计算。

4）室内排水管道部件安装工程量：

a. 地漏安装，可区别不同直径按“个”计量。如图 11-1 所示。

b. 地面扫除口(清扫口)安装，可区别不同直径按“个”计量。如图 11-2 所示。

c. 排水栓安装，分带存水弯和不带存水弯以及不同直径，按“组”计量。如图 11-3 所示。

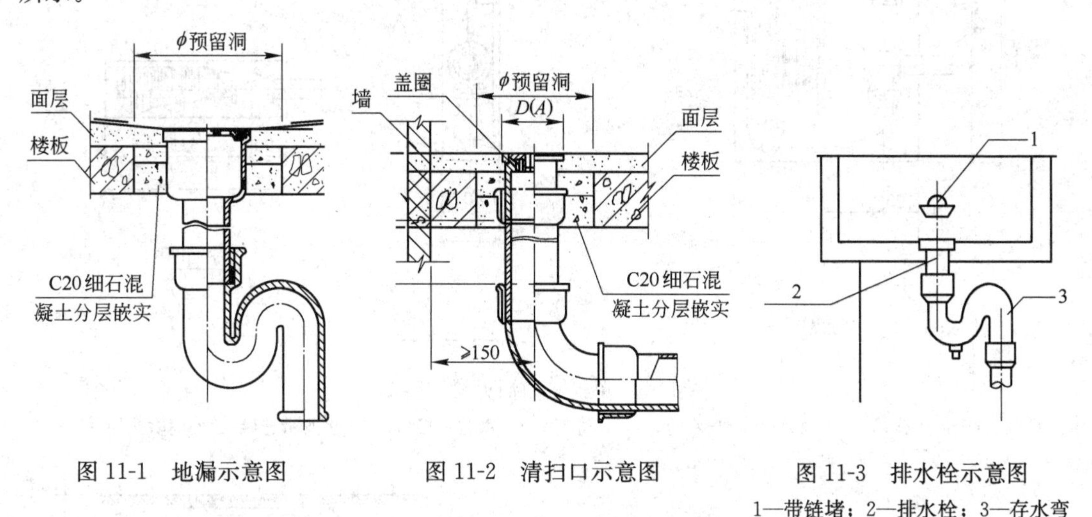

图 11-1　地漏示意图　　图 11-2　清扫口示意图　　图 11-3　排水栓示意图

1—带链堵；2—排水栓；3—存水弯

(四) 栓、阀及水表组等安装工程量计算

1. 阀门安装一律按“个”计量。根据不同类别、不同直径和接口方式选套定额。法兰阀门安装，如仅是一侧法兰连接时，定额所列法兰、带帽螺栓以及垫圈数量减半。法兰阀(带短管甲乙)安装，按“套”计量，当接口材料不同时，可调整。

自动排气阀安装，定额已包括支架制作安装，不另计算；浮球阀安装，定额已包括了连杆以及浮球安装，不另计算。

2. 法兰盘安装，可分碳钢法兰和铸铁法兰，并根据接口形式(如焊接、螺纹接)，以直径分档，按“副”计量。每两片法兰为一副。

3. 水表组成及安装，其工程量可按不同连接方式分带旁通管及止回阀，区别不同直径，螺纹水表以“个”计量；焊接法兰水表组以“组”计量。

如图 11-4 所示。

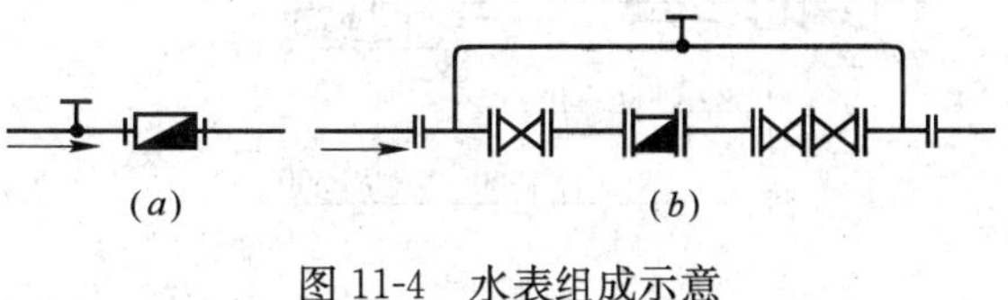

图 11-4　水表组成示意

(*a*)螺纹连接水表；(*b*)法兰连接水表组

4. 消火栓安装

(1) 室内单(双)出口消火栓安装，可根据不同出口形式和公称直径，以“套”计量。套用第七册(篇)有关子目。

其未计价材料包括：消火栓箱 1 个(铝合金、钢、铜、木)、水龙带架 1 套 、水龙带 1 套、水龙带接口 2 个、水枪消防按钮 1 个等。如图 11-5 所示。

(2) 室外消火栓安装，可区分为地上式和地下式和不同类型，以“套”计量。套用第七册(篇)有关子目。如图 11-6、图 11-7 所示。

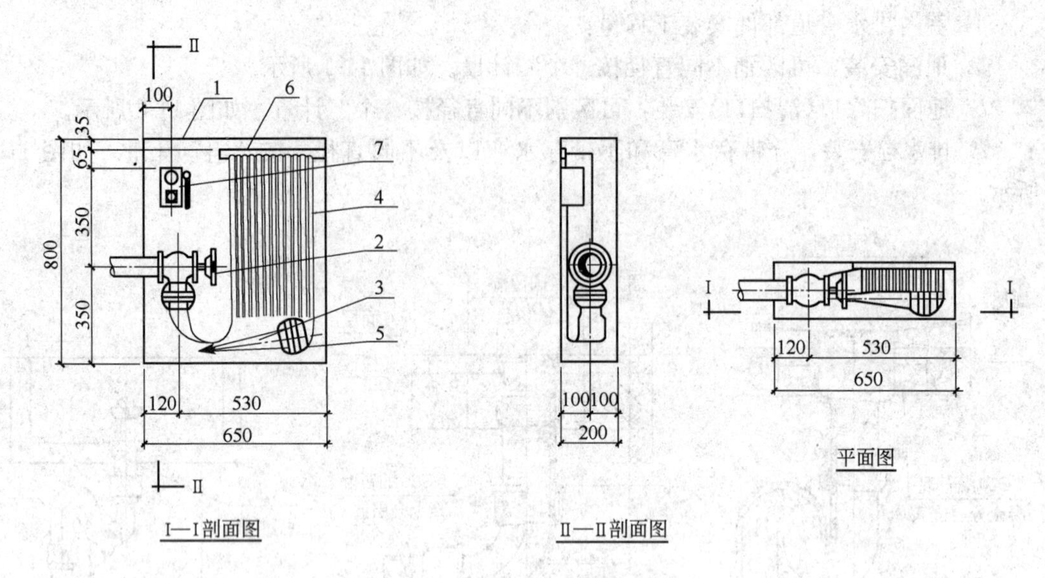

图 11-5 单栓室内消火栓安装图

1—消火栓箱；2—消火栓；3—水枪；4—水龙带；5—水龙带接口；6—水龙带挂架；7—消防按钮

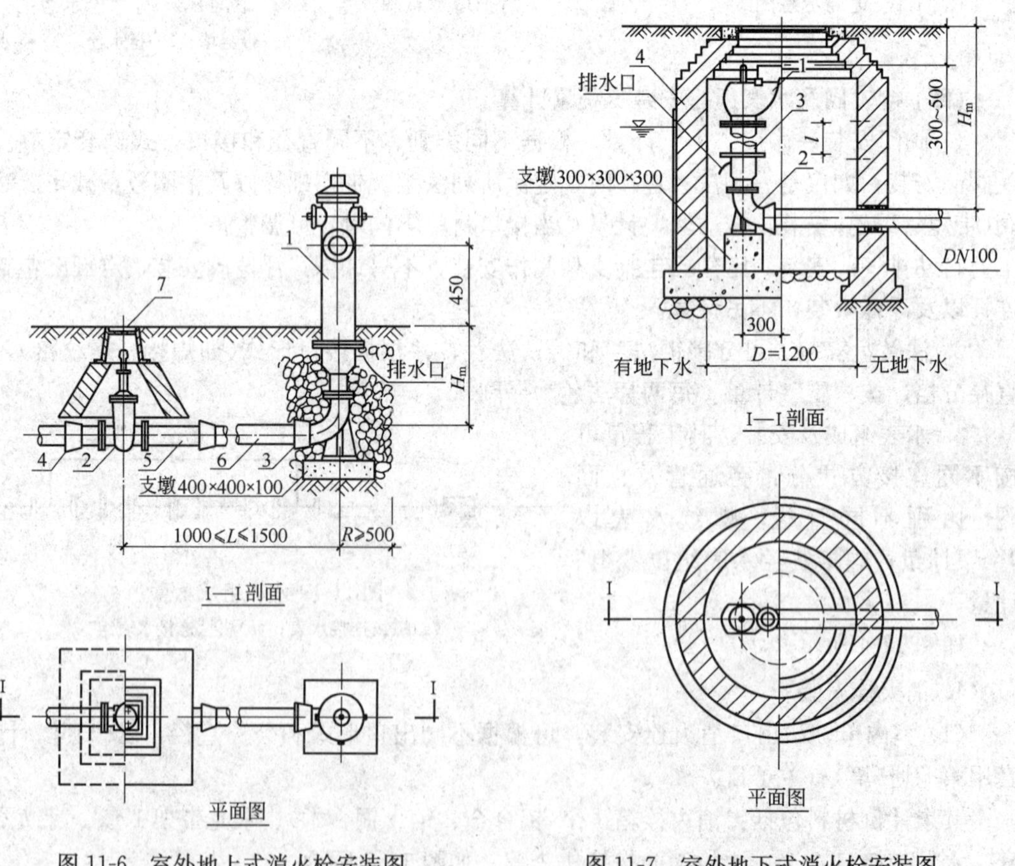

图 11-6 室外地上式消火栓安装图

1—地上式消火栓；2—阀门；3—弯管底座；4—短管甲；5—短管乙；6—铸铁管；7—阀门套

图 11-7 室外地下式消火栓安装图

1—地下式消火栓；2—消火栓弯头；3—法兰接管；4—圆形阀门井

5. 消防水泵接合器安装

消防水泵接合器其安装工程量，可根据不同形式和公称直径，分别以“套”计量。套用第七册(篇)有关子目。如图 11-8 所示。

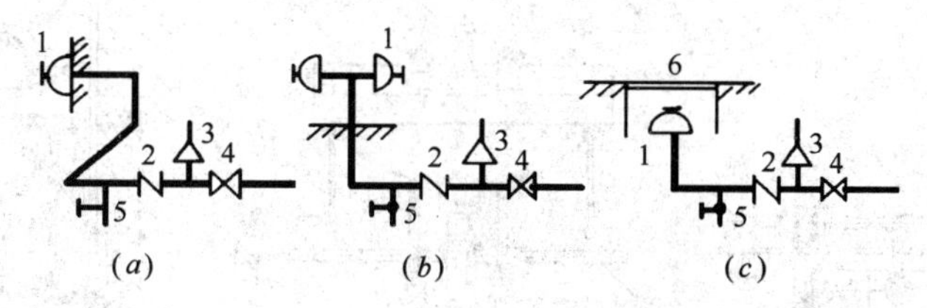

图 11-8 消防水泵接合器

(a)墙壁式；(b)地上式；(c)地下式

1—消防接口；2—止回阀；3—安全阀；4—阀门；5—放水阀；6—井盖

6. 水龙头安装

水龙头安装工程量可按不同规格直径，以“个”计量。套用第八册(篇)相应子目。

7. 浮标液面计、水塔、水池浮标及水位标尺制作安装

(1) 浮标液面计的安装工程量是以“组”计量。套用第八册(篇)相应子目。

(2) 水塔、水池浮标及水位标尺制作安装工程量，一律以“套”计量。套用第八册(篇)相应子目。

(五) 卫生器具安装工程量计算

卫生器具组成安装以“组”计量，定额按照标准图综合了卫生器具与给水管、排水管连接的人工与材料用量，不再另行计算。

1. 盆类卫生器具安装

盆类卫生器具安装工程量界线的划分，通常是以水平管和支管的交界处。

(1) 浴盆、妇女卫生盆的安装，可区别冷热水和冷水带喷头以及不同材质，分别以“组”计量，如图 11-9 所示。但不包括浴盆支座以及周边砌砖、贴瓷砖工程量，可按土建定额执行。

(2) 洗涤盆、化验盆安装，可区别单嘴、双嘴以及不同开关，分别以“组”计量。如图 11-10 所示。

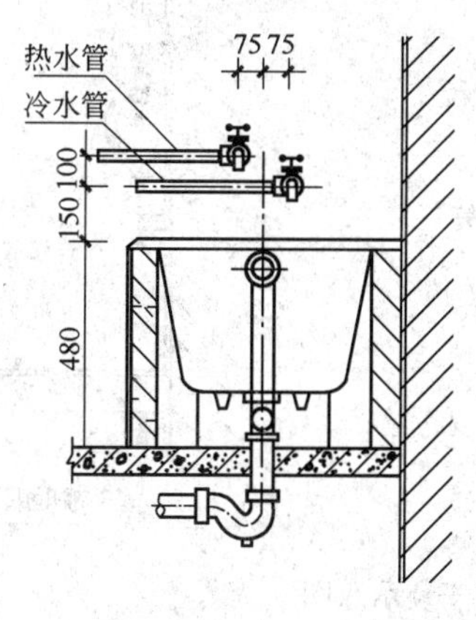

图 11-9 浴盆安装示意图

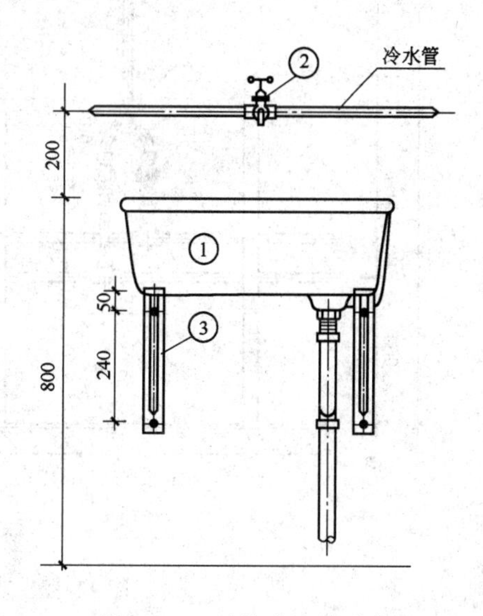

图 11-10 洗涤盆安装示意

(3) 洗脸盆、洗手盆安装，可区别冷水、冷热水和不同材质、开关，分别以“组”计量。如图 11-11 所示为双联混合龙头洗脸盆安装示意图。

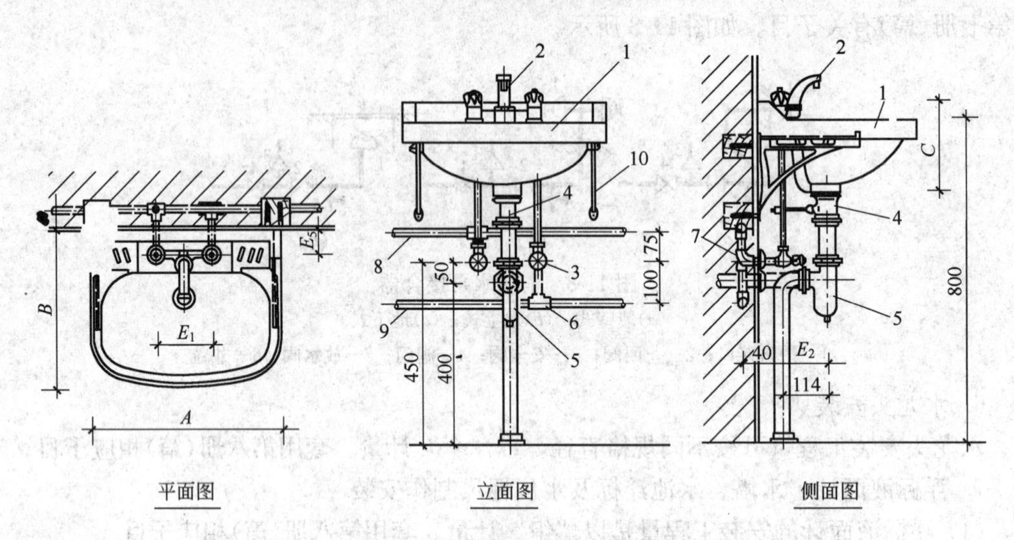

图 11-11　双联混合龙头洗脸盆安装示意图

1—洗脸盆；2—双联混合龙头；3—角式截止阀；4—提拉式排水装置；5—存水弯；6—三通；7—弯头；8—热水管；9—冷水管；10—洗脸盆支架

2. 淋浴器组成与安装

可区别冷热水和不同材质，分别以“组”计量。如图 11-12 为双管成品淋浴器安装示意图。

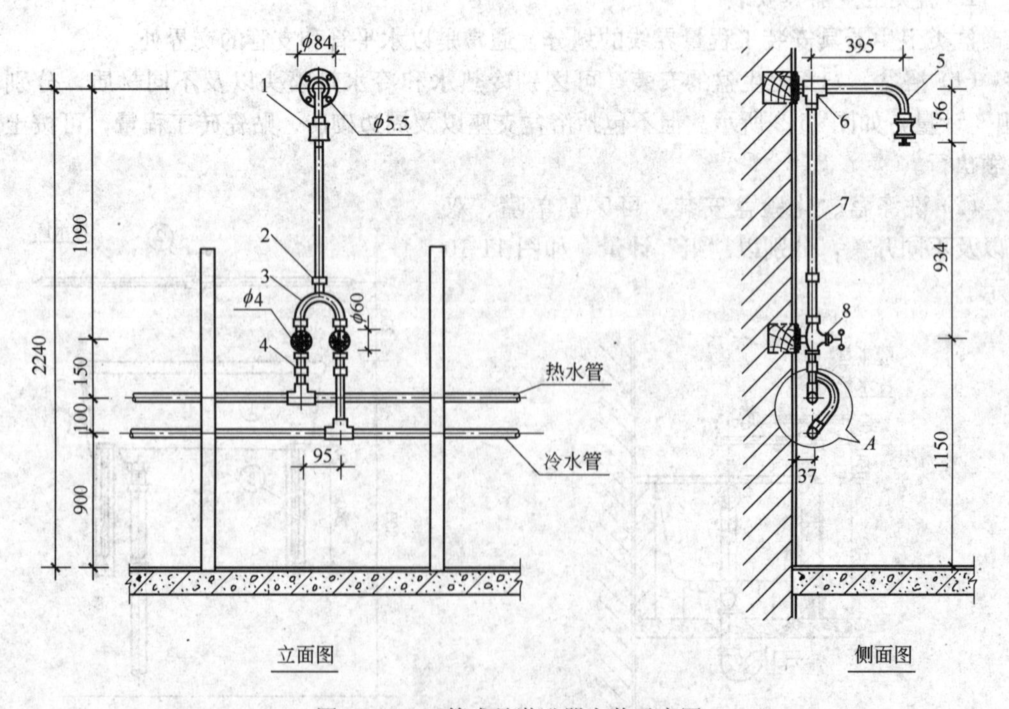

图 11-12　双管成品淋浴器安装示意图

1—莲蓬头；2—管锁母；3—连接弯；4—管接头；5—弯管；6—带座三通；7—直管；8—带座截止阀

3. 大便器安装

(1) 蹲式大便器安装

可根据大便器的不同形式以及冲洗方式、不同材质，以“套”计量。如图 11-13 所示，为高水箱平蹲式大便器安装示意图。

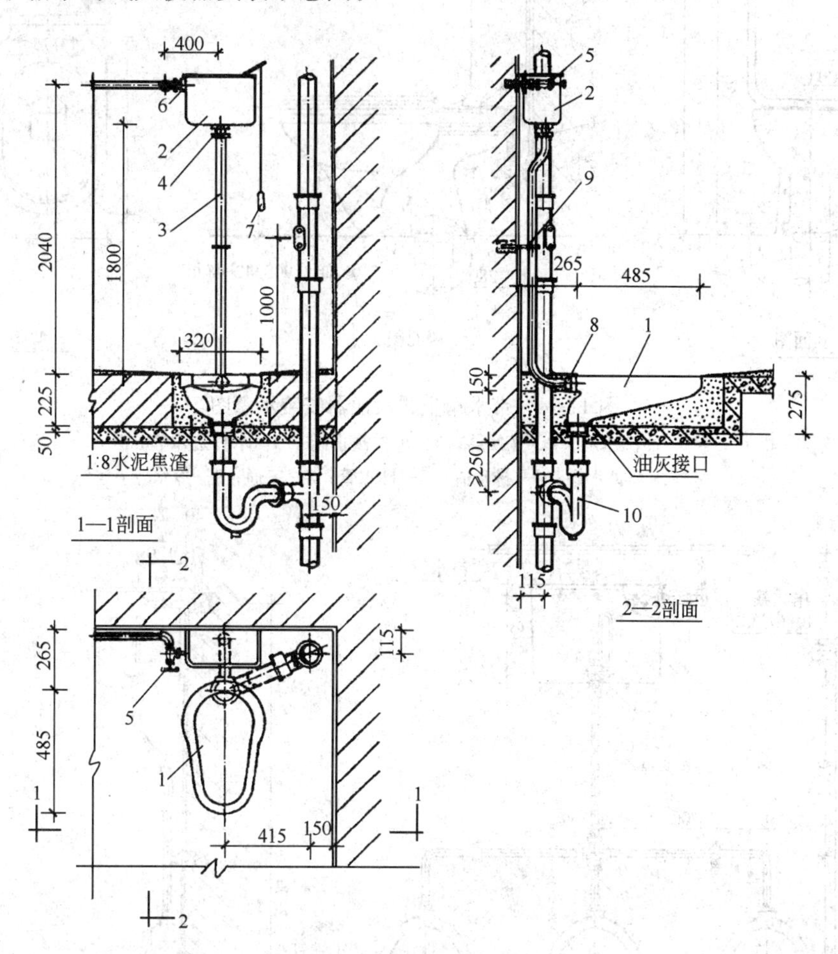

图 11-13　高水箱平蹲式大便器安装示意图

1—平蹲式大便器；2—高水箱；3—冲洗管；4—冲洗管配件；5—角式截止阀；6—浮球阀配件；7—拉链；8—橡胶胶皮碗；9—管卡；10—存水弯

(2) 坐式大便器安装

坐式低(带)水箱大便器安装仍以“套”计量。如图 11-14 所示，为带水箱坐式大便器安装示意图。

4. 小便器安装

可按不同形式(挂式、立式)和冲洗方式，以“套”计量，套用相应定额子目。如图 11-15、图 11-16 所示，分别为高水箱挂式自动冲洗和自闭式冲洗阀立式小便器安装示意图。

5. 大便槽自动冲洗水箱安装

可区别不同容积(升)，分别以“套”计量，定额包括水箱托架的制作安装，不再另外计算。如图 11-17 所示，为大便槽自动冲洗水箱安装示意图。

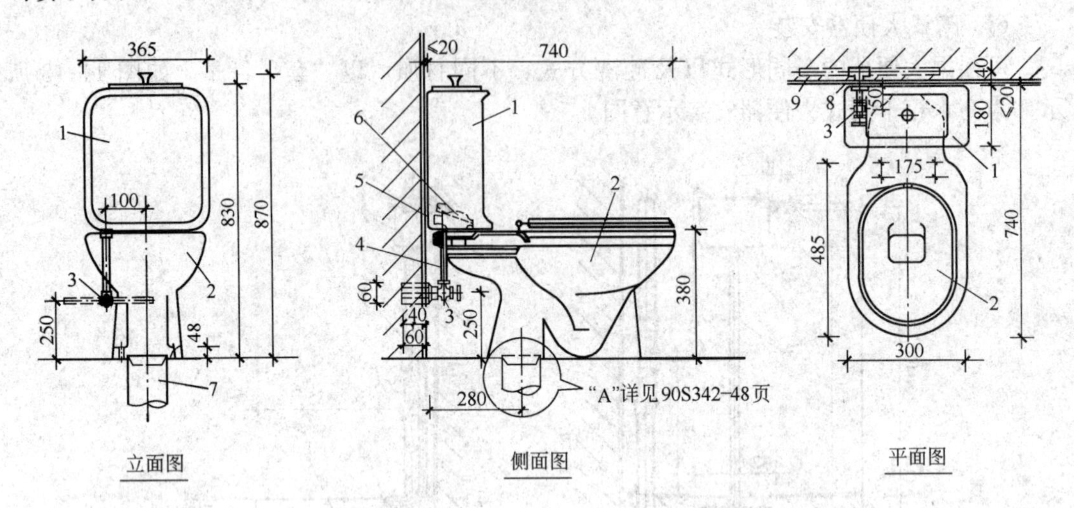

图 11-14　带水箱坐式大便器安装示意图

1—冲洗水箱；2—坐便器；3—角式截止阀；4—水箱进水管；
5—水箱进水阀；6—排水阀；7—排水管；8—三通；9—冷水管

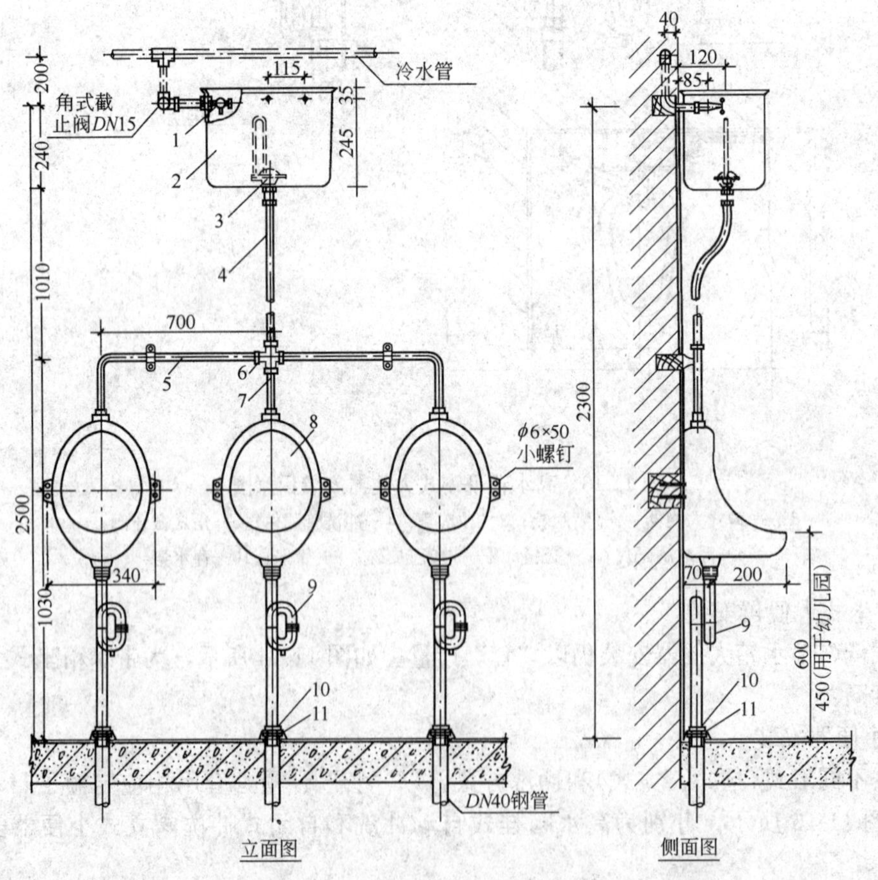

图 11-15　高水箱三联挂式自动冲洗小便器安装示意图

1—水箱进水阀；2—高水箱；3—皮膜式自动虹吸器；4—冲洗立管及配件；5—连接弯管；
6—异径四通；7—连接管；8—挂式小便器；9—存水弯；10—压盖；11—锁紧螺母

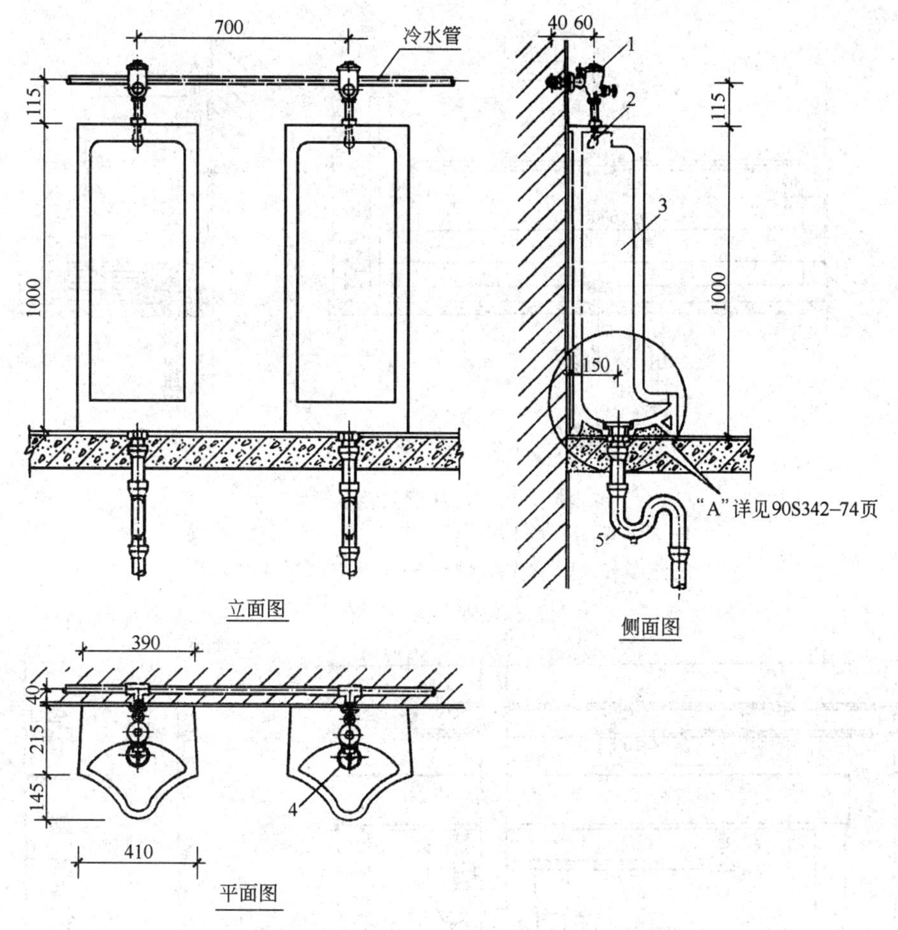

图 11-16　自闭式冲洗阀双联立式小便器安装示意图

1—延时自闭式冲洗阀；2—喷水鸭嘴；3—立式小便器；4—排水栓；5—存水弯

6. 小便槽安装

可分别列项计算工程量，其安装示意如图11-18所示。

(1) 截止阀按“个”计量，套阀门安装相应子目。

(2) 多孔冲洗管可按“m”计量，套小便槽冲洗管制安项目。

(3) 排水栓按“组”计量。

(4) 若设有地漏，则按“个”计量。

(5) 小便槽自动冲洗水箱安装工程量以“套”计量。

7. 盥洗(槽)台安装

盥洗(槽)台安装示意如图 11-19 所示。台(槽)身工程量计算套用土建定额。属于安装内容的通常有下列项目：

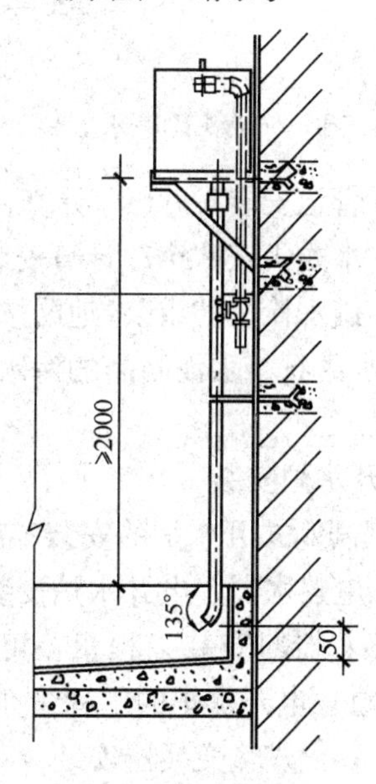

图 11-17　大便槽自动冲洗水箱安装示意图

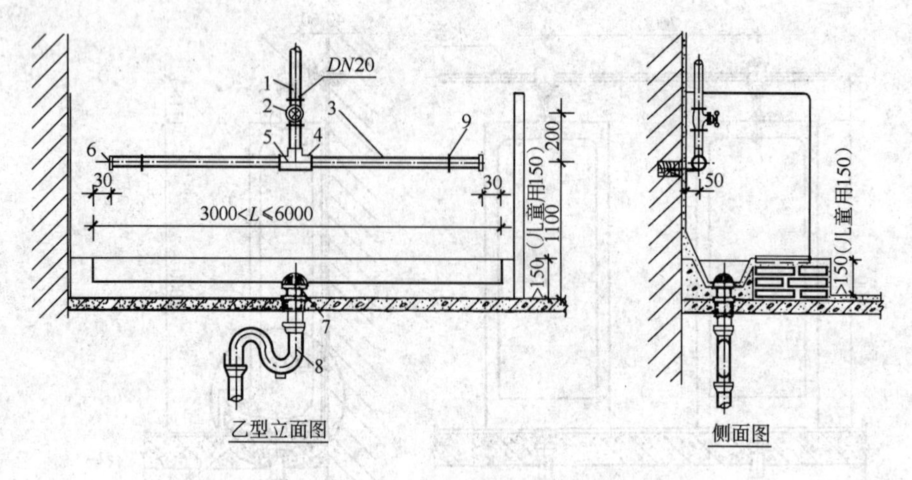

图 11-18 小便槽安装示意图

1—冷水管；2—截止阀；3—多孔管；4—补心；5—三通；6—管帽；7—罩式排水栓；8—存水弯；9—铜皮骑马

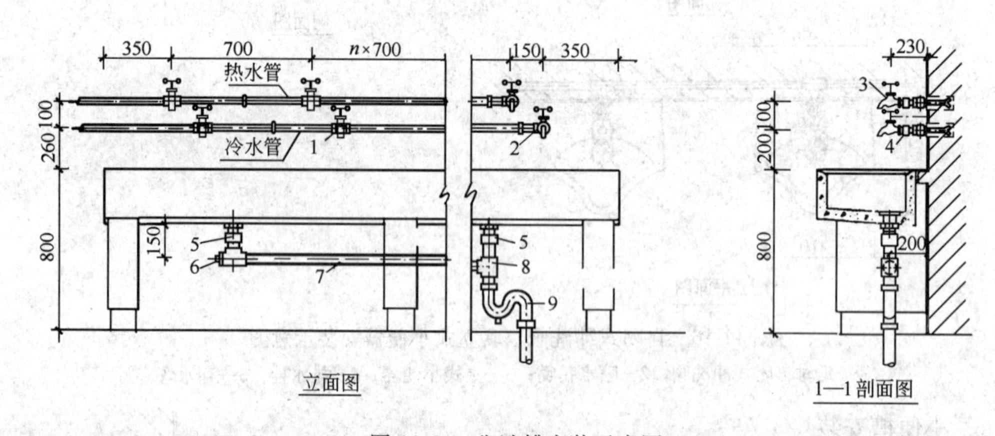

图 11-19 盥洗槽安装示意图

1—三通；2—弯头；3—水龙头；4—管接头；5—管接头；6—管塞；7—排水管；8—三通；9—存水弯

(1) 管道安装按"m"计算在室内给排水管网工程中，套相应定额子目。

(2) 水龙头按"个"计算安装工程量，计入给水分部工程中。

(3) 排水栓按"组"、地漏按"个"计算安装工程量，分别计入排水分部工程中。

8. 水磨石、水泥制品的污水盆、拖布池、洗涤盆安装套土建定额。安装子目工程量计算同 7。

9. 开水炉安装

蒸汽间断式开水炉的安装工程量，可按其不同型号，以"台"计量。

10. 电热水器、电开水炉安装

电热水器的安装工程量，可根据不同安装方式(挂式和立式)和不同型号，分别以"台"计量。电开水炉的工程量亦按不同型号，以"台"计量。

11. 容积式热交换器安装

可按容积式热交换器不同型号，分别以"台"计量。但定额不包括安全阀、温度计、保温与基础砌筑，可按照设计用量和相应定额另列项计算。图 11-20 为容积式热交换器安装示意图。

12. 蒸汽—水加热器，冷热水混合器安装

(1) 蒸汽—水加热器的安装工程量是以"套"计量，定额包括莲蓬头安装，但不包括支架制作安装及阀门、疏水器安装，其工程量可按照相应定额另列项计算。

(2) 冷热水混合器的安装工程量可按照小型和大型分档，以"套"计量。定额中不包括支架制作安装以及阀门安装，其工程量可另行列项。

13. 消毒器、消毒锅、饮水器安装

消毒器安装工程量可按湿式、干式和不同规格，以"台"计量。

消毒锅安装工程量可按不同型号，以"台"计量。

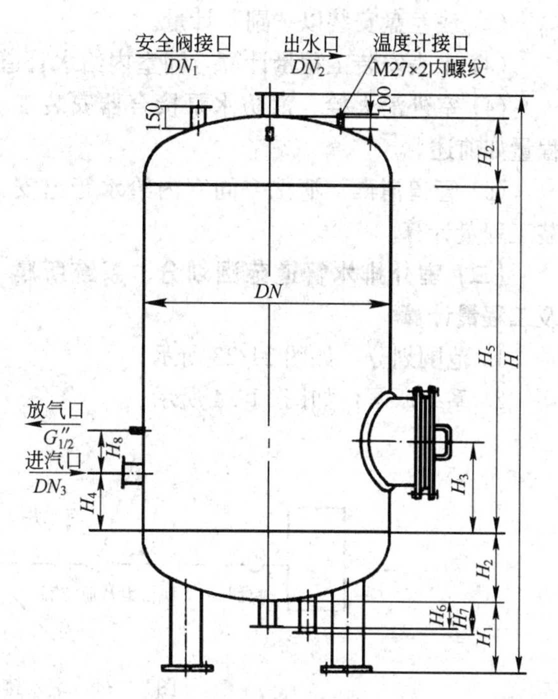

图 11-20 容积式热交换器安装示意

饮水器安装工程量以"台"计量，但阀门和脚踏开关工程量要另列项计算。

二、室外给水、排水工程量计算

(一) 室外给水管道范围划分、系统所属及工程量计算

1. 范围划分：如图 11-21 所示。

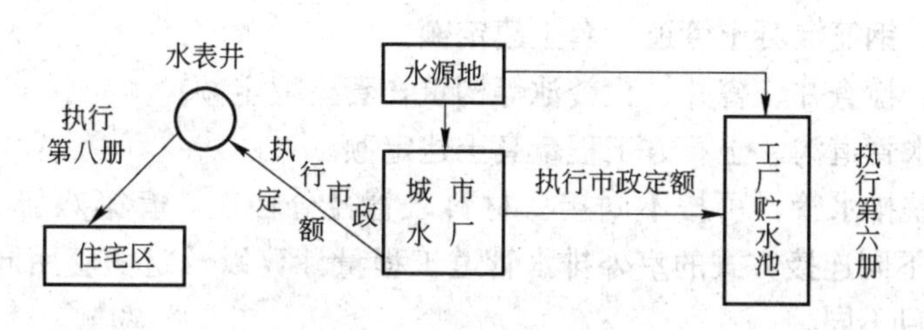

图 11-21 室外给水管道范围

2. 系统所属：如图 11-22 所示。

3. 工程量计算规则

(1) 以施工图所示管道中心线长度，按"m"计量，不扣除阀门、管件所占长度。

(2) 同室内给水管道界线：从进户第一个水表井处，或外墙皮 1.5m 处，与市政给水干管交接处为界点。

4. 工程量常列项目

(1) 阀门安装分螺纹、法兰连接，按直径分档，以"个"计量。

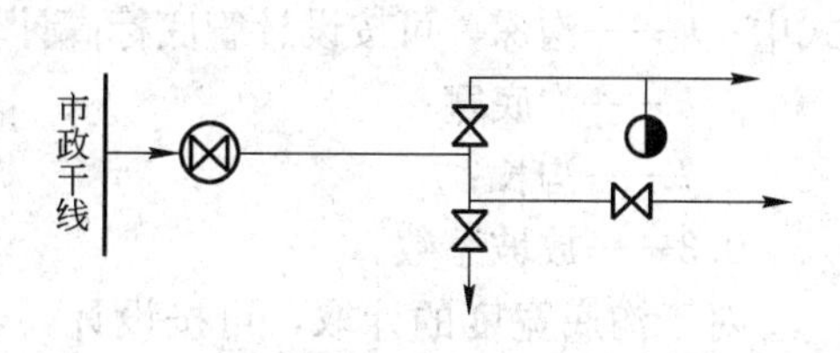

图 11-22 室外给水管道系统

(2) 法兰盘安装以“副”计量。

(3) 水表安装工程量计算，同室内给水管道水表安装。

(4) 室外消火栓、消防水泵接合器安装工程量如前述。

(5) 管道消毒、清洗，同室内给水管道安装工程量计算。

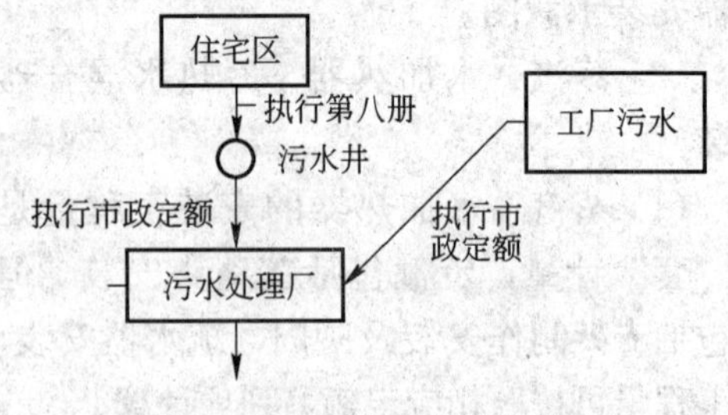

图 11-23　室外排水管道范围

(二) 室外排水管道范围划分、系统所属及工程量计算

1. 范围划分：如图 11-23 所示。

2. 系统所属：如图 11-24 所示。

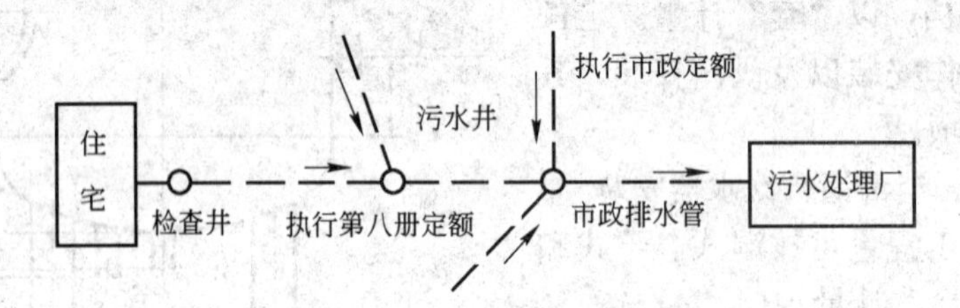

图 11-24　室外排水管道系统

3. 工程量计算规则

(1) 以施工图管道平面图和纵断面图所示中心线长度，按“m”计量，不扣除窨井、管件所占长度。

(2) 同室外排水管道界线：从室内排出口第一个检查井，或外墙皮 1.5m 处，室外管道与市政排水管道碰头井为界点。

4. 工程量常列项目

(1) 混凝土、钢筋混凝土管道，套土建定额。

(2) 污水井、检查井、窨井、化粪池等构筑物套土建定额。

(3) 室外排水管道沟、土石方工程量套土建定额。

(4) 承插铸铁排水管，可按不同接口材料以管径分档次，套第八册(篇)相应定额子目。其余材质和不同连接方式的室外排水管道工程量计算以及定额套用同室内给水管道。只是分部工程子目不同。

(三) 室内、外给、排水管道土石方工程量计算其土石方量可套用土建定额

1. 管道沟挖土方沟断面如图 11-25 所示。其方量，可按下式计算：

$$V=h(b+0.3h)l$$

式中　h——沟深，可按设计管底标高计算；

b——沟底宽；

l——沟长；

0.3——放坡系数。

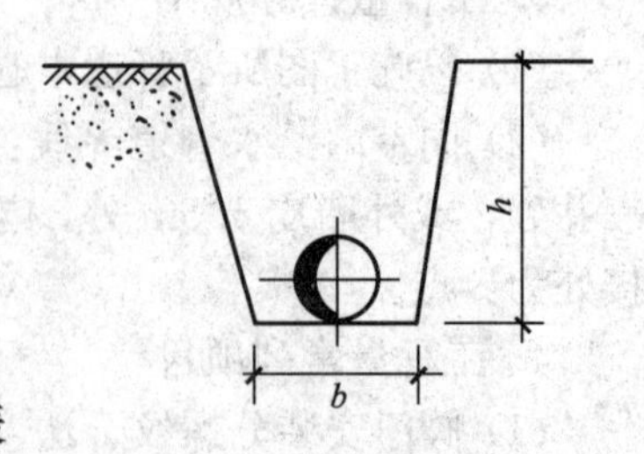

图 11-25　管道沟断面

对于沟底宽度的计取，可按设计，若无设计时，按表 11-1 取定。

管道沟底宽取值 单位：m **表 11-1**

管径 *DN*(mm)	铸铁、钢、石棉水泥管道沟底宽/m	混凝土、钢筋混凝土管道沟底宽/m
50～75	0.60	0.80
100～200	0.70	0.90
250～350	0.80	1.00
400～450	1.00	1.30
500～600	1.30	1.5
700～800	1.60	1.80
900～1000	1.8	2.00

在计算管道沟土石方量时，对各种检查井、排水井以及排水管道接口加宽之处，多挖的土石方量不得增加。同时，铸铁给水管道接口处操作坑工程量必须增加，是按全部给水管道沟土方量的 2.5 %计算增加量。

2. 管道沟回填土工程量

(1) *DN*500 以下的管沟回填土方量不扣除管道所占体积；

(2) *DN*500 以上的管沟回填土方量可按照表 11-2 列出的数据扣除管道所占体积。

管道占回填土方量扣除表 （单位：m^3/m 沟长） **表 11-2**

管径 *DN* (mm)	钢管道占回填土方量	铸铁管道占回填土方量	混凝土、钢筋混凝土管道占回填土方量
500～600	0.21	0.24	0.33
700～800	0.44	0.49	0.60
900～1000	0.71	0.77	0.92

第二节 采暖供热安装工程量计算

一、采暖供热系统基本组成及安装要求

(一) 采暖系统组成

热水及蒸汽采暖系统通常由以下内容组成：

1. 热源：锅炉(热水或蒸汽)；

2. 管网系统：供热以及回水、凝结水管道；

3. 散热设备：散热器（片）、暖风机；

4. 辅助设备：膨胀水箱、集气罐、除污器、凝结水收集器、减压器、疏水器等；

5. 循环水泵。如图 11-26 所示为热

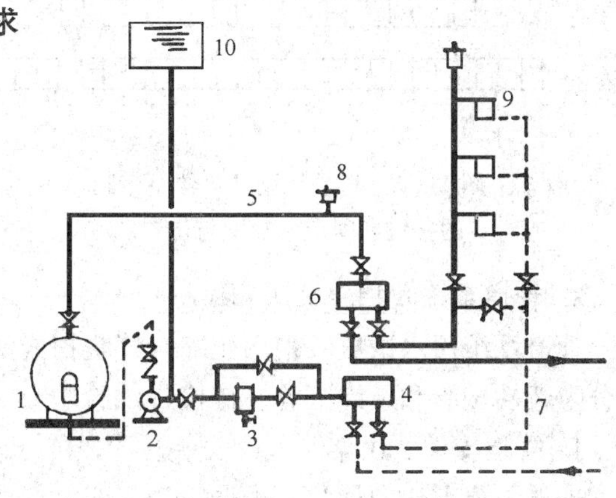

图 11-26 热水采暖系统

1—热水锅炉；2—循环水泵；3—除污器；4—集水器；5—供热水管；6—分水器；7—回水管；8—排气阀；9—散热片；10—膨胀水箱

水采暖系统组成示意图。

(二) 供热水系统组成

供热水系统组成内容如下：

1. 水加热器以及自动调温装置；

2. 管网系统：有供热水管和回水管；

3. 供水器；

4. 辅助设备：冷水箱、集气罐、除污器、疏水器等；

5. 循环水泵。

供热水系统如图 11-27 所示。

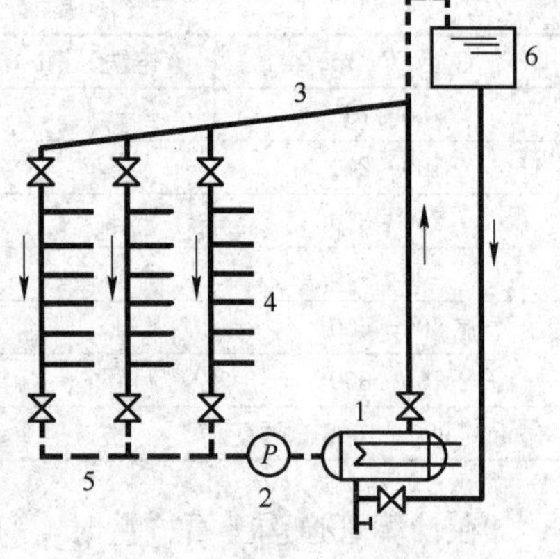

图 11-27 供热水系统

1—水加热器；2—循环水泵；3—供热水管；4—各楼层供水器；5—回水管；6—冷水箱

(三) 采暖、供热管道安装要求

1. 管道安装要求

管道在室内敷设，通常采用明敷，室外管道一般采用架空或地沟内敷设；对于管道的连接，干管采用焊接、法兰连接或螺纹连接。一般室内低压蒸汽采暖系统，当 $DN>32$mm 时，采用焊接或法兰连接，当 $DN\leqslant32$mm 时，采用螺纹连接。

2. 散热器(片)安装程序

散热器(片)安装程序为：组对——试压——就位——配管。

此外，散热片还要安装托钩或托架，其搭配数量见图 11-28、图 11-29。

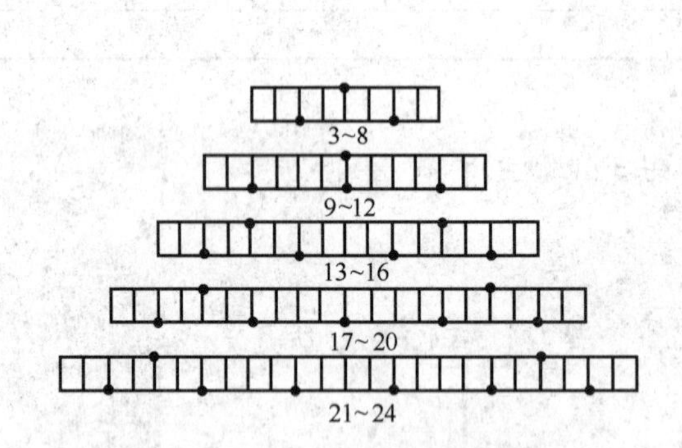

图 11-28 铸铁柱型散热器不带腿的托钩和固定卡数量与位置图

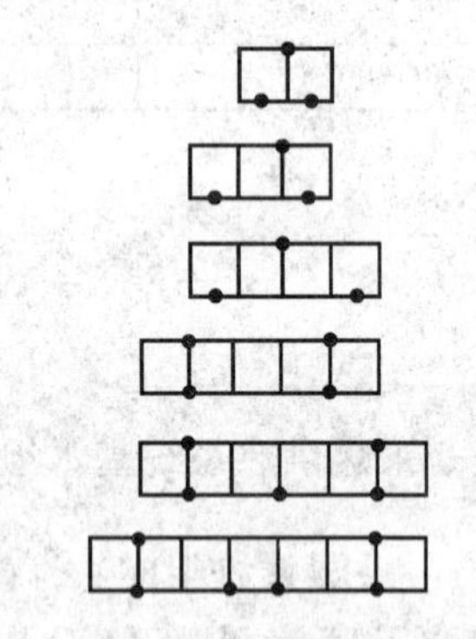

图 11-29 铸铁长翼型散热器的托钩数量与位置图

3. 管道系统吹扫、试压和检查

管道系统用水试压、采用压缩空气吹扫或清水冲洗、蒸汽冲洗等方法吹扫和清洗。通常分隐蔽性试验和最终试验。待检查试验压力 P_s 和系统压力 P 符合规定时，方可验收。

4. 管道支架、吊架制作和安装

采暖管道支架的种类，根据管道支架的作用、特点，可分为活动支架和固定支架。根据结构形式可分为托架、吊架、管卡。托、吊架多用于水平管道。支架埋于墙内不少于120mm，材质可用角钢和槽钢等制作。支架的安装程序：下料——焊接——刷底漆——安装——刷面漆。

5. 采暖、供热水管穿墙过楼板安装套管

采暖管道的套管一般分不保温、保温和钢套管三种。不保温套管的规格可按比采暖管大1～2号确定，不预埋；保温时采用的套管，其内径通常比保温外径大50mm以上；防水套管分钢性和柔性。套管的材质采用镀锌薄钢板或钢管。套管伸出墙面或楼板面20mm。当使用镀锌薄钢板制作套管时，其厚度通常为$\delta=0.5\sim0.75$mm。面积计算如下：

$$面积\ F=Bl$$

式中 B——套管展开宽度，$B=$(被套管直径$+20)\times\pi+$咬口10；

l——套管展开长度，$l=$楼板或墙厚$+40$。

6. 补偿器(伸缩器)制作安装要求

补偿器可在现场煨制或成品，其形式有波型补偿器、填料式套筒补偿器。现场煨制的补偿器其制作安装程序如下：

煨制——拉紧固定——焊接——放松、油漆。

现场煨制补偿器形式如图11-30所示。

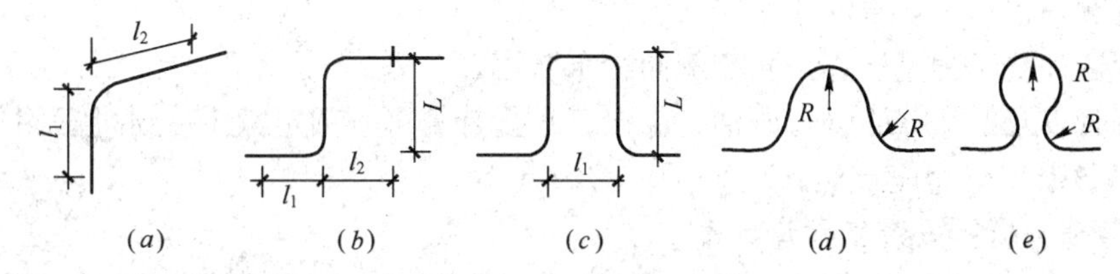

图11-30 补偿器形式

(a)L型；(b)Z型；(c)U型；(d)圆滑U型；(e)圆滑琵琶型

7. 管道刷油、保温要求

(1) 室内采暖、供热水管道刷油要求：

除锈——刷底漆(防锈漆或红丹漆)1遍——银粉漆2遍。

(2) 浴厕采暖、热水管道刷油要求：

除锈——刷底漆2遍——刷银粉漆2遍(或耐酸漆1遍，或快干漆2遍)。

(3) 散热器刷油一般要求：

除锈——刷底漆2遍——银粉漆2遍。

(4) 保温管道要求：

除锈——刷红丹漆2遍——保温层安装以及抹面——保温层面刷沥青漆(或调合漆)2遍。

8. 减压器和疏水器

按设计要求，通常安装在采暖系统热入口处。

二、采暖、热水管道系统工程量计算

(一) 采暖、热水管道工程量计算

采暖管道工程量计算顺序和计算要领同室内给水管道。

1. 工程量计算规则

(1) 以施工图所示管道中心线长度，按延长米计量，不扣阀门、管件以及伸缩器等所

占长度，但要扣除散热片所占长度。

(2) 室内外管道界线划分规定：

1) 采暖建筑物入口设热入口装置者，以入口阀门为界，无入口装置者以建筑物外墙皮1.5m为界；

2) 室外系统与工业管道界线以锅炉房或泵站外墙皮为界；

3) 工厂车间内的采暖系统与工业管道碰头点为界；

4) 高层建筑内采暖管道系统与设在其内的加压泵站管道界线，以泵站外墙皮为界。

2. 套定额

管道安装定额包括：管道煨弯、焊接、试压等工作。

(1) 管道的支、吊、托架、管卡的制作与安装，室内采暖、供热水管道安装工程量计算和定额套用与室内给水管道安装相同。

(2) 穿墙、过楼板套管工程量计算方法同给水工程。

(3) 伸缩器安装另列项计算。

(4) 定额中包括了弯管的制作与安装。

(5) 管道冲洗工程量计算与套定额同给水管道。

(6) 钢管以及散热器除锈、刷油、保温工程量计算可查阅定额十一册(篇)附录九表中数据。并套该册(篇)相应定额。

(二) 管道补偿器安装工程量计算

各种补偿器(方型、螺纹法兰套筒、焊接法兰套筒、波形等补偿器)制作安装工程量，均以“个”计量。方型补偿器的两臂，按臂长的两倍合并在管道长度内计算。

(三) 阀门安装工程量计算

采暖管道工程中的阀门(螺纹、法兰)安装工程量均以“个”计量。同给水管道。

(四) 低压器具的组成与安装工程量计算

采暖、热水管道工程中的低压器具包括减压装置和疏水装置。

1. 减压器组成与安装工程量计算

可按减压器的不同连接方式(螺纹连接、焊接)以及公称直径，分别以“组”计量。如图11-31、图11-32所示，分别为热水系统和蒸汽、凝结水管路的减压装置示意图。

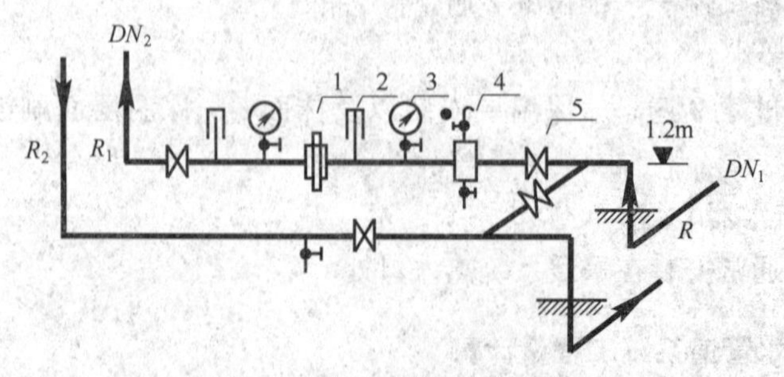

图11-31　热水系统减压装置组成

1—调压板；2—温度计；3—压力表；4—除污器；5—阀门

2. 疏水器装置组成与安装工程量计算

可按疏水器不同连接方式和公称直径，分别以“组”计量。疏水器装置组成如图11-33所示。

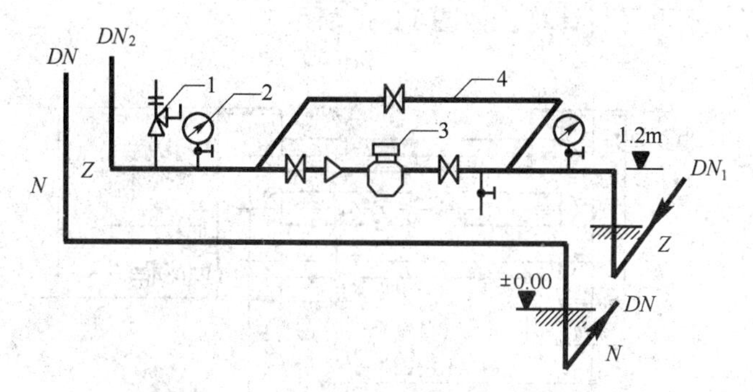

图 11-32 蒸汽、凝结水管路减压装置示意图

1—安全阀；2—压力表；3—减压阀；4—旁通管

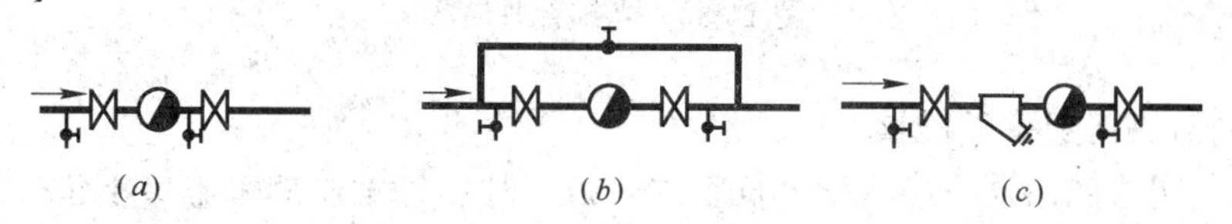

图 11-33 疏水器装置组成与安装

(1) 图 11-33(*a*)为疏水器不带旁通管；

(2) 图 11-33(*b*)为疏水器带旁通管；

(3) 图 11-33(*c*)为疏水器带过滤器，对于过滤器安装工程量可另列项计算，套用同规格阀门定额。

3. 单独安装减压阀、疏水器、安全阀可按同管径阀门安装定额套用。但应注意地方定额中系数的规定及其各自的未计价价值。如图 11-34 所示。

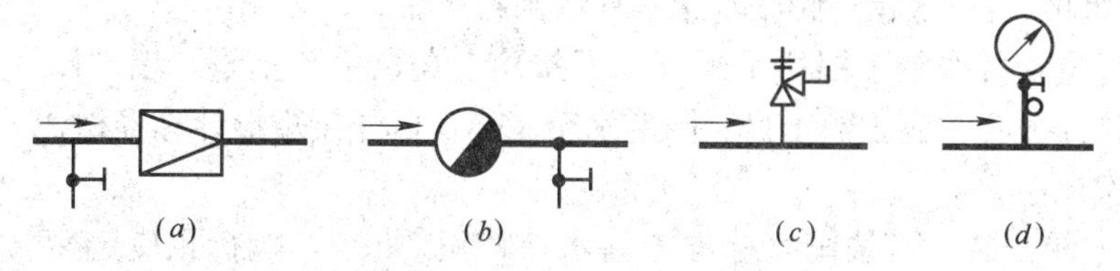

图 11-34 单独安装减压阀等

(*a*)减压阀；(*b*)疏水器；(*c*)安全阀；(*d*)弹簧压力表

(五) 供暖器具安装工程量计算

1. 铸铁散热器安装工程量(四柱、五柱、翼形、M132)均按“片”计量，定额中包括托钩制安。如图 11-35 所示。圆翼型按“节”计量。柱型挂装时，可套用 M132 型子目。柱型、M132 型铸铁散热器用拉条时，另行计算拉条。

2. 光排管散热器制作安装工程量，可按排管长度“m”计算，根据管材不同直径并区分 A、B 型套相应定额。定

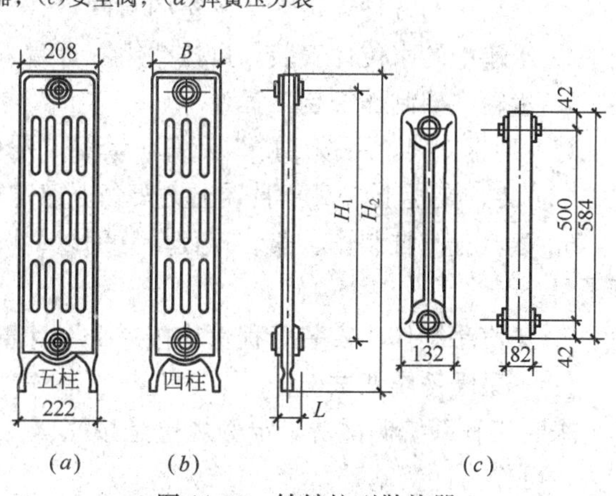

图 11-35 铸铁柱型散热器

(*a*)五柱 800；(*b*)四柱；(*c*)M132 型

额已包括联管长度，不再另行计算。如图 11-36 所示。

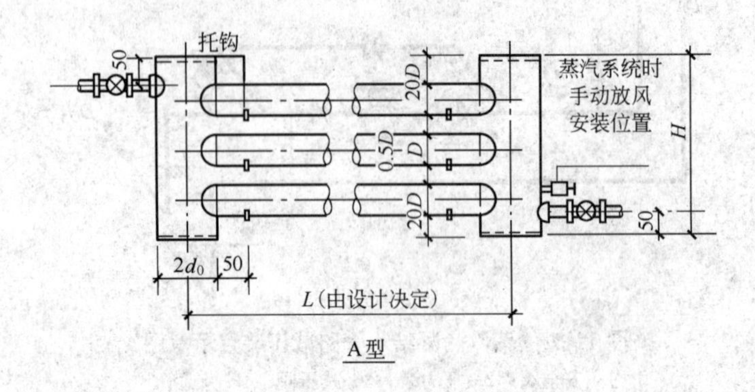

图 11-36　光排管散热器

3. 钢制散热器安装工程量

(1) 钢制闭式散热器，应区别不同型号，以“片”计量。如果主材不包括托钩者，托钩的价值另行计算。

(2) 钢制板式、壁式散热器分别按不同型号或重量以“组”计量。定额中已包括托钩安装的人工和材料。

(3) 钢制柱式散热器，应区别不同片数，以“组”计量。使用拉条时，拉条另行计算。

4. 暖风机安装，可区别不同重量，以“台”计量。其支架另列项计算。

5. 热空气幕安装工程量，可根据其不同型号和重量，以“台”计量。

(六) 小型容器制作和安装工程量计算

1. 钢板水箱(凝结水箱、膨胀水箱、补给水箱)

制作工程量，可按施工图所示尺寸，不扣除人孔、手孔重量，以“kg”计量。其法兰和短管水位计另套相应定额子目。圆形水箱制作，以外接矩形计算容积，套与方形水箱容积相同档次定额。

2. 钢板水箱安装，可按国家标准图集水箱容积“m^3”，执行相应定额。各种水箱安装，均以“个”计量。

3. 水箱中的各种连接管计入室内管网中。

4. 水箱中的水位计安装，可按“组”计量。

5. 水箱支架制作安装工程量

(1) 型钢支架，可按“kg”计算，套第八册(篇)相应定额子目。

(2) 砖、混凝土、钢筋混凝土支架套土建定额。

6. 蒸汽分汽缸制作、安装工程量分别以“kg”和“个”计量，套第六册(篇)相应定额子目。

7. 集汽罐制作、安装工程量均按“个”计量，分别套第六册(篇)相应定额子目。

(七) 采暖系统调试

采暖工程系统调试费，定额规定是按采暖工程人工费的 15%计取，其中人工工资占 20%，可作为计费基础。

第三节　水暖安装工程量计算需注意事项

一、定额中的有关说明

1. 定额编制依据

本定额是根据现行有关国家产品标准、设计规范、施工及验收规范、技术操作规程、质量评定标准和安全操作规程编制的，亦参考了行业、地方标准以及有代表性的工程设计、施工资料和其他资料。除定额规定者外，均不得调整。

2. 水暖工程预算定额中几项费用的规定

(1) 脚手架搭拆费按人工费的5%计算，其中人工工资占25%。脚手架搭拆费属于综合系数。

(2) 采暖工程系统调整费可按采暖工程人工费的15%计算，其中人工工资占20%。

(3) 高层建筑增加费，是指高度在6层或20m以上的工业与民用建筑，可按定额册(篇)说明中的规定系数计算。高层建筑增加系数属于子目系数。

(4) 超高增加费，指操作物高度以3.6m划界，若超过3.6m，可按超过部分的定额人工费乘以下列表中系数，见表11-3。超高增加系数属于子目系数。

操作超高增加系数表　　**表11-3**

标高±(m)	3.6～8	3.6～12	3.6～16	3.6～20
超高系数	1.10	1.15	1.20	1.25

3. 设置于管道间、管廊内的管道、阀门、法兰、支架安装，人工乘以系数1.3。

4. 当土建主体结构为现场浇筑采用钢模施工的工程内安装水、暖工程时，内外浇筑的人工乘以系数1.05，采用内浇外砌的人工乘以系数1.03。

二、水、暖工程安装与其他册(篇)定额之间的关系

1. 工业管道、生活与生产共用管道、锅炉房、泵房、高层建筑内加压泵房等管道，执行第六册(篇)《工业管道》相应定额。

2. 通冷冻水的管道（用于空调），执行第六册(篇)《工业管道》相应定额。

3. 各类泵、风机等执行第一册(篇)《机械设备安装工程》相应定额。

4. 仪表(压力表、温度计、流量计等)执行第十册(篇)《自动化控制仪表安装工程》相应定额。

5. 消防喷淋管道安装，执行第七册(篇)定额相应子目。

6. 管道、设备刷油、保温等执行第十一册(篇)《刷油、防腐蚀、绝热工程》相应定额。

7. 采暖、热水锅炉安装，执行第三册（篇）《热力设备安装工程》相应定额。

8. 管道沟挖土石方以及砌筑、浇筑混凝土等工程可执行地方《建筑工程预算定额》。

第四节　给排水、采暖安装工程施工图预算编制实例

【例11-1】 某宿舍给排水工程施工图预算

(一) 工程概况

1. 工程地址：本工程位于重庆市市中区；

2. 工程结构：本工程建筑结构为砖混结构，三层，建筑面积2000m²，层高3.2m。室内给排水工程。

(二) 编制依据

施工单位为某国营建筑公司，工程类别为二类。采用2000年《国安》，以及重庆市现行间接费用定额和某市现行材料预算价格或部分双方认定的市场采购价格。

合同中规定不计远地施工增加费和施工队伍迁移费。

(三) 编制方法

1. 在熟悉图纸、施工组织设计以及有关技术、经济文件的基础上，计算工程量。工程图见图11-37、图11-38和图11-39。工程量计算表见表11-4。

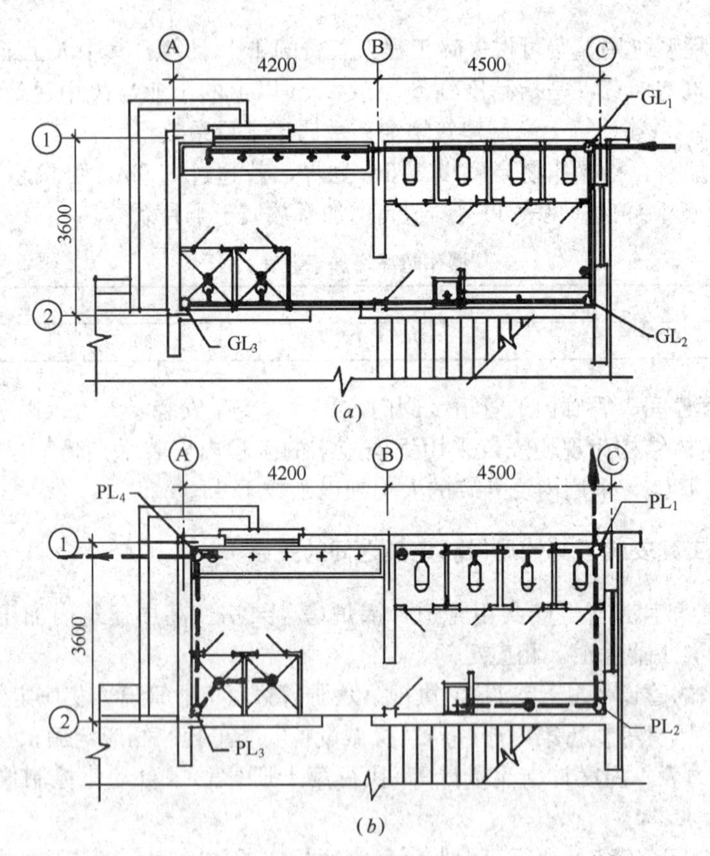

图11-37 给排水平面图

(a)给水平面图；(b)排水平面图

2. 工程量汇总表，见表11-5。

3. 套用现行《国安》，进行工料分析，见表11-6。

4. 按照计费程序表计算工程直接费以及各项费用(略)。

5. 写编制说明。

6. 自校、填写封面、装订施工图预算书。

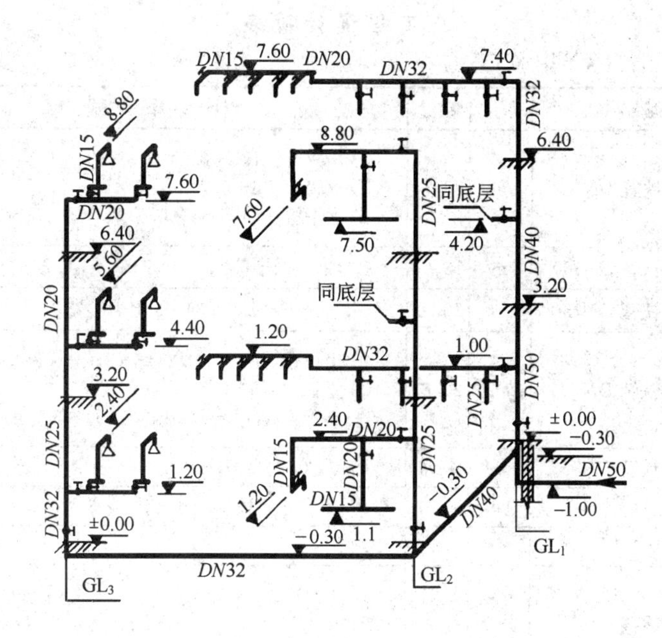

图 11-38　给水系统图

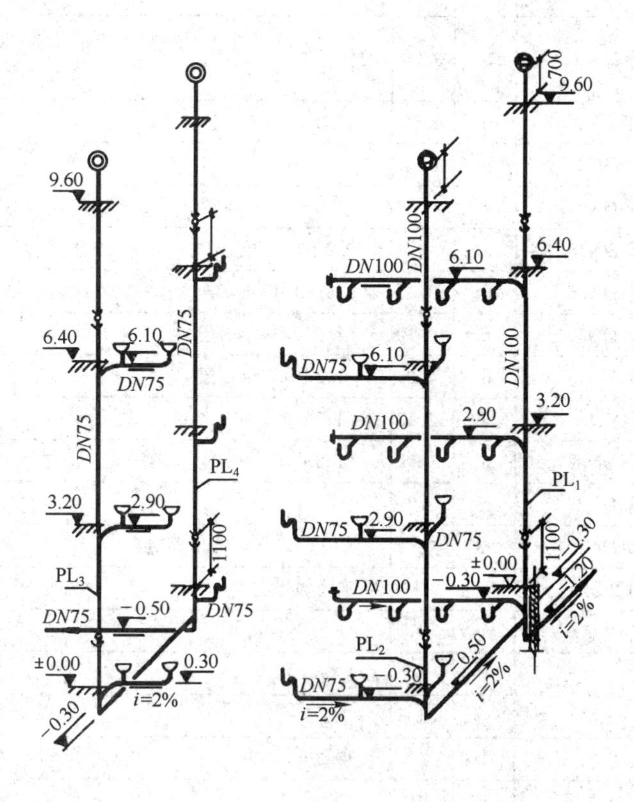

图 11-39　排水系统图

工程量计算表 **表11-4**

单位工程名称：某宿舍给排水工程 共 页 第 页

序号	分项工程名称	单位	数量	计 算 式	备 注
1	承插排水铸铁管 $DN100$	m	32.74	① 出户管：1.5+0.24+1.2 ② 立管：9.6+0.7 ③ 水平管：(4.5+4×0.5)×3	PL_1
2	承插排水铸铁管 $DN100$	m	13.96	(C轴)(3.6−0.24)+0.3+9.6+0.7	PL_2
3	承插排水铸铁管 $DN75$	m	20.93	(4.5/4×3+2×0.3)×3层+3×3	PL_2 支管
4	承插排水铸铁管 $DN75$	m	23.65	① 出户管：(1.5+0.24)+(3.6−0.24) +0.3 ② 立管：9.6+0.7 ③ 支管：(0.85+1.2+2×0.3)×3	PL_3
5	承插排水铸铁管 $DN75$	m	11.7	(9.6+0.7+0.5)+0.3×3	PL_4
6	地漏 $DN75$	个	15	$PL_2$2×3+ $PL_3$2×3+ $PL_4$1×3	
7	清扫口 $DN100$	个	3		
8	埋地管刷沥青漆	m²	5.90	[(1.5+0.24+1.2)+ (4.5+4×0.5)+(3.6−0.24)+0.3+(4.5/4×3+2×0.3)]×πD=17.08×3.14×0.11	$D=D_{内}+2\delta$
9	铸铁管刷银粉漆	m²	33.44	[32.78+13.95+15.53+22.80+12.7−17.08]×1.2πD=80.68×1.2×3.14×0.11	$D=D_{内}+2\delta$
10	给水镀锌钢管 $DN50$	m	3.74	1.5(进户)+0.24(穿墙)+1(负标高)+1(阀门变径处)	GL_1
11	给水镀锌钢管 $DN40$	m	6.56	(4.2−1)+(3.6−0.24)	GL_1
12	给水镀锌钢管 $DN32$	m	16.7	(7.4−4.2)+4.5×3层	GL_1
13	给水镀锌钢管 $DN20$	m	10.83	[4.2−0.24(墙厚)−0.35(距墙皮)]×3层	GL_1
14	给水镀锌钢管 $DN15$	m	3	0.2×5×3层	GL_1
15	给水镀锌钢管 $DN25$	m	9.1	8.8+0.3	GL_2
16	给水镀锌钢管 $DN20$	m	10.13	(4.5/4×3)×3层	GL_2
17	给水镀锌钢管 $DN15$	m	4.2	(1.2+0.2)×3层	GL_2
18	多孔冲洗管 $DN15$	m	10.13	(4.5/4×3)×3	GL_2
19	给水镀锌钢管 $DN32$	m	9.96	(4.2+4.5−0.24+0.3)+1.2	GL_3
20	给水镀锌钢管 $DN25$	m	3.2	4.4−1.2	GL_3
21	给水镀锌钢管 $DN20$	m	8	7.6−4.4+2×1.8×3层	GL_3
22	钢管冷热水淋浴器	组	6	2×3层	GL_3
23	阀门 $DN50$	个	1		
24	阀门 $DN32$	个	4	1×3+1	
25	阀门 $DN25$	个	1		
26	阀门 $DN20$	个	6	1×3+1×3	
27	手压延时阀蹲式便器	套	12	4×3	
28	水龙头 $DN15$	个	18	5×3+1×3	

工 程 量 汇 总 表 **表 11-5**

单位工程名称：某宿舍给排水工程

序　　号	分 项 工 程 名 称	单　　位	数　　量	备　　注
1	承插排水铸铁管 *DN*100	m	46.7	PL_1、PL_2
2	承插排水铸铁管 *DN*75	m	56.28	PL_2 支管、PL_4、PL_3
3	地漏 *DN*75	个	15	PL_2、PL_3、PL_4
4	清扫口 *DN*100	个	3	
5	埋地管刷沥青漆	m^2	5.90	
6	铸铁管刷银粉漆	m^2	33.44	
7	给水镀锌钢管 *DN*50	m	3.74	
8	给水镀锌钢管 *DN*40	m	6.56	
9	给水镀锌钢管 *DN*32	m	26.66	GL_1、GL_3
10	给水镀锌钢管 *DN*25	m	12.30	GL_2、GL_3
11	给水镀锌钢管 *DN*20	m	28.96	GL_1、GL_2、GL_3
12	给水镀锌钢管 *DN*15	m	7.2	GL_1、GL_2
13	多孔冲洗管 *DN*15	m	10.13	GL_2
14	钢管冷热水淋浴器	组	6	GL_3
15	阀门 *DN*50	个	1	
16	阀门 *DN*32	个	4	
17	阀门 *DN*25	个	1	
18	阀门 *DN*20	个	6	
19	手压延时阀蹲式便器	套	12	
20	水龙头 *DN*15	个	18	

工 程 计 价 表 **表 11-6**

单位工程名称：某宿舍给排水工程

定额编号	分项工程项目	单位	工程数量	单位价值			合计价值			未计价材料			
				人工费	材料费	机械费	人工费	材料费	机械费	损耗	数量	单价	合价
8-140	承插排水铸铁管 *DN*100（石棉水泥接口）	10m	4.67	80.34	298.34		375.19	1393.25		8.9	41.56	36.70	1525
	接头零件	10m	4.67							10.55	48.95	20.57	1007
8-139	承插排水铸铁管 *DN*75（石棉水泥接口）	10m	5.63	62.23	199.51		350.36	1123.24		9.3	52.36	28.00	1466
	接头零件	10m	5.63							9.04	50.90	15.99	814

续表

定额编号	分项工程项目	单位	工程数量	单位价值			合计价值			未计价材料			
				人工费	材料费	机械费	人工费	材料费	机械费	损耗	数量	单价	合价
8-448	铸铁地漏 *DN*75	10个	1.5	86.61	30.80		129.91	46.20		10	15	12.00	180
8-453	清扫口 *DN*100	10个	0.3	22.52	1.70		6.76	0.51		10	3	12.00	36
11-1	铸铁管人工除锈	$10m^2$	3.93	7.89	3.38		31.00	13.28					
11-202	铸铁埋地管刷沥青漆一遍	$10m^2$	0.59	8.36	1.54		4.93	0.91					
11-203	铸铁埋地管刷沥青漆二遍	$10m^2$	0.59	8.13	1.37		4.80	0.80					
11-198	铸铁管刷防锈漆一遍	$10m^2$	3.34	7.66	1.19		25.58	3.98					
11-200	铸铁管刷银粉漆一遍	$10m^2$	3.34	7.89	5.34		26.35	17.84					
11-201	铸铁管刷银粉漆二遍	$10m^2$	3.34	7.66	4.71		25.58	15.73					
8-92	给水镀锌钢管 *DN*50（螺纹连接）	10m	0.374	62.23	45.04	2.86	23.27	16.85	1.07	10.2	3.81	20.00	76.20
	接头零件	10m	0.374							6.51	2.43	5.87	14.29
8-91	给水镀锌钢管 *DN*40（螺纹连接）	10m	0.66	60.84	31.38	1.03	40.15	20.71	0.68	10.2	6.73	16.00	107.8
	接头零件	10m	0.66							7.16	4.73	3.53	16.70
8-90	给水镀锌钢管 *DN*32（螺纹连接）	10m	2.67	51.08	33.45	1.03	136.38	89.31	2.75	10.2	27.23	11.50	313.2
	接头零件	10m	2.67							8.03	21.44	2.74	58.75
8-89	给水镀锌钢管 *DN*25（螺纹连接）	10m	1.23	51.08	30.80	1.03	62.83	37.88	1.27	10.2	12.55	9.00	112.9
	接头零件	10m	1.23							9.78	12.03	1.85	22.26
8-88	给水镀锌钢管 *DN*20（螺纹连接）	10m	2.90	42.49	24.23		123.22	70.27		10.2	29.58	6.00	177.5
	接头零件	10m	2.90							11.52	33.40	1.14	38.09

续表

定额编号	分项工程项目	单位	工程数量	单位价值			合计价值			未计价材料			
				人工费	材料费	机械费	人工费	材料费	机械费	损耗	数量	单价	合价
8-87	给水镀锌钢管 *DN*15（螺纹连接）	10m	0.72	42.49	22.96		30.59	16.53		10.2	7.34	5.00	36.72
	接头零件	10m	0.72							16.37	11.79	0.8	9.43
8-456	多孔冲洗管 *DN*15	10m	1.01	150.7	83.06	12.48	152.21	83.89	12.61	10.2	10.3	5.00	51.50
	接头零件	10m	1.01							9	9.09	1.6	14.54
8-404	钢管冷热水淋浴器	10组	0.6	130.03	470.16		78.02	282.10					
	莲蓬头	10组	0.6							10	6	4.5	27
8-410	手压延时阀蹲式便器	10套	1.2	133.75	432.44		160.5	518.93					
	瓷蹲式大便器	10套	1.2							10.10	12.12	160	1939
	大便器手压阀 *DN*25	10套	1.2							10.10	12.12	14.0	170
8-438	水龙头 *DN*15	10个	1.8	6.5	0.98		11.7	1.76		10.10	18.18	9.0	163.6
8-230	给水管道消毒冲洗	100m	0.96	12.07	8.42		11.59	8.08					
8-246	截止阀 *DN*50	个	1	5.80	9.26		5.8	9.26		1.01	1.01	62.0	62.62
8-244	截止阀 *DN*32	个	4	3.48	5.09		13.92	20.36		1.01	4.04	32.0	129.3
8-243	截止阀 *DN*25	个	1	2.79	3.45		2.79	3.45		1.01	1.01	20.0	20.2
8-242	截止阀 *DN*20	个	6	2.32	2.68		13.92	16.08		1.01	6.06	18.0	109.1
	合　计						1847.35	3811.2	18.38				8699

【例 11-2】 某医院办公楼热水采暖安装工程施工图预算

(一) 工程概况

1. 工程地址：本工程位于重庆市市中区；

2. 工程结构：办公楼为二层砖混结构，层高 3.2m。室内采暖工程。

(二) 编制依据

施工单位为某国营建筑公司，工程类别为一类。采用 2000 年《国安》，以及重庆市现行间接费用定额和某市现行材料预算价格或部分双方认定的市场采购价格。

合同中规定不计远地施工增加费和施工队伍迁移费。

（三）编制方法

1. 在熟悉图纸、施工组织设计以及有关技术、经济文件的基础上，计算工程量。工程图见图 11-40、图 11-41 和图 11-42。工程量计算表见表 11-7。

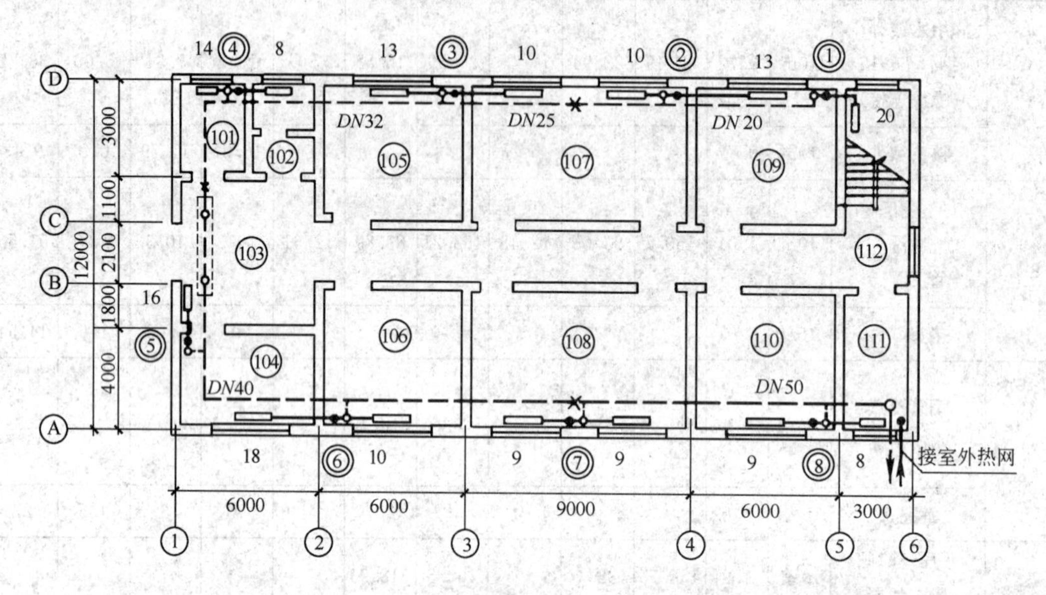

图 11-40　采暖一层平面图

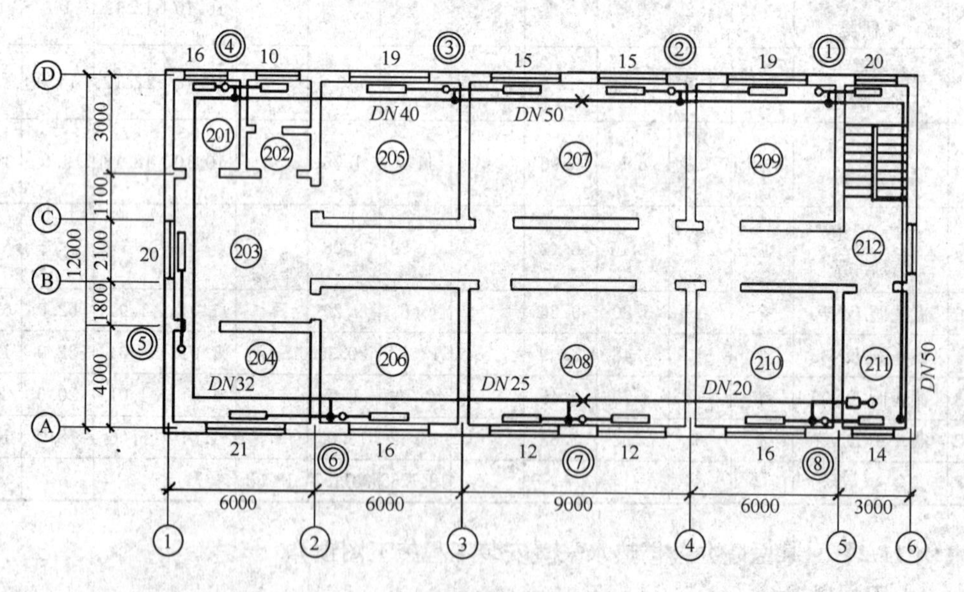

图 11-41　采暖二层平面图

2. 工程量汇总表，见表 11-8。

3. 套用现行《国安》，进行工料分析，见表 11-9。

4. 按照计费程序表计算工程直接费以及各项费用(略)。

5. 写编制说明。

6. 自校、填写封面、装订施工图预算书。

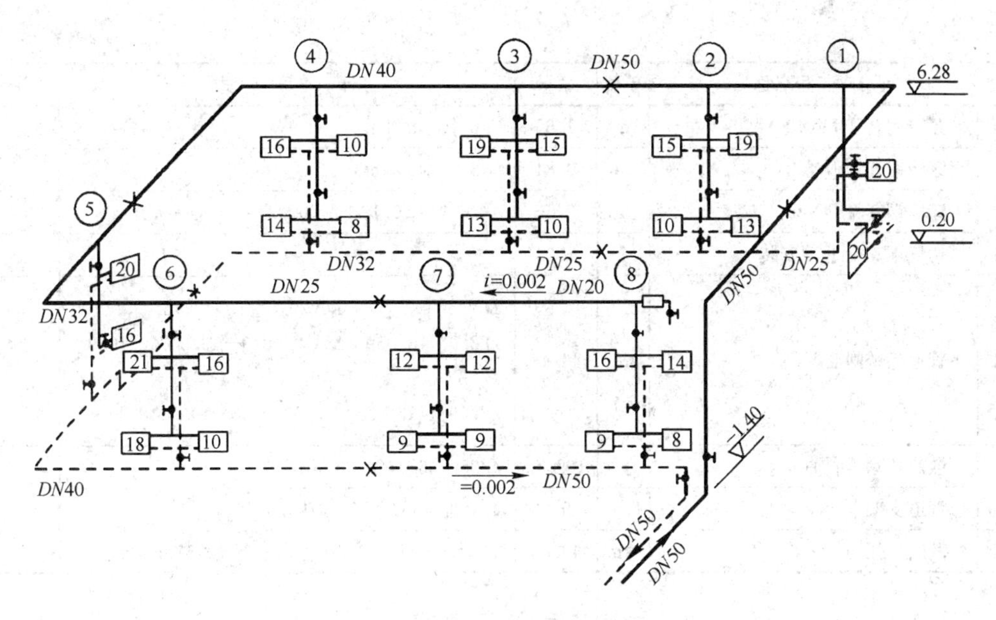

图 11-42　采暖工程系统图

工 程 量 计 算 表　　　　　　　　　　　　　　　　　　　　**表 11-7**

单位工程名称：某办公楼采暖工程　　　　　　　　　　　　　　　　共　页　第　页

序号	分项工程名称	单位	数量	计　算　式	备注
1	钢管焊接 *DN*50	m	39.42	进户及室内：1.5+0.24+1.4+6.28+12+3+15	
2	钢管焊接 *DN*40	m	20.00	③～⑤：6×2+3+1.1+2.1+1.8	
3	钢管焊接 *DN*32	m	10.00	⑤～⑥等：4+6	
4	钢管焊接 *DN*25	m	10.50	⑥～⑦：6+4.5	
5	钢管焊接 *DN*20	m	10.50	⑦～⑧：4.5+6	
6	回水钢管焊接 *DN*50	m	27.14	出户及室内：1.5+0.24+1.4+3+6+15	
7	回水钢管焊接 *DN*40	m	21.00	⑥～④：6+12+3	
8	回水钢管焊接 *DN*32	m	9.00	④～③：3+6	
9	回水钢管焊接 *DN*25	m	9.00	③～②：9	
10	回水钢管焊接 *DN*20	m	7.50	②～①：6+1.5	
11	供、回水立管 *DN*15(螺纹接)	m	66.14	(6.28−0.813−0.2+3.2−0.2)×8 组	
12	散热片横连管 *DN*15(螺纹接)	m	156.83	6×28 根−392/2×0.057 厚	
13	四柱 813 型散热片(有腿)	片	225.00		
14	四柱 813 型散热片(无腿)	片	167.00		
15	截止阀 *DN*15(螺纹接)	个	27.00		
16	截止阀 *DN*50(螺纹接)	个	2.00	1+1	供、回
17	穿墙钢套管 *DN*80	m	3.08	11 个×(0.24+2×0.02)=11×0.28m	
18	穿墙钢套管 *DN*70	m	0.84	3 个×0.28m	
19	穿墙钢套管 *DN*50	m	1.68	6 个×0.28m	

续表

序号	分项工程名称	单位	数量	计　算　式	备注
20	穿墙钢套管 *DN*40	m	1.68	6个×0.28m	
21	穿墙钢套管 *DN*32	m	0.84	3个×0.28m	
22	穿墙钢套管 *DN*25	m	2.56	16个×(0.12+2×0.02)=16个×0.16m	
23	集气罐 φ150Ⅱ型安装	个	1.00		
24	管道除锈刷油	m^2	40.44	*DN*15　*DN*20　*DN*25 222.96×0.069+18×0.0879+19.50×0.1059 *DN*32　*DN*40　*DN*50 22×0.1413+38×0.1507+66.71×0.1885	
25	散热片除锈刷油	m^2	109.76	(225+167)×0.28m^2/片	
26	管道支架∟50×5	kg	19.22	15×0.34m/个×3.77kg/m	
27	散热片托钩 φ16	kg	43.82	(17×3+11×5)×0.262m/个×1.578kg/m	

工程量汇总表　　**表 11-8**

单位工程名称：某办公楼采暖工程

序号	分项工程名称	单位	数量	备　注
1	钢管焊接 *DN*50	m	66.56	
2	钢管焊接 *DN*40	m	41.00	
3	钢管焊接 *DN*32	m	19.00	
4	钢管焊接 *DN*25	m	19.50	
5	钢管焊接 *DN*20	m	18.00	
6	镀锌钢管 *DN*15(螺纹接)	m	222.97	
7	四柱813型散热片(有腿)	片	225.00	225×7.99kg/片(有脚)=1797.8
8	四柱813型散热片(无腿)	片	167.00	167×7.55kg/片(无脚)=1260.9
9	截止阀 *DN*15(螺纹接)	个	27.00	
10	截止阀 *DN*50(螺纹接)	个	2.00	
11	穿墙钢套管	个	45.00	
12	集气罐 φ150Ⅱ型安装	个	1.00	
13	管道除锈刷油	m^2	40.44	
14	散热片除锈刷油	m^2	109.76	
15	管道支架∟50×5	kg	19.22	
16				
17				
18				
19				

工程计价表

表 11-9

单位工程名称：某办公楼采暖工程

定额编号	分项工程项目	单位	工程数量	单位价值			合计价值			未计价材料			
				人工费	材料费	机械费	人工费	材料费	机械费	损耗	数量	单价(元)	合价
8-111	钢管焊接 *DN*50	10m	6.66	46.21	11.10	6.37	307.76	73.93	42.42	10.2	67.93	16.00	1087
8-110	钢管焊接 *DN*40	10m	4.10	42.03	6.19	5.89	172.32	25.38	24.15	10.2	41.82	12.70	531
8-109	钢管焊接 *DN*32	10m	1.9	38.55	5.11	5.42	73.25	9.80	10.30	10.2	19.38	10.50	204
8-109	钢管焊接 *DN*25	10m	1.95	38.55	5.11	5.42	75.17	9.97	10.57	10.2	19.89	8.00	159
8-109	钢管焊接 *DN*20	10m	1.80	38.55	5.11	5.42	69.39	9.20	9.76	10.2	18.36	5.50	101
8-87	镀锌钢管 *DN*15（螺纹接）	10m	22.30	42.49	22.96		947.53	512.01		10.2	227.5	5.00	1138
8-491	四柱 813 型散热片(有腿)	10 片	22.50	9.61	78.12		216.30	1757.70		10.10	227.3	30	6819
8-490	四柱 813 型散热片(无腿)	10 片	16.70	14.16	27.11		236.47	452.74		10.10	168.7	27	4555
8-241	截止阀 *DN*15（螺纹接）	个	27	2.36	2.11		63.72	56.97		1.01	27.27	18	491
8-246	截止阀 *DN*50（螺纹接）	个	2	5.80	9.26		11.60	18.52		1.01	2.02	65	131
6-2972	穿墙钢套管 *DN*80	个	11	8.66	5.58	0.48	95.26	61.38	5.28	0.3m	3.3	26	86
6-2972	穿墙钢套管 *DN*70	个	3	8.66	5.58	0.48	25.98	16.74	1.44	0.3m	0.9	20	18
6-2971	穿墙钢套管 *DN*50	个	6	3.09	2.69	0.48	18.54	16.14	2.88	0.3m	1.8	16	29
6-2971	穿墙钢套管 *DN*40	个	6	3.09	2.69	0.48	18.54	16.14	2.88	0.3m	1.8	12.7	23
6-2971	穿墙钢套管 *DN*32	个	3	3.09	2.69	0.48	9.27	8.07	1.44	0.3m	0.9	10.5	10
6-2971	穿墙钢套管 *DN*25	个	16	3.09	2.69	0.48	49.44	43.04	7.68	0.3m	4.8	8.0	38
6-2896	集气罐 ϕ150 Ⅱ型制作	个	1	15.56	14.15	4.13	15.56	14.15	4.13	0.3m	0.3m	45	14
6-2901	集气罐 ϕ150 Ⅱ型安装	个	1	6.27			6.27			1.00	1.00	65	65
11-1	管道人工除锈	10m^2	4.04	7.89	3.38		31.88	13.66					
11-7	散热片人工除锈	100kg	30.59	7.89	2.50	6.96	241.4	76.48	212.9				

续表

定额编号	分项工程项目	单位	工程数量	单位价值			合计价值			未计价材料			
				人工费	材料费	机械费	人工费	材料费	机械费	损耗	数量	单价(元)	合价
11-51	管道刷底漆一遍	10m²	4.04	6.27	1.07		25.33	4.32		1.47	5.94	6.00	36
11-56	管道刷银粉漆第一遍	10m²	4.04	6.50	4.81		26.26	19.43		0.36	1.45	2.00	3.00
11-57	管道刷银粉漆第二遍	10m²	4.04	6.27	4.37		25.33	17.66		0.33	1.33	1.50	2.00
11-198	散热片刷红丹漆一遍	10m²	10.98	7.66	1.19		84.11	13.07		1.05	11.53	6.00	69
11-200	散热片刷银粉漆第一遍	10m²	10.98	7.89	5.34		86.63	58.63		0.45	4.94	6.00	30
11-201	散热片刷银粉漆第二遍	10m²	10.98	7.66	4.71		84.11	51.72		0.41	4.51	6.00	28
8-230	管道冲洗	100m	3.87	12.07	8.42		46.71	32.59					
8-178	钢管支架 *DN*50 内	100kg	0.019	235.45	194.20	224.26	4.47	3.69	4.26	106	2.01	2.80	6
	合　计						3068.6	3394.33	340.1				15673

注：管接头零件的计算方法同实例一。

第五节　通风、空调工程施工图预算

一、通风工程系统组成

(一) 送风(J)系统组成

送风系统组成见本教材第八章通风与空调工程安装第一节通风系统的组成有关内容。

(二) 排风(P)系统组成

排风系统组成见本教材第八章通风与空调工程安装第一节通风系统的组成有关内容。

二、通风安装工程量计算

(一) 通风管道工程量计算

1. 风管制作安装及套定额

采用薄钢板、镀锌钢板、不锈钢板、铝板和塑料板等板材制作安装的风管工程量，以施工图图示风管中心线长度，支管以其中心线交点划分，按风管不同断面形状，以展开面积“m^2”计算工程量。可按材质、风管形状、直径大小以及板材厚度分别套相应定额子目。

不扣除检查孔、测定孔、送风口、吸风口等所占面积。亦不增加咬口重叠部分。风管制作安装定额包括：弯头、三通、变径管、天圆地方等配件(管件)以及法兰、加固框、吊、支、托架的制作安装。不包括部件所占长度，其部件长度取值可按表 11-10、表11-11 计算。

密闭式斜插板阀长度　　　　表 11-10

型号	1	2	3	4	5	6	7	8	9	10	11	12	13	14	15	16	17	18	19	20	21	22	23	24
D	80	85	90	95	100	105	110	115	120	125	130	135	140	145	150	155	160	165	170	175	180	185	190	195
L	280	285	290	300	305	310	315	320	325	330	335	340	345	350	355	360	365	365	370	375	380	385	390	395
型号	25	26	27	28	29	30	31	32	33	34	35	36	37	38	39	40	41	42	43	44	45	46	47	48
D	200	205	210	215	220	225	230	235	240	245	250	255	260	265	270	275	280	285	290	300	310	320	330	340
L	400	405	410	415	420	425	430	435	440	445	450	455	460	465	470	475	480	485	490	500	510	520	530	540

注：*D* 为风管直径(单位：mm)。

各种风阀长度　　　　表 11-11

1	蝶　阀			*L*=150(mm)													
2	止　回　阀			*L*=300(mm)													
3	密闭式对开多叶调节阀			*L*=210(mm)													
4	圆形风管防火阀			*L*=*D*+240(mm)													
5	矩形风管防火阀			*L*=*B*+240(mm)													
6	塑料手柄式蝶阀	型　号		1	2	3	4	5	6	7	8	9	10	11	12	13	14
		圆　形	*D*	100	120	140	160	180	200	220	250	280	320	360	400	450	500
			L	160	160	160	180	200	220	240	270	380	240	380	420	470	520
		方　形	*A*	120	160	200	250	320	400	500							
			L	160	180	220	270	340	420	520							
7	塑料拉链式蝶阀	型　号		1	2	3	4	5	6	7	8	9	10	11			
		圆　形	*D*	200	220	250	280	320	360	400	450	500	560	630			
			L	240	240	270	300	340	380	420	470	520	580	650			
		方　形	*A*	200	250	320	400	500	630								
			L	240	270	340	420	520	650								
8	塑料圆形插板阀	型　号		1	2	3	4	5	6	7	8	9	10	11			
		圆　形	*D*	200	220	250	280	320	360	400	450	500	560	630			
			L	200	200	200	200	300	300	300	300	300	300	300			
		方　形	*A*	200	250	320	400	500	630								
			L	200	200	200	200	300	300								

注：*D* 为风管外径；*A* 为方形风管外边宽；*L* 为风阀长度；*B* 为风管高度(单位：mm)。

当计算了风管材质的未计价材料后，还要计算法兰以及加固框、吊、支、托架的材料数量，列入材料汇总表中。

风管制作安装定额中不包括：过跨风管的落地支架制安。其工程量可按扩大计量单位“100kg”计算。套用第九册(篇)《通风空调工程》定额第七章设备支架子目。

薄钢板风管中的板材，当设计厚度不同时可换算，但人工、机械不变。

(1) 圆管 $F_{圆}=\pi\times D\times L$

式中 $F_{圆}$——圆形风管展开面积，m^2；

D——圆形风管直径；

L——管道中心线长度。

矩形风管可按图示周长乘以管道中心线长度计算。即 $F_{矩}=2(A+B)L$

式中 A、B——矩形风管断面的大边长和小边长；

$F_{矩}$——矩形风管展开面积(m^2)。

(2) 当风管为均匀送风的渐缩管时，圆形风管可按平均直径，矩形风管按平均周长计量，再套用相应定额子目，且人工乘以系数 2.5。

【例 11-3】 如图 11-43 所示，主管和支管的展开面积分别为 $F_1=\pi D_1 L_1$ (m^2)、$F_2=\pi D_2 L_2$ (m^2)。

【例 11-4】 如图 11-44 所示的弯管三通、主风管、直支风管、弯管支风管的展开面积分别为：

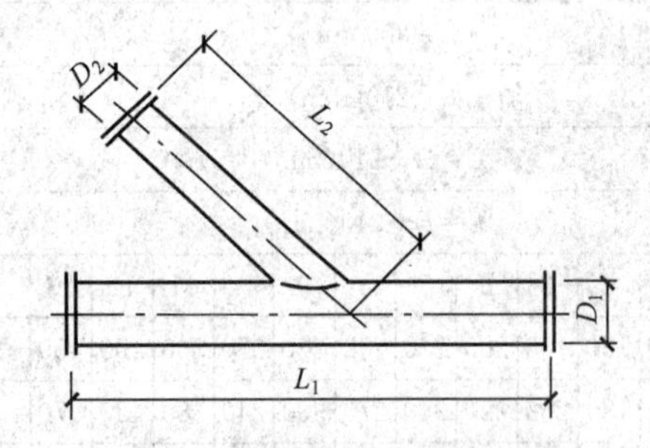

图 11-43 主管与支管的分界

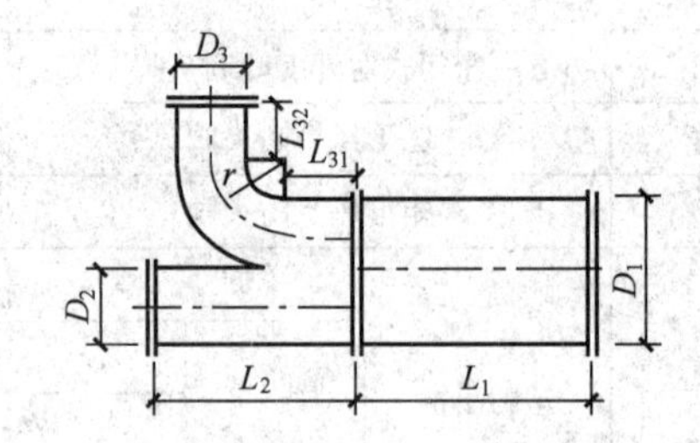

图 11-44 弯管三通各部分展开面积的计算图

$$F_1=\pi D_1 L_1 (m^2)$$

$$F_2=\pi D_2 L_2 (m^2)$$

$$F_3=\pi D_3 (L_{31}+L_{32}+r\theta)\ (m^2)$$

式中 r、θ——分别为弯管的弯曲半径(m)与弯曲弧度。

【例 11-5】 如图 11-45 所示，为渐缩风管均匀送风，其大端周长为 2(0.6+1.0)=3.2m，小端周长为 2(0.6+0.35)=1.9m，则平均周长为 $l_{均}=1/2(3.2+1.9)=2.55$m，故该风管的展开面积为：$F=l_{均}\cdot L=2.55\times27.6=70.38(m^2)$

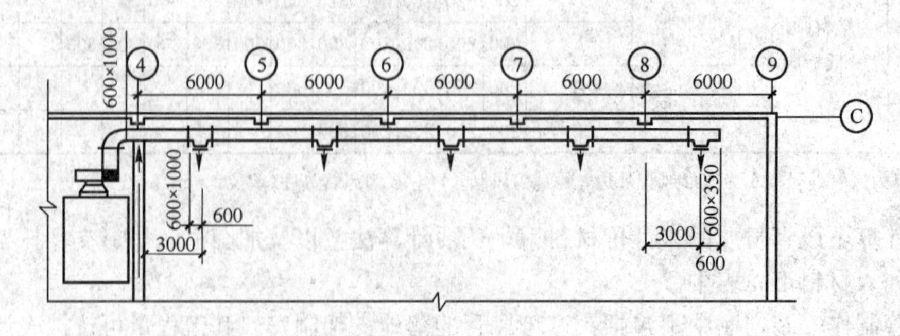

图 11-45 渐缩风管图

（3）柔性软风管适用于由金属、涂塑化纤织物、聚酯、聚乙烯、聚氯乙烯薄膜、铝箔等材料制作的软风管。安装工程量按图示中心线长度以“m”计量。其阀门安装以“个”计量。

（4）空气幕送风管制作安装，可按矩形风管断面平均周长计算，套相应子目，人工乘以系数3.0。

其支架制作安装可另行计算，套相应子目。

2. 风管导流叶片的制作与安装

为了减少空气在弯头处的阻力损失，内弧形和内斜线矩形弯头的外边长≥50mm时，弯管内应设导流叶片。其构造可分单、双叶片，如图11-46所示。风管导流叶片的制作安装工程量可按图示叶片的面积计量。

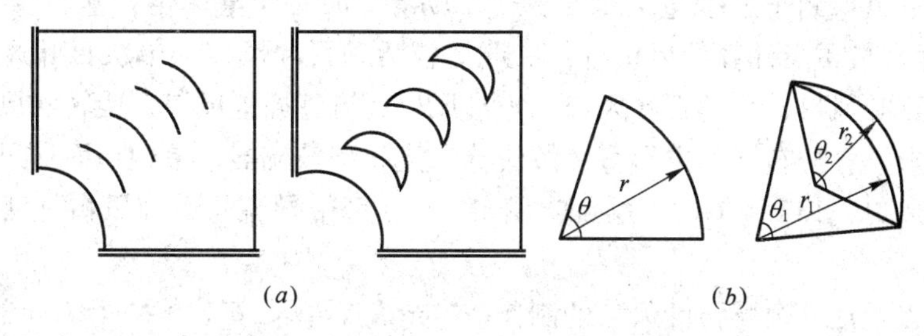

图11-46　导流叶片展开面积计算

导流叶片面积计算式如下：

（1）单叶片面积：$F_{单}=r\theta B(m^2)$

（2）双叶片面积：$F_{双}=(r_1\theta_1+r_2\theta_2)B(m^2)$

式中　r_1、r_2——内外叶片的弯曲半径，m；

θ_1、θ_2——内外叶片的弯曲弧度；

B——叶片宽度。

亦可按表11-12计算叶片面积。定额不分单、双和香蕉形双叶片均执行同一项目。

单导流叶片表面积表　　　　表11-12

风管高 B(m)	200	250	320	400	500	630	800	1000	1250	1600	2000
导流叶片表面积(m^2)	0.075	0.091	0.114	0.140	0.170	0.216	0.273	0.425	0.502	0.623	0.755

3. 软管(帆布接头)制作安装

为防止风机在运行中产生的振动和噪声经过风管穿入各机房，一般在风机的吸入口或排风口或风管与部件的连接处设柔性软管。材质可用人造革、帆布、防火耐高温等材料。长度一般在150～200m。

软管(帆布接头)制作安装，按图示尺寸以m^2计量。(无图规定时，可考虑管周长×0.3m)(m^2)。

4. 风管检查孔制作与安装

风管检查孔制作与安装可按扩大的计量单位，“100kg”计算工程量，亦可查国家标准图集T604，或本册(篇)定额附录《国际通风部件标准重量表》。

5. 温度与风量测定孔制安

温度与风量测定孔制安，可按型号不同，以“个”计量，套定额相应子目。

(二) 风管部件制作与安装工程量计算

1. 阀类制作与安装

阀类制作工程量可按重量，以“100kg ”计算。安装按“个”计算。对于标准部件的重量，可根据设计型号、规格查阅《通风空调工程》第九册(篇)附录中《国标通风部件标准重量表》进行计算。如果是非标准部件，则按重量计算。通常风管通风系统用阀类为：空气加热上旁通阀、圆形瓣式启动阀、圆形(保温)蝶阀、方形以及矩形(保温)蝶阀、圆形以及方形风管止回阀、密闭式斜插板阀、矩形风管三通调节阀、对开多叶调节阀、风管防火阀等，可查阅国标 T101、T301、T302、T303、T309、T310、89T311、T356 等图集。

2. 风口制作与安装

通风工程中风口制作工程量大部分按“100kg”扩大计量单位计量，安装工程量以“个”计算。通常按重量计算的风口有：带调节板活动百叶风口、单层百叶风口、双层百叶风口、三层百叶风口、联动百叶风口、矩形风口、风管插板风口、旋转吹风口、圆形直片散流器、矩形空气分布器、方形直片散流器、流线型散流器、单(双)面送风口、活动箅式风口、网式风口、135 型单(双)层百叶风口、135 型带导流片百叶风口、活动金属百叶风口等。

钢百叶窗以及活动金属百叶风口的制作按“m^2”计算，安装按“个”计量。

风口重量可查阅国标 T202、T203、T206、T208、T209、T212、T261、T262、CT211、CT263、J718 等图集，或本册(篇)定额附录《国标通风部件标准重量表》。

3. 风帽制作与安装

排风系统中，常见的风帽有伞形、筒形和锥形风帽，其形状如图 11-47、图 11-48、图 11-49 所示。

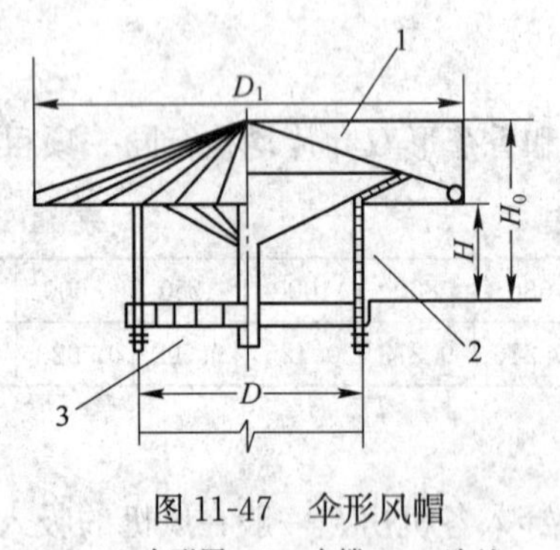

图 11-47 伞形风帽

1—伞形罩；2—支撑；3—法兰

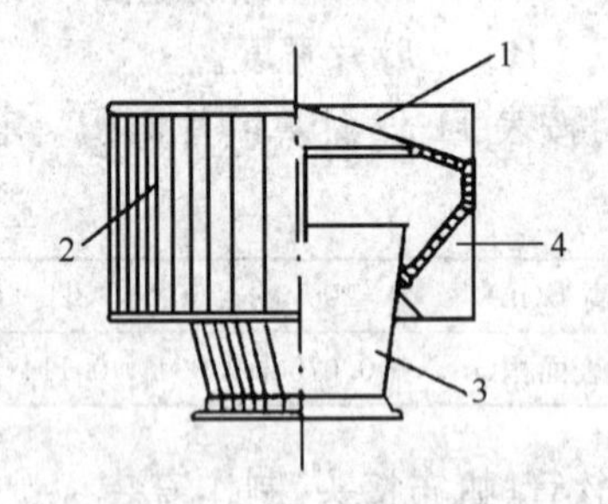

图 11-48 筒形风帽

1—伞形罩；2—外筒；3—扩散管；4—支撑

风帽制作与安装工程量按扩大计量单位“100kg”，并查阅国标 T609、T610、T611 或本册(篇) 附录中《国标通风部件标准重量表》计算。

4. 风帽泛水制作与安装

当风管穿过屋面时，为阻止雨水渗入，通常安装风帽泛水，其形状分圆形和方形两种，工程量分不同规格，按图示展开面积以“m^2”计量，如图 11-50 所示。

圆形展开面积：$F=\frac{(D_1+D)}{2}\pi H_3+D\pi H_2+D_1\pi H_1$

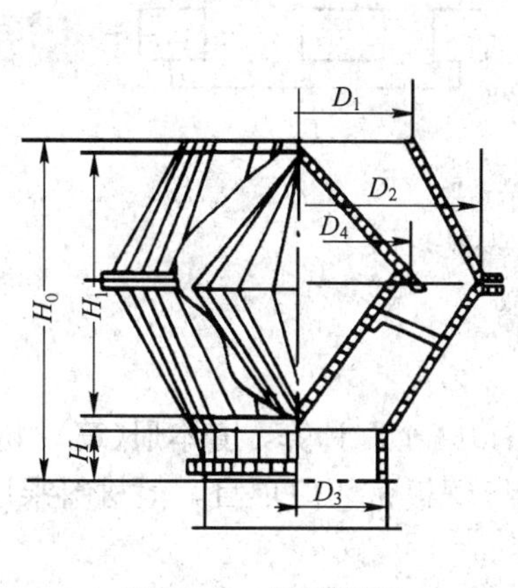

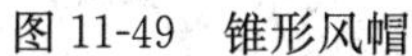
图 11-49　锥形风帽

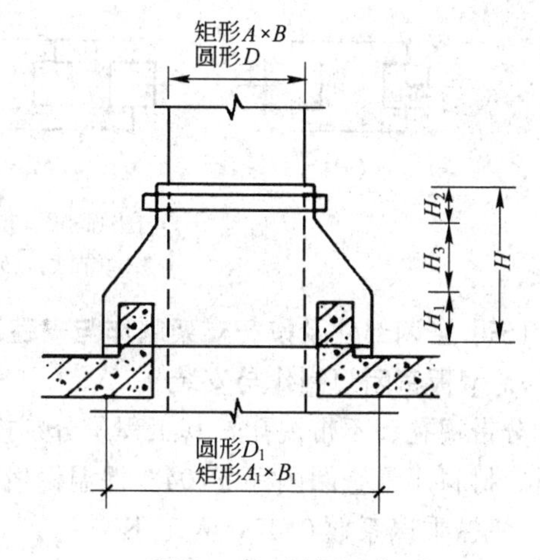

图 11-50　风帽泛水

方、矩形展开面积：

$$F=[2(A+B)+2(A_1+B_1)]\div 2H_3+2(A+B)H_2+2(A_1+B_1)H_1$$

式中　$H=D$ 或为风管大边长 A；

$$H_1\approx 100\sim 150\text{mm}；H_2\approx 50\sim 150\text{mm}$$

5. 风管筝绳(牵引绳)

风管筝绳可按重量计算，套相应定额子目。

6. 罩类制作与安装

罩类指通风系统中的风机皮带防护罩、电动机防雨罩等，其工程量可查阅国标 T108、T110 按重量计算。

侧吸罩、排气罩、吹、吸式槽边罩、抽风罩、回转罩等可查阅本册(篇)定额附录，按重量计算。

7. 消声器制作与安装

消声器通常有阻性和抗性、共振式、宽频带复合式消声器等。如图 11-51、图 11-52 即为阻性和抗性消声器示意图。消声器制作与安装工程量可查阅国标 T701，按重量计算，套相应定额子目。

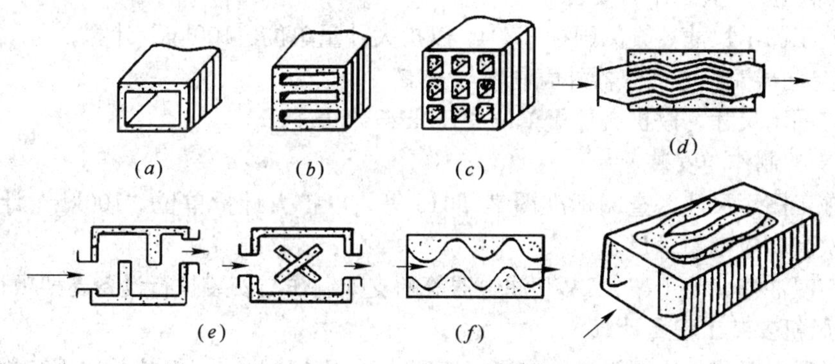

图 11-51　阻性消声器构造形式

(a)管式；(b)片式；(c)蜂窝式；(d)折板式；(e)迷宫式；(f)声流式

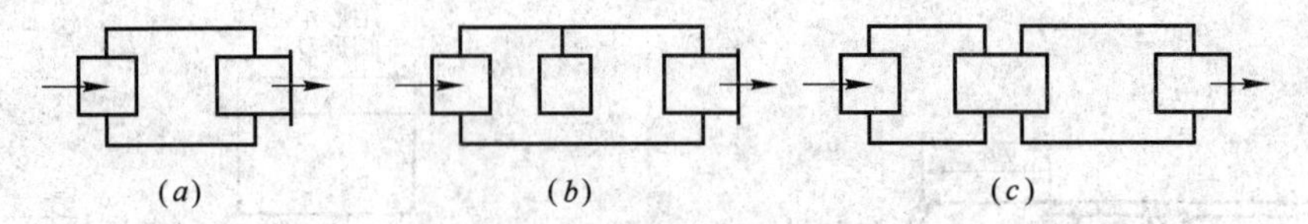

图 11-52　抗性消声器示意图

(a)单节式；(b)双节式；(c)外接式

(三) 空调部件及设备支架制作与安装工程量计算

1. 钢板密闭门制作与安装

分带视孔和不带视孔，其工程量分别按不同规格以“个”计算，套本册(篇)相应定额子目。材料用量查阅国标 T704。保温钢板密闭门执行钢板密闭门项目，但材料乘以系数 0.5，机械乘以系数 0.45，人工不变。

2. 钢板挡水板制作与安装

挡水板是组成喷水室的部件之一，通常由多个直立的折板(呈锯齿形)组成。亦有采用玻璃条组成的。其工程量可按空调器断面面积，以“m^2”计算。如图 11-53 所示。计算式为：

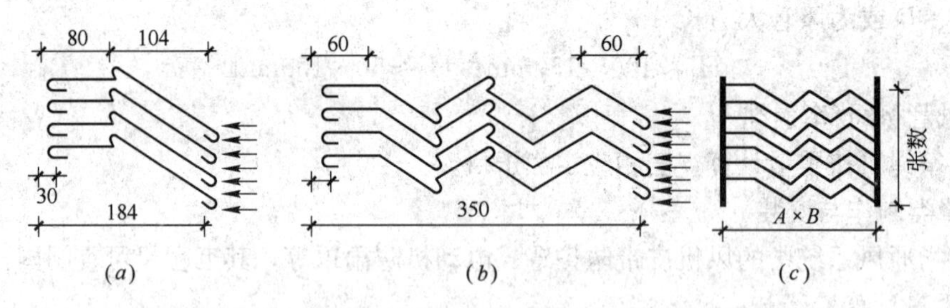

图 11-53　挡水板构造

(a)前挡水板；(b)后挡水板；(c)工程量计算图

$$挡水板面积=空调器断面积\times挡水板张数$$

或 $$=A\times B\times 张数$$

按曲折数和片距分档，套相应定额子目。材料用量查阅国标 T704。

玻璃挡水板，可套用钢挡水板相应子目，但材料、机械均乘以系数 0.45。

3. 滤水器、溢水盘制作与安装

可根据施工图示尺寸，查阅国标 T704，以扩大计量单位“100kg”计算。

4. 金属空调器壳、电加热器外壳制作与安装

可按施工图示尺寸，以扩大计量单位“100kg”计算。

5. 设备支架制作与安装

可根据施工图示尺寸，查阅标准图集 T616 等，以扩大计量单位“100kg”计算，按不同重量档次套相应定额子目。

清洗槽、浸油槽、晾干架、LWP 滤尘器等的支架制作与安装执行设备支架项目。

(四) 通风机安装工程量计算

通风机是通风系统的主要设备，在通风工程中采用的风机，一般按其作用和构造原理可分为离心式通风机和轴流式通风机两种。不论风机材质、旋转方向、出风口位置，其安

装工程量可按设计不同型号以“台”计量。屋顶风机要单列项，分别套相应定额子目。

(五) 通风机的减振台(器)安装工程量计算

在运行之中的风机，因离心力的作用，会引起通风机的振动，为减少由于振动对设备和建筑结构的影响，通常在通风机底座支架与楼板或基础之间安装减振器，用以减弱振动。通常使用的减振器形式如图 11-54、图 11-55 所示。

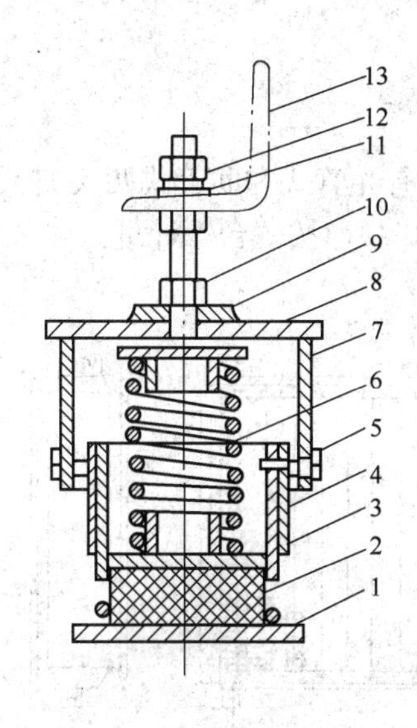

图 11-54　弹簧减振器

1—底座；2—橡胶；3—支座；4—橡胶；5—螺钉；6—弹簧；7—外罩；8—定位套；9—螺钉；10—螺母；11—垫圈；12—螺母；13—支架

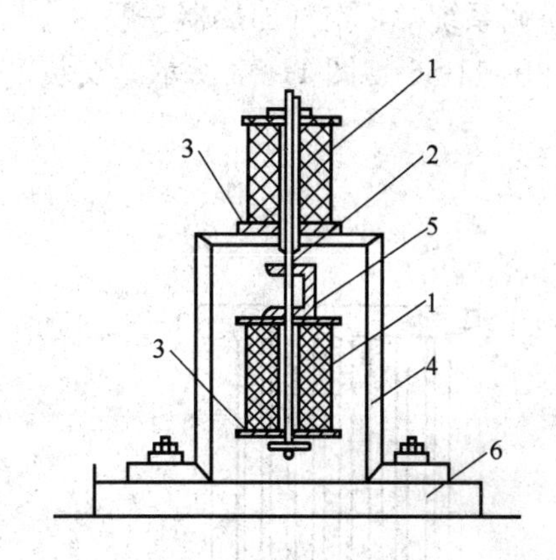

图 11-55　橡胶减振器

1—橡胶；2—螺杆；3—垫板；4—支架；5—基础支架；6—混凝土支墩

减振台(器)制作与安装工程量，未包括在风机安装中，可根据设计要求和《国安》计算规则的精神并参照地方定额规定，按重量计算或按“个”计量。套用本册(篇)设备支架相应子目。

工业用通风机的安装，可按不同种类，以设备重量分档，计量单位为“台”计算。套用第一册(篇)《机械设备安装工程》第八章定额相应子目。

(六) 除尘器安装工程量计算

工业通风的排气系统中，为了排除含有各种粉尘和颗粒气体，以防止污染空气或回收部分物料，因此需要对空气进行除尘，此类设备就是除尘器。

除尘器种类颇多，通常分为重力、惯性、离心、洗涤、过滤、声波和电除尘装置等，根据上述除尘器的不同装置构造原理制造出的除尘器很多，如水膜除尘器、旋风除尘器、布袋除尘器等。

除尘器安装工程量按不同重量，以“台”计算。但不包括除尘器制作，其制作另行计算。

除尘器安装工程量亦不包括支架制作与安装，支架可按扩大计量单位“100kg”计算。

除尘器规格、形式以及支架重量的计算可查阅国标 T501、T505、84T513、CT531、CT533、CT534、CT536、CT537、CT538、CT539、CT540 等图集。

三、空调安装工程量计算

(一) 空调系统组成

空调系统必须满足温度、湿度、洁净度和气体流动速度的技术参数要求。就工艺要求而言，空调系统可分为局部式空调系统、集中式空调系统和诱导式空调系统，详见本教材第八章通风与空调工程安装第一节空调系统组成内容。

(二) 空调系统安装工程量计算

1. 空气加热器(冷却器)安装

空调系统中，空气加热器一般由金属管制成，主要有光管式和肋管式两大类。其构造形式如图 11-56 、图 11-57 所示。安装工程量不分形式，一律按“台”计量。

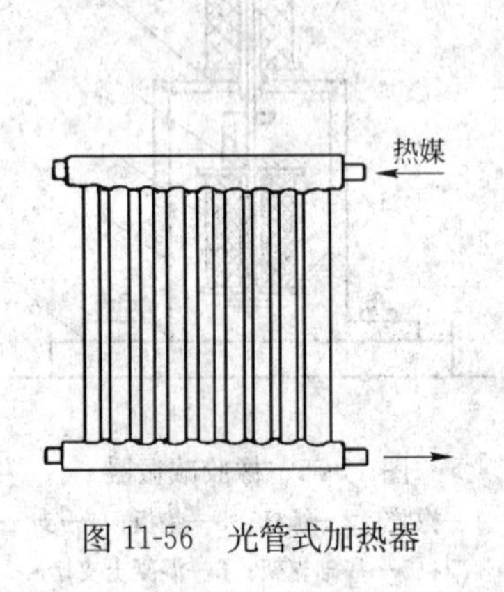

图 11-56　光管式加热器

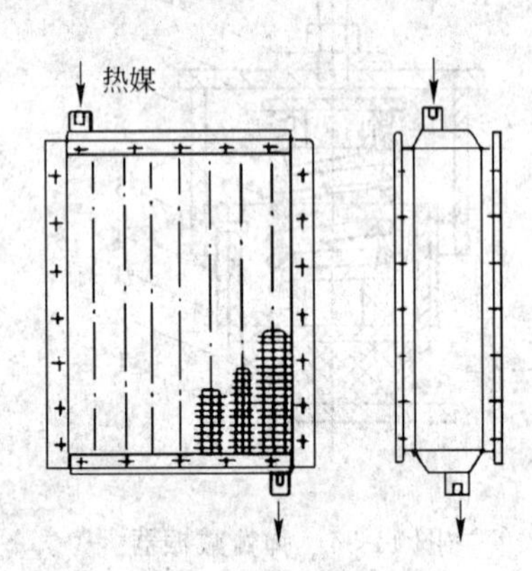

图 11-57　肋管式加热器

2. 空调机安装

空调机又称空调器，通常把本身不带制冷的空调机(器)，称为非独立式空调机(空调器、空调机组)。如装配式空调机、风机盘管空调器、诱导式空调器、新风机组以及净化空调机组等。如果本身带有制冷压缩机的空调设备称为独立式空调机。如立柜式空调机、窗台式空调机、恒温恒湿空调机等。

(1) 风机盘管空调器：由通风机、盘管、电动机、空气过滤器、凝水盘、送回风口等组成。构造如图 11-58 所示。安装工程量不分功率、风量、冷量和立、卧式，一律按“台”计算。并根据落地式和吊顶式分别套定额。

风机盘管的配管安装工程量执行第八册(篇)《给排水、采暖、燃气工程》相应子目。

(2) 装配式空调器：亦称组合式空调器，由进风段、混合段、加热段、过滤段、冷却段、回风段等分段组成。是按工艺和设计要求进行选配组装。如图 11-59 所示。其安装工程量以产品样品中的重量，并按扩大计量单位“100kg”计算。套本册(篇)相应定额子目。

(3) 整体式空调器：(冷风机、冷暖风机、恒温恒湿机组等)，不分立式、卧式、吊顶式，其工程量一律按“台”计算。并以重量分档，套本册(篇)定额相应子目。如图 11-60 所示。

(4) 窗式空调器：窗式空调器主要构造分三大部分，制冷循环部分有压缩机、毛细管、冷凝器以及蒸发器等，热泵空调器并带电磁换向阀；通风部分有空气过滤器、离心式通风机、轴流风扇、电动机、新风装置以及气流导向外壳等；电气部分有开关、继电器、温

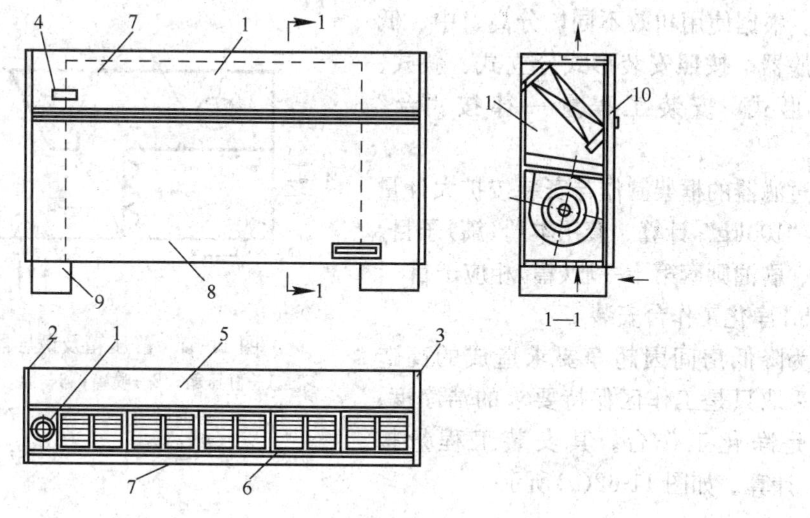

图 11-58　明装立式风机盘管

1—机组；2—外壳左侧板；3—外壳右侧板；4—琴键开关；5—外壳顶板；6—出风口；7—上面板；8—下面板；9—底脚；10—保温层

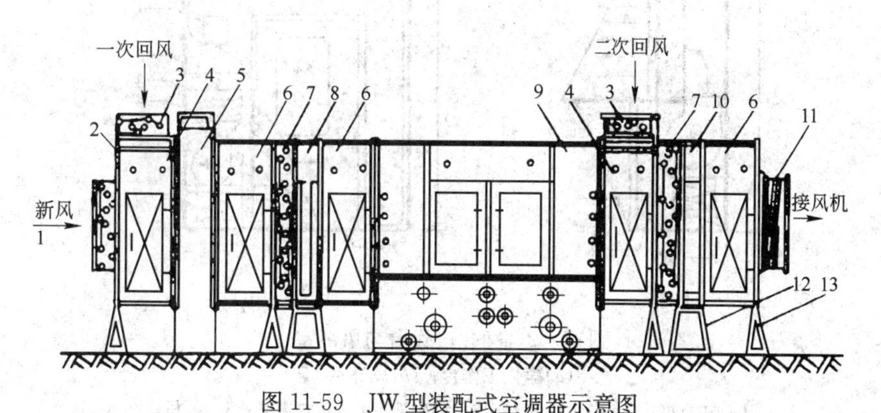

图 11-59　JW 型装配式空调器示意图

1—新风阀；2—混合室法兰；3—回风阀；4—混合室；5—过滤器；6—中间室；7—混合阀；8—一次加热；9—淋水室；10—二次加热器；11—风机接管；12—加热器支架；13—三角支架

度控制开关等元器件，电热型空调器并带电加热器等。安装工程量按“台”计算。支架制安、除锈刷油、密封料及其木框和防雨装置等另行计算。

3. 静压箱安装

静压箱同空气诱导器联合使用，当一次风进入静压箱时，可保持一定静压，使得一次风由喷嘴高速喷出，诱导室内空气吸入诱导器中形成二次风，可达到局部空调的目的。静压箱安装工程量以扩大计量单位“$10m^2$”计算；诱导器安装执行风机盘管安装子目。其构造如图 11-61 所示。

4. 过滤器安装

过滤器是将含尘量不大的空气经过净化后进入空调

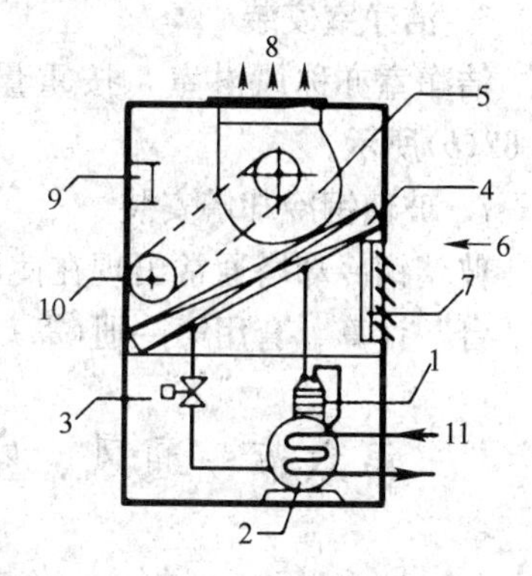

图 11-60　整体式空调器示意图

1—压缩机；2—冷凝器；3—膨胀阀；4—蒸发器；5—风机；6—回风口；7—过滤器；8—送风口；9—控制盘；10—电动机；11—冷水管

装置。根据使用功效不同，分高、中、低效过滤器。按照安装形式分立式、斜式、人字形式，安装工程量一律按“台”计算。

过滤器的框架制作与安装按扩大计量单位“100kg”计算。套用本册(篇)子目。除锈、刷油则套第十一册(篇)相应子目。

5. 净化工作台安装

为降低房间因超净要求造成的高造价，采取只是工作区保持要求的洁净度，这就是净化工作台。其安装工程量按“台”计算。如图 11-62(a)所示。

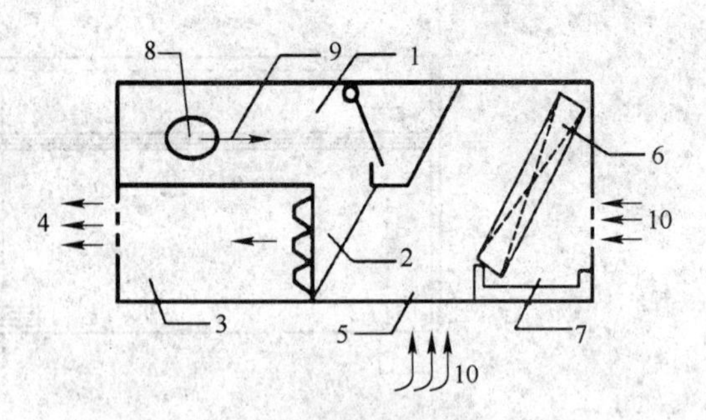

图 11-61 静压箱及诱导器示意图

1—静压箱；2—喷嘴；3—混合段；4—送风；5—旁通风门；6—盘管；7—凝结水盘；8—一次风连接管；9—一次风；10—二次风

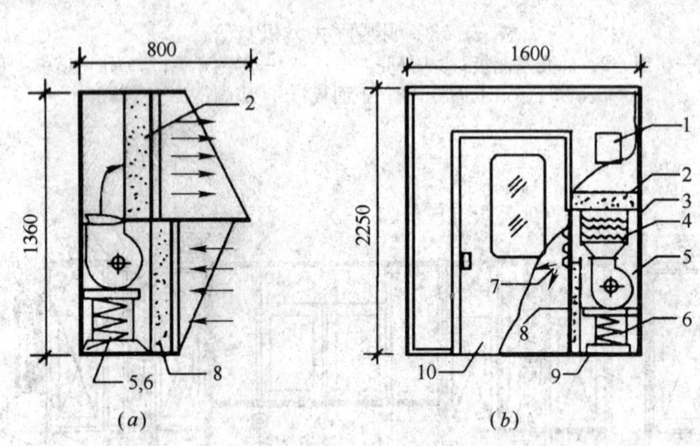

图 11-62 净化工作台与风淋室

(a)净化工作台；(b)风淋室

1—电控箱；2—高效过滤器；3—钢框架；4—电加热器；5—风机；6—减振器；7—喷嘴；8—中效过滤器；9—底座；10—风淋室门

6. 洁净室安装

洁净室亦称风淋室，按重量分档，以“台”计算。套用本册(篇)相应子目。如图 11-62(b)所示。

7. 玻璃钢冷却塔安装

玻璃钢冷却塔通常出现在使用冷水机组系统的顶部，安装工程量以冷却水量分档次，按“台”计算。套用第一册(篇)《机械设备安装工程》定额中冷却塔安装子目。

第六节 通风、空调设备安装工程量计算需注意事项

一、定额中有关内容的规定

1. 软管接头使用人造革而不使用帆布者可换算。

2. 通风机安装项目中包括电动机安装，其安装形式包括 A、B、C、D 型，亦适用于

不锈钢和塑料风机安装。

3. 设备安装项目的基价不包括设备费和应配套的地脚螺栓价值。

4. 净化通风管道以及部件制作与安装，其工程量计算方法和一般通风管道相同，但需要套本册(篇)第九章相应定额子目。

5. 净化管道与建筑物缝隙之间进行的净化密封处理，可按实计算费用。

6. 制冷设备和附属设备安装定额中未包括地脚螺栓孔灌浆以及设备底座灌浆，发生时，可按所灌混凝土体积量分档次，以“m^3”计算，套用地方定额。

7. 设备安装的金属桅杆以及人字架等一般起重机具的摊销费，可按照需要安装设备的净重量(含底座、辅机)计算摊销费。其计算方法可按各地方定额规定执行。

8. 设备安装从设备底座的安装标高算起，如果超过地坪正负 10m 时，则定额的人工和机械台班按表 11-13 系数调整。

设备安装超高增加系数 **表 11-13**

设备底座正负标高(m)	15	20	25	30	40	>40
调　整　系　数	1.25	1.35	1.45	1.55	1.70	1.90

二、通风、空调工程同安装定额其他册(篇)的关系

1. 通风、空调工程的电气控制箱、电机接线、配管配线等可按第二册(篇)《电气设备安装工程》定额的规定执行。

2. 通风、空调机房的给水和通冷冻水的水管、冷却塔循环水管，执行第六册(篇)《工业管道工程》定额。

3. 使用的仪表、温度计的安装工程量可执行第十册(篇)《自动化控制装置及仪表安装工程》定额。

4. 制冷机组以及附属设备的安装执行第一册(篇)《机械设备安装工程》定额。

5. 通风管道等的除锈、刷油、保温防腐执行第十一册(篇)《刷油、防腐蚀、绝热工程》定额。

6. 设备基础砌筑、混凝土浇筑、风道砌筑和风道的防腐等执行《建筑工程预算定额》。

三、通风、空调工程有关几项费用的说明

1. 通风、空调工程定额中各章所列出的制作和安装均是综合定额，若需要划分出来，可按册(篇)说明规定比例划分。

2. 高层建筑增加费指高度在 6 层或 20m 以上的工业与民用建筑，属于子目系数，计算规定见第九册(篇)说明。

3. 操作操高增加费亦属子目系数，指操作物高度距楼地面 6m 以上的工程，按定额规定的人工费的百分比计算。

4. 脚手架搭拆费，属于综合系数，可按单位工程全部人工费的百分比计算，其中人工工资所占比例作为计费基础。

5. 通风系统调整费属于综合系数，按系统工程人工费的百分比计算，其中人工工资

所占比例作为计费基础。该调试费指送风系统、排风(烟)系统，包括设备在内的系统负荷试车费以及系统调试人工、仪器使用、仪表折旧、调试材料消耗等费用。但不包括空调工程的恒温、恒湿调试以及冷热水系统、电气系统等相关工程的调试，发生时另计。

6. 薄钢板风管刷油，仅外(或内)面刷油者，基价乘以系数 1.2；内外皆刷油者乘以系数 1.1。刷油包括风管、法兰、加固框、吊托支架的刷油工程。

7. 通风、空调、制冷脚手架与风管刷油、保温定额脚手架费用，不分别计取，可按“以主代次”的原则，即按通风工程定额中规定的脚手架系数计取。

第七节　通风、空调工程施工图预算编制实例

【例 11-6】 某厂房通风、空调工程施工图预算

(一) 工程概况

1. 工程地址：本工程位于重庆市某厂房；

2. 工程说明：本工程建筑结构为四层框架结构，开间 6m，层高 4.9m。通风工程在厂房底层⑧～⑫轴线之间，工艺要求此处需要一定温度、湿度和洁净度的空气。该通风空调系统由新风口吸入新鲜空气，经新风管进入金属叠式空气调节器内，空气经处理后，由 δ 为 1mm 的镀锌钢板制成的分支 5 路风管，各支管端装有方形直流片式散流器，向房间均匀送风。风管用铝箔玻璃棉毡保温，其厚度 δ 为 100mm。风管用吊架吊在房间顶板上，安装在房间吊顶内。

装配式金属空气调节器分 6 个段室：风机段、喷雾段、过滤段、加热段、空气冷处理段、中间段等，其外形尺寸为 3342mm×1620mm×2109mm，共 1200kg，供风量为 8000～12000m^3/h。空气冷处理可由 FJZ-30 型制冷机组、冷风箱(3000mm×1500mm×1500mm)、两台泵 3BL-9(Q=45m^3/h，H=32.6m)与 DN100 及 DN70 的冷水管、回水管相连，供给冷冻水。空气的热处理可由 DN32 和 DN25 的管与蒸汽动力管以及凝结水管相连，供给热源。

(二) 编制依据

施工单位为某国营建筑公司，工程类别为二类。采用 2000 年《国安》，以及重庆市现行间接费用定额和某市现行材料预算价格或部分双方认定的市场采购价格。

合同中规定不计远地施工增加费和施工队伍迁移费。

(三) 编制方法

1. 在熟悉图纸、施工组织设计以及有关技术、经济文件的基础上，计算工程量。工程图见图 11-63～图 11-66。工程量计算表见表 11-14。本例仅计算镀锌钢板通风管的制安、保温、装配式金属空气调节器的安装，通风管道的附件和阀等制安。而制冷机组的安装和供冷、供热管网的安装、配电以及控制系统的安装，本例不述。

2. 汇总工程量，见表 11-15。

3. 套用 2000 年《国安》，进行工料分析，见表 11-16。

4. 按照计费程序表计算工程直接费以及各项费用(略)。

5. 写编制说明。

6. 自校、填写封面、装订施工图预算书。

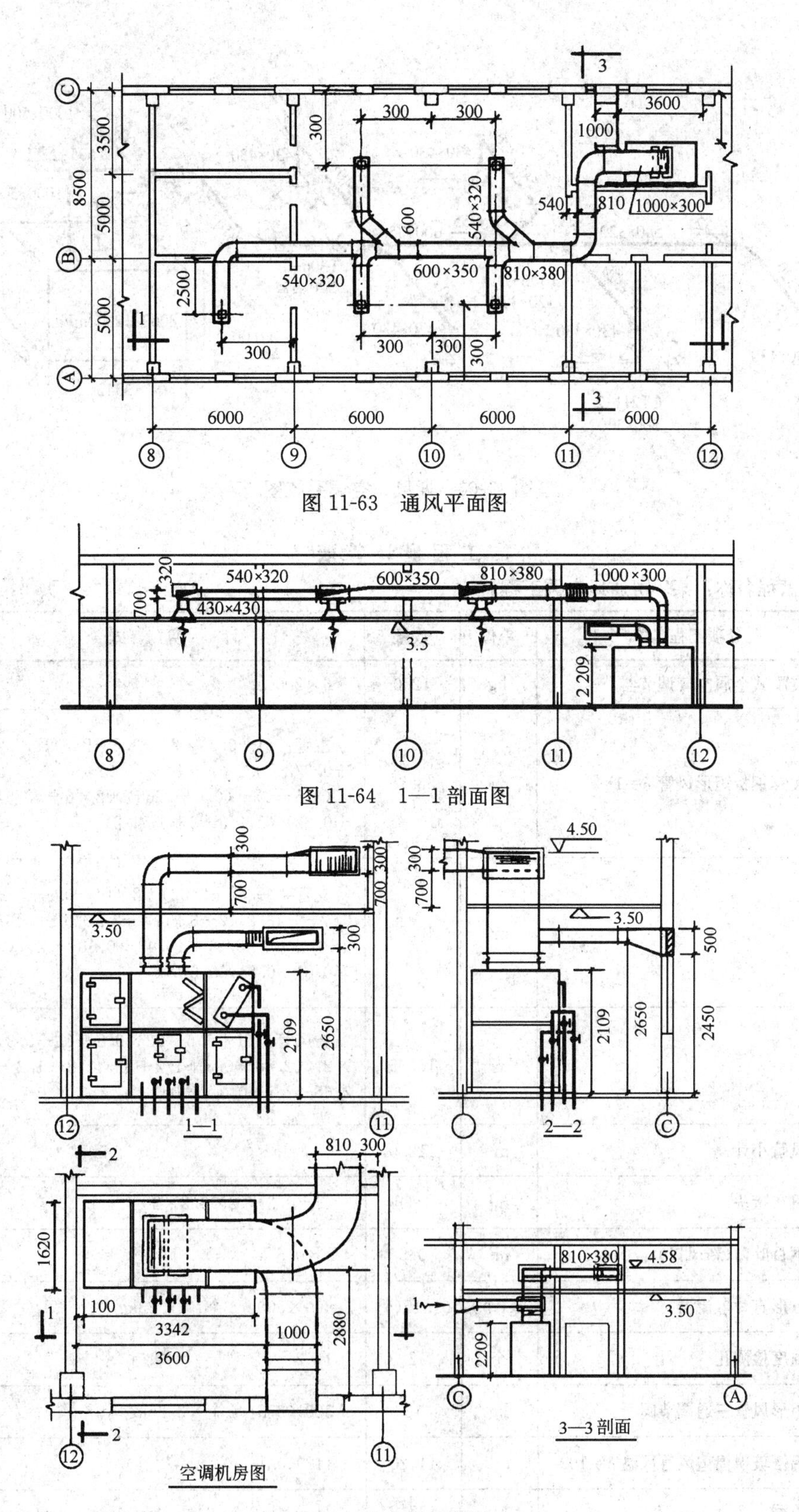

图 11-63　通风平面图

图 11-64　1—1 剖面图

图 11-65　平面及剖面

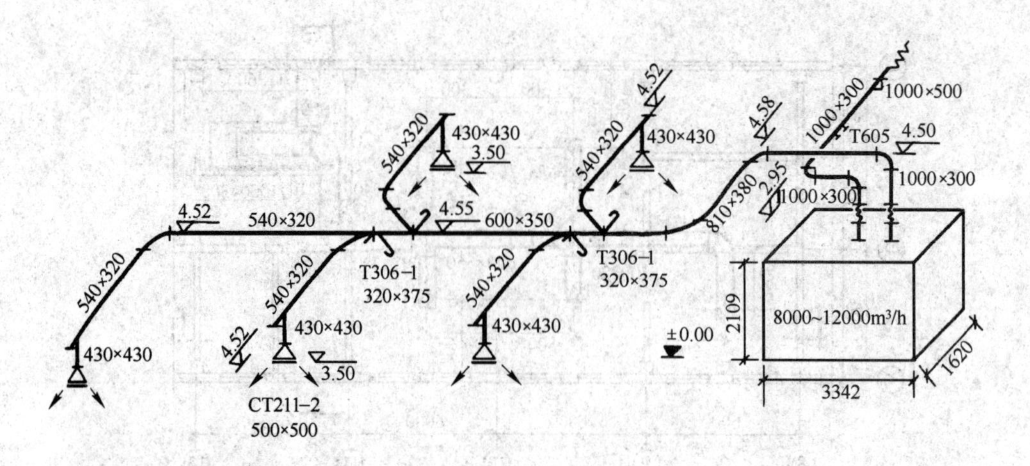

图 11-66　通风、空调系统图

工 程 量 计 算 表　　　　**表 11-14**

单位工程名称：某厂房通风空调工程　　　　共　页　第　页

序号	分项工程名称	单位	数量	计　算　式	备注
1	装配式金属空气调节器	kg	1200	6×200	
2	镀锌钢板矩形风管 δ=1	m²	55.75	主管：(1+0.3)×2×(3.5−2.209+0.7+0.3/2−0.2+4+1)+(0.81+0.38)×2×(3.5+3)+(0.6+0.35)×2×6+(0.54+0.32)×2×(3+3+0.54/2)	
		m²	40.20	支管：(0.54+0.32)×2×(4+0.5+4+0.5+0.43/2×2+3+0.5+3+0.5+0.43/2+2.5+0.43/2)+(0.43+0.43)×2×(5×0.7)+0.54×0.32×5	
		m²	16.05	新风管：(1+0.5)×2×0.8+(1+0.3)×2×(2.88−0.8+1/2+3.342/2+1/2+2.65−2.1+0.3/2−0.2)	
	风管小计	m²	112.0		
3	帆布接头	m²	1.56	(1+0.3)×2×0.2×3	
4	钢百叶窗(新风口)	m²	0.5	1×0.5	
5	方形直片散流器	kg(个)	61.15(5)	500×500：5 个×12.23kg/个	CT211-2
6	温度检测孔	个	2	1×2	T604
7	矩形风管三通调节阀	kg	13	320×375：4 个×3.25kg/个	T306-1
8	铝箔玻璃棉毡风管保温 δ=100	m³	11.20	112×0.1	
9	角钢 ∟25×4	kg	437.7	76 个×[(0.6+0.4)×2m/个]×1.459kg/m	法 兰

工程量汇总表

表 11-15

单位工程名称：某厂房通风空调工程

序号	分项工程名称	单位	数量	备注
1	镀锌钢板矩形风管 $\delta=1$	10m²	11.20	
2	叠式金属空气调节器	100kg	12	
3	帆布接头	m²	1.56	
4	钢百叶窗安装(新风口)	m²	0.5	
5	方形直片散流器安装	kg(个)	61.15(5)	
6	温度检测孔制安	个	2	
7	矩形风管三通调节阀安装	kg	13	
8	风管铝箔玻璃丝棉保温 $\delta=100$	m³	11.20	

工程计价表

表 11-16

单位工程名称：某厂房通风空调工程

定额编号	分项工程项目	单位	工程数量	单位价值			合计价值			未计价材料			
				人工费	材料费	机械费	人工费	材料费	机械费	损耗	数量	单价	合价
9-6	镀锌钢板矩形风管 $\delta=1$	10m²	11.20	154.18	213.52	19.35	1726.82	2391.42	216.72				
	镀锌钢板	m²								11.38	127.46	34.00	4333
9-247	装配式金属空气调节器	100kg	12	45.05			540.60						
9-41	帆布接头	m²	1.56	47.83	121.74	1.88	74.62	189.91	2.94				
9-129	钢百叶窗安装 J718-1	m²	0.5	67.57	191.73	20.58	33.79	95.87	10.29				
9-148	方形直片散流器安装	个	5	8.36	2.58		41.80	12.90					
9-43	温度检测孔制安	个	2	14.16	9.20	3.22	28.32	18.40					
9-61	矩形风管三通调节阀安装	100kg	0.13	1022.14	352.51	336.90	132.88	45.83	43.80				
11-2009	风管铝箔玻璃丝棉保温 $\delta=100$	m³	11.20	20.67	25.54	6.75	231.50	286.04	75.60				
	玻璃棉毡 $\delta=25$	kg								1.03	11.54	1600	18458
	铝箔粘胶带	卷								2.00	22.4	22.00	493
	胶粘剂	kg								10.00	112.0	20.00	2240
	合计						2810.33	3040.37	349.35				25524

思 考 题

1. 分别简述给排水管道系统组成和工程量计算规律。简述采暖系统组成和工程量计算规律。

2. 简述给水水表组、消火栓、消防水泵接合器的组成和工程量计算。

3. 热水采暖和蒸汽采暖过门地沟处理有什么不同？工程量计算时应注意什么？

4. 简述低压供暖器具的组成。简述疏水器的安装部位和工程量计算。

5. 简述卫生器具的组成和工程量计算。

6. 简述散热器种类和工程量计算。

7. 在散热器安装时，什么情况下计算托钩？如何计算？

8. 圆形水箱如何计算工程量？水箱的连接管通常有哪些？怎样计算工程量？

9. 在管道工程中，定额对支架工程量计算有什么规定？

10. 在管道工程中，定额对穿墙、穿楼板等套管工程量计算有些什么规定？

11. 热水管道安装工程计算系统调试费否？为什么？

12. 试述高层建筑增加费、层操作高度增加费、脚手架搭拆费以及采暖工程系统调整费如何计算？

13. 圆形风管和方形风管工程量计算公式是如何规定的？

14. 渐缩管工程量如何计算？

15. 软管(帆布接头)工程量如何计算？

16. 风管检查孔制安工程量如何计算？

17. 温度与风量测定孔制安工程量如何计算？

18. 风管部件通常指哪些？其制安工程量如何计算？

19. 通风机的减振台(器)安装工程量如何计算？

20. 装配式空调器安装工程量如何计算？

21. 风机盘管空调器安装、净化工作台安装工程量如何计算？

22. 静压箱安装工程量如何计算？

23. 过滤器安装工程量如何计算？

24. 诱导器安装工程量如何计算？

25. 通风机通常有哪几种？其安装工程量如何计算？

26. 通风空调系统调试费包括哪些内容？其系统调试费如何计算？

27. 试述什么是联动试车？通风空调系统调试与通风空调系统“联动试车”是否相同？“联动试车”费如何计算？

28. 通风、空调、制冷脚手架与风管刷油、保温定额脚手架费用是否分别计取？怎样计取？

第十二章　工程量清单的编制

第一节　工程量清单概述

一、工程量清单及其计价规范

1. 工程量清单，工程量清单是表现拟建工程的分部分项工程项目、措施项目、其他项目名称和相应数量的明细清单，由招标人按照“计价规范”附录中统一的项目编码、项目名称、计量单位和工程量计算规则、招标文件以及施工图、现场条件计算出的构成工程实体、可供编制标底及其投标报价的实物工程量的汇总清单。包括分部分项工程量清单、措施项目清单、其他项目清单。

工程量清单(BOQ)产生于19世纪30年代，当时西方一些国家将工程量的计算、提供工程量清单专业化作为业主估价师的职责。对于所有的投标均要以业主提供的工程量清单为基础，这样可使得最终投标结果具有可比性。

我国如今已加入WTO，必须与国际惯例接轨，在2001年10月25日建设部召开的第四十九次常务会议审议通过，自2001年12月1日起，施行的《建筑工程发包与承包计价管理办法》标志着工程量清单报价的开始。国家标准《建设工程工程量清单计价规范》GB 50500—2003于2003年2月17日经建设部第119号公告批准颁布，于2003年7月1日正式实施。此外，《〈建设工程工程量清单计价规范〉宣贯辅导教材》的推出，介绍了计价规范的编制情况、内容以及依据和在招标投标中如何应用上述规范编制工程量清单、编制标底、投标报价。

2. 计价规范，《建设工程工程量清单计价规范》是统一工程量清单编制，调整建设工程工程量清单计价活动中发包人与承包人各种关系的规范文件。其内容包括五章和五个附录。第一章总则，第二章术语，第三章工程量清单编制，第四章工程量清单计价，第五章工程量清单及其计价格式。附录A为建设工程工程量清单项目以及计算规则，附录B为装饰装修工程工程量清单项目以及计算规则，附录C为安装工程工程量清单项目以及计算规则，附录D为市政工程工程量清单项目以及计算规则，附录E为园林绿化工程工程量清单项目以及计算规则。

“计价规范”的总则共有6条，规定了本规范制订的目的、依据、适用范围、工程量清单计价活动应遵循的基本原则以及附录的作用等。

广义讲“计价规范”适用于建设工程工程量清单计价活动，但就承发包方式而言，主要适用于建设工程招标投标的工程量清单计价活动。工程量清单计价是与现行“定额”计价方式共存于招标投标计价活动中的另一种计价方式。本规范所称建设工程是指建筑工程、装饰装修工程、安装工程、市政工程和园林绿化工程。凡是建设工程招标投标实行工程量清单计价，不论招标主体是政府、国有企事业单位、集体企业、私人企业和外商投资企业，还是资金来源是国有资金、外国政府贷款以及援助资金、私人资金等都应遵守本规范。

二、工程量清单的作用

1. 工程量清单可作为编制标底和投标报价的依据；
2. 工程量清单亦可作为支付工程进度款和办理工程结算的依据；
3. 工程量清单还可作为调整工程量以及工程索赔的依据。

三、工程量清单的编制原则

(一) 政府宏观调控、企业自主报价、市场竞争形成价格

工程量清单的编制应遵循"计价规范"中附录所规定的工程量计算规则、各分部分项工程分类、项目编码以及计量单位、项目名称统一的原则。企业自主进行报价，反映企业自身的施工方法、人工材料、机械台班消耗量水平以及价格、取费等由企业自定或自选，在政府宏观控制下，由市场全面竞争形成，从而形成工程造价的价格运行机制。

既要统一清单工程量计算规则，规范安装工程的计价行为，亦要统一安装工程量清单的计算方法。

(二) 与现行预算定额既有机结合又有所区别的原则

"计价规范"在编制过程中，以现行的"全国统一安装工程预算定额"为基础，尤其在项目划分、计量单位、工程量计算规则等方面，尽可能的与预算定额衔接。因为预算定额是我国经过几十年总结，其内容具有一定的科学性和实用性。与工程预算定额有区别的地方是：预算定额是按照计划经济的要求制订发布贯彻执行的，主要表现在其一，定额项目是国家规定以单一的工序为划分项目的原则；其二，施工工艺、施工方法是根据大多数企业的施工方法综合取定的；其三，工、料、机消耗量是根据"社会平均水平"综合测定的；其四，取费标准是根据不同地区平均测算的。因此，企业的报价难免表现出平均主义，不利于充分调动企业自主管理的积极性。而工程量清单项目的划分，一般是以一个"综合实体"考虑的，一般包括了多项工程内容，依次规定了相应的工程量计算规则。因此，两者的工程量计算规则是有着区别的。

(三) 利于进入国际市场竞争，并规范建筑市场计价管理行为

"计价规范"是根据我国当前工程建设市场发展的形势，逐步解决定额计价中与当前工程建设市场不相适应的因素，适应我国市场经济的发展需要，适应与国际接轨的需要，积极稳妥地推行工程量清单计价的。是借鉴了世界银行、FIDIC、英联邦国家以及香港等的一些做法，同时，亦结合了我国现阶段的具体情况。如实体项目的设置，就结合了当前按专业设置的一些情况。

(四) 按照统一的格式实行工程量清单计价

清单项目的设置、计量规则、报价(编制标底)等均推行统一格式化。

四、工程量清单的编制依据

(一) 计价规范及相配套宣贯辅导教材

依据国家标准《建设工程工程量清单计价规范》GB 50500—2003 以及相配套的宣贯辅导教材、建设部 206 号文件；依据统一工程量计算规则和标准计价格式。工程量清单计价，是指投标人完成由招标人提供的工程量清单所需的全部费用，包括分部分项工程费、

措施项目费、其他项目费和规费、税金。计价模式采用综合单价计价办法。其综合单价是指完成计量单位项目所需的人工费、材料费、机械台班使用费、管理费、利润，并考虑风险因素所需的全部费用。综合单价不但适用于分部分项工程量清单，也适用于措施项目清单、其他项目清单等。各省、直辖市、自治区工程造价管理机构，可制订具体办法，统一综合单价的计算和编制。项目费，除合同或招标另有约定外，不随工程量的变化调整，这部分费用在国际承包工程中，一般是工程量的变化超过15%才允许调整。

（二）招标文件规定的相关内容

依据招标文件规定的内容进行工程量清单的编制。

（三）现行定额、规范

依据2000年《全国统一安装工程预算定额》结合地方现行安装定额或现行综合定额、《全国统一安装工程施工仪器、仪表台班定额》、现行劳动定额及其相关专业定额；现行设计、施工验收规范、安全操作规程、质量评定标准。

（四）依据施工设计图纸，现行标准图集

依据施工设计图纸，现行标准图集可同时满足工程量清单计价和定额计价两种模式、依据“计价规范”所规定的标准计价格式。

五、定额划分

定额作为确定工程造价的基础，尤其在我国，在推行采用国际通用的工程量清单计价的通式，不能全盘否定预算定额计价，根据“计价规范”的特征(强制性、实用性、竞争性和通用性)，目前许多省、市是采取现行的预算定额体系同工程量清单计价办法相结合的方式，进行工程量清单的报价。因为“计价规范”中对人工、材料和机械台班无具体消耗量，投标企业可根据企业的定额和市场价格信息，也可参照建设行政主管部门发布的社会平均消耗量定额进行报价，就是说“计价规范”将报价权交给了企业。投标企业可结合自身的生产率、消耗量水准以及管理能力与已储备的本企业的报价资料，按照“计价规范”规定的原则和方法，进行投标报价。工程造价的最终确定，由承发包双方在市场竞争中按价值规律通过合同来确定。如像重庆市为贯彻计价规范的精神，适应工程量清单编制与报价而制定了安装工程消耗量定额，该定额从2003年7月1号开始执行，并划分为11册：

第一册　机械设备安装工程 CQXHL-203-1-2003；

第二册　电气设备安装工程 CQXHL-203-2-2003；

第三册　热力设备安装工程 CQXHL-203-3-2003；

第四册　炉窑砌筑工程 CQXHL-203-4-2003；

第五册　静置设备与工艺金属结构制作安装工程 CQXHL-203-5-2003；

第六册　工业管道工程 CQXHL-203-6-2003；

第七册　消防及安全防范设备安装工程 CQXHL-203-7-2003；

第八册　给排水、采暖、燃气工程 CQXHL-203-8-2003；

第九册　通风空调工程 CQXHL-203-9-2003；

第十册　自动化控制仪表安装工程 CQXHL-203-10-2003；

第十一册　刷油、防腐蚀、绝热工程 CQXHL-203-11-2003。

六、费用的分类

采用工程量清单计价中，除直接成本(人工、材料、机械)以外的其他费用，分为不可竞争性费用和竞争性费用两类。

(一) 不可竞争性费用

该类费用亦属于法定性费用，其组成有构成税金的企业营业税、城乡维护建设税以及教育费附加等，有诸如劳动保险费、财产保险费、工会和职工教育费、工程保险费、排污费和定额管理费等。

(二) 竞争性费用

1. 施工企业以及现场管理费，如管理人员工资、办公费、差旅交通费、固定资产使用费、工具用具使用费和财务费用等。各地区可根据确定的人工、材料、机械台班价格为计算基数，按照社会平均水平测算费率计算后再进入综合单价。

2. 措施项目费用，指为完成工程项目施工，发生的技术、安全、环保、文明生产等方面的费用。建设部2003年在其网站上颁布的206号文件，列出了11项，对于通用措施费项目的组成和计算方法，可参照本教材第十章建筑安装工程施工图预算第一节费用构成中表10-1里的措施费一栏以及相关计算公式执行。

3. 施工企业利润，是施工企业完成所承包工程应收取的利润。其计算思路以及计算方法同管理费。

七、计价依据、工程造价组成、综合单价及有关税费

1. 计价依据

在计价规范推出后，重庆市为配合工程量清单的实施，颁布了《重庆市建设工程工程量清单计价实施细则(试行)》，并编制了《重庆市安装工程消耗量定额综合单价》(以下简称综合单价)。其计价依据主要是GB 50500—2003以及建设部关于建筑安装工程费用计算规则的有关规定。四川省颁布了《四川省建筑工程工程量清单计价管理试行办法》(以下简称“办法”)。该“办法”对工程造价计价依据作了如下规定：

(1) 国家法律、法规和政府及有关部门规定的规费；

(2)《建设工程工程量清单计价规范》(GB 50500—2003)；

(3)《四川省建设工程工程量清单计价定额》(简称计价定额)；

(4) 工程造价管理机构发布的人工、材料、机械台班等价格信息以及组价办法等；

(5) 发、承包人签订的施工合同及有关补充协议、会议记要以及招、投标文件；

(6) 工程施工图及图纸会审记要、设计变更以及经发包人认可的施工组织设计或施工方案；

(7) 现场签证。如施工中涉及合同价款之外的责任事件所做的签认证明。包括双方签字认可的非工程量清单项目用工签证、机械台班签证、零星工程签证以及材料价格的变动签证等；

(8) 索赔。指发、承包人一方未按照合同约定履行义务或发生错误给另一方造成损失，依据合同约定向对方提出给予补偿的要求。经双方按约定程序办理后，作为计价的依据，办理价款支付；

(9) 其他。指发、承包人不能预见的事项或风险等。

2. 工程造价组成：根据建设部第107号部令《建筑工程施工发包与承包计价管理办

法》的规定，发包与承包价的计算方法分为工料单价法和综合单价法。见本教材第十章第一节表10-7～表10-12相关内容。

3. 综合单价

各地区综合单价的组成，不必强调一致，可视各省、直辖市或国内、外招标情况而定。如重庆市综合单价组成包括人工费、材料费、机械费、管理费和利润。

重庆市在综合单价的确定时，人工单价不分工种、专业综合取定为每工日26元。材料、机械台班单价是以编制基期的社会平均价进入综合单价，管理费、利润是根据确定的人工、材料、机械台班价格为计算基数，按社会平均水平测算费率进入综合单价。

四川省在“办法”中对工程量清单综合单价的计价依据以及组成作了如下规定：

(1) 综合单价依据：四川省《计价定额》对应的定额项目综合单价组成。其内容有为完成工程量清单中一个规定计量单位项目所需要的人工费、材料费、机械台班使用费和综合费(指管理费和利润)。而定额项目综合单价编号分六位设置，从《计价定额》中查找。

①	②	③
装饰装修工程	楼地面	定额编号
B	A	0001

其中①表示计价定额册，A代表建筑工程、B代表装饰装修工程、C代表安装工程、D代表市政工程、E代表园林绿化工程。②表示计价定额的章(分部)，由一位英文大写字母表示。③表示计价定额的项目编号，由四位阿拉伯数字表示。

(2) 综合单价组成公式：工程量清单项目的综合单价由定额项目综合单价组成，其计算公式由四川省工程造价管理总站发布。

当《计价规范》的工程内容、计量单位以及工程量计算规则与《计价定额》一致，只与一个定额项目对应时，其计算公式为：

清单项目综合单价＝定额项目综合单价

当《计价规范》的计量单位以及工程量计算规则与《计价定额》一致，但工程内容不一致，需要几个定额项目组成时，其计算公式为：

清单项目综合单价＝Σ(定额项目综合单价)

当《计价规范》的工程内容、计量单位以及工程量计算规则与《计价定额》不一致时，其计算公式为：

清单项目综合单价＝(Σ该清单项目所包含的各定额项目工程量×定额综合单价)
÷该清单项目工程量

综合单价计算应填写进入分部分项工程量清单综合单价分析表中。

【例12-1】 某车间工业管道安装工程工程量清单如下：

分部分项工程量清单 **表12-1**

工程名称：某车间工业管道安装工程

序　号	项目编码	项 目 名 称	项目特征及工程内容	单位	数量
1	030601004001	低压碳钢 ϕ219×8 无缝钢管安装	热轧20号钢，手工电弧焊、一般钢套管制作、安装、水压试验、水冲洗、刷防锈漆两次、硅酸盐涂抹绝热 δ=50	m	315

工程量计算：

分部分项工程量清单项目综合单价计算表

表 12-2

工程名称：某车间工业管道安装工程　　计量单位：m

项目编码：030601004001　　工程数量：315m

项目名称：低压碳钢 ϕ219×8 无缝钢管安装　　清单项目综合单价：222.21 元/m

序号	定额编号	工程内容	单位	数量	综合单价(元)		其中(元)													
					单价	合价	人工费		材料费		机械费		综合费		未计价材料	单位	数量	单价	合价
							单价	合价	单价	合价	单价	合价	单价	合价					
1	CF0084	管道安装	10m	31.50	232.0	7308.0	70.75	2228.63	39.63	1248.35	75.63	2382.35	45.99	1448.69	无缝钢管热轧 ϕ219×8	m	296.42	161.15	47768.08
2	CF3722	钢套管制作安装	个	5.00	100.89	504.45	48.08	240.40	21.13	105.65	0.44	2.20	31.24	156.20					
3	CN0001	管道手工除锈	10m^2	21.67	17.43	377.71	8.50	184.20	3.41	73.89			5.52	119.62					
4	CN0053	管道刷防锈漆	10m^2	21.67	26.86	582.06	6.75	146.27	15.72	340.65			4.39	95.13					
5	CN2169	管道硅酸盐涂抹绝热	10m^2	32.86	174.32	5728.16	102.25	3359.94	0.73	23.99	4.87	160.03	66.47	2184.20	管道硅酸盐涂抹绝热	m^2	16.69	463.00	7727.47
6	清单项目合价		m	315	69995.94		6159.44		1792.53		2544.58		4003.84						55495.55
7	清单项目综合单价		元/m		222.21		19.55		5.69		8.08		12.71						176.18

管道安装：315m，其中：未计价材料低压碳钢 ϕ219×8 无缝钢管 315m×0.941＝296.42m，剩余 18.58m 为管件所占长度及损耗量。

一般套管：5 个

手工除锈：315m×0.688m＝216.72m^2

刷防锈漆：315m×0.688m＝216.72m^2

硅酸盐涂抹绝热：315m×1.0431m＝328.58m^2

重庆市综合单价的计算程序及费率规定，当安装工程以人工费为计费基础时，其综合单价计算程序如下：

安装工程综合单价计算程序及费率　　　　表 12-3

序号	费用项目	计算方法	费率(%)	备注
1	分项直接工程费	人工费＋材料费＋机械费		本综合单价内未包括未计价材料费，应另计入
2	直接工程费中人工费	人工费		
3	管理费	2×取定费率	61.74	
4	利润	2×取定费率	42.73	
5	综合单价	(1)＋(3)＋(4)		

(3) 综合单价的调整

四川省在“办法”中规定，综合单价中的人工费、材料费按工程造价管理机构公布的人工费标准及材料价格信息调整；综合单价中的计价材料费(指安装工程、市政工程的给水、燃气、给排水机械设备安装、路灯工程的材料费)、机械费和综合费由四川省工程造价管理总站根据全省实际进行统一调整，并在其网站上定时发布。

(4) 单价的确定与构成

四川省在“办法”中规定国有资金投资的工程项目，招标人编制标底或预算控制价应按本办法的规定确定综合单价。而投标人投标时可自主确定综合单价的报价。

单价的构成归结起来可分解为：

1) 全费用单价

由直接成本费用＋不可竞争性费用＋竞争性费用组成。

2) 部分费用单价(综合单价)

由直接成本费用＋竞争性费用组成。

3) 直接成本费用单价

由人工费、材料费和机械费用组成。

4. 规费和税金

规费是指按照规定支付劳动定额管理部门的定额测定费，以及有关部门规定必须缴纳的费用。四川省规费项目组成及标准如表 12-4 所列。

施工企业对规费的缴纳按照国家有关规定执行，并随之调整。规费标准在工程招标中为不可竞争性费用，应按照规费标准计取。全部使用国有资金或国有资金投资为主的大、中型建设工程，采用工程量清单招标编制标底或预算控制价时，规费计取标准暂按其费率的上限计取。

重庆市规费内容包括工程排污费、工程定额测定费、养老保险统筹基金、失业保险费以及医疗保险费。

规费标准　表 12-4

序号	规费名称	计费基础	规费费率(%)
1	养老保险费	分部分项清单人工费+措施项目清单人工费	8～14
2	失业保险费	分部分项清单人工费+措施项目清单人工费	1～2
3	医疗保险费	分部分项清单人工费+措施项目清单人工费	4～6
4	住房公积金	分部分项清单人工费+措施项目清单人工费	3～6
5	危险作业意外伤害保险	分部分项清单人工费+措施项目清单人工费	0.5
6	工程定额测定费	税前工程造价	工程在成都市 1.3‰； 工程在中等城市 1.4‰； 工程在县级城市 1.5‰

税金是指国家税法规定的应计入建筑安装工程造价内的营业税、城市维护建设税、教育附加费等。重庆市将交通建设费亦列入。

5. 预留金：是招标人为可能发生的工程量变更而预留的金额。该变更主要指工程量清单漏项、有误等引起工程量的增加和施工中的设计变更引起标准提高或工程量增加等情况。由发包人估列并掌握。

6. 材料购置费：是指发包人自行采购材料的费用。发包人应详细列出自行采购材料的品种、规格、数量、单价以及金额等。预留金和材料购置费应按招标人在招标文件中提出的金额填写。

7. 总承包服务费：是指承包人为配合协调发包人进行的工程分包管理及其服务和材料采购所发生的费用，一般以中标人的投标报价为准，发包人要求承包人完成的配合协调发包人进行的工程分包管理及其服务和材料采购内容和工程量同招标文件的要求发生变化的允许调整，其具体调整方法应在招标文件或合同中明确。

8. 零星工作项目费：此项费用是指完成招标人提出的，工程量暂估的零星工作所需要的费用。列入零星工作项目表时，需详细列出人工、材料、机械台班名称以及相应数量。人工应按照工种列项，材料和机械应按照规格、型号列项。

八、工程量清单的内容

目前各省、直辖市采用的工程量清单报价内容组成中，大多由以下内容组成：

(一) 分部分项工程名称以及相应的计量单位和工程数量

(二) 说明

1. 分部分项工程工作内容的补充说明；
2. 分部分项工程施工工艺特殊要求的说明；
3. 分部分项工程中主要材料规格、型号以及质量要求的说明；
4. 现场施工条件、自然条件；
5. 其他。

在“计价规范”推出以后，各地区应采用统一的工程量清单格式(封面、填表须知、总说明、分部分项工程量清单、措施项目清单、其他项目清单、零星工作项目表等)。详见“计价规范”第 7～14 页。

九、工程量清单中的工程量调整及其变更单价的确定

1. 对于工程量清单中的工程量，在工程竣工结算时，可根据招标文件规定对实际完

成的工程量进行调整。但要经工程师或发包方核实确认后，方可作为进行结算的依据。

2. 对于工程量变更单价的确定，可采取如下几种方法：

(1) 合同中已有适合于变更工程的价格，可按照合同已有的价格变更合同价款。

(2) 合同中只有类似于变更工程的价格，可参照类似价格变更合同价款。

(3) 合同中没有适用或类似于变更工程的价格，由承包方提出适当的变更价格，经工程师认可后执行。

第二节　工程量清单计价

一、工程量清单编制与报价特点

1. 工程量清单编制与报价采用综合单价形式

工程量清单编制与报价在我国是一种全新的计价模式，同以往采用的定额加费用的计价方法比较，内容有相当大的不同。其综合单价中包含了工程直接费、工程间接费、利润等。如此综合后，工程量清单报价更为简捷，更适合招、投标需要。

2. 工程量清单编制与报价要求招、投标人根据市场行情和自身实力编制标底与报价

建筑工程的招、投标，在相当程度上是单价的竞争，倘若采用以往单一的定额计价模式，就不可能体现竞争，因此，工程量清单编制与报价打破了工程造价形成的单一性和垄断性，反映出高、低不等的多样性。

3. 工程量清单编制与报价具有合同化的法定性

这是说明投标时的单价在竣工结算时，原则上是不可改变的，如果违反了游戏规则，将受到质疑。

二、工程量清单编制与报价

工程量清单是由具有编制招标文件能力的招标人或委托具有资质的工程造价咨询机构、招标代理机构编制。工程量清单包括由承包人完成工程施工的全部项目。

工程量清单报价是建设工程招标投标工作中，投标人按照国家统一的工程量计算规则所提供的工程数量，由投标人依据工程量清单自主报价，并依照经评审低价中标的工程造价所进行的一种计价方式。

(一) 工程量清单组成格式

以“计价规范”为例，工程量清单可按照以下格式组成：封面、填表须知、总说明、分部分项工程量清单、措施项目清单、其他项目清单、零星工作项目表。

1. 封面，见表 12-5。
2. 填表须知，见表 12-6。
3. 总说明，见表 12-7。
4. 分部分项工程量清单，见表 12-8。
5. 措施项目清单见表 12-9。
6. 其他项目清单见表 12-10 。
7. 零星工作项目表见表 12-11。

封面。　　　　　　　　　　　　　　　　　　　　　　　　　　表 12-5

__________工　程

工程量清单

招　　标　　人：　（略）　（单位签字盖章）

法 定 代 表 人：　（略）　（签字盖章）

造价工程师及注册证号：　（略）　（签字盖执业专用章）

编　制　时　间：2003 年 2 月 6 日

填表须知。　　　　　　　　　　　　　　　　　　　　　　　　表 12-6

填　表　须　知

1. 工程量清单及其计价格式中所有要求签字、盖章的地方，必须由规定的单位和人员签字、盖章。

2. 工程量清单及其计价格式中的任何内容不得随意删除或涂改。

3. 工程量清单计价格式中所列明的所有需要填报的单价和合价，投标人均应填报，未填报的单价和合价，视为此项费用已包含在工程量清单的其他单价和合价中。

4. 金额(价格)均应以 人民币 表示。

总 说 明 **表 12-7**

工程名称：1# 宿舍楼安装工程 第 页 共 页

1. 工程概况：建筑面积 5000m^2，8层，砖混结构。热水集中供热采暖，普通照明灯具，镀锌钢管给水，铸铁管排水，施工工期3个月，施工现场邻近公路，交通运输方便。 2. 招标范围：电气、给排水、采暖、燃气工程。 3. 清单编制依据：建设工程量清单计价规范、施工设计图文件，施工组织设计等。 4. 工程质量应达到优良标准：1# 宿舍楼安装工程竣工后，再进行 2# 宿舍楼的施工。 5. 考虑施工中可能发生的设计变更或清单有误，预留金额6万元。 6. 随清单附有"主要材料价格表"，投标人应按其规定内容填写。

总说明的填写应包括工程概况，如建设规模、工程特征、计划工期、施工现场实际情况、交通运输情况、自然地理条件、环境保护要求等；工程招标和分包范围；工程量清单编制依据；工程质量、材料、施工等特殊要求；招标人自行采购材料的名称、规格型号、数量等；预留金、自行采购材料的金额数量；其他需说明的问题。

分部分项工程量清单 表 12-8

工程名称：1# 宿舍楼安装工程 第 页 共 页

序 号	项目编码	项 目 名 称	计量单位	工程数量
		电气设备安装工程		
1	030212001001	电线硬塑料管敷设，$\phi 20$，砖混结构，暗配	m	4000.00
2	030212003001	管内照明配线，二线，塑料铜线 $15mm^2$	m	4000.00
3		（以下略）		
		给排水、采暖、燃气工程		
4	030801001001	室内给水镀锌焊接钢管，$DN20$，螺纹连接	m	1000.00
5	030806001001	铸铁散热器，M132，三级除锈刷银粉二遍	片	500
6		（以下略）		

分部分项工程量清单所包含的内容，需满足两方面的要求，一是规范管理，二是满足计价要求。计价规范提出了分部分项工程量清单的四个统一，即项目编码统一、项目名称统一、计量单位统一、工程量计算统一。而分部分项工程量清单项目编码以 12 位阿拉伯数字表示，前 9 位是全国统一编码，可按附录中的相应编码设置，不得变动，后 3 位是清单项目名称编码，由清单编制人根据设置的清单项目编制。分部分项工程量清单项目名称的设置，应考虑三个因素，一是附录中的项目名称；二是附录中的项目特征；三是拟建工程的实际情况。并以附录中的项目名称为实体工程名称，考虑项目的规格、型号、数量和材质诸特征要求。

措施项目清单 表12-9

工程名称：1#宿舍楼安装工程 第 页 共 页

序 号	项 目 名 称
1	临时设施费
2	安全施工
3	（其他略）

措施项目清单反映为完成分项实体工程所必须进行的措施性工作。以“项”为计量单位。其内容设置可按照建设部206号文件规定的项目列入。若在措施项目一览表中未能列出的措施项目，可进行补充，列入清单项目最后，并在序号栏中以“补”标出。

其他项目清单 表 12-10

工程名称： 第 页 共 页

序 号	项 目 名 称

其他项目清单是表现招标人提出的一些与拟建工程有关的特殊要求。并且按照招标人部分的金额可估算确定；按照投标人部分的总承包服务费应根据招标人提出的所发生的费用确定。其他项目清单主要内容为预留金、材料购置费、总承包服务费、零星工作项目费等。其不足部分，可进行补充，补充项目列入清单项目最后，并在序号栏中以“补”标出。

零星工作项目表　　　　**表 12-11**

工程名称：

序　号	名　称	计 量 单 位
1		
2		
3		

(二) 工程量清单计价

工程量清单计价是建设工程招标投标工作中，投标人按照国家统一的工程量计算规则提供工程数量，由投标人依据工程量清单自主报价，并按照经评审低价中标的工程造价所进行的一种计价方式。

以“计价规范”为例，工程量清单计价格式组成如下：

1. 封面，见表 12-12。
2. 投标总价，见表 12-13。
3. 工程项目总价表，见表 12-14。
4. 单项工程费汇总表，见表 12-15。
5. 单位工程费汇总表，见表 12-16。
6. 分部分项工程量清单计价表，见表 12-17。
7. 措施项目清单计价表，见表 12-18。
8. 其他项目清单计价表，见表 12-19。
9. 零星工作项目计价表，见表 12-20。
10. 分部分项工程量清单综合单价分析表，见表 12-21。
11. 措施项目费分析表，见表 12-22。
12. 主要材料价格表，见表 12-23。

表 12-12

________________工程

工程量清单报价表

投　　标　　人：____（略）____（单位签字盖章）

法 定 代 表 人：____（略）____（签字盖章）

造价工程师及注册证号：____（略）____（签字盖执业专用章）

编　制　时　间：2003 年 7 月 1 日

投　标　总　价

表 12-13

建　设　单　位：　某省某单位

工　程　名　称：　宿舍楼工程

投标总价(小写)：　2235440.00

(大写)：　贰佰贰拾叁万伍仟肆佰肆拾元

投　标　人：　(略)　(单位签字盖章)

法定代表人：　(略)　(签字盖章)

编 制 时 间：　2003 年 7 月 1 日

工程项目总价表

表 12-14

程名称：宿舍楼工程　　　　第　页　共　页

序　号	单项工程名称	金　额(元)
1	1#宿舍楼工程	1235440.00
2	2#宿舍楼工程	1000000.00
	合　计	2235440.00

单项工程费汇总表 **表 12-15**

工程名称：1#宿舍楼工程 第 页 共 页

序号	单位工程名称	金额(元)
1	建筑工程	535490.00
2	装饰装修工程	411950.00
3	安装工程	214000.00
	其中：电气设备安装工程	48000.00
	给排水、采暖、燃气工程	26000.00
	合计	1235440.00

单项工程费汇总表

续表

工程名称：2# 宿舍楼工程　　　　　　　　　　　　　　　　　　　　　　第　页　共　页

序　号	单位工程名称	金　额(元)
1	建筑工程	
2	装饰装修工程	略
3	安装工程	
合　计		1000000.00

单位工程费汇总表 **表 12-16**

工程名称： 第 页 共 页

序 号	项 目 名 称	金 额(元)
1	分部分项工程量清单计价合计	167440.00
2	措施项目清单计价合计	149800.00
3	其他项目清单计价合计	108250.00
4	规费	90000.00
5	税金	20000.00
	合 计	535490.00

分部分项工程量清单计价表 表 12-17

工程名称：1# 宿舍楼安装工程 第 页 共 页

序号	项目编码	项目名称	计量单位	工程数量	金额(元)	
					综合单价	合价
		电气设备安装工程				
1	030212001001	电线硬塑料管敷设，ϕ20，砖混结构，暗配	m	4000.00	5.00	20000.00
2	030212003001	管内照明配线，二线，塑料铜线 15mm^2	m	4000.00	7.00	28000.00
3		(以下略)				
		本页小计				48000.00
		合计				

分部分项工程量清单计价表 续表

工程名称：1#宿舍楼安装工程 第 页 共 页

序 号	项目编码	项 目 名 称	计量单位	工程数量	金额(元)	
		给排水、采暖、燃气工程			综合单价	合 价
4	030801001001	室内给水镀锌焊接钢管，*DN*20，螺纹连接	m	1000.00	14.00	14000.00
5	030806001001	铸铁散热器，M132，三级除锈刷银粉二遍	片	500	24.00	12000.00
6		（以下略）				
		本页小计				26000.00
		合 计				74000.00

措施项目清单计价表 **表 12-18**

工程名称：1#宿舍楼安装工程 第 页 共 页

序 号	项 目 名 称	金额(元)
1	临时设施费	
2	安全施工	
3	(其他略)	
	合 计	25000.00

上表中序号、项目名称需按照措施项目清单中相应内容填写；投标人可根据施工组织设计采取的措施增加项目。

其他项目清单计价表

表 12-19

工程名称：1#宿舍楼建筑工程　　　　第　页 共　页

序　号	项　目　名　称	
1	招标人部分	
	预留金	100000.00
	小　计	100000.00
	投标人部分	
	零星工作项目费	8250.00
	小计	8250.00
	合计	108250.00

零星工作项目计价表 **表 12-20**

工程名称：1# 宿舍楼建筑工程 第 页 共 页

序 号	名 称	计量单位	数 量	金额(元)	
				综合单价	合 价
1	人工				
	(1) 木工	工 日	20	40.00	800.00
	(2) 搬运工	工 日			
	(3) (以下略)		30	30.00	900.00
	小 计				1700.00
2	材料				
	(1) 茶色玻璃 5mm	m^2	100	28.00	2800.00
	(2) 镀锌铁皮 20#	m^2	10	40.00	400.00
	小 计				3200.00
3	机械				
	(1) 载重汽车 4t	台 班	10	250	2500.00
	(2) 点焊机 100kW	台 班	5	170	850.00
	(3) (以下略)				
	小 计				3350.00
	合 计				8250.00

分部分项工程量清单综合单价分析表 **表 12-21**

工程名称：　　　　　　　　　　　　　　　　　　　　　　　　　　　　　第　页　共　页

序号	项目编码	项目名称	定额编号	工作内容	单位	数量	综合单价组成					合价	综合单价
							人工费	材料费	机械费	管理费	利润		

措施项目费分析表 **表 12-22**

工程名称：1# 宿舍安装工程 第 页 共 页

序号	措施项目名称	单位	数量	金额(元)					
				人工费	材料费	机械费	管理费	利润	小计
	合计								

主要材料价格表 **表 12-23**

工程名称：1# 宿舍安装工程　　　　第　页　共　页

序　号	材料编码	材料名称	规格、型号等特殊要求	单　位	数　量	单　价（元）	合　价（元）
1	按统一编码填写	镀锌焊接钢管	*DN*20	m		5.60	
2		普通焊接钢管	*DN*20	m		4.50	
			（其他略）				

以上为“计价规范”提供的工程量清单计价统一格式，不得变更或修改。但是，当一个工程项目不是采用总包而是分包时，表格的使用可能有些变化。需要填写哪些表格，招标人应提出具体要求。工程量清单计价格式的填写，应以上述的工程量清单为依据填写。

其中投标报价是按照工程量清单项目总价表、分部分项工程量清单综合单价计算表编制。

为了实现与国际接轨，工程量清单计价采用综合单价计价，综合单价计价是有别于现行定额工料单价计价的另一种单价计价方式。宣贯辅导教材指出，其包括完成规定计量单位、合格产品所需的全部费用。综合单价包括除规费、税金以外的全部费用。综合单价不但适用于分部分项工程量清单，也适用于措施项目清单、其他项目清单等。并要求各省、直辖市、自治区工程造价管理机构，制定具体办法，统一综合单价的计算和编制。值得注意的是分部分项工程量清单的综合单价，不包括招标人自行采购材料的价款。

综合单价除招标文件或合同约定外，结算时不得调整。

对于施工措施项目费用，计价规范中规定由临时设施费和安全施工等项目费用组成，目前许多省、市该项费用由施工技术措施项目费报价表和施工组织措施项目费报价表组成。原则上按照 206 号文执行，具体项目设置可酌情增减。但涉及的因素涵盖了水文、气象、环境、安全等施工企业的实际现状。规范中“措施项目一览表”可作为列项的参考。表中“通用项目”列入的内容指各专业工程的“措施项目清单”中均可列入的措施项目。

在工程量清单主要材料、设备价格表中，发包人要求投标人提供投标报价中主要材料、设备价格时，应在招标文件中明确。报价单价指材料、设备在施工期运至施工现场的价格。由发包人供应的材料和设备，发包人应在招标文件中明确品种、规格和价格。

第三节　工程量清单编制实例

采用重庆市 2003 年消耗量定额及其配套综合单价进行投标的工程量清单的编制。

一、工程量清单说明

1. 工程量清单与投标须知，合用条件、合同协议条款、技术规范和图纸一起使用。

2. 工程量清单所列的工程量系招标单位估算的和临时的，作为投标报价的共同基础。付款以实际完成的符合合同要求工程的工程量为依据。工程量由承包单位计量、监理工程师核准。

3. 工程量清单中所填入的单价和合同，是按照现行工程所在地预算定额的工、料、机消耗标准和预算价格确定，作为直接费的计算基础。其他直接费、间接费、利润、有关文件规定的调价、材料价差、设备价、现场因素费用、施工技术措施费以及采用价格的工程所测算的风险金、税金等按工程所在地现行预算定额以及相关计价文件的计算方法计取，计入其他相应报价表中。

4. 工程量清单中不再重复或概括工程以及材料的一般说明，在编制和填写工程量清单的每一项的单价和合价时是参考了投标须知和合同文件的有关条款。

二、工程量清单报价汇总和取费表

见表 12-24～表 12-40。

商住楼水电安装工程 表 12-24

工程量清单计价表
（投标报价书）

投　　标　　人：重庆××××××开发公司（单位盖章）

法 定 代 表 人：　张××　（签字盖章）

×市××建设工程招

中　介　机　构：投标代理事务所　（单位盖章）

法 定 代 表 人：　王××　（签字盖章）

造价工程师及注册证号：刘××　（签字盖执业专用章）

编　制　时　间：×年×月×日

1. 工程量清单计价编制总说明

表 12-25

工程名称：商住楼、水电安装工程(报价书)　　　　第　页　共　页

1. 工程概况：建筑面积 151508m²，为框筒结构，由二十九层的 A 栋写字楼，三十层 B 栋酒店式公寓楼，以及四层地下建筑，九层商业裙楼组成，A、B 塔楼地面以上建筑高度为 142m，地下 17.1m，柱网间距为 8.4m×8.4m，砖混结构。热水集中供热采暖，普通照明灯具，钢塑复合管给水，铸铁管、UPVC 排水，施工工期 3 个月，施工现场邻近公路，交通运输方便。

2. 招标范围：给排水、电气安装工程。

3. 工程质量要求：优良工程。

4. 工期：120 天。

5. 编制依据：

5.1 由××市建筑工程设计事务所设计的施工图 1 套。

5.2 由××房地产开发公司编制的《××楼建筑工程施工招标书》、《××楼建筑工程招标答疑》。

5.3 工程量清单计量依据国标《建设工程工程量清单计价规范》。

5.4 工程量清单计价中的工、料、机数量参考当地建筑、水电安装工程定额；其工、料机的价格参考省、市造价管理部门有关文件或近期发布的材料价格，并调查市场价格后取定。

5.5 工程量清单计费列表参考如下：

序号	工程名称	费率名称(%)						
		规费			施工管理费	利润	措施费	
		不可竞争费	养老保险费	安全文明费			临时设施费	冬雨季施工增加费
1	安装				61.74	42.73		

注：规费为施工企业规定必须收取的费用，其中不可预见费项目有：工程排污费、工程定额测编费、工会经费、职工教育经费、危险作业意外伤害保险费、职工失业保险费、职工医疗保险费等。

5.6 税金按 3.56%计取。规费按 0.8%计取。

5.7 人工工资按 22 元/工日计。

5.8 垂直运输机械采用卷扬机、费用按×省定额估价表中规定计费。未考虑卷扬机进出场费。

5.9 脚手架采用钢脚手架。

5.10 模板中人工、材料用量按当地土建工程定额用量计算。如当地定额中模板制作、安装与混凝土搗制合在一个定额子目内，则参照建设部颁发的《全国统一建筑工程预算工程量计算规则》GJDGZ-101-95 执行。

2. 单项工程费汇总表

表 12-26

工程名称：商住楼土建、水电安装工程(标底)　　　　第　页　共　页

序　　号	单 位 工 程 名 称	金额(元)
1.	给排水安装工程	1102549.67
2.	电气安装工程	2615825.14
合　　计		3562054.70

3. 给排水安装工程计价

3.1 单位工程费汇总表

表 12-27

序 号	项 目 名 称	金 额	费率%	备 注
1	分部分项工程量清单计价合计	1056198.61		
2	措施项目清单计价合计	—		
3	其他项目计价合计	—		
4	规费(1+2+3)×0.8%	8449.59	0.8	
5	税前造价	1064648.20		
6	税金(1+2+3+4)×规定费率(3.56%)	37901.48	3.56	市 区
7	合计	1102549.67		

3.2 给排水分部分项工程量清单计价表

表 12-28

序号	清单编号	清 单 名 称	工程量	单位	综合单价	综合价	计算基数	管理费率(%)	利润率(%)
一	0301	第一章 机械设备安装工程				53065		61.74	42.73
1	030109001	高区生活水泵 CR32-12	4	台	6633.12	26532.48	人工费	61.74	42.73
2	030109001	低区生活水泵 CR32-8	2	台	6633.13	13266.26	人工费	61.74	42.73
3	030109001	低区生活水泵 CR8-160	2	台	6633.13	13266.26	人工费	61.74	42.73
二	0306	第六章 工业管道工程				14283.82		61.74	42.73
1	030601004	钢塑复合管 *DN*65	60.1	m	13.25	796.33	人工费	61.74	42.73
2	030601004	钢塑复合管 *DN*80	221.7	m	16.49	3655.83	人工费	61.74	42.73
3	030601004	钢塑复合管 *DN*100	20.4	m	46.63	951.25	人工费	61.74	42.73
4	030601004	钢塑复合管 *DN*200	40.5	m	51.25	2075.63	人工费	61.74	42.73
5	030604001	钢塑复合管管件—弯头 *DN*200	1	个	120.12	120.12	人工费	61.74	42.73
6	030604001	钢塑复合管管件—弯头 *DN*80	17	个	42.6	724.2	人工费	61.74	42.73
7	030604001	钢塑复合管管件—弯头 *DN*65	5	个	37.44	187.2	人工费	61.74	42.73
8	030604001	钢塑复合管管件—大小头 *DN*200×100	1	个	120.12	120.12	人工费	61.74	42.73
9	030604001	钢塑复合管管件—三通 *DN*200×100	2	个	120.12	240.24	人工费	61.74	42.73
10	030604001	钢塑复合管管件—三通 *DN*200×80	2	个	120.12	240.24	人工费	61.74	42.73
11	030607003	闸阀 *DN*200	3	个	128.91	386.73	人工费	61.74	42.73
12	030607003	闸阀 *DN*150	1	个	81.62	81.62	人工费	61.74	42.73
13	030607003	闸阀 *DN*100	6	个	55.04	330.24	人工费	61.74	42.73
14	030607003	闸阀 *DN*80	10	个	42.85	428.5	人工费	61.74	42.73
15	030607003	闸阀 *DN*65	11	个	36.44	400.84	人工费	61.74	42.73
16	030607003	闸阀 *DN*50	2	个	25.56	51.12	人工费	61.74	42.73
17	030607003	止回阀 *DN*80	4	个	42.86	171.44	人工费	61.74	42.73

续表

序号	清单编号	清单名称	工程量	单位	综合单价	综合价	计算基数	管理费率(%)	利润率(%)
18	030607003	止回阀 *DN*65	4	个	36.44	145.76	人工费	61.74	42.73
19	030607003	橡胶软接头 *DN*100	6	个	55.04	330.24	人工费	61.74	42.73
20	030607003	橡胶软接头 *DN*80	2	个	42.86	85.72	人工费	61.74	42.73
21	030607004	蝶阀 *DN*100	1	个	72.96	72.96	人工费	61.74	42.73
22	030607004	遥控浮球阀 *DN*100	1	个	72.96	72.96	人工费	61.74	42.73
23	030607004	水箱水处理仪 MK-A	4	个	72.96	291.84	人工费	61.74	42.73
24	030610002	法兰 *DN*200	3	副	116.52	349.56	人工费	61.74	42.73
25	030610002	法兰 *DN*100	15	副	49.97	749.55	人工费	61.74	42.73
26	030610002	法兰 *DN*80	17	副	41.05	697.85	人工费	61.74	42.73
27	030610002	法兰 *DN*65	12	副	35.94	431.28	人工费	61.74	42.73
28	030610003	法兰 *DN*150	1	副	94.45	94.45	人工费	61.74	42.73
三	0308	第八章　给排水、采暖、燃气工程				214329.42		61.74	42.73
1	030801002	钢塑复合管 *DN*50	149	m	19.7	2935.3	人工费	61.74	42.73
2	030801002	钢塑复合管 *DN*65	147.7	m	28.85	4261.15	人工费	61.74	42.73
3	030801002	钢塑复合管 *DN*80	264.15	m	30.87	8154.31	人工费	61.74	42.73
4	030801002	钢塑复合管 *DN*100	109.7	m	39.23	4303.53	人工费	61.74	42.73
5	030801002	钢塑复合管 *DN*20(管井内)	144.2	m	21.21	3058.48	人工费	61.74	42.73
6	030801002	钢塑复合管 *DN*25(管井内)	219.9	m	25.17	5534.88	人工费	61.74	42.73
7	030801002	钢塑复合管 *DN*32(管井内)	501.7	m	22.35	11213	人工费	61.74	42.73
8	030801002	钢塑复合管 *DN*40(管井内)	776.7	m	19.16	14881.57	人工费	61.74	42.73
9	030801002	钢塑复合管 *DN*50(管井内)	722.51	m	22.26	16083.07	人工费	61.74	42.73
10	030801002	钢塑复合管 *DN*65(管井内)	411.65	m	31.47	12954.63	人工费	61.74	42.73
11	030801002	钢塑复合管 *DN*80(管井内)	403.7	m	34.2	13806.54	人工费	61.74	42.73
12	030801002	钢塑复合管 *DN*100(管井内)	258.2	m	42.23	10903.79	人工费	61.74	42.73
13	030801002	钢塑复合管 *DN*150(管井内)	18.3	m	51.56	943.55	人工费	61.74	42.73
14	030802001	管道支架制作安装	3540	kg	16.14	57135.6	人工费	61.74	42.73
15	030803002	截止阀 *DN*20	406	个	17.23	6995.38	人工费	61.74	42.73
16	030803002	截止阀 *DN*25	232	个	20.66	4793.12	人工费	61.74	42.73
17	030803002	截止阀 *DN*40	14	个	39.39	551.46	人工费	61.74	42.73
18	030803002	截止阀 *DN*50	99	个	40.3	3989.7	人工费	61.74	42.73
19	030803003	蝶阀 *DN*100	20	个	109.83	2196.6	人工费	61.74	42.73
20	030803003	蝶阀 *DN*80	10	个	93.8	938	人工费	61.74	42.73
21	030803003	蝶阀 *DN*65	1	个	77.57	77.57	人工费	61.74	42.73

续表

序号	清单编号	清 单 名 称	工程量	单位	综合单价	综合价	计算基数	管理费率(%)	利润率(%)
22	30803003	减压稳压阀 *DN*100	4	个	109.83	439.32	人工费	61.74	42.73
23	030803003	减压稳压阀 *DN*80	4	个	93.8	375.2	人工费	61.74	42.73
24	030803003	Y型过滤器 *DN*80	4	个	93.8	375.2	人工费	61.74	42.73
25	030803003	Y型过滤器 *DN*100	4	个	109.83	439.32	人工费	61.74	42.73
26	030803003	浮球阀 *DN*100	4	个	67.13	268.52	人工费	61.74	42.73
27	030803003	玻璃管水位计	4	个	68.61	274.44	人工费	61.74	42.73
28	030803010	水表 *DN*20	174	组	64.69	11256.06	人工费	61.74	42.73
29	030803010	水表 *DN*25	154	组	26.21	4036.34	人工费	61.74	42.73
30	030803010	水表 *DN*40	16	组	37.35	597.6	人工费	61.74	42.73
31	030803010	水表 *DN*50	8	组	44.06	352.48	人工费	61.74	42.73
32	030803010	水表 *DN*80	3	组	57.75	173.25	人工费	61.74	42.73
33	030803010	水表 *DN*100	8	组	64.69	517.52	人工费	61.74	42.73
34	030803013	伸缩节 *DN*80	4	个	91.13	364.52	人工费	61.74	42.73
35	030803013	伸缩节 *DN*100	4	个	124.09	496.36	人工费	61.74	42.73
36	030804014	水箱安装 4000×3000×2000V=21m^3	1	套	1630.13	1630.13	人工费	61.74	42.73
37	030804014	水箱安装 7500×3500×2000V=46m^3	2	套	2663.39	5326.78	人工费	61.74	42.73
38	030804014	水箱安装 5000×3000×2000V=26m^3	1	套	1695.15	1695.15	人工费	61.74	42.73
四	0310	第十章　自动化控制仪表安装工程				163.32		61.74	42.73
1	031001002	压力表	4	台	40.83	163.32	人工费	61.74	42.73
		给水小计				281841.56			
五	0301	第一章　机械设备安装工程				101178.73		61.74	42.73
1	030109001	潜污泵 50QW40-30-7.5	8	台	5951.69	47613.52	人工费	61.74	42.73
2	030109001	潜污泵 50QW22-22-4	2	台	5951.69	11903.38	人工费	61.74	42.73
3	030109001	潜污泵 50QW10-24-1.5	1	台	5951.7	5951.69	人工费	61.74	42.73
4	030109001	潜污泵 50QW15-26-2.2	2	台	5951.69	11903.38	人工费	61.74	42.73
5	030109001	潜污泵 50QW20-7-0.75	4	台	5951.69	23806.76	人工费	61.74	42.73
六	0308	第八章　给排水、采暖、燃气工程				673178.32		61.74	42.73
1	030801004	球墨铸铁管 *DN*100(雨水)	568.7	m	65.76	37397.71	人工费	61.74	42.73
2	030801004	球墨铸铁管 *DN*150(雨水)	1016.7	m	77.15	78438.41	人工费	61.74	42.73
3	030801004	柔性铸铁管 RKCϕ50	26	m	35.81	931.06	人工费	61.74	42.73
4	030801004	柔性铸铁管 RKCϕ100	2743.25	m	65.91	180807.61	人工费	61.74	42.73
5	030801004	柔性铸铁管 RKCϕ125	1339.8	m	81.27	108885.55	人工费	61.74	42.73
6	030801004	柔性铸铁管 RKCϕ150	680.25	m	86.11	58576.33	人工费	61.74	42.73
7	030801004	柔性铸铁管 RKCϕ200	28.8	m	89.05	2564.64	人工费	61.74	42.73

续表

序号	清单编号	清 单 名 称	工程量	单位	综合单价	综合价	计算基数	管理费率(%)	利润率(%)
8	030801005	塑料管 UPVCϕ50	1176	m	36.71	43170.96	人工费	61.74	42.73
9	030801005	塑料管 UPVCϕ100	3626	m	33.61	121869.86	人工费	61.74	42.73
10	030802001	管道支架制作安装	2360	kg	13.06	30821.6	人工费	61.74	42.73
11	030803003	泄水阀 *DN*100	4	个	244.29	977.16	人工费	61.74	42.73
12	030804017	地漏 *DN*100	6	个	20.18	121.08	人工费	61.74	42.73
13	030804017	地漏 *DN*150	1	个	31.55	31.55	人工费	61.74	42.73
14	030804017	地漏 *DN*50	928	个	8.76	8129.28	人工费	61.74	42.73
15	030804017	测墙地漏 *DN*50	52	个	8.76	455.52	人工费	61.74	42.73
		排水小计				774357.05			
		合 计				1056198.6			

3.3 措施项目清单计价表

表 12-29

工程名称：商住楼给排水安装工程　　　　第　页　共　页

序　号	项 目 名 称	金 额(元)
1	脚手架搭拆费	5.58
2	冬雨期施工费	391.27
3	临时设施费	731.15
	合　计	1128.00

3.4 其他项目清单计价表

表 12-30

工程名称：商住楼给排水安装工程　　　　第　页　共　页

序　号	项 目 名 称	金 额(元)
1	招标人部分	
1.1	不可预见费	
1.2	工程分包和材料购置费	
1.3	其他	
2	投标人部分	
2.1	总承包服务费	
2.2	零星工作项目计价表	
2.3	其他	
	合　计	

3.5 零星工作项目计价表

表 12-31

工程名称：商住楼给排水安装工程　　　　第　页　共　页

序　号	名　称	计量单位	数　量	金 额(元)	
				综合单价	合　价
1	人　工				
	小　计				
2	材　料				
	小　计				
3	机　械				
	小　计				
	合　计				

3.6 给排水分部分项工程量清单综合单价分析表

表 12-32

序号	细目编号	细目名称	细目单位	工程内容				综合单价组成						综合单价
				定额编号	定额名称	定额单位	工程量	人工费	材料费	机械使用费	管理费	利润	小计	
1	030109001	高区生活水泵 CR32-12	台	CA0847	高区生活水泵 CR32-12	台	1.000	603.46	282.68	141.58	372.58	257.86	1658.14	6633.12
				CA1514	地脚螺栓孔灌浆	台	1.000	273.00	208.77		168.55	116.65	766.97	
				CA1519	设备底座与基础间灌浆	台	1.000	373.36	289.24		230.51	159.54	1052.65	
				CA0967	高区生活水泵 CR32-12 拆装检查	台	1.000	761.80	90.30		470.34	325.52	1647.95	
				CA1371	高区生活水泵 CR32-12 电动机及电动发电机组	台	1.000	339.56	549.13	263.99	209.65	145.10	1507.41	
2	030109001	低区生活水泵 CR32-8	台	CA0847	低区生活水泵 CR32-8	台	1.000	603.46	282.68	141.58	372.58	257.86	1658.15	6633.13
				CA0967	低区生活水泵 CR32-8 拆装检查	台	1.000	761.80	90.30		470.34	325.52	1647.95	
				CA1514	地脚螺栓孔灌浆	台	1.000	273.00	208.77		168.55	116.66	766.97	
				CA1519	设备底座与基础间灌浆	台	1.000	373.36	289.24		230.51	159.54	1052.65	
				CA1371	低区生活水泵 CR32-8 电动机及电动发电机组	台	1.000	339.56	549.13	263.99	209.65	145.10	1507.41	
3	030601004	钢塑复合管 *DN*65	m	CF0031	钢塑复合管 *DN*65	10m	0.100	2.15	0.43	1.48	1.33	0.92	6.30	13.25
				CF2541	钢塑复合管水冲洗 *DN*65	100m	0.010	0.72	0.82	0.18	0.45	0.31	2.47	
				CF2494	钢塑复合管水压试验 *DN*65	100m	0.010	1.20	0.25	0.21	0.74	0.51	2.91	
				CF3038	穿墙套管制作安装 *DN*65	个	0.050	0.48	0.19	0.07	0.30	0.21	1.25	
				Q00001	工业管道工程脚手架搭拆费	100元	0.046	0.08	0.24				0.32	
25	030604001	钢塑复合管管件—三通 *DN*200×80	个	CF0682	钢塑复合管管件—三通 *DN*200×80	10个	0.100	22.63	14.15	59.70	13.97	9.67	120.12	120.12
26	030607003	闸阀 *DN*200	个	CF1347	闸阀 *DN*200	个	1.000	50.10	6.14	20.32	30.93	21.41	128.91	128.91

续表

序号	细目编号	细目名称	细目单位	工程内容				综合单价组成						综合单价
				定额编号	定额名称	定额单位	工程量	人工费	材料费	机械使用费	管理费	利润	小计	
27	030607003	止回阀 *DN*80	个	CF1343	止回阀 *DN*80	个	1.000	16.51	3.32	5.78	10.19	7.06	42.86	42.86
28	030610002	法兰 *DN*65	副	CF1571	法兰 *DN*65	副	1.000	8.94	4.89	12.77	5.52	3.82	35.94	35.94
29	030801002	钢塑复合管 *DN*50	m	CH0115	钢塑复合管 *DN*50	10m	0.100	5.17	1.25	1.02	3.19	2.21	12.85	19.70
				CF3038	穿墙套管制作安装 *DN*80	个	0.040	0.39	0.15	0.05	0.24	0.17	1.00	
				CH0300	钢塑复合管消毒、冲洗 *DN*50	100m	0.010	0.14	0.15		0.08	0.06	0.43	
				CH0306	钢塑复合管 *DN*40 压力试验 *DN*50	100m	0.010	1.20	0.48	0.18	0.74	0.51	3.12	
				Q00012	39 层以下高层建筑增加费	100 元	0.092	2.30					2.30	
30	030801002	钢塑复合管 *DN*25（管井内）	m	CH0104	钢塑复合管 *DN*25	10m	0.100	7.44	3.40	0.09	4.59	3.18	18.70	25.17
				CH0300	钢塑复合管消毒、冲洗 *DN*25	100m	0.010	0.14	0.15		0.08	0.06	0.43	
				CH0306	钢塑复合管压力试验 *DN*25	100m	0.010	1.20	0.48	0.18	0.74	0.51	3.12	
				Q00012	39 层以下高层建筑增加费	100 元	0.117	2.93					2.92	
31	030802001	管道支架制作安装	kg	CH0238	管道支架制作安装	100kg	0.010	2.64	5.06	4.62	1.63	1.13	15.06	16.14
				CK0010	管道支吊架除锈	100kg	0.010	0.09	0.03	0.08	0.06	0.04	0.28	
				CK0122	管道支吊架红丹防锈漆第一遍	100kg	0.010	0.06	0.01	0.08	0.04	0.03	0.20	
				CK0131	管道支吊架调合漆第一遍	100kg	0.010	0.06	0.00	0.08	0.04	0.02	0.19	
				CK0132	管道支吊架调合漆第二遍	100kg	0.010	0.06	0.00	0.08	0.04	0.02	0.19	
				CK0123	管道支吊架红丹防锈漆第二遍	100kg	0.010	0.06	0.01	0.08	0.04	0.02	0.20	

续表

序号	细目编号	细目名称	细目单位	工程内容				综合单价组成						综合单价
				定额编号	定额名称	定额单位	工程量	人工费	材料费	机械使用费	管理费	利润	小计	
32	030803003	Y形过滤器 $DN100$	个	CH0331	Y型过滤器 $DN100$	个	1.000	24.18	30.29	30.09	14.93	10.33	109.83	109.83
33	030803003	浮球阀 $DN100$	个	CH0385	浮球阀 $DN100$	个	1.000	16.64	15.27	17.83	10.28	7.11	67.13	67.13
34	030803003	玻璃管水位计	个	CH0387	玻璃管水位计	个	1.000	14.82	16.02	22.29	9.15	6.33	68.61	68.61
35	030803010	水表 $DN20$	组	CH0434	水表 $DN20$	组	1.000	30.42	2.49		18.78	13.00	64.69	64.69
36	030803013	伸缩节 $DN100$	个	CH0270	伸缩节 $DN100$	个	1.000	24.96	42.97	30.09	15.41	10.67	124.09	124.09
37	030804014	水箱安装 7500×3500×2000 $V=46m^3$	套	CH0623	水箱 7500×3500×2000 $V=46m^3$	个	1.000	172.64	3.76	47.43	106.59	73.77	404.18	2663.39
				CH0238	管道支架制作安装	100kg	1.400	369.10	707.89	646.45	227.88	157.72	2109.04	
				CK0010	支架 除锈	100kg	1.400	12.38	3.64	10.49	7.64	5.29	39.43	
				CK0122	支架红丹防锈漆第一遍	100kg	1.400	8.37	1.05	10.49	5.17	3.58	28.66	
				CK0131	支架调合漆第一遍	100kg	1.400	8.01	0.32	10.49	4.95	3.42	27.18	
				CK0132	支架调合漆第二遍	100kg	1.400	8.01	0.28	10.49	4.95	3.42	27.14	
				CK0123	支架红丹防锈漆第二遍	100kg	1.400	8.01	0.91	10.49	4.95	3.42	27.77	
38	031001002	压力表	台	CJ0738	压力表弯制作碳钢	10个	0.100	3.36	0.55	0.20	2.07	1.43	7.60	40.83
				CJ0740	取源部件制作安装	10套	0.100	1.22	0.06		0.76	0.52	2.56	
				CJ0025	压力表、真空表就地	台(块)	1.000	13.52	2.42	0.61	8.35	5.78	30.67	
39	030109001	潜污泵 50QW40-30-7.5	台	CA0846	潜污泵 50QW40-30-7.5	台	1.000	451.10	242.17	113.29	278.51	192.76	1277.82	5951.69
				CA0966	潜污泵 50QW40-30-7.5 拆装检查	台	1.000	626.60	65.63		386.86	267.75	1346.84	
				CA1371	潜污泵 50QW40-30-7.5 电动机及电动发电机组	台	1.000	339.56	549.13	263.99	209.64	145.09	1507.41	
				CA1514	地脚螺栓孔灌浆	台	1.000	273.00	208.77		168.55	116.65	766.97	
				CA1519	设备底座与基础间灌浆	台	1.000	373.36	289.24		230.51	159.54	1052.65	

续表

序号	细目编号	细目名称	细目单位	工程内容				综合单价组成						综合单价
				定额编号	定额名称	定额单位	工程量	人工费	材料费	机械使用费	管理费	利润	小计	
40	030109001	潜污泵 50QW20-7-0.75	台	CA0846	潜污泵 50QW20-7-0.75	台	1.000	451.10	242.17	113.29	278.51	192.76	1277.82	5951.69
				CA0966	潜污泵 50QW20-7-0.75 拆装检查	台	1.000	626.60	65.63		386.86	267.75	1346.84	
				CA1371	潜污泵 50QW20-7-0.75 电动机及电动发电机组	台	1.000	339.56	549.13	263.99	209.65	145.10	1507.41	
				CA1514	地脚螺栓孔灌浆	台	1.000	273.00	208.77		168.55	116.65	766.97	
				CA1519	设备底座与基础间灌浆	台	1.000	373.36	289.24		230.51	159.54	1052.65	
41	030801004	柔性铸铁管 RKC ϕ125	m	CH0209	柔性铸铁管 RKC ϕ125	10m	0.100	9.54	49.21		5.89	4.08	68.72	81.27
				CF3040	穿墙套管制作安装 *DN*200	个	0.058	1.87	0.48	0.08	1.15	0.80	4.37	
				CH0307	柔性铸铁管压力试验 *DN*125	100m		1.47	0.62	0.25	0.91	0.63	3.89	
				Q00012	39 层以下高层建筑增加费	100 元	0.172	4.29					4.29	
42	030801005	塑料管 UPVC ϕ50	m	CH0211	塑料管 UPVC ϕ50	10m	0.100	3.98	0.93	0.05	2.46	1.70	9.11	36.71
				CF3038	穿墙套管制作安装 *DN*80	个	0.804	7.80	3.08	1.04	4.82	3.33	20.08	
				CH0306	塑料管压力试验 *DN*50	100m	0.010	1.20	0.56	0.18	0.74	0.51	3.20	
				Q00012	39 层以下高层建筑增加费	100 元	0.173	4.33					4.33	
43	030802001	管道支架制作安装	kg	CH0238	管道支架制作安装	100kg	0.010	2.64	1.98	4.62	1.63	1.13	11.99	13.06
				CK0010	管道支架除锈	100kg	0.010	0.09	0.03	0.08	0.06	0.04	0.28	
				CK0122	管道支架红丹防锈漆 第一遍	100kg	0.010	0.06	0.01	0.08	0.04	0.03	0.20	
				CK0131	管道支架调合漆第一遍	100kg	0.010	0.06	0.00	0.08	0.04	0.02	0.19	
				CK0132	管道支架调合漆第二遍	100kg	0.010	0.06	0.00	0.08	0.04	0.02	0.19	
				CK0123	管道支架红丹防锈漆第二遍	100kg	0.010	0.06	0.01	0.08	0.04	0.02	0.20	
44	030804017	侧墙地漏 *DN*50	个	CH0517	侧墙地漏 *DN*50	10 个	0.100	4.16	0.26		2.57	1.78	8.76	8.76

3.7 给排水主材表

表 12-33

工程名称：给排水安装工程

序　号	材　料　名　称	单　位	数　量	单价(元)	合价(元)	备　注
1	钢塑复合管 *DN*20	m	151.098	13.239	2000.39	
2	钢塑复合管 *DN*25	m	224.298	22.221	4984.13	
3	钢塑复合管 *DN*32	m	511.734	32.922	16847.31	
4	钢塑复合管 *DN*40	m	792.234	39.735	31479.42	
5	钢塑复合管 *DN*50	m	888.940	45.171	40154.31	
6	钢塑复合管 *DN*65	m	570.537	57.996	33088.86	
7	钢塑复合管 *DN*80	m	681.207	90	61308.63	
8	钢塑复合管 *DN*100	m	375.258	98.542	36978.67	
9	钢塑复合管 *DN*150	m	18.666	174.096	3249.68	
10	无缝钢管冷拔综合价	m	2.800	9.2	25.76	
11	钢塑复合管 *DN*65	m	57.516	57.996	3335.70	
12	钢塑复合管 *DN*80	m	212.167	90	19095.03	
13	钢塑复合管 *DN*100	m	19.523	97.542	1904.31	
14	碳钢管 *DN*150	m	2.100	84.951	178.40	
15	碳钢管 *DN*125	m	4.800	62.28	298.94	
16	碳钢管 *DN*65	m	0.900	25.695	23.13	
17	碳钢管 *DN*250	m	0.600	188.442	113.07	
18	碳钢管 *DN*80	m	5.700	32.274	183.96	
19	碳钢管 *DN*100	m	2.400	41.994	100.79	
20	钢塑复合管 *DN*200	m	38.111	277	10556.75	
21	酚醛调合漆(各种颜色)	kg	59.800	7.74	462.85	
22	酚醛防锈漆(各种颜色)	kg	0.100	10.8	1.08	
23	醇酸防锈漆 C53-1	kg	83.978	8.64	725.57	
24	闸阀 *DN*200	个	3.000	778.5	2335.50	
25	闸阀 *DN*150	个	1.000	517.5	517.50	
26	闸阀 *DN*100	个	6.000	243	1458.00	
27	闸阀 *DN*80	个	10.000	211.5	2115.00	
28	闸阀 *DN*65	个	11.000	178.2	1960.20	
29	闸阀 *DN*50	个	2.000	148.5	297.00	
30	止回阀 *DN*80	个	4.000	137.7	550.80	
31	止回阀 *DN*65	个	4.000	90	360.00	
32	橡胶软接头 *DN*100	个	6.000	90	540.00	
33	橡胶软接头 *DN*80	个	2.000	72	144.00	
34	截止阀 *DN*20	个	406.000	9	3654.00	
35	截止阀 *DN*25	个	232.000	13.5	3132.00	

续表

序号	材料名称	单位	数量	单价(元)	合价(元)	备注
36	截止阀 *DN*40	个	14.000	36	504.00	
37	截止阀 *DN*50	个	99.000	49.5	4900.50	
38	蝶阀 *DN*100	个	20.000	144	2880.00	
39	蝶阀 *DN*80	个	10.000	126	1260.00	
40	蝶阀 *DN*65	个	1.000	99	99.00	
41	减压稳压阀 *DN*100	个	4.000	2520	10080.00	
42	减压稳压阀 *DN*80	个	4.000	2250	9000.00	
43	Y形过滤器 *DN*80	个	4.000	145.8	583.20	
44	Y形过滤器 *DN*100	个	4.000	178.2	712.80	
45	伸缩节 *DN*80	个	4.000	162	648.00	
46	伸缩节 *DN*100	个	4.000	234	936.00	
47	浮球阀 *DN*100	个	4.000	1080	4320.00	
48	玻璃管水位计	个	4.000	162	648.00	
49	蝶阀 *DN*100	个	1.000	144	144.00	
50	遥控浮球阀 *DN*100	个	1.000	1080	1080.00	
51	水箱水处理仪 MK-A	个	4.000	4000	16000.00	
52	法兰 *DN*200	片	6.000	83.7	502.20	
53	法兰 *DN*100	片	30.000	34.2	1026.00	
54	法兰 *DN*80	片	34.000	25.2	856.80	
55	法兰 *DN*65	片	24.000	24.3	583.20	
56	法兰 *DN*150	片	2.000	58.5	117.00	
57	钢塑复合管管件—弯头 *DN*200	个	1.000	323.28	323.28	
58	钢塑复合管管件—弯头 *DN*80	个	17.000	115.776	1968.19	
59	钢塑复合管管件—弯头 *DN*65	个	5.000	89.226	446.13	
60	钢塑复合管管件—大小头 *DN*200×100	个	1.000	96.48	96.48	
61	钢塑复合管管件—三通 *DN*200×100	个	2.000	306	612.00	
62	钢塑复合管管件—三通 *DN*200×80	个	2.000	94.59	189.18	
63	水表 *DN*20	个	174.000	104.49	18181.26	
64	水表 *DN*25	个	154.000	150	23100.00	
65	水表 *DN*40	个	16.000	447.48	7159.68	
66	水表 *DN*50	个	8.000	250	2000.00	
67	水表 *DN*80	个	3.000	250	750.00	
68	水表 *DN*100	个	8.000	816.66	6533.28	
69	压力表表弯	个	4.000	8.1	32.40	
70	仪表接头	套	12.000	13.5	162.00	
71	取源部件	套	4.000	13.5	54.00	

续表

序号	材料名称	单位	数量	单价(元)	合价(元)	备注
72	水箱 7500×3500×2000 $V=46m^3$	个	2.000		0.00	
73	水箱 5000×3000×2000 $V=26m^3$	个	1.000		0.00	
74	水箱 4000×3000×2000 $V=21m^3$	个	1.000		0.00	
75	碳钢管 *DN*100	m	3.200	41.994	134.38	
76	塑料管 *DN*100	m	0.600	13.95	8.37	
77	塑料管 *DN*150	m	0.100	27.9	2.79	
78	塑料管 *DN*50	m	92.800	5.22	484.42	
79	碳钢管 *DN*150	m	324.600	84.951	27575.09	
80	碳钢管 *DN*250	m	1.200	188.442	226.13	
81	碳钢管 *DN*80	m	284.400	32.274	9178.73	
82	碳钢管 *DN*200	m	64.200	150.327	9650.99	
83	酚醛调合漆(各种颜色)	kg	35.400	7.74	274.00	
84	醇酸防锈漆 C53-1	kg	49.796	8.64	430.24	
85	柔性铸铁管 RKCϕ50	m	22.880	30.6	700.13	
86	柔性铸铁管 RKCϕ100	m	2441.493	68.4	166998.12	
87	球墨铸铁管 *DN*150	m	976.032	194.4	189740.62	
88	球墨铸铁管 *DN*100	m	506.143	120	60737.16	
89	柔性铸铁管 RKCϕ125	m	1286.208	97.2	125019.42	
90	柔性铸铁管 RKCϕ150	m	653.040	108	70528.32	
91	柔性铸铁管 RKCϕ200	m	28.224	192.6	5435.94	
92	地漏 *DN*50	个	928.000	7.65	7099.20	
93	地漏 *DN*100	个	6.000	16.2	97.20	
94	地漏 *DN*150	个	1.000	150	150.00	
95	侧墙地漏 *DN*50	个	52.000	7.65	397.80	
96	塑料管 UPVCϕ50	m	1137.192	5.22	5936.14	
97	塑料管 UPVCϕ100	m	3089.352	13.95	43096.46	
98	塑料管管件 *DN*50	个	1060.752	2.25	2386.69	
99	塑料管管件 *DN*100	个	4126.388	10.35	42708.12	
100	泄水阀 *DN*100	个	4.000	286	1144.00	
101	法兰水位控制阀 *DN*100 液压式	个	4.000	2530	10120.00	
	合计				1182909.75	

4. 电气安装工程计价　　表 12-34

4.1　单位工程费汇总表

序　　号	项　目　名　称	金　　额	费率%	备　　注
1	分部分项工程量清单计价合计	2505856.14		
2	措施项目清单计价合计	—		
3	其他项目计价合计	—		
4	规费(1+2+3)×0.8%	20046.85	0.8	
5	税前造价	2525902.99		
6	税金(1+2+3+4)×规定费率(3.56%)	89922.15	3.56	市　　区
7	合计	2615825.14		

4.2　电气分部分项工程量清单计价表　　表 12-35

序号	清单编号	清　单　名　称	工程量	单位	综合单价	综合价	计算基数	管理费率(%)	利润率(%)
一	0302	第二章电气设备安装工程				2505856.14			
1	030202008	互感器 BH-0.66-400/5	33	台	111.54	3680.82	人工费	61.74	42.73
2	030202010	避雷器	1	组	106.96	106.96	人工费	61.74	42.73
3	030202015	无功补偿器 YZFJ-II-9-X/45	11	台	465.03	5115.33	人工费	61.74	42.73
4	030203006	插接母线 2000A/4	450	m	78.56	35352	人工费	61.74	42.73
5	030203006	插接母线 CCX8 1600A/4	292	m	79.14	23108.88	人工费	61.74	42.73
6	030203006	插接母线 1250A/4	585	m	61	35685	人工费	61.74	42.73
7	030204005	动力柜(电梯)Act 型	11	台	522.25	5744.75	人工费	61.74	42.73
8	030204005	动力柜(水泵)Acb 型	9	台	522.25	4700.25	人工费	61.74	42.73
9	030204005	动力柜(空调)Ack 型	20	台	522.25	10445	人工费	61.74	42.73
10	030204017	控制箱(空调)Ack 型	17	台	153.55	2610.35	人工费	61.74	42.73
11	030204018	风机配电箱 Acf 型	64	台	102.09	6533.76	人工费	61.74	42.73
12	030204018	空调动力箱 ALk 型	10	台	102.09	1020.9	人工费	61.74	42.73
13	030204018	动力箱 Ac 型	12	台	102.09	1225.08	人工费	61.74	42.73
14	030204018	排风机配电箱 Acb 型	2	台	102.1	204.2	人工费	61.74	42.73
15	030204018	排污泵配电箱 Acp 型	2	台	102.1	204.2	人工费	61.74	42.73
16	030204018	消防电源箱 Mxf 型	1	台	102.08	102.08	人工费	61.74	42.73
17	030204018	照明配电箱 Al 型	85	台	102.09	8677.65	人工费	61.74	42.73
18	030204018	照明分电箱 Mg 型	464	台	102.09	47369.76	人工费	61.74	42.73
19	030204018	照明分电箱 Mk 型	464	台	102.09	47369.76	人工费	61.74	42.73
20	030204018	应急照明箱 Mq 型	53	台	102.09	5410.77	人工费	61.74	42.73
21	030204018	应急照明分电箱 Acr 型	4	台	102.09	408.36	人工费	61.74	42.73
22	030204018	应急照明分电箱 Acy 型	6	台	102.09	612.54	人工费	61.74	42.73
23	030204018	用户电箱	12	台	88.04	1056.48	人工费	61.74	42.73
24	030204018	T 接箱	55	台	109.72	6034.6	人工费	61.74	42.73

续表

序号	清单编号	清单名称	工程量	单位	综合单价	综合价	计算基数	管理费率(%)	利润率(%)
25	030206006	电机检查接线 3kW 以下	54	台	117.2	6328.8	人工费	61.74	42.73
26	030206006	电机检查接线 13kW 以下	58	台	212.53	12326.74	人工费	61.74	42.73
27	030206006	电机检查接线 30kW 以下	119	台	322.68	38398.92	人工费	61.74	42.73
28	030206006	电机检查接线 100kW 以下	12	台	490.78	5889.36	人工费	61.74	42.73
29	030206006	电机检查接线 279kW	3	台	652.06	1956.18	人工费	61.74	42.73
30	030206006	电机检查接线 513kW	3	台	652.06	1956.18	人工费	61.74	42.73
31	030208001	预分支电力电缆(竖直通道)PB-FPYJV-4×16	54	m	95.38	5150.52	人工费	61.74	42.73
32	030208001	预分支电力电缆(竖直通道)PB-FPYJV-4×25	28	m	79.93	2238.04	人工费	61.74	42.73
33	030208001	预分支电力电缆(竖直通道)PB-FPYJV-4×50	1368	m	34.34	46977.12	人工费	61.74	42.73
34	030208001	预分支电力电缆(竖直通道)PB-FPYJV-3×70+1×25	170	m	32.61	5543.7	人工费	61.74	42.73
35	030208001	预分支电力电缆(竖直通道)PB-FPYJV-3×70+1×35	170	m	32.61	5543.7	人工费	61.74	42.73
36	030208001	预分支电力电缆(竖直通道)BP-FPYJV-4×150	425	m	47.59	20225.75	人工费	61.74	42.73
37	030208001	预分支电力电缆(竖直通道)BP-FPYJV-4×185	389	m	48.07	18699.23	人工费	61.74	42.73
38	030208001	预分支电力电缆(竖直通道)BP-ZRYJV-4×185	1524	m	49.98	76169.52	人工费	61.74	42.73
39	030208001	耐火电力电缆 NH-YJV-5×4	90	m	5.8	522	人工费	61.74	42.73
40	030208001	耐火电力电缆 NH-YJV-4×16	329	m	17.41	5727.89	人工费	61.74	42.73
41	030208001	耐火电力电缆 NH-YJV-5×16	90	m	13.29	1196.1	人工费	61.74	42.73
42	030208001	耐火电力电缆 NH-YJV-4×25+1×16	36	m	21.23	764.28	人工费	61.74	42.73
43	030208001	阻燃电力电缆 ZR-YJV-4×4	346	m	9.68	3349.28	人工费	61.74	42.73
44	030208001	阻燃电力电缆 ZR-YJV-5×4	4286	m	8.51	36473.86	人工费	61.74	42.73
45	030208001	阻燃电力电缆 ZR-YJV-5×6	1383	m	7.01	9694.83	人工费	61.74	42.73
46	030208001	阻燃电力电缆 ZR-YJV-4×10	2424	m	6.14	14883.36	人工费	61.74	42.73
47	030208001	阻燃电力电缆 ZR-YJV-4×16	433	m	44.1	19095.3	人工费	61.74	42.73
48	030208001	阻燃电力电缆 ZR-YJV-5×16	6	m	127.18	763.08	人工费	61.74	42.73
49	030208001	阻燃电力电缆 ZR-YJV-1×16	58	m	38.96	2259.68	人工费	61.74	42.73
50	030208001	阻燃电力电缆 ZR-YJV-4×25	49	m	75.88	3718.12	人工费	61.74	42.73
51	030208001	阻燃电力电缆 ZR-YJV-3×25+1×16	1914	m	11.25	21532.5	人工费	61.74	42.73
52	030208001	阻燃电力电缆 ZR-YJV-1×35	24	m	65.67	1576.08	人工费	61.74	42.73
53	030208001	阻燃电力电缆 ZR-YJV-4×35	87	m	61.2	5324.4	人工费	61.74	42.73

续表

序号	清单编号	清单名称	工程量	单位	综合单价	综合价	计算基数	管理费率(%)	利润率(%)
54	030208001	阻燃电力电缆 ZR-YJV-3×35+1×16	135	m	28.96	3909.6	人工费	61.74	42.73
55	030208001	阻燃电力电缆 ZR-YJV-3×35+2×16	153	m	12.66	1936.98	人工费	61.74	42.73
56	030208001	阻燃电力电缆(竖直通道)ZR-YJV-4×50	155	m	83.85	12996.75	人工费	61.74	42.73
57	030208001	阻燃电力电缆(竖直通道)ZR-YJV-3×50+1×25	438	m	41.4	18133.2	人工费	61.74	42.73
58	030208001	阻燃电力电缆(竖直通道)ZR-YJV-3×70+1×35	115	m	52.12	5993.8	人工费	61.74	42.73
59	030208001	阻燃电力电缆(竖直通道)ZR-YJV-3×95+2×50	140	m	43.71	6119.4	人工费	61.74	42.73
60	030208001	阻燃电力电缆(竖直通道)ZR-YJV-4×120+1×50	135	m	43.81	5914.35	人工费	61.74	42.73
61	030208001	阻燃电力电缆(竖直通道)ZR-YJV-3×120+2×70	710	m	51.13	36302.3	人工费	61.74	42.73
62	030208001	阻燃电力电缆(竖直通道)ZR-YJV-3×150+1×70	144	m	46.24	6658.56	人工费	61.74	42.73
63	030208001	阻燃电力电缆(竖直通道)ZR-YJV-3×150+2×70	475	m	60.93	28941.75	人工费	61.74	42.73
64	030208001	阻燃电力电缆(竖直通道)ZR-YJV-3×150	228	m	71.26	16247.28	人工费	61.74	42.73
65	030208001	阻燃电力电缆(竖直通道)ZR-YJV-1×185	50	m	100.72	5036	人工费	61.74	42.73
66	030208001	阻燃电力电缆(竖直通道)ZR-YJV-3×185	96	m	76.66	7359.36	人工费	61.74	42.73
67	030208001	阻燃电力电缆(竖直通道)ZR-YJV-3×185+2×95	195	m	60.78	11852.1	人工费	61.74	42.73
68	030208001	防水电力电缆 RVV-4×1.5	150	m	64.65	9697.5	人工费	61.74	42.73
69	030208001	防水电力电缆 RVV-4×2.5	200	m	4.4	880	人工费	61.74	42.73
70	030208001	矿物绝缘电力电缆 BTTZ-2×1.5	1091	m	9.99	10899.09	人工费	61.74	42.73
71	030208001	矿物绝缘电力电缆 BTTZ-3×1.5	333	m	15.8	5261.4	人工费	61.74	42.73
72	030208001	矿物绝缘电力电缆 BTTZ-4×1.5	691	m	13.18	9107.38	人工费	61.74	42.73
73	030208001	矿物绝缘电力电缆 BTTZ-4×2.5	487	m	14.99	7300.13	人工费	61.74	42.73
74	030208001	矿物绝缘电力电缆 BTTZ-1×4	66	m	4.92	324.72	人工费	61.74	42.73
75	030208001	矿物绝缘电力电缆 BTTZ-4×4	235	m	12.89	3029.15	人工费	61.74	42.73
76	030208001	矿物绝缘电力电缆 BTTZ-4×6	406	m	18.7	7592.2	人工费	61.74	42.73
77	030208001	矿物绝缘电力电缆 BTTZ-5×6	225	m	8.57	1928.25	人工费	61.74	42.73
78	030208001	矿物绝缘电力电缆 BTTZ-4×10	343	m	23.45	8043.35	人工费	61.74	42.73
79	030208001	矿物绝缘电力电缆 BTTZ-5×10	234	m	10.2	2386.8	人工费	61.74	42.73
80	030208001	矿物绝缘电力电缆 BTTZ-1×16	145	m	16.04	2325.8	人工费	61.74	42.73

续表

序号	清单编号	清 单 名 称	工程量	单位	综合单价	综合价	计算基数	管理费率(%)	利润率(%)
81	030208001	矿物绝缘电力电缆 BTTZ-4×16	140	m	29.67	4153.8	人工费	61.74	42.73
82	030208001	矿物绝缘电力电缆 BTTZ-5×16	806	m	14.37	11582.22	人工费	61.74	42.73
83	030208001	矿物绝缘电力电缆(竖井)BTTZ-1×25	345	m	13.3	4588.5	人工费	61.74	42.73
84	030208001	矿物绝缘电力电缆(竖井)BTTZ-3×25+1×16	572	m	12.36	7069.92	人工费	61.74	42.73
85	030208001	矿物绝缘电力电缆(竖井)BTTZ-4×25	326	m	16.89	5506.14	人工费	61.74	42.73
86	030208001	矿物绝缘电力电缆(竖井)BTTZ-4×25+1×16	446	m	13.78	6145.88	人工费	61.74	42.73
87	030208001	矿物绝缘电力电缆(竖井)BTTZ-1×35	934	m	8.97	8377.98	人工费	61.74	42.73
88	030208001	矿物绝缘电力电缆(竖井)BTTZ-3×35+2×16	1001	m	13.68	13693.68	人工费	61.74	42.73
89	030208001	矿物绝缘电力电缆(竖井)BTTZ-1×50	2440	m	23.66	57730.4	人工费	61.74	42.73
90	030208001	矿物绝缘电力电缆 BTTZ-1×70	180	m	10.49	1888.2	人工费	61.74	42.73
91	030208001	矿物绝缘电力电缆(竖井)BTTZ-1×70	3431	m	24.24	83167.44	人工费	61.74	42.73
92	030208001	矿物绝缘电力电缆(竖井)BTTZ-1×95	3120	m	23.86	74443.2	人工费	61.74	42.73
93	030208001	矿物绝缘电力电缆 BTTZ-1×120	270	m	11.23	3032.1	人工费	61.74	42.73
94	030208001	矿物绝缘电力电缆(竖井)BTTZ-1×120	1125	m	27.52	30960	人工费	61.74	42.73
95	030208001	矿物绝缘电力电缆(竖井)BTTZ-1×150	2050	m	29.73	60946.5	人工费	61.74	42.73
96	030208001	矿物绝缘电力电缆(竖井)BTTZ-1×300	390	m	39.82	15529.8	人工费	61.74	42.73
97	030208002	控制电缆 NH-KVV-11×1.5	949	m	8.23	7810.27	人工费	61.74	42.73
98	030208002	控制电缆 ZR-KVV-5×1.5	2201	m	5.84	12853.84	人工费	61.74	42.73
99	030208002	控制电缆 NH-KVV-3×1.5	50	m	35.51	1775.5	人工费	61.74	42.73
100	030208002	控制电缆 NH-KVV-7×1.5	9233	m	5.68	52443.44	人工费	61.74	42.73
101	030208004	电缆桥架 XQJ-C-01A 100×50	4115	m	45.25	186203.75	人工费	61.74	42.73
102	030208004	电缆桥架 XQJ-C-01A 150×75	55	m	53.03	2916.65	人工费	61.74	42.73
103	030208004	电缆桥架 XQJ-C-01A 200×60	96	m	53	5088	人工费	61.74	42.73
104	030208004	电缆桥架 XQJ-C-01A 200×100	441	m	53.02	23381.82	人工费	61.74	42.73
105	030208004	电缆桥架 XQJ-C-01A 300×100	62	m	74.42	4614.04	人工费	61.74	42.73
106	030208004	电缆桥架 XQJ-C-01A 400×100	302	m	113.82	34373.64	人工费	61.74	42.73
107	030208004	电缆桥架 XQJ-C-01A 500×100	84	m	113.82	9560.88	人工费	61.74	42.73
108	030208004	电缆桥架 XQJ-C-01A 600×200	5	m	126.55	632.75	人工费	61.74	42.73
109	030208004	电缆桥架 XQJ-C-01A 700×200	100	m	138.93	13893	人工费	61.74	42.73
110	030208004	电缆桥架 XQJ-T-01-200×60	88	m	56.09	4935.92	人工费	61.74	42.73
111	030208005	电缆支架	7.85	t	14609.9	114687.95	人工费	61.74	42.73
112	030209001	专用接地电缆单芯 35mm^2	300	m	6.08	1824	人工费	61.74	42.73
113	030209001	接地母线镀锌扁钢－24×4	132	m	11.67	1540.44	人工费	61.74	42.73

续表

序号	清单编号	清 单 名 称	工程量	单位	综合单价	综合价	计算基数	管理费率(%)	利润率(%)
114	030209001	接地母线镀锌扁钢－40×4	1481	m	11.67	17283.27	人工费	61.74	42.73
115	030209001	接地跨接线	30	处	14.14	424.2	人工费	61.74	42.73
116	030209002	避雷引下线 ϕ12	14736	m	11.8	173884.8	人工费	61.74	42.73
117	030209002	接地板钢板 100×100×10	94	块	248.74	23381.56	人工费	61.74	42.73
118	030209002	防雷测试端子板钢板 100×100×10	20	块	248.74	4974.8	人工费	61.74	42.73
119	030209002	测试点(断接卡子制安)	13	套	27.21	353.73	人工费	61.74	42.73
120	030209002	门窗接地	1000	处	237.65	237650	人工费	61.74	42.73
121	030209002	均压敷设	6800	m	4.4	29920	人工费	61.74	42.73
122	030211002	送配电装置系统	10	系统	780.51	7805.1	人工费	61.74	42.73
123	030211007	避雷器调试	1	组	1135.46	1135.46	人工费	61.74	42.73
124	030211008	接地网调试	1	系统	885.5	885.5	人工费	61.74	42.73
125	030212001	扣压电线管 S20	661	m	9.18	6067.98	人工费	61.74	42.73
126	030212001	扣压电线管 S25	15944	m	9.57	152584.08	人工费	61.74	42.73
127	030212001	扣压电线管 S32	4389	m	10.48	45996.72	人工费	61.74	42.73
128	030212001	扣压电线管 S40	281	m	12.21	3431.01	人工费	61.74	42.73
129	030212001	扣压电线管 S70	10	m	17.91	179.1	人工费	61.74	42.73
130	030212001	扣压电线管 S100	54	m	28.07	1515.78	人工费	61.74	42.73
131	030212001	钢管 G20	29	m	11.28	327.12	人工费	61.74	42.73
132	030212001	钢管 G25	80	m	12.11	968.8	人工费	61.74	42.73
133	030212001	钢管 G32	352	m	13.52	4759.04	人工费	61.74	42.73
134	030212001	钢管 G50	35	m	12.11	423.85	人工费	61.74	42.73
135	030212001	钢管 G70	23	m	17.91	411.93	人工费	61.74	42.73
136	030212001	钢管 G80	39	m	25.46	992.94	人工费	61.74	42.73
137	030212001	钢管 G100	25	m	28.07	701.75	人工费	61.74	42.73
138	030212001	阻燃塑料管 FP25	25	m	7.91	197.75	人工费	61.74	42.73
139	030212001	阻燃塑料管 FP32	110	m	8.65	951.5	人工费	61.74	42.73
140	030212001	阻燃塑料管 FP40	105	m	8.41	883.05	人工费	61.74	42.73
141	030212001	金属软管 ϕ20	50	m	30.11	1505.5	人工费	61.74	42.73
142	030212001	金属软管 ϕ25	125	m	34.49	4311.25	人工费	61.74	42.73
143	030212001	金属软管 ϕ32	30	m	36.18	1085.4	人工费	61.74	42.73
144	030212001	金属软管 ϕ80	20	m	97.11	1942.2	人工费	61.74	42.73
145	030212003	管内穿线 ZR-BV-1.5	673	m	0.55	370.15	人工费	61.74	42.73
146	030212003	管内穿线 ZR-BV-2.5	3818	m	0.57	2176.26	人工费	61.74	42.73
147	030212003	管内穿线 ZR-BV-4	130	m	0.62	80.6	人工费	61.74	42.73
148	030212003	管内穿线 ZR-BV-6	34946	m	0.66	23064.36	人工费	61.74	42.73

续表

序号	清单编号	清 单 名 称	工程量	单位	综合单价	综合价	计算基数	管理费率(%)	利润率(%)
149	030212003	管内穿线 ZR-BV-10	15852	m	0.78	12364.56	人工费	61.74	42.73
150	030212003	管内穿线 ZR-BV-16	100	m	0.88	88	人工费	61.74	42.73
151	030212003	管内穿线 NH-BV-2.5	17867	m	0.57	10184.19	人工费	61.74	42.73
		合 计				2505856.14			

注：限于篇幅，由清单编制人编写的后3位编码省略。

4.3 措施项目清单计价表 表12-36

工程名称：商住楼电气安装工程(标底) 第 页 共 页

序 号	项 目 名 称	金 额(元)
1	脚手架搭拆费	5.58
2	冬雨期施工费	391.27
3	临时设施费	731.15
	合 计	1128.00

4.4 其他项目清单计价表 表12-37

工程名称：商住楼电气安装工程(标底) 第 页 共 页

序 号	项 目 名 称	金 额(元)
1	招标人部分	
1.1	不可预见费	
1.2	工程分包和材料购置费	
1.3	其他	
2	投标人部分	
2.1	总承包服务费	
2.2	零星工作项目计价表	
2.3	其他	
	合 计	

4.5 零星工作项目计价表 表12-38

工程名称：商住楼电气安装工程(标底) 第 页 共 页

序 号	名 称	计量单位	数 量	金 额(元)	
				综合单价	合 价
1	人 工				
	小 计				
2	材 料				
	小 计				
3	机 械				
	小 计				
	合 计				

4.6 电气分部分项工程量清单综合单价分析表

表 12-39

工程名称：电气系统安装(电气系统)

序号	细目编号	细目名称	细目单位	工程内容				综合单价组成						综合单价
				定额编号	定额名称	定额单位	工程量	人工费	材料费	机械使用费	管理费	利润	小计	
1	030202008	互感器 BH-0.66-400/5	台	CB0067	互感器 BH-0.66-400/5	台	1.000	27.30	35.55	9.47	16.86	11.67	100.85	111.54
				Q00002	电气设备工程脚手架搭拆费	100 元	0.369	0.37	1.11				1.48	
				Q00013	39 层以下高层建筑增加费	100 元	0.369	9.22					9.22	
2	030202010	避雷器	组	CB0073	避雷器	组	1.000	14.30	62.65	9.47	8.83	6.11	101.36	106.96
				Q00002	电气设备工程脚手架搭拆费	100 元	0.193	0.19	0.58				0.77	
				Q00013	39 层以下高层建筑增加费	100 元	0.193	4.83					4.83	
3	030203006	插接母线 2000A/4	m	CB0223	插接母线 2000A/4	10m	0.100	19.50	18.04	10.54	12.04	8.33	68.46	78.56
				CB0227	插接母线(2000A/4)进出分线箱	台	0.022	0.83	0.44		0.51	0.36	2.14	
				Q00002	电气设备工程脚手架搭拆费	100 元	0.275	0.28	0.82				1.10	
				Q00013	39 层以下高层建筑增加费	100 元	0.275	6.87					6.87	
4	030204005	动力柜(空调)Ack 型	台	CB0408	基础槽钢安装 [10#	10m	0.250	13.46	8.74	6.16	8.31	5.75	42.41	522.25
				CB0254	动力柜(空调)Ack 型	台	1.000	122.98	121.12	53.80	75.93	52.55	426.38	
				Q00002	电气设备工程脚手架搭拆费	100 元	1.844	1.84	5.53				7.38	
				Q00013	39 层以下高层建筑增加费	100 元	1.844	46.09					46.09	

续表

序号	细目编号	细目名称	细目单位	工程内容				综合单价组成						综合单价
				定额编号	定额名称	定额单位	工程量	人工费	材料费	机械使用费	管理费	利润	小计	
5	030206006	电机检查接线100kW以下	台	CB0494	电机检查接线 100kW以下	台	1.000	166.40	67.56	17.77	102.74	71.10	425.56	490.78
				Q00002	电气设备工程脚手架搭拆费	100元	2.249	2.25	6.75				9.00	
				Q00013	39层以下高层建筑增加费	100元	2.249	56.22					56.22	
6	030208001	预分支电力电缆（竖直通道）PB-FPYJV-3×70+1×25	m	CB0816	预分支电力电缆(竖直通道)PB-FPYJV-3×70+1×25	100m	0.010	10.46	4.47	1.50	6.46	4.47	27.35	32.61
				CB0878	预分支电力电缆终端头制安 70mm²	个	0.006	0.15	0.79	0.01	0.09	0.06	1.11	
				Q00002	电气设备工程脚手架搭拆费	100元	0.143	0.14	0.43				0.57	
				Q00013	39层以下高层建筑增加费	100元	0.143	3.58					3.58	
7	030208001	防水电力电缆RVV-4×2.5	m	CB0798	防水电力电缆 RVV-4×2.5	100m	0.010	0.49	3.19		0.31	0.21	4.20	4.40
				Q00002	电气设备工程脚手架搭拆费	100元	0.007	0.01	0.02				0.03	
				Q00013	39层以下高层建筑增加费	100元	0.007	0.17					0.17	
8	030208001	矿物绝缘电力电缆（竖井）BTTZ-1×35	m	CB0987	矿物绝缘电力电缆 BT-TZ-1×35	100m	0.010	1.27	1.57	0.12	0.78	0.54	4.28	8.97
				CB1002	矿物绝缘电缆终端头制作安装 35mm²	个	0.051	0.27	3.54	0.01	0.17	0.11	4.09	
				Q00002	电气设备工程脚手架搭拆费	100元	0.021	0.02	0.06				0.08	
				Q00013	39层以下高层建筑增加费	100元	0.021	0.52					0.52	

续表

序号	细目编号	细目名称	细目单位	工程内容				综合单价组成						综合单价
				定额编号	定额名称	定额单位	工程量	人工费	材料费	机械使用费	管理费	利润	小计	
40	030208004	电缆桥架 XQJ-C-01A 500×100	m	CB0410	一般铁构件制作	100kg	0.057	15.88	7.44	5.05	9.80	6.79	44.96	113.82
				CK0010	手工除锈一般钢结构轻锈	100kg	0.057	0.50	0.15	0.42	0.31	0.21	1.59	
				CK0122	金属结构刷油般钢结构红丹防锈漆第一遍	100kg	0.057	0.34	0.04	0.42	0.21	0.15	1.16	
				CK0123	金属结构刷油般钢结构红丹防锈漆第二遍	100kg	0.057	0.32	0.04	0.42	0.20	0.14	1.12	
				CK0131	金属结构刷油般钢结构调合漆第一遍	100kg	0.057	0.32	0.01	0.42	0.20	0.14	1.10	
				CK0132	金属结构刷油般钢结构调合漆第二遍	100kg	0.057	0.32	0.01	0.42	0.20	0.14	1.10	
				CB0716	电缆桥架 XQJ-C-01A 500×100	10m	0.100	13.26	6.04	1.22	8.19	5.67	34.37	
				CB0764	桥架支撑架	100kg	0.057	8.65	1.92	1.37	5.34	3.69	20.96	
				Q00001	刷油工程脚手架搭拆费	100元	0.415	0.83	2.49				3.32	
				Q00002	防腐蚀工程脚手架搭拆费	100元	0.415	1.04	3.11				4.15	
41	030209001	专用接地电缆单芯 35mm^2	m	CB0792	专用接地电缆单芯 35mm^2	100m	0.010	1.21	3.14		0.75	0.52	5.60	6.08
				Q00002	电气设备工程脚手架搭拆费	100元	0.016	0.02	0.05				0.07	
				Q00013	39层以下高层建筑增加费	100元	0.016	0.41					0.41	

续表

序号	细目编号	细目名称	细目单位	工程内容				综合单价组成						综合单价
				定额编号	定额名称	定额单位	工程量	人工费	材料费	机械使用费	管理费	利润	小计	
42	030209001	接地母线镀锌扁钢—24×4	m	CB1038	接地母线镀锌扁钢—24×4	10m	0.100	3.56	1.95	1.04	2.20	1.52	10.27	11.67
				Q00002	电气设备工程脚手架搭拆费	100元	0.048	0.05	0.14				0.19	
				Q00013	39层以下高层建筑增加费	100元	0.048	1.20					1.20	
43	030209001	接地跨接线	处	CB1043	接地跨接线	10处	0.100	2.89	5.22	1.90	1.78	1.23	13.01	14.14
				Q00002	电气设备工程脚手架搭拆费	100元	0.039	0.04	0.12				0.16	
				Q00013	39层以下高层建筑增加费	100元	0.039	0.98					0.98	
44	030209002	避雷引下线 $\phi12$	m	CB1089	避雷引下线敷设利用建筑物主筋引下	10m	0.100	2.13	0.63	5.97	1.32	0.91	10.96	11.80
				Q00002	电气设备工程脚手架搭拆费	100元	0.029	0.03	0.09				0.12	
				Q00013	39层以下高层建筑增加费	100元	0.029	0.72					0.72	
45	030209002	接地板钢板100×100×10	块	CB1037	接地板钢板100×100×10	块	1.000	93.60	6.46	14.21	57.79	40.00	212.06	248.74
				Q00002	电气设备工程脚手架搭拆费	100元	1.265	1.27	3.80				5.06	
				Q00013	39层以下高层建筑增加费	100元	1.265	31.62					31.62	
46	030209002	防雷测试端子板钢板100×100×10	块	CB1037	防雷接地端子板钢板100×100×10	块	1.000	93.60	6.46	14.21	57.79	40.00	212.06	248.74
				Q00002	电气设备工程脚手架搭拆费	100元	1.265	1.27	3.80				5.06	
				Q00013	39层以下高层建筑增加费	100元	1.265	31.62					31.62	

续表

序号	细目编号	细目名称	细目单位	工程内容				综合单价组成						综合单价
				定额编号	定额名称	定额单位	工程量	人工费	材料费	机械使用费	管理费	利润	小计	
145	030209002	测试点(断接卡子制安)	套	CB1090	测试点(断接卡子制安)	10套	0.100	9.36	4.32	0.09	5.78	4.00	23.55	27.21
				Q00002	电气设备工程脚手架搭拆费	100元	0.126	0.13	0.38				0.51	
				Q00013	39层以下高层建筑增加费	100元	0.126	3.16					3.16	
146	030209002	门窗接地	处	CB1045	门窗接地	处	1.000	60.58	16.15	73.90	37.40	25.89	213.91	237.65
				Q00002	电气设备工程脚手架搭拆费	100元	0.819	0.82	2.46				3.27	
				Q00013	39层以下高层建筑增加费	100元	0.819	20.47					20.47	
147	030209002	均压敷设	m	CB1094	均压环敷设利用圈梁钢筋	10m	0.100	1.04	0.21	1.66	0.64	0.44	3.99	4.40
				Q00002	电气设备工程脚手架搭拆费	100元	0.014	0.01	0.04				0.06	
				Q00013	39层以下高层建筑增加费	100元	0.014	0.35					0.35	
148	030211002	送配电装置系统	系统	CB1205	送配电装置系统调试1kV以下交流供电(综合)	系统	1.000	260.00		147.00	160.52	111.10	678.62	780.51
				Q00002	电气设备工程脚手架搭拆费	100元	3.514	3.51	10.54				14.05	
				Q00013	39层以下高层建筑增加费	100元	3.514	87.84					87.84	

续表

序号	细目编号	细目名称	细目单位	工程内容				综合单价组成						综合单价
				定额编号	定额名称	定额单位	工程量	人工费	材料费	机械使用费	管理费	利润	小计	
149	030211007	避雷器调试	组	CB1238	避雷器调试	组	1.000	312.00		375.26	192.63	133.32	1013.20	1135.46
				Q00002	电气设备工程脚手架搭拆费	100元	4.216	4.22	12.65				16.86	
				Q00013	39层以下高层建筑增加费	100元	4.216	105.40					105.40	
150	030211008	接地网调试	系统	CB1242	接地装置的调试接地网	系统	1.000	260.00		252.00	160.52	111.10	783.62	885.50
				Q00002	电气设备工程脚手架搭拆费	100元	3.513	3.51	10.54				14.05	
				Q00013	39层以下高层建筑增加费	100元	3.513	87.83					87.83	
151	030212001	扣压电线管S20	m	CB1375	扣压电线管S20	100m	0.010	2.95	1.17	0.43	1.82	1.26	7.64	9.18
				CB1819	接线盒安装暗装接线盒	10个	0.008	0.09	0.17		0.06	0.04	0.35	
				Q00002	电气设备工程脚手架搭拆费	100元	0.041	0.04	0.12				0.16	
				Q00013	39层以下高层建筑增加费	100元	0.041	1.03					1.03	

4.7 电气主材表

表 12-40

工程名称：电气安装工程

序号	材料名称	单位	数量	单价(元)	合价(元)	备注
1	圆钢 ϕ10～14	kg	628.000	2.95	1852.60	
2	扁钢－25～40	kg	1727.000	3.14	5422.78	
3	角钢(综合)	kg	5887.500	2.95	17368.13	
4	扣压电线管 S70	m	10.300	12.72	131.02	
5	扣压电线管 S100	m	55.620	21.8	1212.52	
6	钢管 G20	m	29.870	6.04	180.41	
7	钢管 G25	m	82.400	8.97	739.13	
8	钢管 G32	m	362.560	11.6	4205.70	
9	钢管 G50	m	36.050	18.08	651.78	
10	钢管 G70	m	23.690	24.61	583.01	
11	钢管 G80	m	40.170	30.9	1241.25	
12	钢管 G100	m	25.750	40.2	1035.15	
13	酚醛调合漆(各种颜色)	kg	311.016	9.12	2836.47	
14	酚醛防锈漆(各种颜色)	kg	57.919	13.11	759.32	
15	醇酸防锈漆 C53-1	kg	842.985	9.69	8168.52	
16	角钢∟30×3	kg	10376.730	2.95	30611.35	
17	角钢∟40×4	kg	236.565	2.95	697.87	
18	角钢∟50×5	kg	2915.430	2.95	8600.52	
19	接地母线镀锌扁钢－24×4	m	133.320	1.85	246.64	
20	接地母线镀锌扁钢－40×4	m	1495.810	3.95	5908.45	
21	绝缘导线 ZR-BV-2.5	m	4008.900	0.64	2565.70	
22	绝缘导线 ZR-BV-1.5	m	706.650	0.42	296.79	
23	绝缘导线 ZR-BV-4	m	136.500	0.99	135.14	
24	绝缘导线 ZR-BV-6	m	36693.300	1.42	52104.49	
25	绝缘导线 Z-BV-10	m	16644.600	2.44	40612.82	
26	绝缘导线 ZR-BV-16	m	105.000	3.9	409.50	
27	绝缘导线 NH-BV-2.5	m	18760.350	0.68	12757.04	
28	预分支电力电缆 PB-FPYJV-4×16	m	54.540		0.00	
29	预分支电力电缆 PB-FPYJV-4×25	m	28.280		0.00	
30	预分支电力电缆 PB-FPYJV-4×50	m	1381.680		0.00	
31	预分支电力电缆 PB-FPYJV-3×70+1×25	m	171.700		0.00	
32	预分支电力电缆 PB-FPYJV-3×70+1×35	m	171.700		0.00	
33	预分支电力电缆 BP-FPYJV-4×185	m	392.890		0.00	
34	预分支电力电缆 BP-ZRYJV-4×185	m	1539.240		0.00	
35	预分支电力电缆 BP-FPYJV-4×150	m	429.250		0.00	

续表

序号	材 料 名 称	单 位	数 量	单价(元)	合价(元)	备 注
36	耐火电力电缆 NH-YJV-5×4	m	90.900		0.00	
37	耐火电力电缆 NH-YJV-4×16	m	332.290		0.00	
38	耐火电力电缆 NH-YJV-5×16	m	90.900		0.00	
39	耐火电力电缆 NH-YJV-4×25+1×16	m	36.360		0.00	
40	阻燃电力电缆 ZR-YJV-4×4	m	349.460		0.00	
41	阻燃电力电缆 ZR-YJV-5×4	m	4328.860		0.00	
42	阻燃电力电缆 ZR-YJV-5×6	m	1396.830		0.00	
43	阻燃电力电缆 ZR-YJV-4×10	m	2448.240		0.00	
44	阻燃电力电缆 ZR-YJV-4×16	m	437.330		0.00	
45	阻燃电力电缆 ZR-YJV-5×16	m	6.060		0.00	
46	阻燃电力电缆 ZR-YJV-1×16	m	58.580		0.00	
47	阻燃电力电缆 ZR-YJV-4×25	m	49.490		0.00	
48	阻燃电力电缆 ZR-YJV-3×25+1×16	m	1933.140		0.00	
49	阻燃电力电缆 ZR-YJV-1×35	m	24.240		0.00	
50	阻燃电力电缆 ZR-YJV-4×35	m	87.870		0.00	
51	阻燃电力电缆 ZR-YJV-3×35+1×16	m	136.350		0.00	
52	阻燃电力电缆 ZR-YJV-3×35+2×16	m	154.530		0.00	
53	阻燃电力电缆 ZR-YJV-3×70+1×35	m	116.150		0.00	
54	阻燃电力电缆 ZR-YJV-3×50+1×25	m	442.380		0.00	
55	阻燃电力电缆 ZR-YJV-4×50	m	156.550		0.00	
56	阻燃电力电缆 ZR-YJV-3×95+2×50	m	141.400		0.00	
57	阻燃电力电缆 ZR-YJV-4×120+1×50	m	136.350		0.00	
58	阻燃电力电缆 ZR-YJV-3×120+2×70	m	717.100		0.00	
59	阻燃电力电缆 ZR-YJV-3×150+1×70	m	145.440		0.00	
60	阻燃电力电缆 ZR-YJV-3×150+2×70	m	479.750		0.00	
61	阻燃电力电缆 ZR-YJV-3×150	m	230.280		0.00	
62	阻燃电力电缆 ZR-YJV-1×185	m	50.500		0.00	
63	阻燃电力电缆 ZR-YJV-3×185	m	96.960		0.00	
64	阻燃电力电缆 ZR-YJV-3×185+2×95	m	196.950		0.00	
65	专用接地电缆单芯 $35mm^2$	m	303.000		0.00	
66	防水电力电缆 RVV-4×1.5	m	151.500		0.00	
67	防水电力电缆 RVV-4×2.5	m	202.000		0.00	
68	矿物绝缘电力电缆 BTTZ-1×70	m	3647.110		0.00	
69	矿物绝缘电力电缆 BTTZ-1×50	m	2464.400		0.00	
70	矿物绝缘电力电缆 BTTZ-1×95	m	3151.200		0.00	
71	矿物绝缘电力电缆 BTTZ-1×120	m	1408.950		0.00	

续表

序号	材料名称	单位	数量	单价(元)	合价(元)	备注
72	矿物绝缘电力电缆 BTTZ-1×150	m	2070.500		0.00	
73	矿物绝缘电力电缆 BTTZ-1×300	m	393.900		0.00	
74	矿物绝缘电力电缆 BTTZ-4×1.5	m	704.820		0.00	
75	矿物绝缘电力电缆 BTTZ-2×1.5	m	1112.820		0.00	
76	矿物绝缘电力电缆 BTTZ-3×1.5	m	339.660		0.00	
77	矿物绝缘电力电缆 BTTZ-4×2.5	m	496.740		0.00	
78	矿物绝缘电力电缆 BTTZ-1×4	m	67.320		0.00	
79	矿物绝缘电力电缆 BTTZ-4×4	m	239.700		0.00	
80	矿物绝缘电力电缆 BTTZ-4×6	m	414.120		0.00	
81	矿物绝缘电力电缆 BTTZ-4×10	m	349.860		0.00	
82	矿物绝缘电力电缆 BTTZ-5×6	m	229.500		0.00	
83	矿物绝缘电力电缆 BTTZ-5×10	m	238.680		0.00	
84	矿物绝缘电力电缆 BTTZ-1×16	m	147.900		0.00	
85	矿物绝缘电力电缆 BTTZ-4×16	m	142.800		0.00	
86	矿物绝缘电力电缆 BTTZ-5×16	m	822.120		0.00	
87	矿物绝缘电力电缆 BTTZ-1×25	m	351.900		0.00	
88	矿物绝缘电力电缆 BTTZ-3×25+1×16	m	583.440		0.00	
89	矿物绝缘电力电缆 BTTZ-4×25	m	332.520		0.00	
90	矿物绝缘电力电缆 BTTZ-4×25+1×16	m	454.920		0.00	
91	矿物绝缘电力电缆 BTTZ-1×35	m	952.680		0.00	
92	控制电缆 NH-KVV-11×1.5	m	963.235		0.00	
93	控制电缆 ZR-KVV-5×1.5	m	2234.015		0.00	
94	矿物绝缘电力电缆 BTTZ-3×35+2×16	m	1021.020		0.00	
95	矿物绝缘电缆终端头 BTTZ-4×10	套	85.680		0.00	
96	矿物绝缘电缆终端头 BTTZ-5×6	套	4.080		0.00	
97	矿物绝缘电缆终端头 BTTZ-4×6	套	71.400		0.00	
98	矿物绝缘电缆终端头 BTTZ-4×4	套	26.520		0.00	
99	矿物绝缘电缆终端头 BTTZ-1×4	套	4.080		0.00	
100	矿物绝缘电缆终端头 BTTZ-4×2.5	套	73.440		0.00	
101	矿物绝缘电缆终端头 BTTZ-4×1.5	套	81.600		0.00	
102	矿物绝缘电缆终端头 BTTZ-3×1.5	套	55.080		0.00	
103	矿物绝缘电缆终端头 BTTZ-2×1.5	套	148.920		0.00	
104	矿物绝缘电缆终端头 BTTZ-5×10	套	10.200		0.00	
105	矿物绝缘电缆终端头 BTTZ-1×16	套	20.400		0.00	
106	矿物绝缘电缆终端头 BTTZ-4×16	套	24.480		0.00	
107	矿物绝缘电缆终端头 BTTZ-5×16	套	26.520		0.00	

续表

序号	材料名称	单位	数量	单价(元)	合价(元)	备注
108	矿物绝缘电缆终端头 BTTZ-1×25	套	36.720		0.00	
109	矿物绝缘电缆终端头 BTTZ-3×25+1×16	套	8.160		0.00	
110	矿物绝缘电缆终端头 BTTZ-4×25	套	18.360		0.00	
111	矿物绝缘电缆终端头 BTTZ-4×25+1×16	套	12.240		0.00	
112	矿物绝缘电缆终端头 BTTZ-1×35	套	48.960		0.00	
113	矿物绝缘电缆终端头 BTTZ-3×35+2×16	套	26.520		0.00	
114	矿物绝缘电缆终端头 BTTZ-1×50	套	73.440		0.00	
115	矿物绝缘电缆终端头 BTTZ-1×70	套	130.560		0.00	
116	矿物绝缘电缆终端头 BTTZ-1×95	套	73.440		0.00	
117	矿物绝缘电缆终端头 BTTZ-1×120	套	67.320		0.00	
118	矿物绝缘电缆终端头 BTTZ-1×150	套	22.440		0.00	
119	矿物绝缘电缆终端头 BTTZ-1×300	套	12.240		0.00	
120	接线盒	个	1458.600	2.57	3748.60	
121	电缆桥架 XQJ-C-01A 100×50	m	4135.575		0.00	
122	电缆桥架 XQJ-C-01A 200×60	m	96.480		0.00	
123	电缆桥架 XQJ-C-01A 200×100	m	443.205		0.00	
124	电缆桥架 XQJ-C-01A 300×100	m	62.310		0.00	
125	电缆桥架 XQJ-C-01A 400×100	m	303.510		0.00	
126	电缆桥架 XQJ-C-01A 500×100	m	84.420		0.00	
127	电缆桥架 XQJ-C-01A 600×200	m	5.025		0.00	
128	电缆桥架 XQJ-C-01A 700×200	m	100.500		0.00	
129	电缆桥架 XQJ-T-01-200×60	m	88.440		0.00	
130	电缆桥架 XQJ-C-01A 150×75	m	55.275		0.00	
131	金属软管 ϕ20	m	51.500	1.43	73.65	
132	金属软管 ϕ25	m	128.750	2.28	293.55	
133	金属软管 ϕ32	m	30.900	3.04	93.94	
134	金属软管 ϕ80	m	23.836	19	452.88	
135	扣压电线管 S20	m	680.830	3.33	2267.16	
136	扣压电线管 S25	m	16422.320	4.75	78006.02	
137	扣压电线管 S32	m	4520.670	6.57	29700.80	
138	扣压电线管 S40	m	289.430	9.36	2709.06	
139	阻燃塑料管 FP25	m	27.500	2.04	56.10	
140	阻燃塑料管 FP32	m	121.000	3.26	394.46	
141	阻燃塑料管 FP40	m	115.500	4.1	473.55	
142	基础槽钢 [10#	m	100.000	31.83	3183.00	
143	插接母线 2000A/4	m	450.000		0.00	

续表

序号	材 料 名 称	单 位	数 量	单价(元)	合价(元)	备 注
144	插接母线 CCX8 1600A/4	m	292.000		0.00	
145	插接母线 1250A/4	m	585.000		0.00	
146	避雷器	组	1.000		0.00	
147	接地板钢板 100×100×10	块	94.000	2.98	280.12	
148	防雷接地端子板钢板 100×100×10	块	20.000	2.98	59.60	
	合 价				323126.58	

注：以上除电缆、母线、设备等外其他均为乙方供货。

思 考 题

1. 什么是工程量?
2. 什么是工程量清单计价?
3. 工程量清单编制依据?
4. 工程量清单编制作用?
5. 什么是综合单价?
6. 采用工程量清单计价时，其工程造价的计价依据有哪些?
7. 工程量清单中的工程量调整及其变更单价是如何确定的?
8. 工程量清单编制与报价特点有哪些?
9. 综合单价通常由哪些费用组成?
10. 工程量清单通常由谁来编制?
11. 工程量清单组成格式有哪些?
12. 工程量清单计价格式有哪些?
13. 什么是措施项目费用？有哪几项?
14. 什么是零星工作项目费?
15. 什么是规费?
16. 什么是预留金?
17. 什么是材料购置费?
18. 什么是总承包服务费?
19. 什么是项目编码?
20. 分部分项工程量清单的项目名称的设置，应考虑哪些因素?
21. 编制工程量清单时，附录中没有的项目应如何处理?
22. 现行“预算定额”与工程量清单的工程量计算规则有什么不同?

主要参考文献

1 周律编著. 技术经济和造价管理. 北京：化学工业出版社，2001
2 李希伦主编. 建设工程工程量清单计价编制实用手册. 北京：中国计划出版社，2003
3 杜晓玲等主编. 工程量清单及报价快速编制. 北京：中国建筑工业出版社，2002
4 中华人民共和国建设部. 建设工程工程量清单计价规范. 北京：中国计划出版社，2003
5 建设部标准定额研究所.《建设工程工程量清单计价规范》宣贯辅导教材. 北京：中国计划出版社，2003
6 王建明等主编. 通风空调安装工程预算一点通. 安徽科学技术出版社，2001
7 吴心伦编著. 安装工程定额与预算. 重庆：重庆大学出版社，2002
8 秦树和编著. 管道工程识图与施工工艺. 重庆：重庆大学出版社，2002
9 张健主编. 建筑给水排水工程. 重庆：重庆大学出版社，2002
10 张国栋主编. 建设工程工程量清单计价规范应用丛书. 北京：机械工业出版社，2004
11 中华人民共和国建设部标准定额司. 全国统一安装工程预算工程量计算规则 GYD_{GZ}-201-2000. 北京：中国计划出版社，2000
12 中华人民共和国建设部. 给水排水制图标准. 北京：中国计划出版社，2002
13 中华人民共和国建设部. 通风与空调工程施工质量验收规范. 北京：中国计划出版社，2002
14 中华人民共和国建设部. 暖通空调制图标准. 北京：中国计划出版社，2002
15 辽宁省建设厅. 建筑给水排水及采暖工程施工质量验收规范. 北京：中国建筑工业出版社，2002
16 张志贤等主编. 管道工程施工实用手册. 北京：中国建筑工业出版社，1999
17 上海市建委主编. 建筑给水排水设计规范(GBJ 15—88). 北京：中国计划出版社，1998
18 王增长主编. 建筑给水排水工程. 北京：中国建筑工业出版社，1998
19 连添达主编. 建筑安装工程施工图集 2(冷库、通风空调工程). 北京：中国建筑工业出版社，1998
20 张辉等主编. 建筑安装工程施工图集 4(给水、排水、卫生、煤气工程). 北京：中国建筑工业出版社，1998
21 张闻民等编著. 暖卫安装工程施工手册. 北京：中国建筑工业出版社，1997
22 赵培森等编著. 建筑给水排水、暖通空调设备安装手册(上、下册). 北京：中国建筑工业出版社，1997
23 中华人民共和国建设部标准定额司. 全国统一建筑工程基础定额. 北京：中国计划出版社，1999
24 景星蓉等编著. 建筑设备安装工程预算. 北京：中国建筑工业出版社，2004